みんなが欲しかった！

電験三種
電力の
実践問題集

尾上建夫 著

TAC出版
TAC PUBLISHING Group

JN075039

はじめに

電験とは？

　電験（正式名称：電気主任技術者試験）とは，電気事業法に基づく国家試験で，使用可能な電圧区分により一種〜三種まであり，電験三種の免状を取得すれば電圧50,000 V 未満の電気施設（出力5,000 kW 以上の発電所を除く。）の保安監督にあたることができます。

　また，近年の電気主任技術者の高齢化や電力自由化等に伴い，電気主任技術者のニーズはますます増加しており，今後もさらに増加すると考えられます。

　しかしながら，試験の難易度は毎年合格率10％以下の難関であり，その問題は基礎問題の割合は極めて少なく，テキストを学習したばかりの初学者がいきなり挑んでもなかなか解けないため，挫折してしまうこともあります。

4つのステップで試験問題が解ける！

　電験三種ではさまざまな参考書が出ていますが，テキストを読み終えた後の適切な問題集がなく，テキストを理解できてもいきなり過去問を解くことはできず，解法を覚えるだけでは，試験問題は解けず…という事態に陥る可能性があります。

　本書は，テキストと過去問の橋渡しをし，テキストの内容を確認する確認問題から，本試験対策となる応用問題までステップを踏んで力を養うことができます。

STEP 1　POINT

STEP 2　確認問題

STEP 3　基本問題

STEP 4　応用問題

本書の特長と使い方

　本問題集は，さまざまなテキストで学習された方が，過去問を解く前に必要な力を無理なくつけることができるよう次の4つのステップで構成されています。また，「みんなが欲しかった！電験三種の教科書＆問題集」と同じ構成をしているため「みんなが欲しかった！電験三種の教科書＆問題集」とあわせて使うことで効率よく学習を行うことができます。

　本書に掲載されている問題は，すべて過去問を研究し出題分野を把握した上でつくられたオリジナル問題で構成されていますので，過去問を学習した受験生の腕試しにも効果的です。

STEP **1**　**POINT**

　テキストに記載のある重要事項，公式等を整理し説明しています。内容を見ても分からない場合やもう少し詳しく勉強したい場合は，テキストに戻るのも良い方法です。

> **公式などをまとめています**

> **ポイントや覚え方もバッチリ**

STEP 2 確認問題

POINTの内容について，テキストでも例題とされているような問題を設定しています。敢えて選択肢に頼らない出題形式で，知識が定着しているかを確認することができます。

穴埋め問題や簡単な計算問題を掲載

POINTへのリンクもつけています

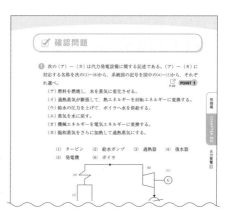

✓ 確認問題

① 次の（ア）～（カ）は汽力発電設備に関する記述である。（ア）～（カ）に対応する名称を次の(1)～(6)から，系統図の記号を図中の(a)～(f)から，それぞれ選べ。

（ア）燃料を燃焼し，水を蒸気に変化させる。
（イ）過熱蒸気が膨張して，熱エネルギーを回転エネルギーに変換する。
（ウ）給水の圧力を上げて，ボイラへ水を供給する。
（エ）蒸気を水に戻す。
（オ）機械エネルギーを電気エネルギーに変換する。
（カ）飽和蒸気をさらに加熱して過熱蒸気にする。

(1) タービン　(2) 給水ポンプ　(3) 過熱器　(4) 復水器
(5) 発電機　(6) ボイラ

STEP 3 基本問題

重要事項の内容を基本として，電験で出題されるような形式の問題を設定しています。問題慣れができるようになると良いでしょう。

本試験に沿った択一式の問題です

📖 基本問題

1 ボイラ設備に関する記述として，誤っているものを次の(1)～(5)のうちから一つ選べ。
(1) 過熱器は飽和蒸気をさらに加熱し，過熱蒸気にする役割がある。
(2) 再熱器は高圧タービンで仕事をした蒸気を再加熱し，熱効率の向上を図る設備である。
(3) ボイラ安全弁は蒸気圧力が一定以上になったとき，破損を防ぐために自動的に放圧する弁である。
(4) 節炭器はボイラの余熱で燃料を加熱する装置であり，熱効率の向上を図る設備である。
(5) 空気予熱器はボイラの余熱で燃焼用空気を加熱する装置であり，熱効率の向上を図る設備である。

2 次の文章はボイラの種類に関する記述である。
ボイラの種類には大きく分けて， （ア） ボイラと （イ） ボイラがあり，さらに （イ） ボイラは （ウ） ボイラと （エ） ボイラに分けられる。 （ア） ボイラは最も蒸気圧力を高く設計可能であるが，給水の管理に

STEP 4 応用問題

電験の準備のために，本試験で出題する内容と同等のレベルの問題を設定しています。応用問題を十分に理解していれば，合格に必要な能力は十分についているものと考えて構いません。

本試験レベルのオリジナル問題です

⚙ 応用問題

① ドラム形ボイラに関する記述として，誤っているものを次の(1)～(5)のうちから一つ選べ。
(1) 蒸気ドラムでは汽水分離を行う他，蒸発管への送水，給水の流れ込み等様々なフローの中継点的な役割がある。給水流量と蒸気の流量を一定にするため，液面計を設けることができるだけレベルが一定となるような管理を行っている。
(2) 貫流ボイラと比較して，保有水量が多いため，急激な負荷変化に対して対応がしやすい特長がある。
(3) 自然循環ボイラでは水の比重差で循環させるため，重い水はボイラに送水され，ボイラで温められるとドラムに戻るという循環を繰り返す。
(4) 水の圧力が上昇すると，水と蒸気の比重差が小さくなるため，ボイラでの給水の循環力が小さくなる。したがって，強制循環ボイラでは循環ポンプを設置し，水を強制循環させる。
(5) 強制循環ボイラは，自然循環ボイラに比べてボイラの高さは低くすることができるが，管形は大きくなる。

ⅴ

詳細な解説の解答編

　本書で解答編を別冊にしており，紙面の許す限り丁寧に解説しているので問題編よりも厚い構成になっています。

 POINT 1

POINTへのリンクを施しています。公式などを忘れている場合は戻って確認しましょう。

解答する際のポイントをまとめました。

注目

問題文で注意すべきところや，学習上のワンポイントアドバイスを掲載しています。

本書を使った効果的な学習法

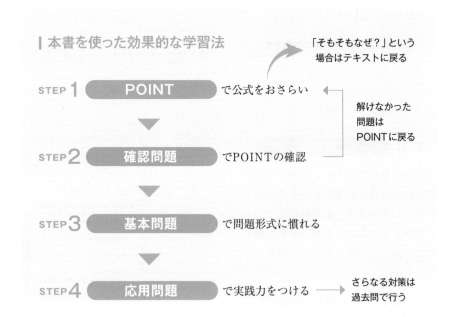

「そもそもなぜ？」という場合はテキストに戻る

STEP 1 **POINT** で公式をおさらい

解けなかった問題はPOINTに戻る

STEP 2 **確認問題** でPOINTの確認

STEP 3 **基本問題** で問題形式に慣れる

STEP 4 **応用問題** で実践力をつける → さらなる対策は過去問で行う

教科書との対応

本書は『みんなが欲しかった！電験三種 電力の教科書&問題集 第2版』と同じ構成をしています。本書との対応は以下の通りです。

CHAPTER	本書	電験三種電力の教科書&問題集（第2版）
CHAPTER 01 水力発電	① 水力発電	SEC01 直流機の原理
		SEC02 ベルヌーイの定理
		SEC03 水力発電所の出力と揚水発電所
		SEC04 水車の種類と調速機
CHAPTER 02 火力発電	① 汽力発電の設備と 熱サイクル	SEC01 火力発電の基本
		SEC02 汽力発電の設備と熱サイクル
	② 火力発電の各種計算	SEC03 汽力発電の電力と効率の計算
		SEC04 燃料と燃焼
		SEC05 ガスタービン発電とコンバインドサイクル発電
CHAPTER 03 原子力発電	① 原子力発電	SEC01 原子力発電
CHAPTER 04 その他の発電	① その他の発電	SEC01 その他の発電
CHAPTER 05 変電所	① 変電所	SEC01 変電所
CHAPTER 06 送電	① 架空送電線路， 充電電流， 線路定数	SEC01 複線図と単線図
		SEC02 架空送電線路
		SEC03 充電電流
		SEC04 線路定数
	② 送電線のさまざまな障害	SEC05 送電線のさまざまな障害
	③ 中性点接地と直流送電	SEC06 中性点接地
		SEC07 直流送電
CHAPTER 07 配電	① 配電	SEC01 架空配電線路
		SEC02 電気方式
		SEC03 配電の構成と保護
CHAPTER 08 地中電線路	① 地中電線路	SEC01 地中電線路
		SEC02 ケーブルの諸量の計算
CHAPTER 09 電気材料	① 電気材料	SEC01 電気材料
CHAPTER 10 電力計算	① パーセントインピーダンス，変 圧器の負荷分担， 三相短絡電流	SEC01 パーセントインピーダンス
		SEC02 変圧器の負荷分担
		SEC03 三相短絡電流
	② 電力と電力損失，線路の電圧降 下，充電電流・充電容量・誘電損	SEC04 電力と電力損失
		SEC05 線路の電圧降下
		SEC06 充電電流・充電容量・誘電損
CHAPTER 11 線路計算	① 配電線路の計算	SEC01 配電線路の計算
CHAPTER 12 電線のたるみと支線	① 電線のたるみと支線	SEC01 電線のたるみと支線

Index

水力発電

毎年2問程度出題され，電力科目の中
では計算問題の出題割合が高い分野
です。水車の名称や構造，水力発電所
の出力計算ではやや難易度が高い問題
も出題されます。本問題集でもさまざ
まな問題を網羅しているので，確実に
理解するようにしましょう。

CHAPTER 01 水力発電

1 水力発電

（教科書CHAPTER01対応）

POINT 1 水力発電所の分類

（1）水路式

自然勾配から落差を得て発電する方式。

＜水の流れのフロー＞

1．取水ダムで河川の水をせき止め
2．導水路と水圧管を経て，水車へ水を送り込む
3．水車を回転させ発電
4．放水路から元の河川に放流

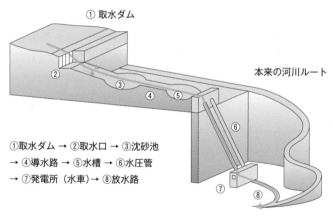

① 取水ダム

本来の河川ルート

①取水ダム → ②取水口 → ③沈砂池
→ ④導水路 → ⑤水槽 → ⑥水圧管
→ ⑦発電所（水車）→ ⑧放水路

（2）ダム式

ダムにより河川をせき止めることで生じる落差を利用して発電する
方式。導水路がなくサージタンクが不要となる。

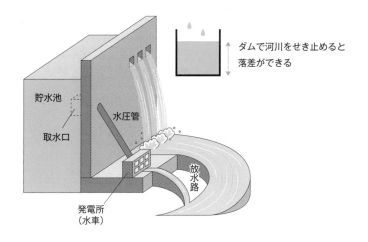

ダムで河川をせき止めると落差ができる

貯水池

水圧管

取水口

放水路

発電所
(水車)

(3) ダム水路式

　ダムで貯水し，さらに導水路で落差が得られる地点まで水を導き発電
する方式。

POINT 2　ヘッドタンクとサージタンク

ヘッドタンク：無圧式の水路と水圧管の間に設けるタンク。

サージタンク：圧力トンネルと水圧管の間に設けるタンク。水の流量が急
　　　　　　　変した際の水撃作用 (ウォーターハンマー) による水圧変
　　　　　　　化を軽減するために設けられている。

POINT 3　ベルヌーイの定理

位置水頭＋圧力水頭＋速度水頭＝一定 (エネルギー保存則)

$$h + \frac{p}{\rho g} + \frac{v^2}{2g} = 一定$$

$h\,[\mathrm{m}]$：位置水頭，$g\,[\mathrm{m/s^2}]$：重力加速度，$p\,[\mathrm{Pa}]$：水の圧力，$\rho\,[\mathrm{kg/m^3}]$：水の密度，
$v\,[\mathrm{m/s}]$：流速

(1) 位置水頭 $h\,[\mathrm{m}]$

位置エネルギー $mgh\,[\mathrm{J}] \div mg\,[\mathrm{N}] = $ 位置水頭 $h\,[\mathrm{m}]$

$m\,[\mathrm{kg}]$：水の質量

(2) 圧力水頭 $\dfrac{p}{\rho g}$ [m]

$$\text{圧力エネルギー } m\dfrac{p}{\rho}\,[\text{J}] \div mg\,[\text{N}] = \text{圧力水頭 } \dfrac{p}{\rho g}\,[\text{m}]$$

(3) 速度水頭 $\dfrac{v^2}{2g}$ [m]

$$\text{運動エネルギー } \dfrac{1}{2}mv^2\,[\text{J}] \div mg\,[\text{N}] = \text{速度水頭 } \dfrac{v^2}{2g}\,[\text{m}]$$

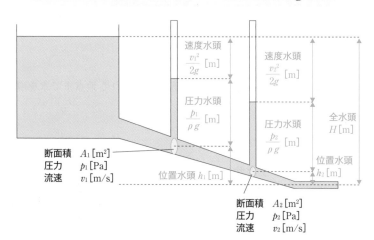

POINT 4 **水力発電所の出力**

(1) 有効落差 H [m]

$$(\text{有効落差}H\,[\text{m}]) = (\text{総落差}H_a\,[\text{m}]) - (\text{損失水頭}h_g\,[\text{m}])$$

総落差 H_a：貯水池と放水面の水位差 [m]

損失水頭 h_g：貯水池から水車到達までの損失 [m]

(2) 出力

①理論水力 P_0 [kW]

$$P_0 = 9.8QH$$

②水車出力 P_w [kW]

$P_\mathrm{w} = 9.8 Q H \eta_\mathrm{w}$

③発電機出力 P_g [kW]

$P_\mathrm{g} = 9.8 Q H \eta_\mathrm{w} \eta_\mathrm{g}$

④年間発電電力量 W [kW・h]

$W = P_\mathrm{g} \times 利用率 \times 24 \times 365$

Q：1秒間に流れる流量 [m³/s]　　　η_w：水車効率

η_g：発電機効率

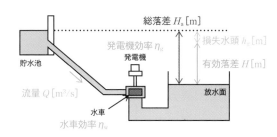

POINT 5　　**揚水発電所の必要動力**

（1）　揚水運転時の必要揚程 H_p [m]

（揚程 H_p [m]）＝（総落差 H_a [m]）＋（揚水時の損失水頭 h_p [m]）

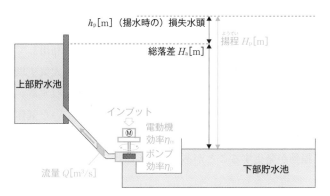

（2）　揚水ポンプの電動機入力 P_m [kW]

$$P_\mathrm{m} = \frac{9.8 Q H_\mathrm{p}}{\eta_\mathrm{p} \eta_\mathrm{m}}$$

Q：1秒間に流れる流量 [m³/s]　　　η_p：ポンプ効率　　　η_m：電動機効率

(3) 総合効率 η

$$\eta = \frac{発電機出力}{揚水時の電動機入力} = \frac{9.8QH\eta_w\eta_g}{\dfrac{9.8QH_p}{\eta_p\eta_m}}$$

$$= \frac{H}{H_p}\eta_p\eta_m\eta_w\eta_g$$

$$= \frac{H_a - h_g}{H_a + h_p}\eta_p\eta_m\eta_w\eta_g$$

POINT 6 **水車の種類**

(1) 衝動水車（例：ペルトン水車）

・水圧管の先端のノズルから水を噴射してランナのバケットにあてて回転させる。

・有効落差（位置エネルギー）を速度水頭（運動エネルギー）に変換して噴射する。

・水量の調整はニードル弁の開度で調整する。緊急時に急閉すると，水撃作用（ウォーターハンマー）が発生するため，緊急時はデフレクタを噴射口付近に入れて，そこに水を噴射させ，ニードル弁はゆっくりと閉じる。

(2) 反動水車（例：フランシス水車，プロペラ水車，斜流水車）

・反動水車は水が流入する衝撃力と流出する反動力を利用して回転する。

・ランナの後段に吸出し管を設けて，ランナの背圧を大気圧以下にして，ランナ出口から放水面までの落差のエネルギーを回収する。

・ただし，圧力が低くなりすぎると，水中に溶解していた気体が気泡となり，その気泡が潰れることで，ランナの壊食（エロージョン）や騒音・振動が発生することがある（キャビテーション）。

> キャビテーション防止策例は次の通り。
> 1. 吸出し管の高さを適切に設定する。
> 2. ランナの形状や材質を工夫する。
> 3. 水車の比速度を上げ過ぎない。

上から見た図
水の流れと回転方向

衝撃力と反動力によって
ランナが回転する

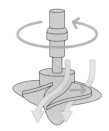

横から見た図

① フランシス水車

・渦形ケーシングからランナに水を流入させて回転する。

・流量変化はガイドベーンで調整する。

・構造が簡単で，広範囲の落差で使用可能なので，日本では最も多く採用されている。

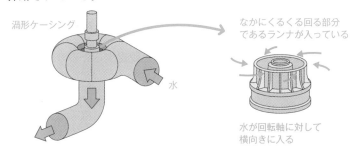

渦形ケーシング

水

なかにくるくる回る部分であるランナが入っている

水が回転軸に対して横向きに入る

② プロペラ水車

・渦形ケーシングからランナ軸を縦方向に水が通過し回転させる。

・ランナがプロペラの形となっているため，プロペラ水車という。水車の羽根を可動式にしたものをカプラン水車という。

・低落差で採用され，カプラン水車は部分負荷運転時に効率が下がりにくくなる。

水がランナを縦向きに通過する

③　斜流水車

・ランナ軸に対して斜めに水が通過し，回転する。

・水車の羽根を可動式にしたものをデリア水車といい，カプラン水車
同様，部分負荷運転で効率上昇を狙う。

・フランシス水車とプロペラ水車の中間的な構造となり，落差も中落
差で採用されることが多い。

POINT 7　**調速機（ガバナ）**

(1)　調速機（ガバナ）

系統の周波数（水車の回転数に比例）を一定にするために，水車の流
量調整を行う装置。

　　　　周波数が上昇　→　ガバナ開度減　→　水量が減少

　　　　周波数が低下　→　ガバナ開度増　→　水量が増加

(2)　速度調定率

調速機（ガバナ）の動きの特性を設定するための回転速度変化率と出
力変化率の比を速度調定率という。

変化前，変化後及び定格の回転速度を $N_1[\text{min}^{-1}]$，$N_2[\text{min}^{-1}]$ 及び $N_n[\text{min}^{-1}]$，
変化前，変化後及び定格の出力を $P_1[\text{kW}]$，$P_2[\text{kW}]$ 及び $P_n[\text{kW}]$ とし
たとき，速度調定率 $R[\%]$ は，以下の式で定義される。

$$R = \frac{\dfrac{N_2 - N_1}{N_n}}{\dfrac{P_1 - P_2}{P_n}} \times 100 \, [\%]$$

✓ 確認問題

❶ 次の文章は水力発電所の取水方式に関する記述である。（ア）〜（エ）に
あてはまる語句を答えよ。

P.2 **POINT 1**

水力発電所はその取水方式により3つに分類される。　(ア)　は，河川
の上流に取水ダムを設けてそこから水を取り入れ，河川の自然勾配を利用し
て落差を得て，発電後の水を河川に戻す方式である。　(イ)　は，ダムを
築き，河川をせき止めることにより生じる落差を利用して発電する方式で，
その構造上　(ウ)　が不要となる。　(エ)　は　(ア)　と　(イ)　の両方
を合わせて落差を得る方式である。

❷ 次の文章は水力発電所の構造に関する記述である。（ア）〜（ウ）にあて
はまる語句を答えよ。

P.3 **POINT 2**

水路式及びダム水路式の水力発電所には，導水路と水圧管路の接続部にタ
ンクを設けることが多い。それぞれの発電所において求められる役割が異な
るので，水路式発電所に設けるものを　(ア)　，ダム水路式発電所に設け
るものを　(イ)　と呼ぶ。　(ア)　は主に水車に送る水の流量調節や取水
に含まれる土砂・ごみ等を除去する役割があり，　(イ)　は負荷急変時に
水圧管内で生じる　(ウ)　を防止する役割がある。

❸ ベルヌーイの定理に関する以下の記述について，（ア）〜（オ）にあては
まる語句又は式を答えよ。

P.3 **POINT 3**

流水中のエネルギーについて，どの地点でもエネルギーの総和が等しくな
るという法則を　(ア)　の法則と呼ぶ。基準面からh[m]の高さにおける
水圧管中の流速をv[m/s]，圧力をp[Pa]，水の密度をρ[kg/m³]とすると，
質量m[kg]の流水中のエネルギーには位置エネルギー　(イ)　[J]と圧力
エネルギー　(ウ)　[J]と運動エネルギー　(エ)　[J]があり，　(ア)　の
法則よりそれらの総和は等しい。ベルヌーイの定理はこれらのエネルギーを

mgで除した式であり，［　(オ)　］＝一定と表される。

---

4 総落差が105 mで損失水頭が 7 mである水力発電所の有効落差[m]を求めよ。

P.4 POINT 4

---

5 貯水池の静水面の標高が547 m，水車の標高が425 m，放水面の標高が430 mで損失水頭が 5 mである水力発電所の有効落差[m]を求めよ。

P.4 POINT 4

---

6 次の文章は水力発電所の出力に関する記述である。(ア)～(ウ)にあてはまる単位又は式を答えよ。

P.4 POINT 4

水力発電所の理論水力P_0[kW]は有効落差H[m]，水車に 1 秒あたり流入する水の流量Q[　(ア)　]を用いて，

P_0＝［　(イ)　］[kW]

で求められる。水車出力P_W[kW]は水車の効率のみを考慮した出力であり，発電機出力P_g[kW]は水車と発電機を考慮した出力である。

ここで水車効率をη_w，発電機効率をη_gとすると，発電機出力P_gは，

P_g＝［　(ウ)　］[kW]

で求められる。

---

7 次の文章は水力発電所のエネルギー変換に関する記述である。(ア)～(オ)にあてはまる語句を答えよ。

P.4~8 POINT 4 6

水力発電所は水の持つ［　(ア)　］エネルギーを水車によって［　(イ)　］エネルギーに変換し，発電機で［　(イ)　］エネルギーを［　(ウ)　］エネルギーに変換して発電する発電所である。発電機の出力は有効落差に［　(エ)　］し，水車に流入する水の流量に［　(オ)　］する。

⑧ 次の文章は水力発電所の出力に関する記述である。（ア）〜（ウ）にあてはまる数値を答えよ。ただし，有効数字は 3 桁とする。 P.4 **POINT 4**

貯水池の静水面の標高が350 m，放水面の標高が210 mで損失水頭が15 mである水力発電所がある。この発電所を使用水量15 m^3/sで運転しているときの水車効率が92％，発電機効率が96％であるとき，この発電所の理論水力は （ア） ［kW］，水車出力は （イ） ［kW］，発電機出力は （ウ） ［kW］となる。

⑨ ある水力発電所が5000 kWの出力で 1 年間運転した場合の年間発電電力量［GW・h］を求めよ。ただし， 1 年は365日とする。 P.4 **POINT 4**

⑩ 最大使用水量が20 m^3/s，総落差が125 m，損失水頭が10 mの水力発電所がある。この発電所の利用率が70％であるとき，この発電所の年間発電電力量［GW・h］を求めよ。ただし，発電所の総合効率は90％とし， 1 年は365日とする。 P.4 **POINT 4**

⑪ 揚水発電をしている水力発電所において，総落差が150 m，損失水頭が発電時，揚水時ともに 5 mであるとき，有効落差及び揚程の大きさ［m］を求めよ。 P.4〜6 **POINT 4 5**

⑫ 次の文章は揚水発電所の出力に関する記述である。（ア）〜（エ）にあてはまる式を答えよ。 P.4〜6 **POINT 4 5**

揚水発電所の総落差H_a［m］，揚水時の損失水頭h_p［m］，発電時の損失水頭がh_g［m］であるとき，全揚程は （ア） ［m］，有効落差は （イ） ［m］となる。水車効率をη_w，ポンプ効率をη_p，発電機効率をη_g，電動機効率をη_mとし，水車へ流入する流量をQ［m^3/s］とすると，揚水時に必要な入力は （ウ） ［kW］，発電時の出力は （エ） ［kW］となる。

⑬ 次の文章は揚水発電所の出力に関する記述である。（ア）〜（ウ）にあてはまる数値を答えよ。ただし，有効数字は 3 桁とする。 P.4〜6 **POINT 4　5**

　　総落差が 110 m，損失水頭が発電時・揚水時とも 9 m，最大使用水量がともに 15 m³/s の揚水発電所がある。発電時の総合効率が 90 %，揚水時の総合効率が 85 % であるとき，発電時の最大出力は ［　（ア）　］［kW］，揚水時の電動機動力は ［　（イ）　］［kW］である。また，この揚水発電所の総合効率は ［　（ウ）　］% となる。

---

⑭ 次の文章は，水車の種類に関する記述である。（ア）〜（エ）にあてはまる語句を答えよ。 P.6 **POINT 6**

　　水力発電所に用いられる水車は，ノズルから水を噴射してバケットに水をあてる ［　（ア）　］水車と水の流入および流出の力を利用して回転する ［　（イ）　］水車がある。［　（ア）　］水車は有効落差（位置エネルギー）を ［　（ウ）　］水頭に変換して，［　（イ）　］水車は有効落差を ［　（エ）　］水頭に変換して，ランナを回転させる。

---

⑮ 次の文章は，ペルトン水車に関する記述である。（ア）〜（ウ）にあてはまる語句を答えよ。 P.6 **POINT 6**

　　ペルトン水車は，水圧管の先端のノズルから水を噴射してバケットに水をあてて回転させる水車である。水量の調整は ［　（ア）　］弁で行うが，負荷遮断等の緊急時に急閉すると ［　（イ）　］が発生するため，［　（ウ）　］で噴射の向きを変え，バケットに水が行かないようにする。さらに，ランナが空回りしないように停止するため，バケット背後に水を噴射するジェットブレーキが設けられている。

⑯ 次の文章は，反動水車であるフランシス水車に関する記述である。（ア）
〜（エ）にあてはまる語句を答えよ。　 POINT 6
P.6

　フランシス水車は，渦巻き形の　 (ア) 　から水を流入させてランナを回
転させる。流量の調整は　 (イ) 　で行う。ランナの下部には位置エネルギー
を回収する　(ウ) 　管があるが，　 (ウ) 　管を長くしすぎると　 (エ) 　が
発生し，ランナの壊食や効率の低下，振動の発生等が起こるので設計には注
意する。

---

⑰ 次の文章は調速機に関する記述である。（ア）〜（ウ）にあてはまる語句
を答えよ。　 POINT 7
P.8

　調速機は水車の回転速度を一定にし，系統の　 (ア) 　を一定に保つために
水量の調整を行う装置である。周波数が上昇した場合には開度を　 (イ) 　さ
せ，周波数が低下した場合には開度を　 (ウ) 　させる。

1 次の文章は水力発電における水頭に関する記述である。

図のような水力発電所において放水面を基準面とすると、基準面から高さ h_1 [m] にある貯水池の水面における位置水頭は （ア） [m] であり、水が図の h_2 [m] の高さで圧力 p [Pa]、速度 v [m/s] で水圧管を通過している場合、水の位置水頭は （イ） [m]、圧力水頭は （ウ） [m]、速度水頭は （エ） [m] となる。ベルヌーイの定理はエネルギー保存則により、この水頭の和が常に一定で、

$$（ア）＝（イ）＋（ウ）＋（エ）$$

となる関係を示したものである。ただし、管路での損失はないものとし、重力加速度は g [m/s²]、水の密度は ρ [kg/m³] とする。

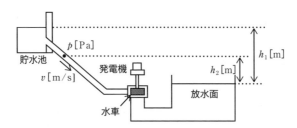

上記の記述中の空白箇所（ア）、（イ）、（ウ）及び（エ）に当てはまる組合せとして、正しいものを次の(1)～(5)のうちから一つ選べ。

	（ア）	（イ）	（ウ）	（エ）
(1)	h_1	h_2	$\dfrac{p}{\rho g}$	$\dfrac{v^2}{2g}$
(2)	0	$h_1 - h_2$	$\dfrac{\rho}{pg}$	$\dfrac{v^2}{2g}$
(3)	h_1	h_2	$\dfrac{p}{\rho g}$	$\dfrac{v^2}{2\rho g}$
(4)	h_1	h_2	$\dfrac{\rho}{pg}$	$\dfrac{v^2}{2g}$
(5)	0	$h_1 - h_2$	$\dfrac{p}{\rho g}$	$\dfrac{v^2}{2\rho g}$

2 総落差110 m，損失水頭 8 m，水車効率93％，発電機効率96％，定格出力3000 kW の水力発電所において，水車発電機が70％負荷で運転しているとき，水車に流入する水の流量［m³/s］の値として，最も近いものを次の(1)〜(5)のうちから一つ選べ。ただし，負荷の違いによる水車効率及び発電機効率の変化はないものとする。

(1) 1.88　　(2) 2.35　　(3) 3.36　　(4) 3.82　　(5) 4.80

3 下池と上池がある揚水発電所があり，昼間は上池から下池へ発電し，夜間は下池から上池へ同量を揚水運転する。各条件が次のように与えられているとき，(a)〜(h)の値を求めよ。ただし，有効数字 3 桁で答えよ。

上池の標高	：600 m
下池の標高	：400 m
発電時の流量	：20 m³/s
揚水時の流量	：16 m³/s
発電時の損失水頭	：総落差の 3 ％
揚水時の損失水頭	：総落差の 3 ％
水車効率	：93％
発電機効率	：96％
ポンプ効率	：91％
電動機効率	：95％
重力加速度	：9.8 m/s²
発電時間	：8 時間

(a) 発電時の有効落差［m］　　　(e) 揚水時必要動力［kW］

(b) 揚水時の全揚程［m］　　　　(f) 一日の発電電力量［kW・h］

(c) 理論水力［kW］　　　　　　(g) 揚水所要時間［h］

(d) 発電時出力［kW］　　　　　(h) 発電所の総合効率［％］

4 水車の名称と種類の関係について，誤っているものを次の(1)〜(5)のうちから一つ選べ。

(1) フランシス水車 ― 反動水車
(2) クロスフロー水車 ― 衝動水車
(3) ペルトン水車 ― 衝動水車
(4) デリア水車 ― 衝動水車
(5) カプラン水車 ― 反動水車

---

5 水車発電機における調速機（ガバナ）の特性を設定する速度調定率 R [%] は次の式で与えられる。このとき，次の(a)及び(b)の問に答えよ。ただし，本問で扱う水車発電機の定格出力は 2000 kW，定格回転速度は 500 min^{-1}，系統周波数は 50 Hz とする。

$$R = \frac{\frac{N_2 - N_1}{N_{\mathrm{n}}}}{\frac{P_1 - P_2}{P_{\mathrm{n}}}} \times 100 \, [\%]$$

N_1 [min^{-1}]：変化前の回転速度，N_2 [min^{-1}]：変化後の回転速度，
N_{n} [min^{-1}]：定格回転速度
P_1 [kW]：変化前の出力，P_2 [kW]：変化後の出力，P_{n} [kW]：定格出力

(a) 定格出力，定格回転速度で運転していたところ，系統事故により回転速度が 505 min^{-1}，出力は 1500 kW となった。速度調定率 [%] として，最も近いものを次の(1)〜(5)のうちから一つ選べ。

(1) 2　(2) 4　(3) 5　(4) 6　(5) 8

(b) (a)の速度調定率において，出力 1500 kW，定格回転速度で運転していたところ，周波数が 49.7 Hz に急変した。このときの変化後の出力 P_2 [kW] として，最も近いものを次の(1)〜(5)のうちから一つ選べ。

(1) 300　(2) 750　(3) 1200　(4) 1500　(5) 1800

⚙ 応用問題

1 図のような水力発電所がある。貯水池の静水面のA点からの高さhは80 m，損失水頭は5 mである。A点での圧力p[kPa]を測ったところ500 kPa（大気圧基準）であった。全水頭はベルヌーイの定理に従うものとする。次の(a)及び(b)の問に答えよ。ただし，図のA点の配管内径は1.5 m，重力加速度はg= 9.8 m/s^2，水の密度はρ = 1000 kg/m^{3}とし，管内における水の流れは一様であるとする。

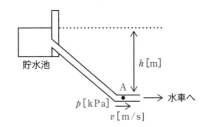

(a) A点における流速v[m/s]の大きさとして，最も近いものを次の(1)～(5)のうちから一つ選べ。

  (1) 9   (2) 11   (3) 15   (4) 22   (5) 30

(b) この水力発電所の理論水力[kW]として，最も近いものを次の(1)～(5)のうちから一つ選べ。ただし，A点と放水面の高さは同じとする。

  (1) 28000   (2) 35000   (3) 45000
  (4) 56000   (5) 70000

---

2 揚水時の流量が17 m^3/s，発電時の流量が20 m^3/sの揚水発電所があり，総落差は90 m，損失水頭は揚水時，発電時とも4 mとする。揚水時のポンプ及び電動機の総合効率が84%，発電時の水車および発電機の総合効率が87%である。ただし，重力加速度は9.8 m/s^2，水の密度は1000 kg/m^{3}とする。次の(a)～(d)の問に答えよ。

(a) 揚水量および発電時の使用水量が同一であるとして，この発電所が1日で発電可能な時間 [h] として，最も近いものを次の(1)〜(5)のうちから一つ選べ。ただし，発電と揚水の切換えには各40分要するものとする。

    (1) 9.5   (2) 10.4   (3) 10.7   (4) 11.1   (5) 11.6

(b) この発電所の揚水時の必要動力 [kW] として，最も近いものを次の(1)〜(5)のうちから一つ選べ。

    (1) 12000   (2) 15660   (3) 17100
    (4) 17850   (5) 18600

(c) この発電所の総合効率 [%] として，最も近いものを次の(1)〜(5)のうちから一つ選べ。

    (1) 64   (2) 67   (3) 70   (4) 73   (5) 76

(d) この発電所の年間発電電力量 [MW・h] として，最も近いものを次の(1)〜(5)のうちから一つ選べ。ただし，この発電所の発電時間は9時〜15時，常時一定運転とする。

    (1) 3200   (2) 16000   (3) 32000
    (4) 64000   (5) 128000

---

3 次の文章は水車の比速度に関する記述である。

水車の比速度 N_s [m・kW] とは，水車の形状を同じにしたまま1mの落差で1kWの出力を発生したときの回転速度をいい，定格回転速度 N [min⁻¹]，水車出力 P [kW]，有効落差 H [m] を用いて以下の式で表される。

$$N_s = \frac{(ア)}{(イ)} \times N$$

ただし，水車出力P〔kW〕は衝動水車ではノズル1本あたり，反動水車ではランナ1個あたりとなる。

ペルトン水車，フランシス水車，カプラン水車において，比速度を小さい順に並べると，一般的に ［ (ウ) ］水車＜［ (エ) ］水車＜［ (オ) ］水車となり，有効落差を小さい順に並べると，一般的に ［ (オ) ］水車＜［ (エ) ］水車＜［ (ウ) ］水車となる。

上記の記述中の空白箇所 (ア)，(イ)，(ウ)，(エ) 及び (オ) に当てはまる組合せとして，正しいものを次の(1)～(5)のうちから一つ選べ。

	(ア)	(イ)	(ウ)	(エ)	(オ)
(1)	$H^{\frac{5}{4}}$	$P^{\frac{1}{2}}$	ペルトン	カプラン	フランシス
(2)	$P^{\frac{1}{2}}$	$H^{\frac{5}{4}}$	ペルトン	フランシス	カプラン
(3)	$H^{\frac{5}{4}}$	$P^{\frac{1}{2}}$	フランシス	カプラン	ペルトン
(4)	$H^{\frac{5}{4}}$	$P^{\frac{1}{2}}$	カプラン	ペルトン	フランシス
(5)	$P^{\frac{1}{2}}$	$H^{\frac{5}{4}}$	フランシス	ペルトン	カプラン

④ 出力1000 MW，速度調定率が5％のタービン発電機と出力200 MW，速度調定率が3％の水車発電機があり，共に75％負荷で運転している。このとき，次の(a)及び(b)の問に答えよ。ただし，タービン発電機の極数は2，水車発電機の極数は8であり，系統の周波数は60 Hzとする。また，自動調速機（ガバナ）の特性を設定する速度調定率Rは次の式で与えられる。

$$R = \frac{\dfrac{N_2 - N_1}{N_n}}{\dfrac{P_1 - P_2}{P_n}} \times 100 \, [\%]$$

N_1〔min^{-1}〕：変化前の回転速度，N_2〔min^{-1}〕：変化後の回転速度，
N_n〔min^{-1}〕：定格回転速度
P_1〔MW〕：変化前の出力，P_2〔MW〕：変化後の出力，P_n〔MW〕：定格出力

(a) 水車発電機の定格回転速度 [min^{-1}] として，最も近いものを次の(1)〜
(5)のうちから一つ選べ。

(1) 375　　(2) 750　　(3) 900　　(4) 1200　　(5) 3000

(b) 定格回転速度で運転したところ，負荷が急変し，タービン発電機の出
力が 500 MW となった。このとき，水車発電機の出力 [MW] として，
最も近いものを次の(1)〜(5)のうちから一つ選べ。

(1) 50　　(2) 70　　(3) 100　　(4) 120　　(5) 140

火力発電

基本的な汽力発電所の内容からコンバインドサイクル発電まで範囲が広く，過去の出題割合も非常に高い分野です。火力発電所の構造は原子力発電所と似ている内容もあり，燃焼や効率の計算では熱力学の内容を扱います。範囲は広いですが，発電の肝となる分野なので，しっかりと時間をかけて勉強を進めるようにして下さい。

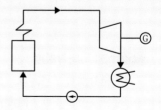

CHAPTER 02 火力発電

1 汽力発電の設備と熱サイクル

（教科書CHAPTER02　SEC01〜SEC02対応）

POINT 1　汽力発電の概要

　汽力発電は下図に示すようなランキンサイクルを利用して発電する設備である。

給水ポンプ：給水を昇圧する

ボイラ　　：燃料を燃焼し，水を加熱し飽和蒸気にする

過熱器　　：ボイラからの飽和蒸気をさらに加熱し，過熱蒸気にする

タービン　：蒸気を膨張させ，回転力を得る

発電機　　：回転エネルギーを電気エネルギーに変換する

復水器　　：低温低圧となった蒸気を水に戻し，再び給水とする

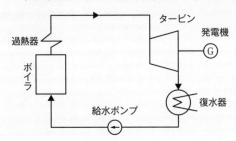

POINT 2　絶対温度

　絶対温度 $T[\mathrm{K}]$ は，分子の運動がない状態（絶対零度）を基準とした温度で，セルシウス温度 $t[℃]$ との関係は以下の通りとなる。

$$T = t + 273.15$$

POINT 3　物質の三態と用語の定義

　下図のように，固体である氷を加熱すると0℃で溶けて液体の水となり，さらに加熱を続けると100℃で気体の水蒸気となる。固体，液体，気体のことを物質の三態という。

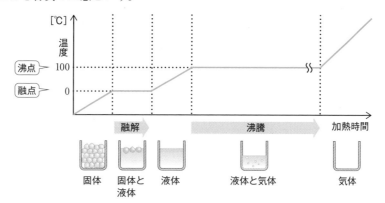

(1)　蒸気

　　湿り蒸気：細かな水滴を含んでいる蒸気（上図の液体と気体の状態）。大気圧においては100℃

　　乾き蒸気：湿り蒸気の加熱を続けて，水滴がすべて蒸発した蒸気（上図の気体の状態）。大気圧においては100℃以上

(2)　飽和温度（沸点）と飽和水

　　飽和温度：液体が沸騰するときの温度。大気圧の水では100℃

　　飽和水　：飽和温度である水。大気圧においては100℃の水

(3)　臨界圧力と臨界温度

　　顕熱　　：熱を加えたときに物質の温度上昇に関わる熱

　　潜熱　　：物質の状態変化（水→水蒸気等）に関わる熱

　　臨界圧力：蒸発潜熱が零となるときの圧力（水では約22.1 MPa）

　　臨界温度：臨界圧力のときの温度（水では約374℃）

(4)　エンタルピー［J］

　　圧力一定下で物質の集まりが持つエネルギー。

　　発熱→エネルギーを放出→エンタルピーの変化量はマイナス

　　吸熱→エネルギーを吸収→エンタルピーの変化量はプラス

POINT 4 　ボイラ

　燃料を燃焼し，発生した熱エネルギーを利用して蒸気を発生させる設備。

設備	機能
燃焼室	燃料を燃焼させ，高温のガスをつくる
ドラム	水分と飽和蒸気を分離するほか，蒸発管への送水をする（貫流ボイラには無い）
過熱器	ドラムなどで発生した飽和蒸気をさらに加熱し，過熱蒸気にする
再熱器	熱効率向上のため，一度タービンで仕事をした蒸気をボイラに戻して加熱する
節炭器（エコノマイザ）	熱効率向上のため，煙道を通る燃焼ガスの余熱を利用してボイラ給水を加熱する
空気予熱器	熱効率向上のため，煙道を通る燃焼ガスの余熱を利用して燃焼用空気を加熱する
安全弁	蒸気圧力が一定の値を超えたときに蒸気を放出し，機器の破損を防ぐ

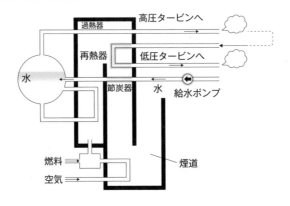

POINT 5 　ボイラの種類

⑴　自然循環ボイラ…水と蒸気の比重差を利用してボイラ水を自然循環させる。

⑵　強制循環ボイラ…高温高圧下においては水と蒸気の比重差が小さくなり自然循環しにくくなるため，循環ポンプを取り付けてボイラ水を強制的に循環させる。

⑶　貫流ボイラ…ボイラ水がさらに高圧になり，超臨界圧になると，水と蒸気の比重差がなくなり，ボイラ水を循環することができなくなるため，長い水管を貫流させながら加熱して水を蒸発させる。

POINT 6 蒸気タービン

ボイラから出た高温・高圧の蒸気の熱エネルギーを，回転力である機械的エネルギーに変換する。以下の3種類が試験では重要である。

(1) 復水タービン：タービンの出口蒸気を復水器で冷却するタービン

(2) 再熱タービン：一度使用した蒸気を再び加熱して用いるタービン

(3) 再生タービン：抽気した蒸気を給水の加熱に使用するタービン

	タービン発電機	水車発電機
回転速度	速い（3000～3600 min⁻¹）	遅い（100～1200 min⁻¹）
回転子の形	非突極形（円筒形） 直径が小さい 軸方向に長い	突極形 直径が大きい 軸方向に短い
極数	少ない（おもに火力は2極，原子力は4極）	多い（水力は多極）
冷却方法	水素，空気，水	空気
軸形式	横軸形	おもに縦軸形
種類	銅機械	鉄機械

POINT 7 復水器

蒸気タービンで仕事をした蒸気を冷却水（海水等）で冷やして水にするための装置。真空度が高くなればなるほど，蒸気が膨張し，熱効率が良くなる。汽力発電の熱サイクルにおいて，最もエネルギー損失が大きく，ボイラ入熱の約半分が損失となる。

POINT 8 熱サイクル

「水が加熱され蒸気になり，仕事をした後冷やされ水になる」という一連のサイクルを熱サイクルという。

(1) ランキンサイクル

右図のような最も基本的な熱サイクル。

$p-V$線図と$T-s$線図は次図の通りとなる。

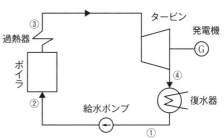

エントロピー s [J/K]：物体や熱の混合度合いを示す指標。

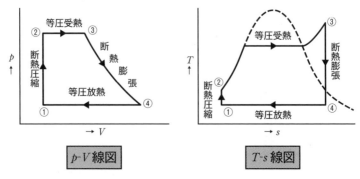

①→②：給水ポンプで水の圧力を上昇させる（断熱圧縮）

②→③：ボイラや過熱器で水を加熱して蒸気にする（等圧受熱）

③→④：蒸気がタービン内で仕事をし，膨張している（断熱膨張）

④→①：復水器で蒸気を冷やして水にしている（等圧放熱）

(2) 再熱サイクル

　高圧タービンで仕事をした蒸気をボイラに送り，再熱器で再び加熱して，低圧タービンに送る熱サイクル。

　低圧タービン下段での湿り度増加防止や熱効率向上を図る。

(3) 再生サイクル

　タービンの中段から蒸気を抽出して，給水の加熱に利用する熱サイクル。

(4) 再熱再生サイクル

　再熱サイクルと再生サイクルを組み合わせたサイクル。汽力発電としては最も効率が良くなり，電力会社等の大容量の汽力発電所で採用されている。

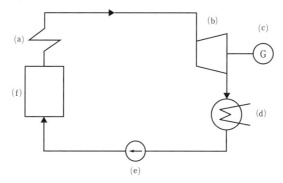

1 次の（ア）〜（カ）は汽力発電設備に関する記述である。（ア）〜（カ）に対応する名称を次の(1)〜(6)から，系統図の記号を図中の(a)〜(f)から，それぞれ選べ。 🔗 P.22 **POINT 1**

（ア）燃料を燃焼し，水を蒸気に変化させる。

（イ）過熱蒸気が膨張して，熱エネルギーを回転エネルギーに変換する。

（ウ）給水の圧力を上げて，ボイラへ水を供給する。

（エ）蒸気を水に戻す。

（オ）機械エネルギーを電気エネルギーに変換する。

（カ）飽和蒸気をさらに加熱して過熱蒸気にする。

(1) タービン　　(2) 給水ポンプ　　(3) 過熱器　　(4) 復水器

(5) 発電機　　(6) ボイラ

2 次の文章は温度に関する記述である。（ア）〜（ウ）にあてはまる語句又は数値を答えよ。 🔗 P.22 **POINT 2**

セルシウス温度 t[℃] は大気圧で水が固体に変化する温度を 0℃，水が気体に変化する温度を 100℃ とした指標であり，熱力学の分野では ［　（ア）　］ が用いられる。これは，原子内の運動が零となる温度を ［　（イ）　］ としたもので，セルシウス温度にすると − 273.15℃ が 0 K となる。セルシウス温度の 15℃ を ［　（ア）　］ に変換すると ［　（ウ）　］ となる。

❸ 次の文章は物質の三態に関する記述である。（ア）〜（オ）にあてはまる語句を答えよ。

P.23 **POINT 3**

　氷を加熱すると水になり，さらに水を加熱すると水蒸気となる。常温の水を加熱すると100℃まで上昇し，その後100℃一定の状態（飽和温度）で水が水蒸気になる。このとき，100℃まで上昇させるために必要な熱を （ア） ，水を水蒸気にするために必要な熱を （イ） という。

　一般に水の圧力を上昇させると沸点は （ウ） し （イ） が小さくなるが， （イ） が零になる圧力を （エ） ，そのときの温度を （オ） という。

---

❹ 次のボイラの種類の説明に関して，自然循環ボイラ，強制循環ボイラ，貫流ボイラのいずれかの名称を（ア）〜（ウ）にあてはめよ。

P.24 **POINT 5**

　（ア） ：超臨界圧での使用が可能であるが，蒸気ドラムを持たないため，給水の管理に注意を要するボイラ。

　（イ） ：冷たい水は重く，蒸気は軽いという特性を利用して，ボイラの蒸発管で水を蒸気にしながら循環させるボイラ。

　（ウ） ：循環ポンプを設置してボイラ水を循環させるボイラ。

---

❺ 次の汽力発電設備に関する記述として，正しいものには○，誤っているものには×をつけよ。

P.24〜25 **POINT 4 〜 8**

(1) 汽力発電設備の主な設備には，ボイラ，タービン，発電機，復水器，給水ポンプ等がある。

(2) 汽力発電設備はブレイトンサイクルで発電する設備である。

(3) 給水ポンプでは給水を加圧し，ボイラに送水する役割がある。

(4) 給水ポンプで行われる過程は，断熱圧縮である。

(5) ボイラでは給水を飽和蒸気にする変圧受熱を行う。

(6) 蒸気ドラムには，水と蒸気を分離すると同時に，給水に含まれる不純物を除去する役目がある。

(7) 強制循環ボイラは，循環ポンプがあるため，自然循環ボイラよりも起動停止に時間がかかる。

(8) 貫流ボイラは，蒸気ドラムがないため，水と蒸気の比重差がない超臨界圧でのみ扱う。

(9) 過熱器はボイラ上部にある設備で，ボイラからの飽和蒸気を乾いた過熱蒸気にする役割がある。

(10) 蒸気タービンは蒸気の持つ熱エネルギーを機械的エネルギーに変換するものである。

(11) 再熱タービンはタービンで仕事をした蒸気の一部を給水を温めるのに使用するタービンである。

(12) 復水器ではあまり熱損失は発生せず，その割合はボイラで与えた熱量の1割程度である。

6 次の文章は汽力発電設備の熱サイクルに関する記述である。（ア）〜（オ）にあてはまる語句を答えよ。

P.25 **POINT 8**

図は一般的な汽力発電所の熱サイクルであり， (ア) サイクルと呼ばれる。給水ポンプは図の (イ) ，タービンでの仕事は (ウ) ，ボイラは (エ) ，復水器は (オ) とそれぞれ対応する。

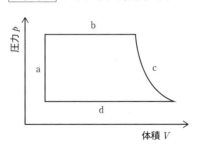

1 ボイラ設備に関する記述として，誤っているものを次の(1)～(5)のうちから一つ選べ。

(1) 過熱器は飽和蒸気をさらに加熱し，過熱蒸気にする役割がある。

(2) 再熱器は高圧タービンで仕事をした蒸気を再加熱し，熱効率の向上を図る設備である。

(3) ボイラ安全弁は蒸気圧力が一定以上になったとき，破損を防ぐために自動的に放圧する弁である。

(4) 節炭器はボイラの余熱で燃料を加熱する装置であり，熱効率の向上を図る設備である。

(5) 空気予熱器はボイラの余熱で燃焼用空気を加熱する装置であり，熱効率の向上を図る設備である。

---

2 次の文章はボイラの種類に関する記述である。

　ボイラの種類には大きく分けて，　(ア)　ボイラと　(イ)　ボイラがあり，さらに　(イ)　ボイラは　(ウ)　ボイラと　(エ)　ボイラに分けられる。　(ア)　ボイラは最も蒸気圧力を高く設計可能であるが，給水の管理に注意を必要とする。　(ウ)　ボイラは，同容量であれば　(エ)　ボイラよりもボイラの高さを低くすることができる特長がある。

　上記の記述中の空白箇所（ア），（イ），（ウ）及び（エ）に当てはまる組合せとして，正しいものを次の(1)～(5)のうちから一つ選べ。

		(ア)	(イ)	(ウ)	(エ)
(1)		貫流	ドラム形	強制循環	自然循環
(2)		貫流	ドラム形	自然循環	強制循環
(3)		ドラム形	循環	自然循環	強制循環
(4)		ドラム形	循環	強制循環	自然循環
(5)		貫流形	循環	強制循環	自然循環

3　一般的な汽力発電設備におけるタービン発電機に関する記述として，誤っているものを次の(1)〜(5)のうちから一つ選べ。ただし，この発電機の極数は2とする。

(1)　回転速度は50 Hzにおいては3000 min^{-1}，60 Hzにおいては3600 min^{-1}である。

(2)　極数は水車発電機と比べると少ない。

(3)　回転子は横置円筒形が一般的である。

(4)　小容量では空気冷却方式，大容量では水素冷却方式が採用される。

(5)　一般に大型であるため，鉄機械と呼ばれる。

4　次の文章は汽力発電設備の熱サイクルに関する記述である。

汽力発電設備の基本サイクルは　(ア)　サイクルと呼ばれる。しかしながら，この基本サイクルでは復水器での熱損失やボイラの負担が大きくなり，容量も大きくなってしまうという欠点がある。

　(イ)　サイクルは高圧タービンで一度仕事をした蒸気を再度ボイラに送り過熱蒸気にするサイクルである。　(ウ)　サイクルはタービン中段から一部蒸気を取り出し，給水加熱器に送るサイクルである。一般に大容量の汽力発電所では，これらを組み合わせて使用する場合が多い。

上記の記述中の空白箇所（ア），（イ）及び（ウ）に当てはまる組合せとして，正しいものを次の(1)～(5)のうちから一つ選べ。

	（ア）	（イ）	（ウ）
(1)	カルノー	再熱	再生
(2)	カルノー	再生	再熱
(3)	ランキン	再熱	再生
(4)	ブレイトン	再生	再熱
(5)	ランキン	再生	再熱

---

5 汽力発電設備に関する記述として，誤っているものを次の(1)～(5)のうちから一つ選べ。

(1) 過熱器の出口蒸気は非常に高温高圧の蒸気となる。

(2) 復水器ではタービンからの蒸気を冷却するため，大量の冷却水を必要とする。

(3) 蒸気ドラムでは汽水分離をして上から飽和蒸気，下から水を引き出す。

(4) 再熱器ではタービンからの蒸気を再加熱するため，温度及び圧力が上昇し過熱蒸気になる。

(5) 給水ポンプでは給水を加圧するため，給水ポンプの出口圧力が汽力発電設備で最も高い圧力となる。

① ドラム形ボイラに関する記述として，誤っているものを次の(1)〜(5)のうちから一つ選べ。

  (1) 蒸気ドラムでは汽水分離を行う他，蒸発管への送水，給水の流れ込み等様々なフローの中継点的な役割がある。給水流量と蒸気の流量を一定にするため，液面計を設けできるだけレベルが一定となるような管理を行っている。

  (2) 貫流ボイラと比較して，保有水量が多いため，急激な負荷変化に対して対応がしやすい特長がある。

  (3) 自然循環ボイラでは水の比重差で循環させるため，重い水はボイラに送水され，ボイラで温められるとドラムに戻るという循環を繰り返す。

  (4) 水の圧力が上昇すると，水と蒸気の比重差が小さくなるため，ボイラでの給水の循環力が小さくなる。したがって，強制循環ボイラでは循環ポンプを設置し，水を強制循環させる。

  (5) 強制循環ボイラは，自然循環ボイラに比べてボイラの高さは低くすることができるが，管形は大きくなる。

② 汽力発電設備の熱効率向上対策として，誤っているものを次の(1)〜(5)のうちから一つ選べ。

  (1) 再熱サイクルを採用する。

  (2) タービン入口蒸気温度を高くする。

  (3) 給水加熱器を設置し，抽気で給水を加熱する。

  (4) 復水器の真空度を下げる。

  (5) 節炭器，空気予熱器を設置する。

③ 各タービンに関する記述として，誤っているものを次の(1)〜(5)のうちから一つ選べ。

(1) 再熱タービン：タービンの中段にて蒸気を取り出し，ボイラで再加熱を行って，再びタービンに戻す。

(2) 再生タービン：タービンの中段から蒸気を取り出し，給水を温める。

(3) 衝動タービン：運動エネルギーでタービンを回転させる。汽力発電設備では採用されない。

(4) 背圧タービン：タービンの出口蒸気を，熱エネルギーとして別の用途に利用するタービンで復水器を使用しない。

(5) 復水タービン：復水器の高い真空度を利用して，蒸気を大きく膨張させる。

---

④ 次の文章はタービン発電機と水車発電機の比較に関する記述である。

汽力発電所ではタービン発電機，水力発電所では水車発電機が用いられるが，その特性は大きく異なる。

一般に水車発電機では回転速度を大きくとると ［(ア)］ が発生してしまう懸念から，回転速度を大きくできない。一方，タービン発電機は回転速度を大きくすることができるが，回転速度を大きくすると，遠心力が大きくなるので，回転子の構造は ［(イ)］ にし，［(ウ)］ とするのが一般的となる。［(イ)］ とすると，冷却が難しくなるので，空気より冷却効果が高い水素を利用して冷却する。水素は空気より比熱が ［(エ)］，風損が ［(オ)］ という特徴があるが，爆発性があるため，圧力管理に注意を要する。

上記の記述中の空白箇所 (ア)，(イ)，(ウ)，(エ) 及び (オ) に当てはまる組合せとして，正しいものを次の(1)〜(5)のうちから一つ選べ。

	(ア)	(イ)	(ウ)	(エ)	(オ)
(1)	ウォーターハンマー	突極形	縦置形	小さく	小さい
(2)	キャビテーション	円筒形	横置形	大きく	小さい
(3)	キャビテーション	円筒形	横置形	小さく	大きい
(4)	ウォーターハンマー	突極形	縦置形	大きく	大きい
(5)	キャビテーション	突極形	横置形	大きく	大きい

⑤ 図に示す汽力発電設備の $T-s$ 線図に関する記述として誤っているものを次の(1)～(5)のうちから一つ選べ。

(1) 図のA→Bは断熱圧縮の過程であり，給水ポンプでボイラ圧力まで上昇させる過程である。

(2) 図のC→Eは断熱膨張の過程であり，ボイラにより給水が飽和蒸気になるまでの過程である。

(3) 図のF→Gは等圧受熱の過程であり，再熱器により蒸気が再加熱される過程である。

(4) 図のH→Cはタービン中段より蒸気を抜き出し，給水加熱器により給水が温められる過程である。

(5) 図のI→Aは等圧放熱の過程であり，復水器により蒸気が水になる過程である。

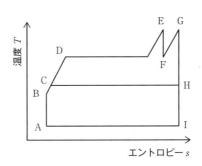

2 火力発電の各種計算

（教科書CHAPTER02　SEC03〜 SEC05対応）

POINT 1　汽力発電所の電力

発電端電力 P_G：発電機で発電された電力

送電端電力 P_S：外部へ送電する電力

所内電力 P_L：発電所内で使用する電力

発電端電力，送電端電力，所内電力の関係は以下の通り。

$$P_S = P_G - P_L$$

所内率 L は以下の通り。

$$L = \frac{P_L}{P_G}$$

$$P_S = P_G(1 - L)$$

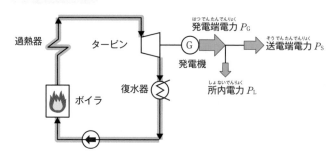

POINT 2　汽力発電所の効率

効率 η は入力に対して出力がどれだけ得られたかを表すもの。

$$\eta = \frac{出力}{入力}$$

汽力発電においては，ボイラ効率 η_B，タービン効率 η_t，タービン室効率 η_T，発電機効率 η_G があり，汽力発電における総合効率である発電端効率 η_P は以下の式となる。

$$\eta_P = \eta_B \times \eta_T \times \eta_G$$

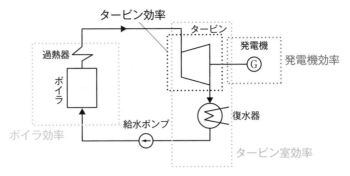

(1) ボイラ効率

　　ボイラ効率η_Bは，消費した燃料の熱量に対する，発生した蒸気の熱量で定義され，燃料消費量B[kg/h]，燃料発熱量H[kJ/kg]，蒸気量Z[kg/h]，給水および蒸気の単位質量あたりの比エンタルピーをそれぞれh_w[kJ/kg]，h_s[kJ/kg]とすると以下の式となる。

$$\eta_B = \frac{出力}{入力} = \frac{Z(h_s - h_w)}{BH}$$

(2) タービン効率，タービン室効率

　　タービン効率η_tはタービン単体での効率，タービン室効率η_Tはタービンと復水器を合わせた効率である。タービンの機械的出力P_t[kW]（[kJ/s]），蒸気量Z[kg/h]，給水，タービン入口蒸気，タービン出口蒸気の単位質量あたりの比エンタルピーをそれぞれh_w[kJ/kg]，h_s[kJ/kg]，h_t[kJ/kg]とすると以下の式となる

$$\eta_t = \frac{出力}{入力} = \frac{3600\,P_t}{Z(h_s - h_t)}$$

$$\eta_T = \frac{出力}{入力} = \frac{3600\,P_t}{Z(h_s - h_w)}$$

(3) 発電機効率

　　発電機効率η_Gは，タービンによる回転エネルギーがどれだけ発電できたかを示す発電機の効率である。発電端電力P_G[kW]，タービンの機械的出力P_t[kW]とすると以下の式となる。

$$\eta_G = \frac{出力}{入力} = \frac{P_G}{P_t}$$

(4) 発電端熱効率

発電端熱効率 η_P は消費した燃料の熱量に対する発生した電力の割合で示され，汽力発電の効率は発電端熱効率のことを指し，電験でも出題率が高い。

$$\eta_P = \eta_B \times \eta_T \times \eta_G$$
$$= \frac{Z(h_s - h_w)}{BH} \times \frac{3600\,P_t}{Z(h_s - h_w)} \times \frac{P_G}{P_t}$$
$$= \frac{3600\,P_G}{BH}$$

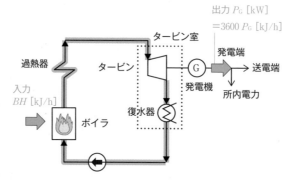

(5) 送電端熱効率

送電端熱効率 η_S は消費した燃料の熱量に対する送電端電力で示され，所内電力 P_L もしくは所内率 L を加味した熱効率となる。

$$\eta_S = \frac{3600(P_G - P_L)}{BH}$$
$$= \eta_P(1 - L)$$

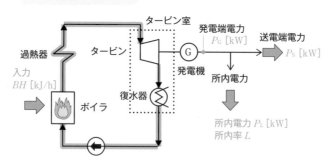

POINT 3　復水器の損失

　復水器では蒸気の凝縮を行い水にするために，多くの熱量を冷却水（海水等）と熱交換することになる。したがって，復水器の損失は冷却水に移動した熱量で求めることができる。冷却水の流量を$Q[\mathrm{m^3/s}]$，冷却水の比熱を$c[\mathrm{kJ/(kg \cdot K)}]$，冷却水の密度を$\rho[\mathrm{kg/m^3}]$，冷却水の温度変化を$\Delta T[\mathrm{K}]$とすると，冷却水に移動する熱量$W[\mathrm{kJ/s}]$は，次の式で求められる

$$W = \rho Q c \Delta T$$

POINT 4　燃料と環境対策

(1)　火力発電に使われる燃料

　火力発電に使われる燃料には下表のように固体燃料，液体燃料，気体燃料がある。石炭は安価で将来的にも安定した供給を見込むことができるが，硫黄酸化物や窒素酸化物，ばいじんなどの発生が多いという特徴がある。

燃料の種類	常温時の状態	環境性	経済性
石炭	固体	悪い	安価
石油，重油	液体	普通	高価
LNG	気体	良い	普通

(2)　環境汚染対策

物質の種類		具体例
硫黄酸化物 (SO_x)	発生抑制	硫黄分の少ない燃料（LNG）の使用
	排出抑制	煙道に排煙脱硫装置を設け，硫黄酸化物を粉状の石灰と水の混合液に吸収させる
窒素酸化物 (NO_x)	発生抑制	窒素分の少ない燃料を使用する 燃焼温度を低くする 燃焼用空気の酸素濃度を低くする
	排出抑制	煙道に排煙脱硝装置を設け，窒素酸化物を触媒とアンモニアを利用して窒素と水に分解する
ばいじん	発生抑制	燃料と空気を正しく混合する
	排出抑制	電気集じん器を使い，ばいじんをマイナスに帯電させ，ばいじんの粒子をプラス極に集めて除去する

(1)　燃料の総発熱量 Q[kJ]

　　燃料消費量 B[kg]，燃料発熱量 H[kJ/kg] とすると，燃料の総発熱量 Q[kJ] は，次の式で求められる。

$$Q = BH$$

(2)　二酸化炭素の発生量

　　重油消費量が 5000 t，重油の化学成分が炭素85％，水素15％のとき，重油に含まれる炭素量は 4250 t である。

　　炭素が酸素と結びつくと二酸化炭素が発生するので，化学反応式と原子量から，発生する二酸化炭素は 15583 t とわかる。

化学反応式：	C	+	O_2	=	CO_2
原子量：	12	+	16×2	=	44
炭素1kgあたりの各質量（重量）：	1 kg	+	$\dfrac{32}{12}$ kg	=	$\dfrac{44}{12}$ kg
重油5000tあたりの各質量（重量）：	4250 t	+	11333 t	=	15583 t

(3)　理論空気量

①　化学反応式から炭素や水素 1 mol を燃焼させるのに必要な酸素が何モルか求め，酸素のモル数を求める式を立てる。

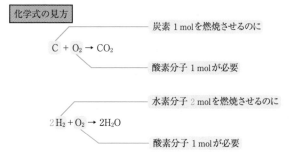

化学式の見方

炭素 1 mol を燃焼させるのに
$C + O_2 \rightarrow CO_2$
酸素分子 1 mol が必要

水素分子 2 mol を燃焼させるのに
$2H_2 + O_2 \rightarrow 2H_2O$
酸素分子 1 mol が必要

②　燃料の炭素や水素のモル数を求める。

　　原子量は 1 mol あたりの質量なので，質量がわかればモル数を求めることができる。1 mol あたりの質量は炭素は 12 g（C），水素は $1 \times 2 = 2$ g（H_2）で，例えば燃料に含まれる炭素が 85 t，水素が 15 t のとき，以下のように計算できる。

$$炭素（C）のモル数　＝\frac{炭素の質量}{炭素の原子量（C）}＝\frac{85×10^6}{12}≒7.1×10^6 \text{ mol}$$

$$水素（H_2）のモル数＝\frac{水素の質量}{水素の分子量（H_2）}＝\frac{15×10^6}{1×2}＝7.5×10^6 \text{ mol}$$

③　①式に②の値を代入し，燃料を完全燃焼させるのに必要な酸素のモル数を求める。

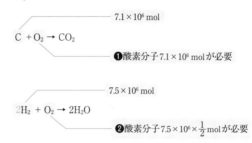

$7.1×10^6$ mol

$C + O_2 → CO_2$

❶酸素分子$7.1×10^6$ mol が必要

$7.5×10^6$ mol

$2H_2 + O_2 → 2H_2O$

❷酸素分子$7.5×10^6×\frac{1}{2}$ mol が必要

❶＋❷が必要な酸素のモル数

④　③で求めた酸素のモル数から酸素の体積を求める。

（1 mol の気体の標準状態の体積を22.4 L とすると）

$$酸素の体積＝酸素のモル数×22.4×10^{-3} \text{ m}^3$$

⑤　酸素の体積÷酸素濃度から理論空気量を求める。

（空気の酸素濃度を21％とすると）

$$理論空気量＝酸素の体積÷0.21 \text{ m}^3$$

POINT 6　ガスタービン発電とコンバインドサイクル発電

(1)　ガスタービン発電の発電原理

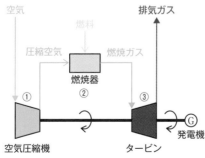

①　空気圧縮機が空気を吸入，圧縮
②　燃焼器で圧縮空気に燃料を噴射燃焼
③　高温高圧の燃焼ガスでガスタービンを回す

(2) ガスタービン発電の特徴

　・熱効率が20〜30％程度と低い　　・構造が単純

　・起動停止時間が短い　　　　　　・出力が外気温度の影響を受ける

(3) コンバインドサイクル発電の発電原理

　　ガスタービン発電と汽力発電の複合であり，ガスタービンの排熱（約600℃）を排熱回収ボイラで回収して，その熱で給水を加熱して蒸気を発生させ，蒸気タービンを回す。

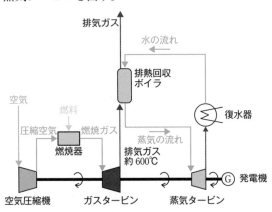

(4) コンバインドサイクル発電の特徴

　・熱効率が50％以上と高い　・出力が外気温度の影響を受ける

　・起動停止時間が短い　　　　・汽力発電と比べ，大量の冷却水を使用しない

　・構造が単純

(5) コンバインドサイクル発電の効率

　　コンバインドサイクル発電の効率 η はガスタービンの効率を η_g，蒸気タービンの効率を η_s とすると，次の式で求めることができる。

$$\eta = \eta_g + \eta_s(1 - \eta_g)$$

❶ 発電端での出力 P_G が500 MW の汽力発電所があり，所内電力 P_L が25 MW であるとき，次の値を求めよ。 POINT **1** P.36

  (1) 送電端電力 P_S [MW]

  (2) 所内率 L [%]

❷ ある汽力発電所のボイラ効率が86%，タービン室効率が46%，発電機効率が99%，所内率が4%であるとき，次の値を求めよ。 POINT **2** P.36

  (1) 発電端熱効率 η_P [%]

  (2) 送電端熱効率 η_S [%]

❸ 重油専焼自然循環ボイラがあり，1時間あたりの燃料消費量が40 t，蒸気量が1200 t/h であるとき，ボイラ効率 [%] を求めよ。ただし，重油の発熱量は44000 kJ/kg，給水のエンタルピーは1400 kJ/kg，蒸気のエンタルピーは2600 kJ/kg とする。 POINT **2** P.36

❹ 復水タービンがある。タービン入口蒸気の比エンタルピーを3400 kJ/kg，タービン出口蒸気の比エンタルピーを1900 kJ/kg，復水器での復水のエンタルピーを150 kJ/kg，蒸気量を2200 t/h，機械的出力を800 MW とするとき，次の値を求めよ。 POINT **2** P.36

  (1) タービン効率 η_t [%]

  (2) タービン室効率 η_T [%]

❺ タービンの機械的出力が305 MW，発電機出力が300 MW であるとき，発電機効率 [%] を求めよ。 POINT **2** P.36

⑥ 出力が1000 MWの石炭火力発電所において，1時間あたりの燃料消費量が320 tであるとき，発電端熱効率 [%] を求めよ。ただし，石炭の発熱量は28 MJ/kgとする。

P.36 **POINT 2**

---

⑦ 定格運転している汽力発電所の復水器があり，冷却水の流量が10 m³/s，冷却水の比熱が4.2 kJ/ (kg・K)，冷却水の密度が1000 kg/m³，冷却水の入口温度及び出口温度がそれぞれ20℃及び27℃であるとき，冷却水が持ち去る熱量の大きさ [kJ/s] を求めよ。

P.39 **POINT 3**

---

⑧ 次の文章は火力発電所で扱う燃料に関する記述である。（ア）〜（キ）にあてはまる語句を答えよ。

P.39 **POINT 4**

火力発電所で扱う燃料には固体燃料，液体燃料，気体燃料があり，原油は (ア) 燃料，石炭は (イ) 燃料，LNGは (ウ) 燃料である。原油，石炭，LNGのうち，環境性が最も良いのは (エ) で最も悪いのは (オ)，経済性が最も良いのは (カ)，最も悪いのは (キ) ある。

---

⑨ 次の火力発電所の環境対策に関する記述として，正しいものには○，誤っているものには×をつけよ。

P.39 **POINT 4**

(1) 火力発電所における環境汚染対策物質としては，窒素酸化物，硫黄酸化物，臭素酸化物，ばいじんがある。

(2) 窒素酸化物の発生を抑制するために，燃焼温度を高くすることは有効である。

(3) ばいじんの排出抑制設備として，電気集じん器が広く採用されている。

(4) 硫黄酸化物の排出抑制設備として，脱硝装置が有効である。

(5) LNGはSO_xの発生がないので，SO_xに対する環境対策設備は不要である。

(6) 燃料と空気の比率が悪く，空気の量が少ないとばいじん発生量が増える原因となる。

(7) 排煙脱硝装置は，排ガス中に含まれるNO_xを触媒と硝酸を利用して，無害の窒素と水に分解する装置である。

(8) 排煙脱硫装置として，石灰－石こう法が一般的に用いられている。

(9) NO_x及びSO_xは共に人体の呼吸器系に害を与える物質である。

(10) 窒素酸化物の発生を抑制するため，酸素濃度を上げ，完全燃焼させることが有効である。

---

⑩ 火力発電所における燃料の燃焼に関し，次の問に答えよ。ただし，原子量は水素（H）が1，炭素（C）が12，酸素（O）が16とし，燃料の質量比は炭素87%，水素13%とする。また，1 kmolあたりの気体の体積は22.4 Nm^3/kmolとする。

P.40 **POINT 5**

(1) 燃料消費量が10 t/h，燃料の発熱量が40000 kJ/kgであるとき，1時間あたりの総発熱量 [kJ/h] を求めよ。

(2) 炭素1kgが完全燃焼するのに必要な酸素の質量 [kg] 及び体積 [Nm^3] を求めよ。

(3) 炭素1kgが完全燃焼したときに発生する二酸化炭素の質量 [kg] 及び体積 [Nm^3] を求めよ。

(4) 水素1kgが完全燃焼するのに必要な酸素の質量 [kg] 及び体積 [Nm^3] を求めよ。

(5) 水素1kgが完全燃焼したときに発生する水蒸気の質量 [kg] 及び体積 [Nm^3] を求めよ。ただし，水蒸気は気体であるとする。

(6) 火力発電所で使用する燃料1kgが完全燃焼するのに必要な酸素の質量 [kg] 及び体積 [Nm^3] を求めよ。

(7) 火力発電所で使用する燃料1kgが完全燃焼するのに必要な空気の体積 [Nm^3] を求めよ。ただし，空気中に含まれる酸素の体積割合は21%とする。

⓫ 次のガスタービン発電設備，コンバインドサイクル発電設備に関する記述として，正しいものには○，誤っているものには×をつけよ。 P.41 **POINT 6**

(1) ガスタービン発電設備の主な設備には，空気圧縮機，燃焼器，ガスタービン，冷却器がある。

(2) ガスタービンは排ガス損失が大きく，一般に熱効率は悪い。

(3) ガスタービンは蒸気タービンに比べ，起動停止が容易であり，非常用電源に向いている。

(4) ガスタービンは気温が低下すると出力も低下する。

(5) コンバインドサイクル発電ではLNGの他，原油や石炭でもガスタービンを運転可能である特徴がある。

(6) コンバインドサイクル発電は，ガスタービンと蒸気タービンを組み合わせた発電方式である。

(7) コンバインドサイクル発電は一軸型と多軸型がある。

(8) コンバインドサイクル発電は，汽力発電設備に比べて起動停止が複雑であり，時間がかかる。

(9) ガスタービンの入口温度を高くすると，コンバインドサイクル発電全体の熱効率が上昇する。

(10) コンバインドサイクル発電は，出力の増減が難しい。

(11) コンバインドサイクル発電は，汽力発電設備に比べ，非常に高効率である。

(12) コンバインドサイクル発電における総合効率 η は，ガスタービンの効率を η_g，蒸気タービンの効率を η_s とすると，$\eta = \eta_g + \eta_s$ となる。

1 発電機の出力が300 MW, 発電端熱効率が39%, 所内率が5％の火力発電設備があるとき, 次の(a)及び(b)の問に答えよ。

(a) 送電端熱効率 [%] として, 最も近いものを次の(1)〜(5)のうちから一つ選べ。

(1) 34　(2) 35　(3) 36　(4) 37　(5) 38

(b) 送電電力 [MW] として, 最も近いものを次の(1)〜(5)のうちから一つ選べ。

(1) 260　(2) 272　(3) 285　(4) 290　(5) 295

2 定格出力30 MWの重油燃焼の汽力発電所がある。この発電所は10日間連続運転し, そのときの重油使用量は1200 t, 送電電力量は5000 MW・hであった。このとき, 次の(a)〜(d)の問に答えよ。ただし, 重油の発熱量は44000 kJ/kg, 所内率は5％とする。

(a) 1時間あたりの燃料消費量 [t/h] として, 最も近いものを次の(1)〜(5)のうちから一つ選べ。

(1) 3　(2) 5　(3) 10　(4) 17　(5) 25

(b) この発電所の発電端における平均出力 [MW] として, 最も近いものを次の(1)〜(5)のうちから一つ選べ。

(1) 18　(2) 20　(3) 22　(4) 24　(5) 27

(c) 発電端熱効率[%]として，最も近いものを次の(1)～(5)のうちから一つ選べ。

(1) 28　　(2) 30　　(3) 32　　(4) 34　　(5) 36

(d) 汽力発電所のボイラ効率の値[%]として，最も近いものを次の(1)～(5)のうちから一つ選べ。ただし，タービン室効率は45%，発電機効率は98%とする。

(1) 77　　(2) 79　　(3) 81　　(4) 84　　(5) 87

---

3 図のように汽力発電設備における比エンタルピーが与えられているとき，次の(a)及び(b)の問に答えよ。ただし，ボイラ，タービン，復水器以外の仕事は無視できるものとする。

(a) $h_1 \sim h_4$ の大小関係として，正しいものを次の(1)～(5)のうちから一つ選べ。

(1) $h_1 > h_2 > h_3 > h_4$　　(2) $h_1 > h_2 > h_3 = h_4$　　(3) $h_1 > h_2 > h_4 > h_3$

(4) $h_1 > h_4 > h_2 > h_3$　　(5) $h_1 > h_4 > h_2 = h_3$

(b) この発電設備のタービン室効率として，正しいものを次の(1)～(5)のうちから一つ選べ。ただし，発電機の損失は無視するものとする。

(1) $\dfrac{h_1 - h_2}{h_1 - h_3}$　　(2) $\dfrac{h_2 - h_3}{h_1 - h_4}$　　(3) $\dfrac{h_1 - h_3}{h_1 - h_4}$

(4) $\dfrac{h_1 - h_2}{h_4 - h_3}$　　(5) $\dfrac{h_1 - h_3}{h_4 - h_3}$

48

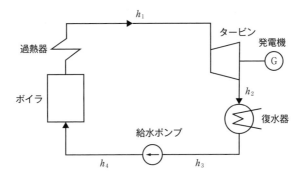

4 定格出力 250 MW の重油専焼の火力発電所について、下表の通り運転したとき、次の(a)及び(b)の問に答えよ。

時刻	発電機出力 [MW]
0 時〜6 時	100
6 時〜9 時	150
9 時〜15 時	250
15 時〜21 時	200
21 時〜24 時	100

(a)　この日の送電電力量 [MW・h] として、最も近いものを次の(1)〜(5)のうちから一つ選べ。ただし、所内率は 4 % とする。

(1)　3690　　(2)　3840　　(3)　3890　　(4)　4050　　(5)　4210

(b)　この日の重油消費量が 1020 t であるとき、この発電所の 1 日の発電端熱効率 [%] として、最も近いものを次の(1)〜(5)のうちから一つ選べ。ただし、重油の発熱量は 44000 kJ/kg とする。

(1)　30　　(2)　32　　(3)　35　　(4)　37　　(5)　40

5 　復水器で海水を用いて冷却する出力550 MWの汽力発電設備について，次の(a)及び(b)の問に答えよ。ただし，海水の比熱は3.97 kJ/（kg・K），海水の密度は1020 kg/m³とする。

(a) 　海水の流量が22 m³/s，冷却水の温度上昇が7℃であるとき，海水が持ち去る熱量 [kJ/s] として，最も近いものを次の(1)～(5)のうちから一つ選べ。

 (1) 2.8×10^4 　 (2) 8.9×10^4 　 (3) 1.6×10^5
 (4) 6.2×10^5 　 (5) 3.7×10^8

(b) 　発電機効率が97%であるとき，タービン室効率 [%] として，最も近いものを次の(1)～(5)のうちから一つ選べ。

 (1) 44 　 (2) 46 　 (3) 48 　 (4) 50 　 (5) 52

6 　火力発電所で扱う燃料及び環境対策に関して，誤っているものを次の(1)～(5)のうちから一つ選べ。

(1) 　同じ発電量を発電する場合，コストが安い順に並べると石炭＜石油＜LNGの順である。したがって，クリーンなエネルギーほどコストが高くなる傾向にある。

(2) 　石炭火力発電では，環境対策として，排煙脱硫装置，排煙脱硝装置，電気集じん器を一般的に配置する。

(3) 　大気汚染対策として，煙突の高さを高くしたり，集合煙突とすることは，大気中の拡散効果の観点から有効である。

(4) 　電気集じん器はマイナス極である放電極から出る負イオンにばいじんが帯電し，プラス極である集じん極に吸着され除去される設備である。

(5) 　燃焼時の窒素酸化物発生量を抑えるため，2段燃焼方式を採用することは有効である。

7 　排熱回収方式のコンバインドサイクル発電において，ガスタービンの熱効率が35%，蒸気タービンの熱効率が33%であるとき，この発電所の総合熱効率として，最も近いものを次の(1)〜(5)のうちから一つ選べ。

　(1)　47　　(2)　52　　(3)　56　　(4)　61　　(5)　68

1 出力100 MWの汽力発電所を，発熱量44000 kJ/kgの重油を使用して30日間連続運転した。この間の重油の使用量が10000 t，発電電力量が43200 MW・hであるとき，次の(a)及び(b)の問に答えよ。ただし，熱効率は出力により変化しないものとする。

(a) この発電所の30日間の発電端熱効率[%]として，最も近いものを次の(1)～(5)のうちから一つ選べ。

(1) 29　　(2) 31　　(3) 33　　(4) 35　　(5) 37

(b) この発電所の設備利用率[%]として，最も近いものを次の(1)～(5)のうちから一つ選べ。

(1) 20　　(2) 40　　(3) 60　　(4) 75　　(5) 90

---

2 定格出力10000 kWの汽力発電設備がある。発熱量26500 kJ/kgの石炭を使用して，定格出力で24時間連続運転したところ，石炭の消費量は85 tであった。このとき次の(a)及び(b)の問に答えよ。

(a) 24時間の発電端熱効率[%]として，最も近いものを次の(1)～(5)のうちから一つ選べ。

(1) 30　　(2) 32　　(3) 34　　(4) 36　　(5) 38

(b) タービン室効率が46%，発電機効率が99%，所内率が5％であるときのボイラ効率として，最も近いものを次の(1)～(5)のうちから一つ選べ。

(1) 76　　(2) 80　　(3) 84　　(4) 88　　(5) 92

3 図のようなランキンサイクルの効率について，次の(a)〜(c)の問に答えよ。ただし，B[t/h]は燃料使用量，Z[t/h]は蒸気の流量，h_1[kJ/kg]はタービン入口蒸気の比エンタルピー，h_2[kJ/kg]はタービン排気蒸気の比エンタルピー，h_3[kJ/kg]は給水の比エンタルピーとし，ボイラ，タービン，復水器以外のエンタルピー変化はないものとする。

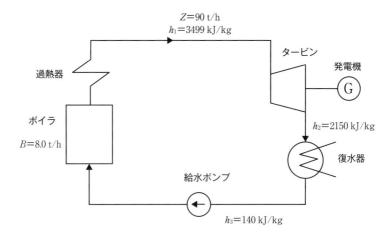

Z=90 t/h
h_1=3499 kJ/kg
タービン
発電機
過熱器
ボイラ
B=8.0 t/h
h_2=2150 kJ/kg
復水器
給水ポンプ
h_3=140 kJ/kg

(a) ボイラ効率[%]として，最も近いものを次の(1)〜(5)のうちから一つ選べ。ただし，燃料の発熱量は44000 kJ/kgとする。

(1) 86　(2) 87　(3) 88　(4) 89　(5) 90

(b) タービン室効率[%]として，最も近いものを次の(1)〜(5)のうちから一つ選べ。

(1) 40　(2) 42　(3) 44　(4) 46　(5) 48

(c) 発電端熱効率が34%であるとき，発電機効率[%]として，最も近いものを次の(1)〜(5)のうちから一つ選べ。

(1) 91　(2) 93　(3) 95　(4) 97　(5) 99

4 復水器の冷却に海水を使用している汽力発電所がある。ただし，タービンの熱消費率は8000 kJ/kW・h，復水器冷却水流量は30 m³/s，海水の入口温度は15.5℃，海水の出口温度は22.1℃，海水の比熱は3.97 kJ/kg・K，海水の密度は1020 kg/m³とする。次の(a)及び(b)の問に答えよ。

(a) 復水器冷却水が持ち去る熱量[kJ/s]として，最も近いものを次の(1)～(5)のうちから一つ選べ。

(1) 100　(2) 7.9×10^3　(3) 1.2×10^5
(4) 2.0×10^5　(5) 8.0×10^5

(b) タービンの軸出力[kW]として，最も近いものを次の(1)～(5)のうちから一つ選べ。

(1) 1.8×10^3　(2) 7.8×10^3　(3) 3.3×10^5
(4) 4.8×10^5　(5) 6.6×10^5

---

5 火力発電所における燃料の燃焼に関し，次の(a)及び(b)の問に答えよ。ただし，原子量は水素 (H) が1，炭素 (C) が12，酸素 (O) が16，硫黄 (S) が32とし，燃料の質量比は炭素85%，水素14%，硫黄1％とする。また，空気中に含まれる酸素の割合は21％とする。

(a) 火力発電所で使用する燃料1 kgが完全燃焼したときに発生する二酸化炭素の質量[kg]として，最も近いものを次の(1)～(5)のうちから一つ選べ。

(1) 1.6　(2) 2.2　(3) 2.7　(4) 3.1　(5) 3.7

(b) 火力発電所で使用する燃料1 kgが完全燃焼するのに必要な空気の体積[Nm³]として，最も近いものを次の(1)～(5)のうちから一つ選べ。ただし，1 kmolあたりの気体の体積は22.4 Nm³/kmolとする。

(1)　2.4　　(2)　5.0　　(3)　7.6　　(4)　9.4　　(5)　11.3

6️⃣　排熱回収形コンバインドサイクル発電の熱効率が55%，ガスタービンの排熱による蒸気タービンの熱効率が32%であったとき，ガスタービンの熱効率として，最も近いものを次の(1)〜(5)のうちから一つ選べ。

(1)　23　　(2)　26　　(3)　29　　(4)　32　　(5)　34

7️⃣　コンバインドサイクル発電の特徴に関する記述として，誤っているものを次の(1)〜(5)のうちから一つ選べ。

(1)　ガスタービンは非常に高温の燃焼ガスが通過するので，耐熱性が求められる。

(2)　冬季は空気を温める熱量が増加するので，出力が低下する。

(3)　排熱回収方式や排気再燃方式があり，排気再燃方式の方が蒸気タービンの出力割合が高い。

(4)　一軸型と多軸型があり，一般に定格運転時の効率は多軸型の方が高い。

(5)　ガスタービンが高温になるほど，熱効率が高くなる。

⑧ 次の文章はコンバインドサイクル発電の熱サイクルに関する記述である。

図のように，コンバインドサイクル発電は高温領域の（ア）サイクルと低温領域の（イ）サイクルを組み合わせた発電を行う。図において，ガスタービンの仕事を示しているのは（ウ）であり，排熱回収ボイラによる給水の加熱を示しているのは（エ）である。

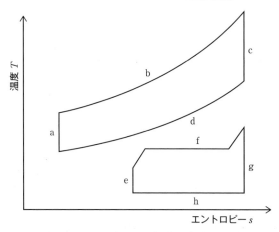

上記の記述中の空白箇所（ア），（イ），（ウ）及び（エ）にあてはまる組合せとして，正しいものを次の(1)〜(5)のうちから一つ選べ。

	（ア）	（イ）	（ウ）	（エ）
(1)	ブレイトン	ランキン	c	f
(2)	ブレイトン	ランキン	b	g
(3)	ランキン	ブレイトン	d	e
(4)	ランキン	ブレイトン	d	f
(5)	ランキン	ブレイトン	c	g

原子力発電

毎年1問安定して出題される分野です。沸騰水型軽水炉と加圧水型軽水炉の特徴や違いは出題頻度も高く，非常に重要な内容となります。また，火力発電や水力発電の内容と組み合わせた計算問題も出題されるので，理解しておくようにしましょう。

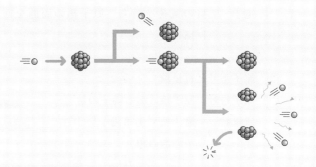

原子力発電

1 原子力発電

（教科書CHAPTER03対応）

POINT 1　原子力発電の特徴

核分裂反応により熱を発生させ蒸気をつくり発電する。

・火力発電より蒸気が低温低圧となる。

　　→熱効率が低い

・CO_2や窒素酸化物を排出しない。

　　→地球温暖化や大気汚染の影響が少ない

・放射性廃棄物の処理が難しい。

　　→現在埋設処分以外の方法がない

・事故発生時の影響が大きい。

POINT 2　核分裂

(1)　原子の構造

　　陽子　：正の電荷を持つ粒子。

　　中性子：電荷を持たない粒子。質量は陽子とほぼ同じ。

　　電子　：負の電荷を持ち、原子核の周囲を回る。質量は陽子の約
　　　　　　1/1840。

(2)　原子番号と質量数

　　原子番号：原子核にある陽子の数

　　質量数　：原子核にある陽子と中性
　　　　　　　子の数の和

質量数 ⟶ $\quad^{4}_{2}\text{He}$
原子番号 ⟶

(3) 同位体

　原子番号が同じでも質量数（中性子数）が異なる原子。ウランの場合，ウラン234，ウラン235，ウラン238がある。このうち，原子力発電の燃料となるのはウラン235である。原子力発電燃料として適当なのはウラン235が 3 ～ 5 ％程度の燃料なので，天然ウランからウラン235の含有率を高めた低濃縮ウランが採用される。

ウラン234	ウラン235	ウラン238
$^{234}_{92}U$	$^{235}_{92}U$	$^{238}_{92}U$
天然存在比：0.0054%	天然存在比：0.71%	天然存在比：99.28%

(4) 核分裂

　図のように，原子核に低速の中性子（熱中性子）を衝突させると，原子核では散乱もしくは吸収が発生し，吸収された場合には内部に取り込む（捕獲）か 2 つに分裂（核分裂）する。

　核分裂すると複数の原子核ができると同時に 2 ～ 3 個の高速中性子が生まれ，質量がわずかに減少する質量欠損が起こる。また，このときに放射線が発生する。発生した高速中性子が減速され，再度核分裂反応を起こすので，これを連鎖反応と呼ぶ。

　また，核分裂のエネルギー E [J] は質量欠損 m [kg] に比例し，光速 $c=3 \times 10^8$ m/s とすると，$E=mc^2$ と表せる。

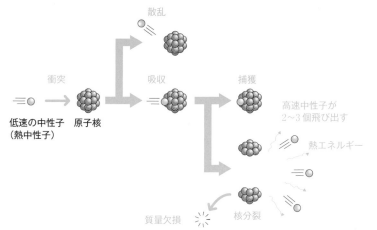

　原子炉にはいくつか種類があるが，どの原子炉にも共通する構成要素がある。

(1)　燃料棒…核燃料を棒状の管に封入したもの。低濃縮ウランをペレット状にして，棒状に封入。

(2)　制御棒…原子炉内の中性子を吸収し，核分裂の発生を抑制するもの。核分裂を抑制する場合は挿入，促進する場合は引き出す。

(3)　減速材…核分裂で発生した高速中性子を減速させるもの。日本の原子炉では軽水を用いる。

(4)　冷却材…原子炉を冷却するとともに，核分裂により発生した熱エネルギーを外部に取り出すもの。日本の原子炉では軽水を用いる。

(5)　遮へい材…核分裂した際に発生した放射線が外部に漏れないようにするためのもの。コンクリート，鉛，鉄等が用いられる。

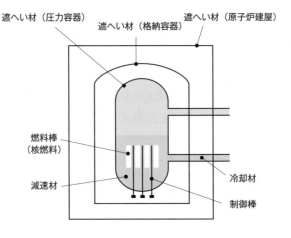

減速材と冷却材の両方に軽水を使用する原子炉（日本では軽水炉のみ）。

(1)　沸騰水型軽水炉（BWR）

・原子炉で直接蒸気を発生し，発生した蒸気をタービンに送る軽水炉。したがって，タービン側へ放射線が含まれる蒸気が送られるので管理に注意する必要がある。

・再循環ポンプの流量調整と制御棒の抜き差しで出力を調整する。

・再循環ポンプは流量を増加させると核反応が増加し，流量を減少させると沸騰が激しくなり，反応が抑制される（ボイド効果）。

(2)　加圧水型軽水炉（PWR）

原子炉で蒸気を発生させず，高温高圧の熱水を蒸気発生器に送り，蒸気発生器で蒸気を発生させ，蒸気をタービンに送る。したがって，タービン側には放射性物質が行かないようになっている。加圧器で原子炉内の圧力を高め，原子炉内で沸騰させないようにしている。

ホウ素濃度の調整と制御棒の抜き差しで出力を調整する。

ホウ素は中性子を吸収しやすい性質があるので，ホウ素濃度を高めれば，核反応は抑制される。

核燃料サイクル

　天然ウランから低濃縮ウランに，また，使用済み核燃料の循環利用を合わせて行う一連のサイクルを核燃料サイクルという。

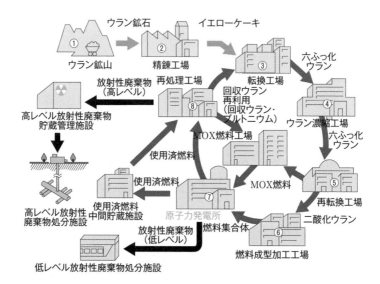

① ウラン鉱山からウラン鉱石を採掘する。

② ウラン鉱石を化学処理し，粉末状のウラン精鉱（イエローケーキ）にする。

③ イエローケーキを気化しやすい六ふっ化ウランにする。

④ 気化した六ふっ化ウランを濃縮する。

⑤ 濃縮した六ふっ化ウランを加工しやすくするため，粉末状の二酸化ウランにする。

⑥ 粉末状の二酸化ウランを高温で焼き固めてペレットを作り，被覆管に詰めて燃料棒とし，燃料集合体とする。

⑦ 原子力発電所で発電する。

⑧ 使用済み燃料を再処理工場で処理し，再利用する。回収ウランとプルトニウムを混ぜた燃料をMOX燃料という。

☑ 確認問題

① 次の原子力発電に関する記述として，正しいものには○，誤っているものには×をつけよ。 📱 P.58 **POINT 1** **2**

(1) 原子力発電は火力発電と比較して，低圧で高温の蒸気で発電する。

(2) 原子力発電は発電時にCO_2を発生しない。

(3) 原子力発電は大気汚染の影響がほとんどないが，廃棄物の処理が困難となる。

(4) 原子力発電は復水器が不要であるため，熱効率は火力発電より高い。

(5) 現在の原子力発電は燃料として，天然ウランのウラン235を30%程度に濃縮した高濃縮ウランが用いられる。

(6) 天然に存在するウラン235の割合は約0.7%である。

(7) 原子力発電は，中性子が原子核にぶつかり，生成された中性子がまた原子核にぶつかるという連鎖反応を利用した発電である。

② ウラン235が4％の原子燃料が0.2 kgある。この燃料が核分裂したとき，発生するエネルギー量[J]を求めよ。ただし，質量欠損は0.09%とする。

📱 P.58 **POINT 2**

③ 次の文章は原子力発電所に用いる原子炉に関する記述である。（ア）～（エ）にあてはまる語句を答えよ。 📱 P.60 **POINT 3**

原子力発電所の燃料は低濃縮ウランを （ア） 状にして，棒状の管に封入し，燃料棒として使用する。原子炉内では核分裂反応が大きくなりすぎても小さくなりすぎてもいけないので， （イ） 棒を用いて核反応を調整する。 （イ） 棒を挿入すると，核反応は （ウ） なる。また，核分裂反応により発生した高速中性子は減速させるが，日本の原子炉において，減速材として用いるものは （エ） である。

問題編

CHAPTER 03

原子力発電

1

63

④ 次の文章は軽水炉のうち，沸騰水型軽水炉に関する記述である。（ア）〜（オ）にあてはまる語句を答えよ。

P.61 **POINT 4**

沸騰水型軽水炉は原子炉内で蒸気を沸騰させてタービンへ送る。構造が簡単であり，加圧水型軽水炉より蒸気の圧力が （ア） という特徴がある。蒸気をタービンに送る冷却材としては （イ） が用いられ，出力制御には （ウ） と （エ） が用いられる。（エ）は （オ） から挿入する構造となっている。

⑤ 次の文章は軽水炉のうち，加圧水型軽水炉に関する記述である。（ア）〜（オ）にあてはまる語句を答えよ。

P.61 **POINT 4**

加圧水型軽水炉は，原子炉で温めた軽水を （ア） に送り， （ア） で低圧の軽水と熱交換し，発生した蒸気をタービン側に送る構造の軽水炉である。冷却材を沸騰させないように （イ） を用い，常に原子炉内を加圧するようにしている。出力の制御は （ウ） 濃度調整と （エ） が用いられ， （ウ） 濃度を上げると出力が （オ） する。

⑥ 次の図は，核燃料サイクルに関するものである。図の（ア）〜（オ）にあてはまる語句として，最も適当なものを次の(1)〜(5)のうちから一つ選べ。ただし，同じ選択肢を複数使用してもよい。

P.62 **POINT 5**

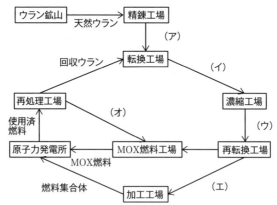

(1) ペレット　　(2) 二酸化ウラン　　(3) プルトニウム
(4) イエローケーキ　　(5) 六フッ化ウラン

1 次の文章は，原子力発電所の核分裂反応に関する記述である。

核分裂反応は原子核に　(ア)　がぶつかり，それによりエネルギーとともに高速の　(ア)　が生まれることを繰り返す反応である。天然に含まれるウランには原子力発電の燃料となるウラン　(イ)　が約0.7%程度しかなく，これでは核分裂反応を繰り返すことができないため，核分裂反応に適した　(ウ)　%程度の低濃縮ウランにする。核分裂反応により質量欠損が生じるが，これにより得られるエネルギーは質量欠損　(エ)　する。

上記の記述中の空白箇所 (ア)，(イ)，(ウ) 及び (エ) に当てはまる組合せとして，正しいものを次の(1)〜(5)のうちから一つ選べ。

	(ア)	(イ)	(ウ)	(エ)
(1)	中性子	238	3〜5	の2乗に比例
(2)	電子	235	12〜15	の2乗に比例
(3)	中性子	235	12〜15	に比例
(4)	中性子	235	3〜5	に比例
(5)	電子	238	3〜5	の2乗に比例

2 原子炉の構成要素に関して，誤っているものを次の(1)〜(5)のうちから一つ選べ。

(1) 軽水炉における軽水は，核分裂で発生した高速中性子を減速させる役割と，原子炉を冷却すると共に核分裂で発生したエネルギーを送り出す役割がある。

(2) 原子炉の遮へい材として，ホウ素や炭素等が用いられ，核分裂反応により発生する放射線を外部に流出しないようにしている。

(3) 制御棒は核分裂の発生を抑制するもので，反応を抑制する場合には挿入し，反応を促進する場合には引き出す。

(4) 沸騰水型軽水炉で用いられる再循環ポンプでは，流量を調整することで核反応を調整している。

(5) 加圧水型軽水炉で用いられる蒸気発生器では，一次冷却材と二次冷却材を熱交換している。

---

3 10 gのウラン235が核分裂し0.09%の質量欠損が生じたとするとき，次の(a)及び(b)の問に答えよ。

(a) この反応により発生するエネルギー[kJ]として，最も近いものを次の(1)～(5)のうちから一つ選べ。

(1) 2.7×10^6 (2) 8.1×10^8 (3) 8.1×10^{11}
(4) 2.7×10^{14} (5) 8.1×10^{14}

(b) 同じエネルギーを重油を燃焼して得るとき，必要な重油の量 [kL] として最も近いものを次の(1)～(5)のうちから一つ選べ。ただし，重油の発熱量は42000 kJ/Lとする。

(1) 1.93 (2) 19.3 (3) 193 (4) 1930 (5) 19300

4 次の文章は，原子力発電所の出力調整に関する記述である。

原子力発電所の出力制御方法として，沸騰水型軽水炉（BWR）及び加圧水型軽水炉（PWR）に共通してあるのが ＿＿（ア）＿＿ である。沸騰水型軽水炉（BWR）にのみ配置されているのは ＿＿（イ）＿＿ であり，これにより気泡の発生量を変え，出力調整をすることができる。気泡の発生量により出力が変化することを ＿＿（ウ）＿＿ 効果という。

上記の記述中の空白箇所（ア），（イ）及び（ウ）に当てはまる組合せとして，正しいものを次の(1)～(5)のうちから一つ選べ。

	（ア）	（イ）	（ウ）
(1)	制御棒	再循環ポンプ	ボイド
(2)	燃料調整弁	再循環ポンプ	ドップラー
(3)	制御棒	再循環ポンプ	ドップラー
(4)	制御棒	蒸気発生器	ボイド
(5)	燃料調整弁	蒸気発生器	ドップラー

5 次の文章は，核燃料サイクルに関する記述である。

原子力発電所の燃料としてウランが用いられているが，天然のウランは発電に必要なウラン235の割合が少ないので，精錬→転換→濃縮→ ＿＿（ア）＿＿ →成型の各工程を経て原子力発電燃料として最適な燃料集合体を作る。原子力発電燃料として使用した燃料は完全には反応しきれていないため，＿＿（イ）＿＿ 工場にて燃料として再利用可能なプルトニウム等を回収し，残ったものを ＿＿（ウ）＿＿ として最終処分する。プルトニウムを添加した燃料を ＿＿（エ）＿＿ という。

上記の記述中の空白箇所（ア）～（エ）にあてはまる組合せとして，正しいものを次の(1)～(5)のうちから一つ選べ。

	（ア）	（イ）	（ウ）	（エ）
(1)	再転換	再処理	低レベル放射性廃棄物	イエローケーキ
(2)	再転換	再処理	低レベル放射性廃棄物	MOX燃料
(3)	再転換	再処理	高レベル放射性廃棄物	MOX燃料
(4)	再処理	再転換	低レベル放射性廃棄物	イエローケーキ
(5)	再処理	再転換	高レベル放射性廃棄物	MOX燃料

1 原子力発電と火力発電を比較したときの特徴として，誤っているものを次の(1)〜(5)のうちから一つ選べ。

(1) 同出力の場合，蒸気流量は原子力発電の方が多い。

(2) 火力発電はボイラからの過熱蒸気でタービンを回転させるが，原子力発電は飽和蒸気でタービンを回転させる。

(3) 低圧タービンの回転速度は原子力発電の方が小さい。

(4) 原子力発電では放射線がタービン側に送気されるため，タービン側での放射線対策が必要となる。

(5) 燃料費は火力発電が大きく，建設費は原子力発電の方が大きい。

2 次の文章は原子の性質に関する記述である。

原子核は正の電荷を持つ陽子と電荷を持たない中性子が結合したものであるが，結合した原子核の質量は個々の質量より　(ア)　なる。これを　(イ)　といい，原子力発電においては約0.09%である。原子力発電で得られるエネルギーは　(イ)　と光速の 2 乗に比例する。したがって，ウラン235 の原子 1 個が核分裂により発生するエネルギーは　(ウ)　[J] となる。ただし，アボガドロ数 N_A は 6.02×10^{23}，ウラン235 の原子 1 個の質量は $\dfrac{235}{N_A}$ [g] とする。

上記の記述中の空白箇所 (ア)，(イ) 及び (ウ) にあてはまる組合せとして，正しいものを次の(1)〜(5)のうちから一つ選べ。

	（ア）	（イ）	（ウ）
(1)	小さく	質量欠損	3.51×10^{-10}
(2)	大きく	崩壊	3.16×10^{-11}
(3)	大きく	質量欠損	3.51×10^{-10}
(4)	小さく	崩壊	3.51×10^{-10}
(5)	小さく	質量欠損	3.16×10^{-11}

3 　1 kgの低濃縮ウランを原子力発電所で運転し，発電したときの電力量と同じ電力量を得るために石炭専燃の火力発電所で必要な燃料量［t］として，最も近いものを次の(1)〜(5)のうちから一つ選べ。ただし，低濃縮ウランのうちウラン235の割合は3％とし，質量欠損は0.09％，石炭の発熱量は27000 kJ/kg，原子力発電所の熱効率は33％，火力発電所の熱効率は39％とする。

　(1)　76　　(2)　90　　(3)　2200　　(4)　8400　　(5)　76000

4 　次の文章は原子炉の自己制御性に関する記述である。

　　原子炉内の核分裂反応は，何らかの要因で反応が増加すると，自動的に反応が抑制される自己制御性を持つ。例えば，減速材に用いる　（ア）　においては，核分裂が増加すると減速材の温度が上昇し密度が減少する。すると高速中性子の減速が　（イ）　され，熱中性子が減少するため，核分裂反応が減少する。また，沸騰水型軽水炉においては出力が増加した場合減速材の沸騰が　（ウ）　され，これにより反応が抑制され出力が減少する。

上記の記述中の空白箇所（ア），（イ）及び（ウ）に当てはまる組合せとして，正しいものを次の(1)～(5)のうちから一つ選べ。

	（ア）	（イ）	（ウ）
(1)	軽水	抑制	促進
(2)	ホウ素	促進	促進
(3)	軽水	促進	促進
(4)	軽水	抑制	抑制
(5)	ホウ素	促進	抑制

⑤ 次の図は原子力発電における核燃料サイクルに関するものである。

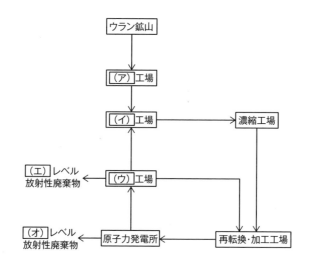

図中の空白箇所（ア），（イ），（ウ），（エ）及び（オ）に当てはまる組合せとして，正しいものを次の(1)～(5)のうちから一つ選べ。

	（ア）	（イ）	（ウ）	（エ）	（オ）
(1)	転換	精錬	再加工	高	低
(2)	精錬	転換	再処理	高	低
(3)	転換	精錬	再処理	低	高
(4)	精錬	転換	再処理	低	高
(5)	転換	精錬	再加工	低	高

その他の発電

太陽光や風力といった新エネルギー
発電を中心として出題される分野で,
毎年1問程度出題されています。ど
ちらかというと,計算問題よりも知
識問題の方が出題されやすいので,
各発電の概要や得失等をきちんと理解
して試験本番に臨むようにしましょう。

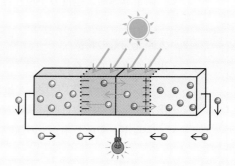

CHAPTER 04 その他の発電

1 その他の発電

（教科書CHAPTER04対応）

POINT 1　太陽光発電

　太陽電池モジュールに太陽光をあてることにより，光エネルギーを電気エネルギーに変換する。

(1)　発電原理

①　pn接合部に太陽光をあてると，光エネルギーにより自由電子と正孔が発生する。

②　内蔵電界により自由電子はn形半導体に，正孔はp形半導体に移動する。

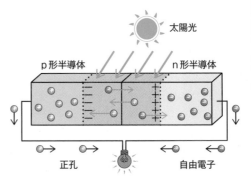

③　生成された自由電子および正孔によりn形半導体は負に帯電し，p形半導体は正に帯電する。

④　両半導体間に起電力が現れる。

(2)　太陽光発電の特徴

・出力が直流である。

・発電に燃料が不要で，CO_2を排出しない。

・出力が気象条件や日照時間に左右される。

・エネルギー変換効率が15〜20%と低い。

(3) 太陽電池の種類

(4) 住宅用太陽光発電設備の構成

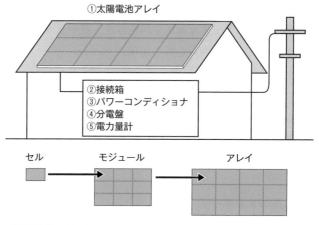

① 太陽電池アレイ
- ・セル：太陽電池の基本単位（約10 cm四方で約1 V）
- ・モジュール：セルを直並列し，パネルとしたもの
- ・アレイ：モジュールを直並列したもの

② 接続箱
- ・太陽電池アレイからの配線を集約し，パワーコンディショナへ電力を送る。
- ・直流開閉器，逆流防止ダイオード，サージアブソーバを内蔵し，逆流防止と雷サージによる過電圧を放電する。

③ パワーコンディショナ
直流を交流に変換するインバータ，発電設備もしくは系統に異常が

発生した場合に遮断および発電設備を停止する系統連系保護装置，インバータで発生する高調波を除去する高調波フィルタが内蔵されている。

④　分電盤

交流電力を住宅内の負荷と系統に分配する装置。

⑤　電力量計

電力会社に売却した余剰電力量を計算する売電用電力量計，発電していないとき等に電力会社から購入する電力量を計算する買電用電力量計がある。

POINT 2　**風力発電**

風の運動エネルギーにより風車を回転させ，風車と繋がっている発電機を回すことで電気エネルギーを得る発電。

(1)　風力発電の特徴

・発電に燃料が不要で，CO_2を排出しない。

・出力が風の強さや向き等の気象条件に左右される。

・エネルギー変換効率が40％程度。

・風車回転時に低周波が発生し，問題となることがある。

(2)　風の運動エネルギー

風速をv[m/s]，風車の受風面積をA[m²]とすると，単位時間あたりに通過する空気の体積がvA[m³/s]となる。ここで，空気の密度をρ[kg/m³]とすると，単位時間あたりに通過する空気の質量は$m = \rho vA$[kg/s]となる。これらを運動エネルギーの公式にあてはめると，単位時間あたりの風のエネルギー W[J/s]は次の式で表せる。

$$W = \frac{1}{2}mv^2 = \frac{1}{2}\rho Av^3 [\text{J/s}]$$

地中のマグマにより加熱された熱水から蒸気を取り出し，蒸気によりタービンを回して発電する。

汽水分離器で蒸気を取り出すフラッシュ方式と蒸発器で熱交換しフロン等の媒体を蒸発させタービンに送るバイナリ方式がある。

〈地熱発電の特徴〉

・発電に燃料が不要で，CO_2 や大気汚染物質を排出しない。

・天然の蒸気が安定的に得られる。

・掘削費用等の建設費が高価である。

・蒸気中の不純物に対する設備の腐食対策が必要。

POINT 4　燃料電池発電

負極から水素，正極に酸素を供給して，化学反応により化学エネルギーから電気エネルギーを得る。反応は以下の通り。

$$正極：\frac{1}{2}O_2 + 2H^+ + 2e^- \rightarrow H_2O \qquad 負極：H_2 \rightarrow 2H^+ + 2e^-$$

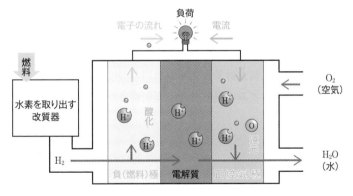

(1)　燃料電池発電の特徴

・出力が直流である。

・窒素酸化物等の大気汚染物質を排出しない。

・発電効率が35〜60%と高い。

・騒音や振動が少ない。

(2) 燃料電池の種類

形式	固体高分子形	りん酸形	溶融炭酸塩形	固体酸化物形
電解質	固体高分子膜 （イオン交換膜）	りん酸 (H_3PO_4)	炭酸 リチウム等 (Li_2CO_3)	安定化 ジルコニア ($ZrO_2 + Y_2O_3$)
燃料	水素	水素	水素， 一酸化炭素	水素， 一酸化炭素
動作温度	常温～約90℃	約200℃	約650℃	約1000℃
発電出力	～50 kW	～1000 kW	1～10万 kW	1～10万 kW
発電効率	30～40%	35～42%	40～60%	40～65%

POINT 5　バイオマス発電と廃棄物発電

(1) バイオマス発電

　　動植物が生成・排出する有機物を燃料として利用する発電方式。

　　基本的な発電方式は汽力発電と同じであるが，発電所で燃焼した分のCO_2を光合成等により回収するため，全体としてCO_2は増加しない。このような性質をカーボンニュートラルという。

(2) 廃棄物発電

　　廃棄物を焼却するときの熱を発電として利用する発電方式で，基本的な発電方式は汽力発電と同じである。

　　過熱器の高温腐食対策等で蒸気出口の温度が制限されるため，発電効率が低くなり，ごみの発熱量の不規則性等から出力が安定しない等の問題がある。

確認問題

① 次の文章は太陽電池に関する記述である。（ア）〜（オ）にあてはまる語句を答えよ。

P.74 **POINT 1**

接合した半導体に太陽光をあてると，pn接合の界面に 　（ア）　 と 　（イ）　 ができ，内蔵電界により 　（ア）　 はp形半導体に移動する。これにより起電力が発生し，負荷を接続すると電流が流れる。このとき流れる電流は 　（ウ）　 流であるため，電力系統に連系する際は 　（エ）　 で 　（オ）　 流に変換し送電する。

---

② 次の文章は風力発電に関する記述である。（ア）〜（エ）にあてはまる数値を答えよ。

P.76 **POINT 2**

風力発電は風の運動エネルギーを風車の回転エネルギーにして，発電機で電気エネルギーにする発電方式である。受けた風のエネルギーをすべて電気エネルギーに変えることはできず，エネルギー変換効率は 　（ア）　 ％程度である。風車の受風面積や風の強さに発電量が左右され，発電量は受風面積の 　（イ）　 乗，風速の 　（ウ）　 乗に比例する。しかしながら，風が強すぎると風車のブレードの損傷を招く恐れがあるので，風速は 　（エ）　 [m/s] を上限とするのが一般的である。

---

③ 次の文章は燃料電池発電に関する記述である。（ア）〜（オ）にあてはまる語句を答えよ。

P.77 **POINT 4**

燃料電池は負極に 　（ア）　 ，正極に 　（イ）　 を供給して，化学反応させて発電する発電方式である。反応生成物が 　（ウ）　 であるため，発電時に地球温暖化物質である 　（エ）　 や大気汚染物質である 　（オ）　 を発生せず，騒音や振動も少なく，発電効率も高いという特長がある。

④ 次の文章はバイオマス発電に関する記述である。（ア）～（ウ）にあてはまる語句を答えよ。

P.78 POINT 5

バイオマス発電は，木材等の木くず，さとうきびから得られるエタノール，家畜のふん等を燃料として使用する発電方法である。例えば木材の場合，燃料を燃焼することで （ア） が発生するが，発生した量と同量を植物を成長させることで回収することができるので，全体として （ア） が増加しない。これを （イ） という。化石燃料と比較すると，発熱量が （ウ） く大量の燃料を必要とするため量的な確保等の問題がある。

⑤ 次の新エネルギー発電に関する記述として，正しいものには○，誤っているものには×をつけよ。

P.74~78 POINT 1 ～ 5

(1) 太陽光発電および風力発電の出力は直流である。

(2) 太陽電池で発電した電力を系統に連系するため，コンバータで変換し，送電する。

(3) 風力発電は風の運動エネルギーを利用した発電なので，発電するエネルギーは風速の2乗に比例する。

(4) 地熱発電は地中深くにあるマグマのある層まで掘削するので，一般に建設コストが高い。

(5) 地熱発電は天然蒸気を使用するので，発電時にCO_2を発生せず，腐食対策も不要である。

(6) 燃料電池発電は水の電気分解の逆の反応を利用した発電方式である。

(7) 燃料電池発電には電解質により低温形と高温形があり，りん酸は低温形，固体高分子は高温形の燃料電池である。

(8) バイオマス発電は，燃料以外は汽力発電と同じ方法で発電する発電方式である。

(9) バイオマス発電は発電時にCO_2を発生しないので，地球温暖化対策として有効である。

(10) 廃棄物発電は，焼却時に発生する熱を回収し，タービンを回して発電する方法である。

(11) 廃棄物発電の発電熱効率は汽力発電の発電熱効率と比較して低い。

1 次の文章は，太陽光発電設備に関する記述である。

太陽光発電設備は近年非常に普及が進んでいる自然エネルギー発電である。エネルギー源が太陽光であり，無尽蔵にある反面，　(ア)　が天候に左右されるという欠点もある。太陽電池モジュールに用いる材料としては　(イ)　系の半導体が主流であり，その結晶構造により単結晶，多結晶，アモルファス等に分類できる。一般に価格は　(ウ)　が一番安いが，発電効率は　(エ)　が一番高いという特徴があるため，発電面積やコストバランス等を総合的に考慮し材料を選定する。

上記の記述中の空白箇所 (ア)，(イ)，(ウ) 及び (エ) に当てはまる組合せとして，正しいものを次の(1)～(5)のうちから一つ選べ。

	(ア)	(イ)	(ウ)	(エ)
(1)	電池寿命	炭素	単結晶	多結晶
(2)	発電量	炭素	単結晶	多結晶
(3)	発電量	シリコン	アモルファス	単結晶
(4)	電池寿命	シリコン	アモルファス	多結晶
(5)	発電量	炭素	アモルファス	単結晶

2 次の文章は，風力発電設備の風速と出力の関係に関する記述である。

風力発電は自然に吹く風の力を利用して発電する方法である。一般に受ける風の面積 $A\,[\mathrm{m^2}]$ は　(ア)　の長さ $r\,[\mathrm{m}]$ の 2 乗に比例し，単位時間あたりに通過する空気の体積 $V\,[\mathrm{m^3/s}]$ は風速 $v\,[\mathrm{m/s}]$ の　(イ)　乗に比例する。また，単位時間あたりに通過する空気の質量 $m\,[\mathrm{kg/s}]$ は，空気の密度を $\rho\,[\mathrm{kg/m^3}]$ とすると　(ウ)　となるので，単位時間あたりの風のエネルギー

は $\boxed{\quad (\text{エ}) \quad}$ の 3 乗に比例することになる。

上記の記述中の空白箇所（ア），（イ），（ウ）及び（エ）に当てはまる組合せとして，正しいものを次の(1)～(5)のうちから一つ選べ。

	（ア）	（イ）	（ウ）	（エ）
(1)	ブレード	1	$\rho A v$	v
(2)	ナセル	2	ρA	r
(3)	ブレード	1	ρA	r
(4)	ナセル	2	$\rho A v$	r
(5)	ブレード	2	$\rho A v$	v

3 次の文章は，燃料電池発電に関する記述である。

燃料電池発電は燃料極に水素を供給して $\boxed{\quad (\text{ア}) \quad}$ 反応させ，空気極に空気（酸素）を供給して $\boxed{\quad (\text{イ}) \quad}$ 反応させ電気を取り出す。水素は $\boxed{\quad (\text{ウ}) \quad}$ 等の燃料から改質器を用いて取り出す。反応生成物は水であるため，発電時に二酸化炭素を発生しないという特徴がある。発電効率は $\boxed{\quad (\text{エ}) \quad}$ ％程度であるため，他の自然エネルギー発電と比較して高いというメリットがある。

上記の記述中の空白箇所（ア），（イ），（ウ）及び（エ）に当てはまる組合せとして，正しいものを次の(1)～(5)のうちから一つ選べ。

	（ア）	（イ）	（ウ）	（エ）
(1)	還元	酸化	石油	30～60
(2)	酸化	還元	天然ガス	30～60
(3)	還元	酸化	天然ガス	20～30
(4)	酸化	還元	石油	20～30
(5)	還元	酸化	天然ガス	30～60

4 各種発電に関する記述として，誤っているものを次の(1)～(5)のうちから一つ選べ。

(1) バイオマス発電は動植物が生成もしくは排出する有機物を燃料として発電する発電方式である。

(2) 太陽光発電の太陽電池から得られる電力は直流であるため，系統に連系するためには交流に変換する必要がある。

(3) 廃棄物発電は，燃焼温度が低いとダイオキシン等の有害物質を発生するおそれがある。

(4) 地熱発電は地中から取り出す熱水から蒸気を作りタービンを回して発電する。資源の安定供給の観点から，一般に海辺に作られることが多い。

(5) 海上は一般に陸上よりも風が強く，風力発電に適した場所が多く存在する。

---

5 次の発電設備のうち，発電時にCO_2を発生せずかつ出力が直流であるものの組合せとして，正しいものを一つ選べ。

(1) バイオマス発電，燃料電池発電

(2) 太陽光発電，風力発電

(3) 廃棄物発電，地熱発電

(4) 燃料電池発電，太陽光発電

(5) 風力発電，地熱発電

1 次の文章は，太陽光発電設備に関する記述である。

太陽光発電設備の最小単位である　(ア)　は，単体では電圧が小さいため，製品としては直並列に接続した　(イ)　で販売される。また，系統連系するためには　(イ)　をさらに直並列に接続して出力電圧を確保する。太陽光発電設備からの出力は直流であるため，系統と連系するためには直流を交流にし，さらには発電設備や系統に異常があった際に発電設備と系統を切り離す　(ウ)　を内蔵したパワーコンディショナを配置する必要がある。系統異常時の保護リレーとしては　(エ)　リレーがある。

上記の記述中の空白箇所 (ア)，(イ)，(ウ) 及び (エ) に当てはまる組合せとして，正しいものを次の(1)〜(5)のうちから一つ選べ。

	(ア)	(イ)	(ウ)	(エ)
(1)	ストリング	アレイ	インバータ	過電流
(2)	セル	モジュール	系統連系保護装置	過電圧
(3)	セル	アレイ	系統連系保護装置	過電圧
(4)	ストリング	モジュール	インバータ	過電圧
(5)	セル	モジュール	インバータ	過電流

2 風速 $16\,\mathrm{m/s}$ で出力が $26\,\mathrm{kW}$ の風力発電設備がある。風力が変化し，出力が $11\,\mathrm{kW}$ に変化したときの風速 $[\mathrm{m/s}]$ として，最も近いものを次の(1)〜(5)のうちから一つ選べ。

(1) 7　　(2) 8　　(3) 10　　(4) 12　　(5) 13

3 燃料電池発電設備において，水素を100 m³消費したとき燃料電池発電設備から得られる電気量[kA・h]として，最も近いものを次の(1)～(5)のうちから一つ選べ。ただし，水素のモル体積は22.4 m³/kmol，ファラデー定数は27 A・h/molとする。

(1) 120　　(2) 180　　(3) 240　　(4) 300　　(5) 360

---

4 各燃料電池の電解質と特性として誤っている組合せを次の(1)～(5)のうちから一つ選べ。

	電解質	動作温度	発電効率
(1)	安定化ジルコニア	約1000℃	60%
(2)	水酸化ナトリウム水溶液	約80℃	70%
(3)	固体高分子膜	約90℃	33%
(4)	りん酸	約800℃	55%
(5)	炭酸リチウム	約650℃	50%

---

5 汽力発電と比較したときのバイオマス発電の特徴として，誤っているものを次の(1)～(5)のうちから一つ選べ。
(1) 資源が豊富である。
(2) 発電効率が悪い。
(3) 発電所運転時に二酸化炭素を排出しない。
(4) 燃料の発熱量が低い。
(5) 燃料を国内で生産可能である。

6 新エネルギー発電に関する記述として，誤っているものを次の(1)～(5)のうちから一つ選べ。

(1) 廃棄物発電は原油専燃の汽力発電に比べ，燃焼温度が低いため，熱効率が劣る。

(2) 燃料電池発電は発電効率が良く，発電時に大気汚染物質を排出しないメリットがあるが，導入に費用がかかり，寿命が短いというデメリットがある。

(3) 太陽光発電設備は発電時に地球温暖化物質である二酸化炭素を排出しないという特徴がある。

(4) 地熱発電は火山の多い日本においては埋蔵量が非常に多いため，貴重な国産のエネルギーとなり得るが，掘削に費用がかかることや土地の規制等の問題があり，なかなか普及が進んでいない状況にある。

(5) 風力発電は風が吹けば季節や時間帯等関係なく発電する設備である一方，発電量が風速に大きく影響を受け，騒音や高周波発生の問題点もあるため，発電設備設置場所に制約がある。

変電所

変電所で取り扱う変圧器をはじめ、
遮断器や断路器、避雷器、変成器等
多くの機器を取り扱う分野です。送電
や配電の分野と組み合わされることが
多く、毎年の出題数は 1 ～ 3 問程度
ですが、機械科目や法規科目でも出題
される内容も多いので、他の科目の
参考書も参考にすると良いでしょう。

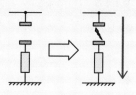
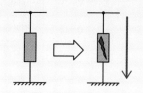

変電所

1 変電所

（教科書CHAPTER05対応）

POINT 1　変圧器

電圧を上げたり下げたりする機器。一次巻線および二次巻線の巻数を N_1 および N_2 とすると，一次電圧 E_1[V] と二次電圧 E_2[V] の関係は，

$$\frac{E_1}{E_2} = \frac{N_1}{N_2}$$

となり，これを変圧比という。

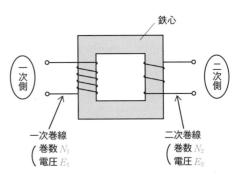

一次巻線
（巻数 N_1
電圧 E_1）

二次巻線
（巻数 N_2
電圧 E_2）

鉄心

一次側

二次側

(1) 負荷時タップ切換変圧器

二次側の電圧を一定に保つため，タップを切り換えることにより，変圧比を調整する機器。

(2) 三相変圧器の結線方法

三相を変成する場合には以下のような結線方法がある。

結線	中性点接地	誘導障害	位相差	特徴
Y－Y	可能	発生する	なし	難点が多く使いにくいため，Y－Y－Δにして使う
Δ－Δ	不可能	発生しない	なし	1台故障してもV－V結線として運転できる
V－V	不可能		なし	変圧器2台で運転できる 出力（利用率）が小さい
Δ－Y	可能	発生しない	二次側30°進み	昇圧に適しており，送電端に使われる
Y－Δ	可能	発生しない	二次側30°遅れ	降圧に適しており，受電端に使われる
Y－Y－Δ	可能	発生しない	なし	第3高調波が発生しない

(3) 変圧器の鉄心（CHAPTER09電気材料）

変圧器の鉄心材料にはケイ素鋼とアモルファス鋼の 2 つの材料がおもに使われる。

	ケイ素鋼		アモルファス合金
価格	安い	<	高い
鉄損	大きい	>	小さい
強度	小さい	<	大きい
加工性	優れる	>	劣る
重量	軽い	<	重い

POINT 2 **遮断器**

遮断器は，電路の開閉及び短絡や地絡等の事故時の異常電流の遮断を行う。現在はガス遮断器と真空遮断器の採用が多い。

名称	説明	特徴
ガス遮断器	圧縮したSF_6ガスを開閉時に発生するアークに吹き付けることで消弧する	・開閉時の騒音が小さい ・小型で据付面積が小さい ・高い消弧能力で，高電圧の遮断が可能
真空遮断器	開閉時のアークを真空中に拡散させることで消弧する	・開閉時の騒音が小さい ・小型・軽量である ・ガス遮断器より低い電圧系統で使用
空気遮断器	圧縮空気をアークに吹きつけることによって消弧する	・開閉時の騒音が大きい ・大型で据付面積が大きい ・保守が容易
油遮断器	絶縁油中で電極を開閉させ，絶縁油で消弧する	・開閉時の騒音が小さい ・構造が簡単である ・火災に注意する必要がある
磁気遮断器	遮断電流により発生する磁力によってアークをアークシュートに押し込めて消弧する	・高い頻度の開閉に耐えられる ・保守が容易

POINT 3 **断路器**

電路が通電していないときに開閉を行うことができる開閉器。基本的に電流を遮断できないので，遮断器とセットで用いられ，図のように断路器，遮断器を直列に設置し，通電時は遮断器が開閉を行うようにする。

断路器と遮断器の開閉順序を誤ると断路器の破損や人身事故につながるため，遮断器を投入した状態で断路器を操作不可とするインタロック機能が備えられている。

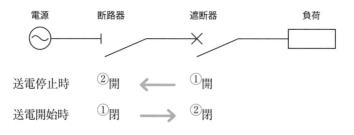

送電停止時　②開　←　①開

送電開始時　①閉　→　②閉

避雷器

　雷により発生する雷サージや電路の開閉により発生する開閉サージの過電圧を大地に放電して逃がすことにより，機器を保護する。避雷器により抑制された電圧を制限電圧という。一般に機器の絶縁設計は，雷過電圧に耐えるのはコスト面から見て現実的ではないため，制限電圧を基準にして，絶縁強度を決定する。

　下図のように，避雷器の素材には炭化けい素（SiC）や酸化亜鉛（ZnO）等が用いられ，構造としては炭化けい素（SiC）のギャップ付避雷器と酸化亜鉛（ZnO）のギャップレス避雷器があるが，発変電所の避雷器としては，優れた電圧−電流特性から酸化亜鉛素子を用いたギャップレス避雷器が使われている。

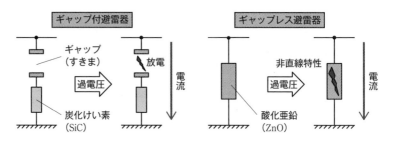

POINT 5　計器用変成器

(1)　計器用変流器（CT）

一次側の大電流を小電流に変換して二次側に出力する機器。二次側には低インピーダンスの負荷を接続する。一次電流I_1[A]と二次電流I_2[A]の比は，一次巻線および二次巻線の巻数N_1およびN_2とすると，次の式で表せる。

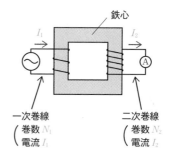

二次側の巻数が<u>多い</u>ほど電流は小さくなる。

$$\frac{I_1}{I_2} = \frac{N_2}{N_1}$$

これを変流比という。一次側に電流が流れている状態で二次側を開放してはならない。

(2)　計器用変圧器（VT）

一次側の高電圧を低電圧に変換して二次側に出力する機器。二次側には高インピーダンスの負荷を接続する。一次電圧E_1[V]と二次電圧E_2[V]の比は，一次巻線および二次巻線の巻数N_1およびN_2とすると，次の式で表せる。

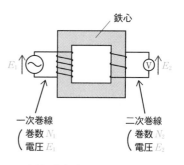

二次側の巻数が<u>少ない</u>ほど電圧は低くなる。

$$\frac{E_1}{E_2} = \frac{N_1}{N_2}$$

これを変圧比という。一次側に電流が流れている状態で二次側を短絡してはならない。

POINT 6 **零相変流器（ZCT）**

　地絡事故が起きたとき，電流の不平衡を検出する機器。通常時は三相平衡しているため，二次側に電流が流れないが，三相が不平衡になると二次側に電流が流れる。

POINT 7 **保護継電器**

　計器用変成器を介して電力系統の故障を検知して，すばやく故障箇所を切り離す信号を遮断器に送る機器。

(1)　保護継電器の種類

種類	説明
過電流（過電圧）継電器	電流（電圧）が設定した値を上回った場合に動作する。短絡故障に対しては瞬時に保護し，過負荷故障に対しては限時特性によって一定時間が経過した後に保護する。
不足電流（不足電圧）継電器	電流（電圧）が設定した値を下回った場合に動作する。
地絡過電流継電器	零相変流器によって地絡電流を検出し，地絡電流が設定した値を上回ったときに動作する。
地絡方向継電器	地絡したときに発生する電流（零相電流）と電圧（零相電圧）を計器用変成器で検出し，その大きさと零相電圧に対する零相電流の位相の関係により動作する。ケーブルのこう長が長い場合には，誤動作（不必要動作）防止のために地絡方向継電器が使われる。
差動継電器	保護区間に流入する電流と，流出する電流のベクトル差により動作する。
比率差動継電器	差動継電器の一種で，電流の誤差を検知して動作することを防ぐために，電流の比によって動作する。
ブッフホルツ継電器	急激な油流の変化や分解ガス量から，変圧器内部の故障を検知して動作する。

(2)　保護協調

　保護協調の考え方は故障が発生したら，できるだけ発生した系統のみを切り離し，他の系統に影響を及ぼさないようにすることである。動作する時間や動作する電流を調整し，故障が発生した系統の継電器が最も早く動作するようにする。

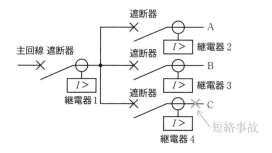

主回線の継電器 1 が先に動作すると，事故が起こっていないA，B系統も停電してしまう。

→事故が起きたC系統の継電器 4 を，主回線の継電器 1 よりも早く動作するように調整する。

POINT 8 **ガス絶縁開閉装置（GIS）**

断路器，遮断器，避雷器，計器用変成器，変流器，母線等を金属容器に収納し，絶縁性と消弧能力の高いSF_6ガスを封入した装置。

〔長所〕

・様々な機器を一つの容器に収納するため，コンパクトである。

・不燃性・不活性のSF_6ガスで密閉されているので，充電部が密閉され，外部環境の影響を受けにくく，安全性・信頼性が高い。

・工場で組み立てが可能であるため，現地での据付工期が短い。

〔短所〕

・金属容器に収められているので，目視点検ができず，内部事故時の復旧に時間がかかる。

・SF_6ガスが温室効果ガスに指定されているので，取り扱いに注意が必要である。

　調相設備は無効電力を調整して，力率を改善する設備であり，電力用コンデンサ，分路リアクトル，静止形無効電力補償装置（SVC），同期調相機があり，いずれも負荷と並列に接続する。

　電力用コンデンサは力率を進め，分路リアクトルは力率を遅らせる。また，静止形無効電力補償装置（SVC）と同期調相機は遅れから進みまで連続的に調整可能である。

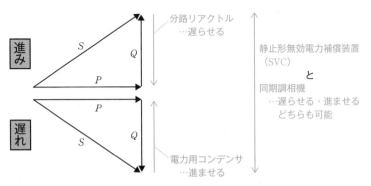

皮相電力：S[kV・A]，有効電力：P[kW]，無効電力：Q[kvar]

(1)　電力用コンデンサ

　力率を進める。重負荷時には遅れ無効電力が大きくなるので，電力用コンデンサを使用して進み無効電力を吸収し，受電端電圧の低下を抑制させる。

(2)　分路リアクトル

　力率を遅らせる。夜間等の軽負荷時には進み無効電力が大きくなるので，分路リアクトルで遅れ無効電力を吸収し，受電端電圧の上昇を抑制する。

(3)　静止形無効電力補償装置（SVC）

　電力用コンデンサと分路リアクトルの並列回路にサイリスタを接続し，遅れから進みまで連続的に調整して力率を改善する。

(4) 同期調相機

界磁電流を調整することで力率を遅れから進みまで連続的に調整して力率を改善する。無負荷の同期電動機であり，同期電動機には図に示すような特性（V曲線）がある。

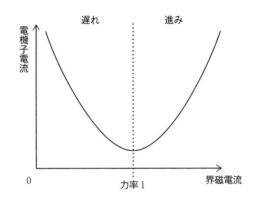

① 次の変圧器に関する記述として，正しいものには○，誤っているものには ×をつけよ。 POINT 1 P.88

(1) 変圧器の一次電圧が$E_1[\text{V}]$，一次巻線および二次巻線の巻数がN_1およびN_2であるとすると，二次電圧$E_2[\text{V}]$は，$E_2 = \dfrac{N_1}{N_2}E_1$となる。

(2) 単相変圧器における変圧比と巻数比の値は等しい。

(3) 負荷時タップ切換変圧器は，系統側の電圧を一定に保つためにタップを切り換えることにより，負荷側の電圧を調整するものである。

(4) Δ−Δ結線は第2調波および第3調波を還流することができる。

(5) Y−Δ結線は一次電圧より二次電圧が30°進みの位相差を生じる。

(6) Y−Y結線は誘導障害が発生するおそれがあるので基本的には使用せず，3次巻線にΔ巻線を接続し，Y−Y−Δ結線にして使用する。

(7) Δ−Δ結線は単相変圧器3台を使用する場合，1台が故障してもV−V結線として使用できる。

(8) 変圧器の鉄心材料として用いられるケイ素鋼板は，アモルファス合金に比べ，重量が軽く，強度も強い。

(9) 変圧器の鉄心の渦電流損を低減するため，絶縁被覆を施した積層鉄心を用いることが多い。

② 次の表は遮断器の名称とその説明に関するものである。（ア）〜（エ）の説明に該当する遮断器を次の(1)〜(5)のうちから一つ選べ。 POINT 2 P.89

名称	説明
（ア）	保守が容易であるが，大型で開閉時の騒音が大きい。
（イ）	高い消弧能力を持つが，充填ガスが温室効果ガスなので，取り扱いに注意を要する。
（ウ）	小型・軽量で，低い電圧の系統で現在の主流となっている遮断器である。
（エ）	開閉時の騒音は小さいが，火災に注意する必要がある。

(1) 真空遮断器 (2) 磁気遮断器 (3) 油遮断器
(4) 空気遮断器 (5) ガス遮断器

③ 次の図は受電用変圧器から負荷に繋いだ線路の基本回路図である。受電開始時の機器A，Bの投入順序および受電停止時の開放順序を答えよ。

POINT 3
P.89

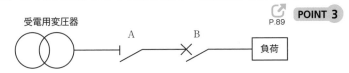

受電用変圧器　A　B　負荷

④ 次の文章は避雷器に関する記述である。（ア）〜（オ）にあてはまる語句を答えよ。

POINT 4
P.90

避雷器は過電圧が発生した際に放電して，電圧の上昇を抑制し機器を保護する装置である。図は避雷器に用いられる材料の （ア） – （イ） 特性を示すものであり，縦軸が （ア） であり，横軸が （イ） である。図のAおよびBは酸化亜鉛素子もしくは炭化けい素素子の特性を示す曲線であるが，このうちAが （ウ） ，Bが （エ） であるため，より避雷器の理想的な特性に近いのはAとBのうち （オ） の素子であることがわかる。

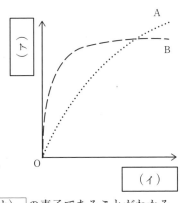

⑤ 次の文章は計器用変成器に関する記述である。（ア）〜（オ）にあてはまる語句を答えよ。

POINT 5
P.91

計器用変成器には計器用変圧器と計器用変流器がある。計器用変圧器の場合は，一次電圧 E_1[V]と二次電圧 E_2[V]の比は，一次巻線および二次巻線の巻数を N_1 および N_2 とすると，$\dfrac{E_1}{E_2}=$ （ア） となり，計器用変流器の場合は，

問題編

CHAPTER 05

変電所 1

97

一次電流 I_1［A］と二次電流 I_2［A］の比は，一次巻線および二次巻線の巻数を N_1 および N_2 とすると，$\dfrac{I_1}{I_2} = $ ［ （イ） ］となる。したがって，一次側より二次側の巻数が大きいのは計器用［ （ウ） ］である。一次側通電時に，二次側を開放してはならないのは［ （エ） ］，短絡してはならないのは［ （オ） ］である。

---

6 次の表は継電器の名称とその説明に関するものである。（ア）〜（オ）の説明に該当する継電器を次の(1)〜(5)のうちから一つ選べ。 P.92 **POINT 7**

名称	説明
（ア）	電流が設定値より下回った場合に動作する。
（イ）	変圧器の一次側と二次側から電流を検出して，電流の比がある範囲を逸脱した場合に動作する。
（ウ）	短絡故障や過負荷故障により電流が設定値より上昇した場合に動作する。
（エ）	変圧器の内部故障を，油流の変化や分解ガスの量で検知して動作する。
（オ）	零相変流器により地絡を検出し動作する。

(1) 不足電圧継電器　(2) 地絡過電流継電器　(3) 不足電流継電器

(4) 過電圧継電器　(5) 比率差動継電器　(6) ブッフホルツ継電器

(7) 過電流継電器　(8) 地絡方向継電器　(9) 差動継電器

---

7 次の文章はガス絶縁開閉装置に関する記述である。（ア）〜（エ）にあてはまる語句を答えよ。 P.93 **POINT 8**

　ガス絶縁開閉装置は遮断器や断路器，変成器等を金属容器に収納し，［ （ア） ］ガスを封入した装置である。それぞれを単独に設置した場合と比べ，装置全体の据付面積が［ （イ） ］こと，現地での据付工期が［ （ウ） ］こと，外観点検が［ （エ） ］であること等の特徴がある。

⑧ 次の文章は変電所における調相設備に関する記述である。（ア）～（エ）にあてはまる語句を答えよ。

P.94 POINT 9

調相設備は無効電力を調整して，力率を改善する設備であり，電力用コンデンサ，分路リアクトル，静止形無効電力補償装置（SVC），同期調相機がある。このうち，夜間軽負荷時等に受電端電圧の上昇を防ぐのは　（ア）　であり，これにより　（イ）　無効電力を吸収する。また，界磁電流を調整して力率を遅れから進みまで連続的に調整することができるのは　（ウ）　であり，進み無効電力を供給する場合には界磁電流を　（エ）　する必要がある。

1　変圧器の結線方式に関する記述として，誤っているものを次の(1)～(5)のうちから一つ選べ。

(1)　Δ－Δ結線は一次側と二次側の線間電圧に位相差がなく，Δ結線で第3高調波を還流できるので，二次側の電圧波形はひずみの少ない正弦波となる。

(2)　Y－Δ結線は一次側の中性点を接地可能であるが，一次側と二次側の線間電圧に$\dfrac{\pi}{3}$radの位相差を生じる。

(3)　V－V結線は，将来負荷が増設された場合に変圧器もΔ－Δ結線として増設可能である。

(4)　Y－Y結線は，一次側と二次側の線間電圧に位相差はないが，第3高調波を還流することができないので，単独で用いられることはない。

(5)　Y－Y－Δ結線の三次巻線には第3高調波を還流する役割がある他，調相設備を接続して利用することもできる。

2　次の文章は遮断器に関する記述である。

　遮断器は短絡や地絡が発生した際の事故電流を遮断することができる開閉装置である。ガス遮断器は開閉時に発生するアークに　(ア)　ガスを吹き付けることで消弧する遮断器であり，真空遮断器はアークを真空中の　(イ)　により消弧する遮断器である。一般に　(ウ)　遮断器の方が　(エ)　遮断器よりも高電圧で利用可能であるが，　(エ)　遮断器の方が保守は容易である。

　上記の記述中の空白箇所（ア），（イ），（ウ）及び（エ）に当てはまる組合せとして，正しいものを次の(1)～(5)のうちから一つ選べ。

	（ア）	（イ）	（ウ）	（エ）
(1)	SF_6	拡散	ガス	真空
(2)	SF_6	拡散	真空	ガス
(3)	C_2H_6	拡散	真空	ガス
(4)	SF_6	吸収	ガス	真空
(5)	C_2H_6	吸収	真空	ガス

3 次の文章は，避雷器に関する記述である。

避雷器で検討する過電圧に雷過電圧と　（ア）　がある。避雷器はその　（イ）　の電圧－電流特性により電流を大地に逃がすことで過電圧を抑制し，電圧値を低減させる。この電圧を　（ウ）　といい，一般に変電所内の機器の絶縁電圧は　（ウ）　よりも　（エ）　し，機器を保護する。

上記の記述中の空白箇所（ア），（イ），（ウ）及び（エ）に当てはまる組合せとして，正しいものを次の(1)～(5)のうちから一つ選べ。

	（ア）	（イ）	（ウ）	（エ）
(1)	開閉過電圧	非線形	制限電圧	低く
(2)	開閉過電圧	線形	降伏電圧	高く
(3)	地絡過電圧	非線形	降伏電圧	低く
(4)	地絡過電圧	線形	制限電圧	低く
(5)	開閉過電圧	非線形	制限電圧	高く

4 次の文章は，変電所機器の保護に関する記述である。

　屋外変電所では雷過電圧の発生により，機器の絶縁が脅かされることがあるが，全ての機器が雷過電圧に耐える絶縁強度を有することは現実的ではない。したがって，機器の近くに　(ア)　を設置し制限電圧を設けて機器の絶縁強度をそれ以上とすることで機器の絶縁設計を経済的，合理的に行う。これを　(イ)　という。　(ウ)　は各電気機器を金属容器に収納し，内部をSF$_6$ガスで満たした装置で，小型で信頼性が高く，雷過電圧に対し有効な対策の一つである。

　上記の記述中の空白箇所（ア），（イ）及び（ウ）に当てはまる組合せとして，正しいものを次の(1)〜(5)のうちから一つ選べ。

	（ア）	（イ）	（ウ）
(1)	保護継電器	絶縁協調	GCB
(2)	保護継電器	保護協調	GCB
(3)	避雷器	絶縁協調	GIS
(4)	避雷器	保護協調	GIS
(5)	避雷器	絶縁協調	GCB

5 次の文章は計器用変成器に関する記述である。

　計器用変成器において，計器用変圧器の二次側には　(ア)　インピーダンス負荷を接続し，一次側に電流が流れている状態では絶対に　(イ)　してはならない。一方，計器用変流器の二次側には　(ウ)　インピーダンス負荷を接続し，一次側に電流が流れている状態では絶対に　(エ)　してはならない。一次側に電流が流れている状態では計器用変流器の二次側を　(エ)　すると，　(オ)　が過大となり，変流器を焼損してしまう可能性がある。

上記の記述中の空白箇所（ア），（イ），（ウ），（エ）及び（オ）に当てはまる組合せとして，正しいものを次の(1)〜(5)のうちから一つ選べ。

	（ア）	（イ）	（ウ）	（エ）	（オ）
(1)	高	短絡	低	開放	電圧
(2)	低	短絡	高	開放	電圧
(3)	低	開放	高	短絡	電圧
(4)	高	開放	低	短絡	電流
(5)	低	短絡	高	開放	電流

6　次の調相設備に関する記述として，誤っているものを次の(1)〜(5)のうちから一つ選べ。
(1)　夜間軽負荷時に電圧上昇抑制のために分路リアクトルを投入した。
(2)　電流の位相を進めるために電力用コンデンサを投入した。
(3)　同期調相機の界磁電流を調整して，無効電力を調整した。
(4)　静止形無効電力補償装置は無効電力を連続的に調整することができる。
(5)　調相設備を負荷に対し，直列に接続した。

7　次の変電所の機能として，誤っているものを次の(1)〜(5)のうちから一つ選べ。
(1)　負荷時タップ切換装置で変圧比を調整した。
(2)　Δ－Δ結線の変圧器とY－Y－Δ結線の変圧器を並列に接続した。
(3)　避雷器をできるだけ機器から離れた場所に設置した。
(4)　地絡事故対策として，零相変流器を設置し，二次側に保護継電器を接続した。
(5)　変圧器の一次側と二次側の電流をCTを介して取り出し，CTの二次側に比率差動継電器を設けた。

⚙ 応用問題

❶ 変圧器の結線方法に関する記述として，誤っているものを次の(1)～(5)のうちから一つ選べ。

- (1) Δ－Δ結線は中性点を接地することができないので，地絡時の健全相電圧上昇の影響の少ない低圧の変圧器として採用されることが多い。
- (2) Δ－Δ結線は一次電圧と二次電圧が同位相であり，線間電圧の電圧比は巻数比と等しい。
- (3) Y－Δ結線は巻数比が1であるとき，二次側の線間電圧が一次側の線間電圧の $\frac{1}{\sqrt{3}}$ 倍の大きさとなり，30°の位相差が発生する。
- (4) Y－Y－Δ結線の三次巻線は第三調波成分を還流させる役割があるほか，調相設備の接続や所内用電源として使用されることも多い。
- (5) Y－Y－Δ結線は，一次電圧と二次電圧が同位相であるが，Y－Δ結線の変圧器に比べ小容量の変圧器にのみ取り扱いが可能である。

---

❷ 変電所機器に用いられる SF_6 ガスに関する記述として，正しいものを次の(1)～(5)のうちから一つ選べ。

- (1) 空気より軽い気体である。
- (2) 温室効果ガスであり，地球温暖化係数は二酸化炭素の20000倍以上である。
- (3) 化学的には安定しているが，可燃性の物質である。
- (4) 無色ではあるが，漏れると臭いがあるガスである。
- (5) 人体に有害である。

---

❸ 避雷器に関する記述として，誤っているものを次の(1)～(5)のうちから一つ選べ。

- (1) 避雷器に求められる機能には，異常電圧発生時に即時に電流が流れ機

器を保護する機能と，引き続き避雷器に流れようとする続流を遮断し正常な状態に戻す機能がある。

(2) ギャップレス避雷器に用いる酸化亜鉛素子は非直線抵抗特性に優れた抵抗体である。

(3) 放電中の避雷器間の電圧は制限電圧であり，常規対地電圧より低い電圧となる。

(4) ギャップ付き避雷器はギャップを特性要素と直列に接続したものである。

(5) 避雷器の制限電圧より変電所機器の絶縁破壊電圧を高くしつつ，経済的な絶縁設計を行うことを絶縁協調という。

④ 次の文章はガス絶縁開閉装置 (GIS) に関する記述である。

ガス絶縁開閉装置 (GIS) は，遮断器，断路器，変流器，　(ア)　等の機器を金属容器に収納し，　(イ)　で充填した装置である。一般的な屋外変電所に比べると，機器が　(ウ)　価であり，サイズは小さく，充電部が密閉されている特徴から，都市部の地下変電所に採用されることが多い。

上記の記述中の空白箇所 (ア)，(イ) 及び (ウ) に当てはまる組合せとして，正しいものを次の(1)~(5)のうちから一つ選べ。

	(ア)	(イ)	(ウ)
(1)	避雷器	SF_6 ガス	高
(2)	保護継電器	窒素ガス	安
(3)	避雷器	SF_6 ガス	安
(4)	保護継電器	窒素ガス	高
(5)	保護継電器	SF_6 ガス	高

⑤ 定格容量500 kV・Aの変圧器の二次側に250 kWで遅れ力率0.8の負荷A を接続して運転している。この変圧器にさらに200 kWで遅れ力率0.9の負荷 Bを接続し、変圧器の容量超過を避けるため、電力用コンデンサを接続した。 接続する電力用コンデンサの必要容量[kvar]として、最も近いものを次の (1)～(5)のうちから一つ選べ。

(1) 10   (2) 30   (3) 50   (4) 70   (5) 110

---

⑥ 変電所機器に関する記述として、誤っているものを次の(1)～(5)のうちから 一つ選べ。

(1) 変圧器に遅れ力率0.8の500 kW負荷が接続されており、力率を0.9に 改善するため50 kvarの電力用コンデンサを投入した。

(2) 負荷側（二次側）の電圧が低いので、負荷時タップ切換器のタップを 切り換え、一次側と二次側の巻数比を小さくした。

(3) 負荷側で事故が発生したときを想定し、過電流継電器の保護協調をと るため、負荷側の動作時間を電源側の動作時間より速く動作するように 整定した。

(4) 夜間軽負荷時の無効電力改善のため、同期調相機の界磁電流を小さく した。

(5) 変圧器の並行運転をするために、巻数比が等しく一次二次の定格電圧 が等しいΔ－Δ結線とY－Y－Δ結線を並列に接続した。

06

送電

知識問題を中心に 1 ～ 3 問程度出題
される分野です。送電線の構成機器や
付属機器等は基本として理解しておく
必要があります。中性点接地方式も出
題されやすい内容となります。さらに，
送電線で発生する雷害をはじめとする
自然災害や振動に関する内容は非常に
重要な分野となるので，確実に理解
しておくようにしましょう。

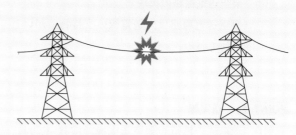

送電

1 架空送電線路,充電電流,線路定数

(教科書CHAPTER06　SEC01～SEC04対応)

POINT 1 電線路

(1) 電線路の分類

送電線路…発電所から変電所, 変電所から変電所までの電線路

配電線路…変電所から需要家までの電線路

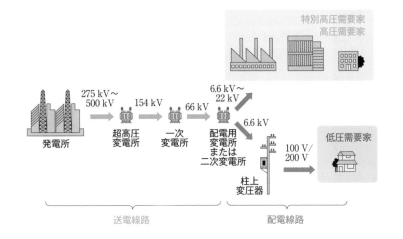

(2) 架空送電線路の構成

架空送電線路は, 送電線, 支持物, がいし, 架空地線などにより構成されている。

POINT 2 送電線

(1) 送電線の構造…架空送電線路においては, 一般に送電線は絶縁被覆をせず, 裸電線を用いる。

① 硬銅より線…導電率の高い硬銅線を複数本より合わせたもの

〈特徴〉
・導電率が高い（約97%）
・引張強さが適度
・高価

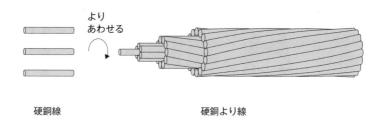

硬銅線　　　　　　　　　　　　　　　硬銅より線

② 鋼心アルミより線…引張強さの強い亜鉛メッキ鋼線の周りに硬アルミ線をより合わせたもの

〈特徴（硬銅より線との比較）〉
・導電率が低い（約61%）
・引張強さが大きい
・安価
・軽量である
・外径が大きくなり，風圧荷重が大きくなる
・コロナが発生しにくい

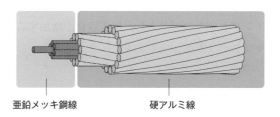

亜鉛メッキ鋼線　　　　　　硬アルミ線

(2) 多導体方式…三相3線式で送電する場合に，一相あたりの電線数を1本で送電する方式を単導体方式，2本以上で送電する方式を多導体方式という。

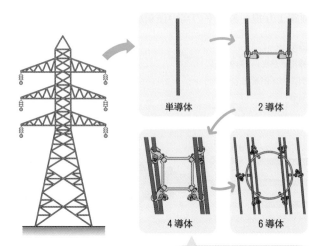

単導体　　2導体

4導体　　6導体

多導体にするほど送電容量を
大きくすることができる。

〈多導体方式の特徴〉

・コロナが発生しにくい

　→コロナは断面積が大きいほど発生しにくく，多導体方式にすると
　　断面積の合計が増加するため，コロナが発生しにくくなる。

・送電容量が増加する

　→同一面積の単導体と比べ，表皮効果が少なくなり，送電容量が大
　　きくなる。

・インダクタンスが減少し，静電容量が増加する

・サブスパン振動が発生する

(3)　送電線の配列

　・日本の送電線では2回線垂直配列方式が主流である。

　・1回線で事故が発生しても，残りの1回線で送電が継続可能。

　・垂直配列方式においては地上から各相の離隔距離が異なるので，各相
　　の作用インダクタンスと作用静電容量が等しくなくなる。その結果，
　　各相の電圧降下が等しくなくなり，三相不平衡となってしまうので，
　　適当な場所で電線の位置を入れ替えるねん架を行う。

POINT 3　支持物

　支持物は，鉄塔，鉄柱，鉄筋コンクリート柱，木柱など電線を支持する工作物をいう。架空送電線路では一般に鉄塔が使用される。

POINT 4　がいし

　電線と支持物を絶縁するために用いるもの。高電圧下や風雨にさらされる環境で使用するため，一般に絶縁性能が高く劣化に強い硬質磁器が使用される。

(1)　がいしの種類

　① 　懸垂がいし

　　　笠状のがいしで送電線路用として最も使用されている。がいしにひだを設け表面距離を長くし絶縁効果を上げているが，使用電圧に応じ，連結個数を増加させ使用する。

　② 　長幹がいし

　　　円柱形の磁器にひだを設け，両端に連結金具をつけたがいし。懸垂がいしを連結したものと同様の見た目となる。

　　　雨によって表面が洗い流される雨洗効果が大きいという特徴がある。

(2)　がいしの塩害

　　海に近い沿岸部では，季節風や台風等により海の塩分等の導電性物質が運ばれ，がいしの表面に付着し，がいしの絶縁を脅かし，漏れ電流が流れることがある。これにより電波障害や可聴雑音が発生し，最悪の場合フラッシオーバと呼ばれる地絡の原因となる。これをがいしの塩害という。

　〈がいしの塩害対策〉
　・ひだを深くし，表面距離を長くした耐塩がいしを採用する。
　・がいしにはっ水性物資を塗布し，塩分を付着しにくくする。
　・定期的にがいし洗浄を行い，がいしの塩分を除去する。

(1)　架空地線

　　鉄塔の最上部に張られる裸電線で，落雷を
送電線ではなく架空地線にさせることで送電
線への直撃雷を防止し，誘導雷や通信線への
電磁誘導障害を軽減する。

(2)　埋設地線

　　鉄塔と大地を繋いでいる接地線で，接地抵
抗を減少させ，架空地線に落雷した雷電流を
大地に逃がす線である。これにより鉄塔からがいしの絶縁を破壊し送電
線へ放電が開始する逆フラッシオーバの発生を防止する。

(3)　アークホーン

　　送電線から鉄塔へ放電するフラッシオーバもしくは鉄塔から送電線へ
放電する逆フラッシオーバが発生したときに，がいしの破損を防止する
ために，がいしの両端に取り付ける金属電極。

(4)　ダンパ

　　送電線の微風振動を防止するために，送電線に取り付けるおもり。
　　微風振動とは，送電線に弱い風が連続的に吹くと送電線の背後にカル
マン渦が発生し，この力で送電線が上下に振動する現象である。

(5)　クランプ

　　送電線をがいしに留めるために使用される金具。ジャンパ線とつなぐ
場合もある。

(6)　ジャンパ

　　鉄塔部のがいし部に接続した電線同士をつなぐ電線。鉄塔との離隔距
離を保ちつつ，2本の送電線を接続する。

(7) アーマロッド

　　クランプ付近の送電線に巻き付ける補強材で，振動による断線やフラッシオーバ時のアークによる溶断を防止する。

POINT 6　充電電流

　　送電線（導体）と大地（仮想導体）の間にある空気は絶縁体であるため，導体が絶縁体を挟んだコンデンサのような状態になる。したがって，等価回路は右図のようになり，交流電源が接続されると，無負荷の状態でも電流が流れる。これを充電電流という。

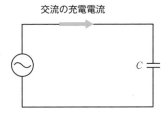

交流の充電電流

C

POINT 7　線路定数

　　電線路の持つ抵抗，インダクタンス，静電容量，漏れコンダクタンス。

　　抵抗とインダクタンスは線路に直列，静電容量と漏れコンダクタンスは線路と並列になる。

(1)　電線の抵抗

　　20℃において銅の抵抗率が0.0181 Ω・$\mathrm{mm^2/m}$，アルミニウムの抵抗率が0.0286 Ω・$\mathrm{mm^2/m}$であるが，送電線のこう長が長くなると無視できなくなる。また，送電線が太くなると，中心部分で電流が流れにくくなり，電線の抵抗値が大きくなる。

　　さらに，抵抗値には温度特性があり，温度変化前の抵抗値を$R_1[\Omega]$，抵抗温度係数を$a_\mathrm{R}[℃^{-1}]$，温度変化前の温度を$t_1[℃]$，温度変化後の温度を$t_2[℃]$とすると，温度

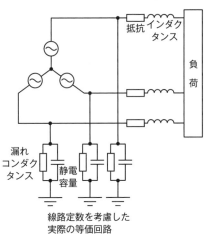

抵抗　インダクタンス

負荷

漏れコンダクタンス

静電容量

線路定数を考慮した
実際の等価回路

113

変化後の抵抗値 R_2[Ω]は，次の式で表せる。

$$R_2 = R_1 \{1 + a_\mathrm{R} (t_2 - t_1)\}$$

(2) 電線の作用インダクタンス

鉄塔間に張られた複数の電線がコイルのようになりインダクタンスが現れる。これを作用インダクタンスといい，電線間の距離 D[m]，電線の半径 r[m]とすると，電線1本の1kmあたりの作用インダクタンス L[mH/km]は，次の式で表せる。

$$L = 0.05 + 0.4605 \log_{10} \frac{D}{r} \quad （暗記不要）$$

これより，インダクタンスは電線間の距離と電線の半径により変化し，多導体の場合，電線の等価半径が大きいのでインダクタンスは小さくなることがわかる。

(3) 電線の作用静電容量

電線間及び電線と大地間には空気の絶縁体があり，コンデンサのような形になる。したがって，それぞれに線間静電容量及び対地静電容量ができる。これらの合成静電容量を作用静電容量といい，電線間の距離 D[m]，電線の半径 r[m]とすると，電線1本の1kmあたりの作用静電容量 C[μF/km]は，次の式で表せる。

$$C = \frac{0.02413}{\log_{10} \dfrac{D}{r}}$$

暗記不要。これより，静電容量は電線間の距離と電線の半径によって変化することがわかる。

(4) 電線の漏れコンダクタンス

がいし表面等での漏れ電流による損失等の影響を漏れコンダクタンスと呼ぶ。非常に小さい値なので，一般的に無視することが多い。

確認問題

① 次の架空送電線路に関する記述として，正しいものには〇，誤っているものには×をつけよ。 📱 P.108〜113 **POINT 1 〜 7**

(1) 送電線路とは，変電所から変電所及び変電所から需要家までの電線路をいう。

(2) 配電線路とは，電圧階級が高圧以下の電線路をいう。

(3) 架空送電線路は，送電線，鉄塔，がいし，架空地線などにより構成されている。

(4) 架空送電線路に使用される硬銅より線は，鋼心アルミより線と比較すると導電率は高いが，重量が重く，価格も高い。

(5) 架空送電線路に使用される鋼心アルミより線は，硬銅より線より導電率は低いが，軽量で引張強さが強く，安価であるという特徴がある。

(6) 鋼心アルミより線は硬アルミ線の周りに亜鉛メッキ鋼線をより合わせたものである。

(7) 多導体方式は一相あたり電線を2本以上で送電する方法であり，コロナ放電の発生がしにくく，表皮効果が大きくなり，送電容量が大きくなる。

(8) ねん架を行うと，三相不平衡抑制に繋がる。

(9) 電線の支持物には，鉄柱，鉄塔，鉄筋コンクリート柱，木柱などがあるが，架空送電線路では一般に鉄筋コンクリート柱が用いられる。

(10) がいしは電線と支持物を絶縁するためのもので，懸垂がいしと長幹がいしがある。

(11) がいしの塩害とは季節風や台風等で塩分等ががいしに付着し，がいしの強度が劣化する現象である。

(12) がいしの塩害対策として，定期的にがいし洗浄を行うことは有効である。

(13) 架空地線は送電線への落雷を防止するための絶縁体でできた線である。

(14) 鉄塔の接地抵抗を大きくすることは逆フラッシオーバの発生を防止す

問題編

CHAPTER 06

送電 1

る上で有効である。

⒂　ダンパとは送電線をがいしに留めるための金具である。

⒃　アーマロッドを用いることで微風振動の発生防止をすることができる。

⒄　充電電流とは，送電線に蓄えられる電流であり，直流電流もしくは不平衡の交流電流が流れるときのみ発生する。

⒅　電線路の抵抗は電線の温度によって変化し，一般に電線の温度が上昇すればするほど，抵抗も大きくなる。

⒆　電線のインダクタンスは電線自体がより線になっているために発生するものである。

⒇　電線の静電容量には，対地静電容量と電線間の線間静電容量がある。

---

② 次の文章は送電線路の電線に関する記述である。（ア）〜（エ）にあてはまる語句を答えよ。

P.108 **POINT 2**

　架空送電線路に用いる電線として，古くから用いられている　(ア)　より線は，　(イ)　より線と比べて導電率が97％と高いが，機械的強度，経済性に劣るため，新規で採用される例はほとんどない。現在多く採用される　(イ)　より線は，　(ア)　より線に比べ，引張強さが大きく，重量が　(ウ)　，導電率が　(エ)　，価格が安いという特徴がある。

---

③ 次の文章はがいしの汚損に関する記述である。（ア）〜（ウ）にあてはまる語句を答えよ。

P.111 **POINT 4**

　海岸に近い沿岸部では，季節風や台風などにより，海の塩分が運ばれ，がいしの表面に付着し，がいしの絶縁が急激に低下する現象が発生する。これをがいしの　(ア)　という。その対策としては，がいしのひだを深くし，表面距離を長くした　(イ)　がいしを用いる方法，定期的に　(ウ)　を行いがいしの塩分を除去する方法等がとられる。

④ 次の（ア）〜（オ）の文章は送電線の構成物に関する記述である。それぞれの記述について，最も適当なものを(1)〜(8)のうちから一つ選べ。

P.112 POINT 5

（ア）送電線に発生する微風振動を防止するために，送電線に取り付ける。

（イ）鉄塔の最上部に張られる裸電線で，送電線への直撃雷を防止する。

（ウ）がいしで留められている電線間をつなぐ電線。

（エ）フラッシオーバ発生時にがいしの破損を防止するために取り付ける金属電極。

（オ）多導体方式の送電線間の，電線相互の接近や接触を防止するもの。

  (1)　アーマロッド　　　(2)　埋設地線　　　(3)　スペーサ

  (4)　クランプ　　　　　(5)　ダンパ　　　　(6)　架空地線

  (7)　アークホーン　　　(8)　ジャンパ

⑤ 次の文章は送電線の線路定数に関する記述である。（ア）〜（エ）にあてはまる語句を答えよ。

P.113 POINT 7

送電線のこう長が長くなると，送電線自体の抵抗，インダクタンス，静電容量，漏れコンダクタンスの線路定数を無視できなくなる。

送電線の抵抗は送電線が太くなると，中心部分で電流が流れにくくなり，抵抗値が大きくなる。これを　(ア)　という。また，電線間の距離 D [m]，電線の半径 r [m] とすると，$\dfrac{D}{r}$ が大きくなるとインダクタンスは　(イ)　なり，静電容量は　(ウ)　なる。漏れコンダクタンスの値は他の線路定数と比較して　(エ)　。

📖 基本問題

1 架空送電線路に関する記述として，誤っているものを次の(1)～(5)のうちから一つ選べ。

(1) 鋼心アルミより線は軟銅より線と比べて導電率が低いため，送電線の外径が大きくなり，風圧荷重が大きくなる。

(2) 硬銅より線は鋼心アルミより線と比べて導電率が高いが，重量が大きく高価である。

(3) 多導体方式は同一断面積の単導体方式に比べ，送電容量が大きくなる。

(4) 架空地線は鉄塔の上部に施設している絶縁電線である。

(5) 三相不平衡の発生を防止するために，送電線をねん架することは効果がある。

---

2 次の文章は架空送電線路の多導体方式に関する記述である。

多導体方式とは一相あたり2条以上の電線を用いて送電する方式であり，一般に電圧階級の　(ア)　電線に適用される。多導体方式の特徴として，コロナ放電が発生しにくいため　(イ)　を起こしにくい，　(ウ)　が増加するという利点がある一方，電線間のスペーサにより　(エ)　が発生するという可能性もある。

上記の記述中の空白箇所（ア），（イ），（ウ）及び（エ）に当てはまる組合せとして，正しいものを次の(1)～(5)のうちから一つ選べ。

	(ア)	(イ)	(ウ)	(エ)
(1)	高い	電波障害	送電容量	サブスパン振動
(2)	高い	フラッシオーバ	導電率	三相不平衡
(3)	低い	電波障害	導電率	サブスパン振動
(4)	低い	フラッシオーバ	導電率	サブスパン振動
(5)	高い	電波障害	送電容量	三相不平衡

3 がいしの塩害対策に関する記述として，誤っているものを次の(1)～(5)のうちから一つ選べ。

(1) 懸垂がいしの連結個数を増やす。

(2) 定期的にがいし洗浄を行う。

(3) がいしに親水性のシリコーンコンパウンドを塗布する。

(4) ひだの深い耐塩がいしを採用する。

(5) 変電所では屋内化もしくは密閉化する。

4 電線の付属品に関する説明として，誤っているものを次の(1)～(5)のうちから一つ選べ。

(1) ジャンパとは，鉄塔部のがいしに接続した電線同士をつなぐ線のことである。

(2) アーマロッドはクランプ付近に巻き付ける補強材で，振動による断線やアークによる溶断を防止するためのものである。

(3) アークホーンはフラッシオーバや逆フラッシオーバの発生を防止する電極である。

(4) 埋設地線は鉄塔の塔脚から地中埋設される接地線であり，鉄塔の接地抵抗を低くするものである。

(5) スペーサとは，多導体方式で電線相互間の衝突を防止するためのものである。

1 鋼心アルミより線に関する記述として、誤っているものを次の(1)～(5)のうちから一つ選べ。

(1) 引張強さの強い鋼線の周りに硬アルミ線をより合わせた電線で、硬銅より線よりも機械的強度が大きく軽量である。

(2) 鋼心アルミより線の耐熱温度は約90℃であるが、アルミを耐熱アルミ合金にした耐熱温度が高いより線がある。

(3) 硬銅より線と比較して径間の長い線路での採用が可能である。

(4) 硬銅より線と比較して導電率が約3分の2、比重が約3分の1であるため、同体積では硬銅より線の半分程度の重量となる。

(5) 硬銅より線と比較して軽量であるため、風圧荷重が小さくなる。

---

2 送電線の付属品として使用される機器とその説明として、正しいものを次の(1)～(5)のうちから一つ選べ。

(1) スペーサ　　　多導体に使用され、強風時等に電線間の接触を防止するが、微風振動を誘発する可能性がある。

(2) ジャンパ　　　電線に取り付け、微風振動による断線を防ぐ。

(3) ダンパ　　　　がいしで接続されている電線間を接続するために使用される。

(4) アーマロッド　クランプ付近の電線に巻き付けて、電線の振動やアークによる損傷を防止する。

(5) クランプ　　　電線と電線の接続に用いられる部品である。

---

3 次の文章は送電線に用いられるがいしに関する記述である。

がいしは送電線と鉄塔を絶縁し、送電線を鉄塔に固定させるために用いられるものである。高い絶縁強度、環境耐性、特に、径間の長い電線には　(ア)　が求められる。

　　（イ）　は最も広く使用されているがいしで，使用電圧に応じて連結個数を決定する。耐塩がいしは塩害等による汚損対策として使用されるがいしで，表面漏れ距離は懸垂がいしの　（ウ）　倍程度となる。

　　（エ）　は，円柱形の磁器棒にひだをつけ，両端に連結金具をつけたもので，塩害によるがいしの汚損が少なく，雨洗効果が優れている。

　上記の記述中の空白箇所（ア），（イ），（ウ）及び（エ）に当てはまる組合せとして，正しいものを次の(1)～(5)のうちから一つ選べ。

	（ア）	（イ）	（ウ）	（エ）
(1)	化学的安定性	長幹がいし	2.5	懸垂がいし
(2)	機械的強度	懸垂がいし	1.5	長幹がいし
(3)	機械的強度	懸垂がいし	2.5	長幹がいし
(4)	化学的安定性	懸垂がいし	1.5	長幹がいし
(5)	機械的強度	長幹がいし	2.5	懸垂がいし

④ 直径が18 mmの送電線500 mの60℃における抵抗値［Ω］として，最も近いものを次の(1)～(5)のうちから一つ選べ。

　ただし，抵抗値の温度特性は温度変化前の抵抗値をR_1［Ω］，抵抗温度係数をa_R［℃$^{-1}$］，温度変化前の温度をt_1［℃］，温度変化後の温度をt_2［℃］とすると，温度変化後の抵抗値R_2［Ω］は，

$$R_2 = R_1\{1 + a_R(t_2 - t_1)\}$$

となる。また，送電線の材質は硬銅線であり，20℃における送電線の抵抗率は0.0181 Ω・mm^2/mとし，抵抗温度特性係数は0.00381℃$^{-1}$とする。

　(1)　0.035　　(2)　0.041　　(3)　0.044　　(4)　0.048　　(5)　0.053

2 送電線のさまざまな障害

（教科書CHAPTER06　SEC05対応）

POINT 1　振動

(1) 微風振動

電線に風速数m/sの微風が吹くと，電線の背後にカルマン渦が生じ，電線が上下に振動する現象。

電線が軽く，径間が大きく，張力が大きいほど発生しやすい。

(2) サブスパン振動

多導体の送電線に風速10 m/sを超える風が当たると，振動する現象。サブスパンとはスペーサとスペーサ間のことをいう。

(3) ギャロッピング

氷雪が翼状に付着した電線に風が当たると，揚力が発生し，電線が上下に激しく振動する現象。

吹雪

雪　電線

振動が激しくなり電線どうしが接触するとショートする。

(4) スリートジャンプ

電線に付着した氷雪が落下し，その反動で電線が跳ね上がる現象。

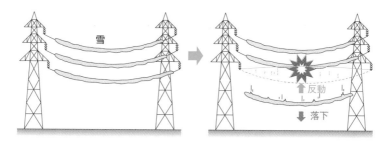

雪が落下する反動で
電線が跳ね上がる。

(5) コロナ振動

　コロナ放電発生時に，電線に付着している水滴が飛ばされ，その反動により電線が振動する現象。

(6) 振動の対策

　① ダンパの設置…ダンパにより，電線の振動エネルギーを吸収する。

　② アーマロッドによる補強…アーマロッドを巻き付け補強することで，電線の振動による断線を防止する。

　③ スペーサの設置…スペーサにより，多導体の電線間の接触を防止する。

　④ 難着雪リングの取り付け…電線に難着雪リングを取り付け，電線への氷雪の付着を防止する。

POINT 2　**雷害**

(1) 雷害の種類

　① 直撃雷

　　・電線に雷が直接落ちることをいう。数百万ボルト以上の過電圧が加わるので，がいしがフラッシオーバする。

　　・がいしの絶縁耐力が高い場合，フラッシオーバせず避雷器の性能を超えた過電圧が変電所設備に加わり，機器の損傷を招くおそれがあるため，がいしの絶縁耐力を適切に設計する必要がある。

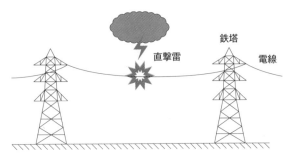

② 誘導雷

　電荷を蓄えた雷雲が電線の上空にくることで，静電誘導により電線に雷雲と逆の極性の電荷が蓄えられる。この状態で，落雷により雷雲が放電すると，電線に蓄えられた電荷が左右に分かれて進行する。これを誘導雷という。雷害の中でも発生頻度が高い。

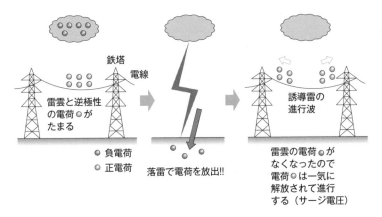

③ 逆フラッシオーバ

　鉄塔や架空地線に落雷し，がいしの絶縁が破壊されて，鉄塔から送電線へ電流が流れていく現象。

(2) 雷害対策

① 架空地線の設置

・鉄塔の最上部に裸電線を張り，架空地線に落雷させることで，送電線への直撃雷を防止する。架空地線と送電線を結ぶ線と鉛直線のなす角である遮へい角が小さい程直撃雷を防止する効果が高い。

・架空地線は誘導雷の軽減にも効果があり，送電線に蓄えられる逆極性の電荷が架空地線と分担され減少するという効果もある。

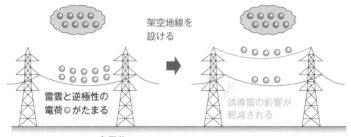

架空地線を
設ける

雷雲と逆極性の
電荷◉がたまる

誘導雷の影響が
軽減される

◉ 負電荷
◉ 正電荷

② 埋設地線の設置

埋設地線は鉄塔と大地をつなぐ接地線であり，鉄塔の接地抵抗を減少させ，直撃雷が大地へと流れていき，逆フラッシオーバの発生を防止できる。

③ アークホーンの設置

アークホーンはがいしの両端に取り付ける金属製の金具で，フラッシオーバや逆フラッシオーバが発生した時にアークホーンで放電させることでがいしの破損を防ぐ。

架空地線

直撃雷

埋設地線

④ 不平衡絶縁の採用

2回線送電線路において，両回線の絶縁強度に差を設けることで，逆フラッシオーバによる雷電流を絶縁強度が低い方に流し，両回線同時に事故が発生することを防止する。

コロナ放電

(1) コロナ放電とは

　　超高圧の架空送電線で電線表面の電界がコロナ臨界電圧（空気の絶縁）を超えて，絶縁が破壊され，電線表面から放電する現象。気圧が低く，湿度が高い方が発生しやすく，雨天時の方が発生しやすい。

(2) コロナ放電による影響（コロナ障害）

① コロナ損の発生…コロナ放電により，エネルギーが熱・光・音などに変化するため電力損失が発生する

② 通信線への誘導障害の発生

③ テレビ，ラジオなどの受信障害の発生

④ 電線や付属品の腐食

⑤ 地絡ではないため消弧リアクトル方式で消弧不能となる

(3) コロナ放電の対策

① 電線の太線化…コロナ臨界電圧は電線が太いほど高くなるので，コロナ放電防止になる。

② 多導体の採用…多導体は単導体よりも電線の等価半径が大きいため，コロナ臨界電圧が高くなる。

③ がいし金具の突起部をなくす…突起部には電荷が集まりやすく，そこからコロナ放電が発生しやすい。

POINT 4 **静電誘導障害**

　　電線と通信線の間に発生する静電誘導により電圧が誘導され発生する障害。雑音などの通信障害や電線直下での人体への雷撃などの影響がある。

(1) 発生原理

　　電線と通信線間との静電容量を $C_1[\mathrm{F}]$，通信線と大地間の静電容量を $C_2[\mathrm{F}]$ としたとき，電線の対地電圧を $\dot{V}[\mathrm{V}]$ とすると，通信線の対地電圧 $\dot{V}_0[\mathrm{V}]$ は，次の式で表せる。

$$\dot{V}_0 = \cfrac{\cfrac{1}{\mathrm{j}\omega C_2}}{\cfrac{1}{\mathrm{j}\omega C_1} + \cfrac{1}{\mathrm{j}\omega C_2}} \dot{V} = \cfrac{\cfrac{1}{C_2}}{\cfrac{1}{C_1} + \cfrac{1}{C_2}} \dot{V} = \cfrac{C_1}{C_1 + C_2} \dot{V}$$

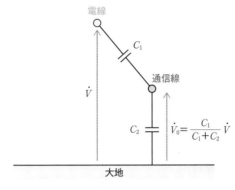

　このように，通信線に電圧が誘導される。電線が三相交流の電線である場合，各値を次のようにおくと，

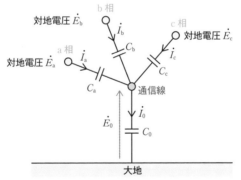

$$\dot{I}_0 = \dot{I}_a + \dot{I}_b + \dot{I}_c$$
$$\mathrm{j}\omega C_0 \dot{E}_0 = \mathrm{j}\omega C_a(\dot{E}_a - \dot{E}_0) + \mathrm{j}\omega C_b(\dot{E}_b - \dot{E}_0) + \mathrm{j}\omega C_c(\dot{E}_c - \dot{E}_0)$$
$$C_0 \dot{E}_0 = C_a(\dot{E}_a - \dot{E}_0) + C_b(\dot{E}_b - \dot{E}_0) + C_c(\dot{E}_c - \dot{E}_0)$$
$$(C_0 + C_a + C_b + C_c)\dot{E}_0 = C_a \dot{E}_a + C_b \dot{E}_b + C_c \dot{E}_c$$
$$\dot{E}_0 = \frac{C_a \dot{E}_a + C_b \dot{E}_b + C_c \dot{E}_c}{C_0 + C_a + C_b + C_c}$$

ここで$C_a = C_b = C_c = C$である場合，
$$\dot{E}_0 = \frac{C(\dot{E}_a + \dot{E}_b + \dot{E}_c)}{C_0 + 3C}$$

となり，$\dot{E}_\mathrm{a} + \dot{E}_\mathrm{b} + \dot{E}_\mathrm{c} = 0$ なので，$\dot{E}_0 = 0$ となる。すなわち，各相の静電容量が等しくない場合，通信障害が発生する。

(2) 静電誘導障害の対策
① 電線と通信線の離隔距離を大きくする。
② 電線と通信線間に遮へい線を設ける。
③ 通信線に遮へい層があるケーブルを採用する。
④ 通信線に光ファイバーケーブルを採用する。
⑤ 電線をねん架する。

POINT 5 電磁誘導障害

電線を流れる電流が作る磁界により，通信線に電圧が誘導される現象。雑音などの通信障害や電線直下での人体への雷撃など静電誘導障害と同様の影響がある。

(1) 発生原理

送電線に交流電流が流れると，その周りには時間的に向きと大きさが変化する磁束が発生する。この磁束が通信線と大地の間を貫くと，ファラデーの電磁誘導の法則により通信線に誘導起電力を発生させる。

電線を流れる電流を $\dot{I}$[A]，交流の角周波数を ω[rad/s]，電線と通信線間の相互インダクタンスを M[H] とすると，通信線に誘導される電圧 $\dot{V}_0$[V] は，次の式で表せる。

$$\dot{V}_0 = \mathrm{j}\omega M\dot{I}$$

三相交流の場合，相互インダクタンスが等しいとして，各相の電流を $\dot{I}_\mathrm{a}$[A]，$\dot{I}_\mathrm{b}$[A]，$\dot{I}_\mathrm{c}$[A] とすると，次の式で表せる。

$$\dot{V}_0 = \mathrm{j}\omega M\dot{I}_\mathrm{a} + \mathrm{j}\omega M\dot{I}_\mathrm{b} + \mathrm{j}\omega M\dot{I}_\mathrm{c} = \mathrm{j}\omega M(\dot{I}_\mathrm{a} + \dot{I}_\mathrm{b} + \dot{I}_\mathrm{c})$$

よって，送電線を流れる電流が三相平衡 ($\dot{I}_\mathrm{a} + \dot{I}_\mathrm{b} + \dot{I}_\mathrm{c} = 0$) であれば $\dot{V}_0 = 0$ となり，電磁誘導障害は発生しないことがわかる。

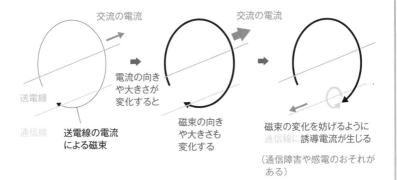

交流の電流　交流の電流

送電線

通信線　**送電線の電流による磁束**

電流の向きや大きさが変化すると

磁束の向きや大きさも変化する

磁束の変化を妨げるように通信線に誘導電流が生じる

（通信障害や感電のおそれがある）

(2)　電磁誘導障害の対策

① 電線と通信線の離隔距離を大きくする。

② 電線と通信線間に遮へい線を設ける。

③ 通信線に遮へい層があるケーブルを採用する。

④ 通信線に光ファイバーケーブルを採用する。

⑤ 電線をねん架する。

⑥ 中性点の接地抵抗を大きくする。→地絡電流が減少することにより，電磁誘導障害が小さくなる。

⑦ 地絡故障箇所の遮断→地絡発生時，即時遮断することで，電磁誘導障害の継続時間が短くなる。

POINT 6 **フェランチ効果**

受電端電圧が送電端電圧より高くなる現象。負荷側の電圧値が上がり，機器の正常動作範囲の電圧値から逸脱したり，過電圧が加わり，絶縁破壊が起こる可能性がある。

(1)　発生原理

図1に示すような，長距離送電線や地中ケーブル等静電容量が大きい電線路で，無負荷もしくは軽負荷のとき，負荷の遅れ無効電力よりも送電線の静電容量による進み無効電力の方が大きくなり，電線路の電流 i[A] が進み電流となると，図2のベクトル図のように，送電端電圧 $\dot{V}_s$[V] よりも受電端電圧 $\dot{V}_r$[V] の方が高くなることがある。

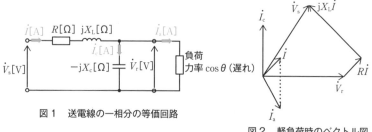

図1　送電線の一相分の等価回路

図2　軽負荷時のベクトル図

(2) フェランチ効果の対策

① 電力用コンデンサの開放

② 分路リアクトルの投入

→いずれも電流を遅らせる効果がある。

POINT 7 過電圧

公称電圧ごとに定められた最高電圧を超える異常電圧を過電圧という。

(1) 外部過電圧…電力系統の外部要因によって生じる過電圧。

① 直撃雷　② 誘導雷　③ 逆フラッシオーバ

(2) 内部過電圧

① 間欠アーク地絡による過電圧…塩害などにより，がいし表面の絶縁が低下し，がいし表面に間欠的なアーク地絡が発生する。

② 開閉設備の開閉による過電圧（開閉過電圧）…開閉設備の開閉による急激な電流変化によって過電圧が発生する。

③ フェランチ現象による過電圧…フェランチ効果により受電端電圧が過電圧となる。

④ 自己励磁現象による過電圧…同期発電機を無負荷の長距離送電線に接続すると，進み無効電流の増磁作用による自己励磁現象により発電機の端子電圧が上昇する。

⑤ 一線地絡時の健全相の対地電圧上昇…一線地絡により健全相の対地電圧が上昇し，過電圧となる。

✓ 確認問題

1 次の各文章は送電線の振動に関する記述である。（ア）～（セ）にあてはまる語句を答えよ。
P.122 POINT 1

a. 電線に付着し氷雪が落下し，その反動で電線が跳ね上がる現象を （ア） という。この対策として， （イ） を取り付けると氷雪の付着を防止できる。

b. 一相あたり2本以上にして送電する （ウ） 方式の送電線で風速10 m/sを超える強風が吹くと， （エ） 間の電線の固有振動数と上下の力が共振して振動する現象を （オ） 振動という。

c. 電線に毎秒数メートル程度の風が連続的に吹くと電線の背後に （カ） 渦ができ，電線が上下に振動する現象を （キ） という。この現象は，電線の重量が （ク） く，径間の長さが大きく，張力が （ケ） いほど発生しやすい。 （コ） は送電線につるすおもりであり，この振動の抑制効果がある。

d. 氷雪が翼状に付着した電線に風があたり，揚力が発生し，上下に振動する現象を （サ） という。単導体方式と多導体方式では （シ） 方式の方が発生しやすい。

e. 電線表面から放電が起こったときに電線から帯電している水滴が飛び，その反動により電線が振動する現象を （ス） という。気象条件としては，雨天で （セ） 風時に発生しやすい。

---

2 次の文章は送電設備への落雷に関する記述である。（ア）～（オ）にあてはまる語句を答えよ。
P.123 POINT 2

送電線に落雷し，がいしの絶縁が破壊されて鉄塔側に電流が流れることを （ア） ，鉄塔もしくは （イ） 線に落雷し，鉄塔の電位が高くなりがいしの絶縁が破壊されて送電線側に電流が流れることを （ウ） という。 （ウ） を防止するために鉄塔と大地をつなぐ線を （エ） 線という。また， （ア） または （ウ） の際にがいしの損傷を防ぐためにがいし付近

に設ける付属品を　(オ)　という。

---

❸ 次の文章はコロナ放電に関する記述である。（ア）～（オ）にあてはまる
語句を答えよ。
P.126 **POINT 3**

　コロナ放電は，空気の絶縁が破壊され，電線表面から放電する現象で，電
圧が　(ア)　く，気圧が　(イ)　く，湿度が　(ウ)　い方が発生しやすい。
コロナ放電に対する対策として，電線を　(エ)　くする，　(オ)　導体方
式の採用等が挙げられる。

---

❹ 次の文章は静電誘導障害と電磁誘導障害に関する記述である。（ア）～
（オ）にあてはまる語句を答えよ。
P.126~128 **POINT 4 5**

　静電誘導障害と電磁誘導障害のうち電線が作る磁界によって生じる障害は
　(ア)　であり，誘導される電圧は電線と通信線間の　(イ)　と電線に流
れる電流に比例する。一方　(ウ)　は，誘導される電圧は電線と通信線間
の　(エ)　と電線の対地電圧に比例する。静電誘導障害と電磁誘導障害の
対策として，電線と通信線の離隔距離を　(オ)　くすること等がある。

---

❺ 次の文章は送電線の受電端電圧に関する記述である。（ア）～（オ）にあ
てはまる語句を答えよ。
P.129 **POINT 6**

　受電端電圧は昼間の重負荷時と夜間休祭日等の軽負荷時で変化する。通常
は送電端電圧の方が受電端電圧よりも高いが，　(ア)　負荷時には送電端
電圧よりも受電端電圧の方が高くなる　(イ)　という現象が発生する。こ
れは送電線を流れる電流が　(ウ)　電流となることにより発生する。この
対策として，電力用コンデンサや分路リアクトルを用いるが，電力用コンデ
ンサは　(エ)　し，分路リアクトルは　(オ)　する。

⑥ 次の文章は過電圧に関する記述である。（ア）〜（エ）にあてはまる語句を答えよ。

P.130 POINT 7

過電圧には外部過電圧と内部過電圧があるが，外部過電圧には，送電線に直接落雷する （ア） や，鉄塔や架空地線に落雷した過電圧が，がいしの絶縁強度を超えた場合に発生する （イ） 等がある。内部過電圧には遮断器等の操作により発生する （ウ） 等がある。

過電圧に対する対応として，過電圧により一旦遮断器を開放した後，一定時間経過後に再投入する （エ） 方式というものがある。

⑦ 次の送電線のさまざまな障害に関する記述として，正しいものには○，誤っているものには×をつけよ。

P.122〜130 POINT 1 〜 7

(1) コロナ放電発生時に，繰り返し電線の水滴が落ちると，コロナ振動が発生しやすい。

(2) 氷雪が翼状に付着した電線に風が当たったとき発生する振動はサブスパン振動である。

(3) スリートジャンプは冬季に発生する現象である。

(4) 送電線の振動は強風時にのみ発生する現象である。

(5) アーマロッドは電線につける補強材で，振動による断線を防止する。

(6) ギャロッピングは一般に多導体の方が発生しやすい。

(7) 雷雲が近づくことで電線に雷雲とは異なる極性の電荷が蓄えられ，落雷が起きたときに電線に蓄えられた電荷が放電される現象を誘導雷という。

(8) 逆フラッシオーバはがいしの絶縁が低いと発生しにくい。

(9) 不平衡絶縁の採用は逆フラッシオーバの抑制に繋がる。

(10) 架空地線は直撃雷の抑制と誘導雷を軽減する効果がある。

(11) 埋設地線の接地抵抗は高いほど良い。

(12) コロナ放電は気圧が高く，湿度が高いほど発生しやすい。

(13) コロナ放電により，通信線の誘導障害やテレビ・ラジオ等の受信障害を発生する。

(14) コロナ放電の対策として，電線の細線化がある。

⒂ 多導体方式は単導体方式よりコロナ放電が発生しにくい。

⒃ 静電誘導障害の対策として，光ファイバーケーブルを採用することは効果的である。

⒄ 電線と通信線の間に遮へい線を設けることは静電誘導障害対策としては有効であるが，電磁誘導障害対策としては有効ではない。

⒅ 送電線をねん架することは静電誘導障害及び電磁誘導障害のいずれの対策としても有効である。

⒆ 電線に絶縁電線を使用すれば誘導障害は発生しない。

⒇ 送電線の送電端電圧より受電端電圧が高くなる現象をフェランチ効果という。

㉑ フェランチ効果は進み力率になると必ず発生するので，進み力率にしないことが重要である。

㉒ フェランチ効果の対策として分路リアクトルを投入するとよい。

㉓ フェランチ効果は夜間軽負荷時に発生しやすい。

㉔ 過電圧には外部過電圧と内部過電圧があり，雷過電圧や間欠アーク地絡による過電圧は外部過電圧，開閉設備の操作による開閉過電圧やフェランチ効果による過電圧は内部過電圧である。

㉕ 外部過電圧の雷過電圧のうち，直撃雷はフラッシオーバが発生し，誘導雷は逆フラッシオーバが発生する。

㉖ 無負荷長距離送電線に同期発電機を接続すると，自己励磁現象により発電機の電圧上昇が起こることがある。

基本問題

1 送電線の振動に関する記述として，誤っているものを次の(1)〜(5)のうちから一つ選べ。

  (1) サブスパン振動は多導体方式の送電線に風速10 m/s以上の風が当たると発生する現象である。

  (2) ギャロッピングは電線の周りに翼状に氷雪が付着し，そこに風が吹くことで振動する現象である。

  (3) スリートジャンプでは相間短絡が発生する可能性がある。

  (4) 微風振動は数m/sの風が吹くことで電線の風上側に渦が生じることで振動する現象である。

  (5) コロナ振動は晴天時よりも雨天時に発生しやすい。

---

2 次の文章は送電線の雷害に関する記述である。

電線に直接雷が落ちると， (ア) ボルト程度の電圧が加わるが，この電圧が機器に加わると機器を損傷してしまう可能性があるので，がいし部で (イ) をする。このときのがいしの損傷を防ぐために，がいしの両端に (ウ) を設けることがある。また，送電線への直撃雷を防止するため， (エ) を設ける。

上記の記述中の空白箇所（ア），（イ），（ウ）及び（エ）に当てはまる組合せとして，正しいものを次の(1)〜(5)のうちから一つ選べ。

	(ア)	(イ)	(ウ)	(エ)
(1)	数万	フラッシオーバ	アークホーン	架空地線
(2)	数万	逆フラッシオーバ	アーマロッド	埋設地線
(3)	数百万	フラッシオーバ	アークホーン	架空地線
(4)	数万	逆フラッシオーバ	アークホーン	埋設地線
(5)	数百万	フラッシオーバ	アーマロッド	架空地線

3　送電線のコロナ放電に関する記述として，誤っているものを次の(1)～(5)のうちから一つ選べ。

(1)　空気の絶縁耐力以上の電界がかかると発生する。

(2)　気圧が低く，湿度が高いときに発生しやすい。

(3)　電路に突起物があるとその部分で発生しやすい。

(4)　電圧が高く，電線が太いほど発生しやすい。

(5)　多導体方式では単導体方式に比べ発生しにくい。

4　送電線のコロナ放電による影響に関する記述として，誤っているものを次の(1)～(5)のうちから一つ選べ。

(1)　送電線直下の作業員へ雷撃する可能性がある。

(2)　テレビで受信障害が発生する。

(3)　エネルギーが熱・光・音などに変化し電力損失に繋がる。

(4)　電線や付属品が腐食する。

(5)　送電線の振動が発生する。

5 送電線の誘導障害に関する記述として，誤っているものを次の(1)～(5)のうちから一つ選べ。

(1) 電線と通信線間の静電容量と通信線と大地間の静電容量に起因する誘導障害を静電誘導障害という。

(2) 電線の作る磁界により発生する誘導障害を電磁誘導障害という。

(3) 電線と通信線の離隔距離をできるだけ長くすると誘導障害の影響が小さくなる。

(4) 通信線に光ファイバーケーブルを採用すると，誘導障害の対策となる。

(5) 誘導障害は可聴雑音等の通信障害等が発生するが，人体への危険性は少ない。

6 フェランチ効果に関する記述として，誤っているものを次の(1)～(5)のうちから一つ選べ。

(1) 受電端電圧が送電端電圧より高くなる現象である。

(2) 線路の電圧が電流より進んでいる場合に発生する。

(3) 電線路にケーブルを使用すると発生確率は高くなる。

(4) 送電線のこう長が長い方が発生しやすくなる。

(5) 重負荷時よりも軽負荷時に発生しやすくなる。

7 送電線の過電圧に関する記述として，誤っているものを次の(1)～(5)のうちから一つ選べ。

(1) 外部過電圧は主に雷に起因する過電圧で，直撃雷による過電圧，誘導雷による過電圧，逆フラッシオーバによる過電圧がある。

(2) 外部過電圧の中で最も発生頻度が高いのは誘導雷による過電圧である。

(3) 過電圧のうち，内部過電圧に対しては機器の絶縁が維持されるように絶縁強度を設計する。

(4) 内部過電圧にはフェランチ現象によるものや1線地絡時の健全相に現れる短時間交流過電圧がある。

(5) 内部過電圧には開閉過電圧やコロナ放電によるサージ性過電圧がある。

❶ 送電線の振動対策に関する記述として，誤っているものを次の(1)～(5)のうちから一つ選べ。

  (1) 微風振動の対策としてダンパの取り付けやアーマロッドの取り付け等の方法がある。

  (2) スリートジャンプの対策として，電線の垂直間距離を大きくする，径間長を短くする，難着雪リングを取り付ける等の方法がある。

  (3) サブスパン振動の対策として，スペーサの配置を適切にする，送電線のねん架を行う等の方法がある。

  (4) ギャロッピングの対策として，ダンパの取り付け，難着雪リングの取り付け，ギャロッピングの発生しにくい送電線ルートの選定等の方法がある。

  (5) コロナ振動の対策として，電線を太くする，鋼心アルミより線を採用する，多導体方式を採用する等の方法がある。

❷ 送電線路の雷害及びその対策に関する記述として，誤っているものを次の(1)～(5)のうちから一つ選べ。

  (1) 逆フラッシオーバは鉄塔や架空地線に落雷したときに発生する現象である。

  (2) 送電線の雷害で最も発生確率が高いのは，送電線に電荷が蓄えられ，それが落雷によって一気に開放することで発生する誘導雷による過電圧である。

  (3) 鉄塔の塔脚接地抵抗を小さくすることは逆フラッシオーバの発生を抑制する効果がある。

  (4) 架空地線で直撃雷を防止する場合，遮へい角を大きくする方が効果的である。

  (5) 不平衡絶縁を採用することで，2回線同時事故を防止することが可能となる。

③ コロナ放電に関する記述として，誤っているものを次の(1)〜(5)のうちから一つ選べ。

(1) 空気の絶縁が破壊されるコロナ臨界電圧の大きさは，標準状態 (20℃，1013 hPa) において約30 kV/cmである。

(2) 送電線の導体付近での電界がコロナ臨界電圧より大きくなるとコロナ放電が発生する。

(3) コロナ臨界電圧は，気圧が低く，湿度が上がる程低下する。

(4) コロナ放電による影響として，送電損失やラジオの電波障害，騒音の発生，電線の腐食等がある。

(5) コロナ放電防止対策として，電線を太くする，単導体方式を採用する，微小な傷や突起物をなくす等の方法がある。

④ 次の文章は送電線に発生する誘導障害に関する記述である。

送電線と通信線が　(ア)　に施設され，かつ，その距離が近いとき，静電誘導や電磁誘導により　(イ)　に電圧が誘導される現象を誘導障害という。静電誘導は静電容量によるもので，電磁誘導は　(ウ)　インダクタンスによるものである。誘導障害の対策のうち，消弧リアクトル接地方式や高抵抗の接地方式を採用することは　(エ)　に対する対策として有効な方法である。

上記の記述中の空白箇所 (ア)，(イ)，(ウ) 及び (エ) に当てはまる組合せとして，正しいものを次の(1)〜(5)のうちから一つ選べ。

	(ア)	(イ)	(ウ)	(エ)
(1)	平行	通信線	相互	静電誘導障害
(2)	平行	通信線	相互	電磁誘導障害
(3)	垂直	送電線	自己	電磁誘導障害
(4)	平行	送電線	相互	電磁誘導障害
(5)	垂直	送電線	自己	静電誘導障害

⑤ 図のように送電線と通信線があり，各相と通信線との間の静電容量をC_A[F]，C_B[F]，C_C[F]，通信線と大地との間の静電容量をC_0[F]，各相の対地電圧をそれぞれ$\dot{E}_a$[V]，$\dot{E}_b$[V]，$\dot{E}_c$[V]とするとき，次の(a)及び(b)の問に答えよ。ただし，電線に流れる電流の角周波数をω[rad/s]とする。

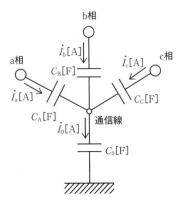

(a) a相の送電線と通信線のみを考えるとき，通信線に誘導される電圧$\dot{E}_0$[V]として，正しいものを次の(1)〜(5)のうちから一つ選べ。

(1) $\dfrac{C_A}{C_A + C_0}\dot{E}_a$ (2) $\dfrac{C_0}{C_A + C_0}\dot{E}_a$ (3) $\dfrac{C_A + C_0}{C_A}\dot{E}_a$

(4) $\dfrac{C_A + C_0}{C_0}\dot{E}_a$ (5) $\dfrac{C_A C_0}{C_A + C_0}\dot{E}_a$

(b) すべての送電線を考えたときの通信線に誘導される電圧$\dot{E}_0$[V]として，正しいものを次の(1)〜(5)のうちから一つ選べ。

(1) $\dfrac{C_0(\dot{E}_a + \dot{E}_b + \dot{E}_c)}{C_0 + C_A + C_B + C_C}$ (2) $\dfrac{C_A\dot{E}_a + C_B\dot{E}_b + C_C\dot{E}_c}{C_0 + C_A + C_B + C_C}$

(3) $\dfrac{C_0(\dot{E}_a + \dot{E}_b + \dot{E}_c)}{3C_0 + C_A + C_B + C_C}$ (4) $\dfrac{C_A\dot{E}_a + C_B\dot{E}_b + C_C\dot{E}_c}{3C_0 + C_A + C_B + C_C}$

(5) $\dfrac{3C_0(\dot{E}_a + \dot{E}_b + \dot{E}_c)}{3C_0 + C_A + C_B + C_C}$

6 フェランチ効果に対する対策として，誤っているものを次の(1)〜(5)のうちから一つ選べ。

(1) 発電機の運転台数を増加させる。

(2) 同期調相機の界磁電流を小さくする。

(3) 無効電力補償装置 (SVC) で無効電力を調整する。

(4) 電力用コンデンサを開放する。

(5) 分路リアクトルを投入する。

---

7 電力系統で発生する過電圧に関する記述として，誤っているものを次の(1)〜(5)のうちから一つ選べ。

(1) 外部過電圧は非常に大きい電圧なので，変電所においては避雷器を設置し，制限電圧を超えた電圧を大地に逃がすことで機器を保護する。

(2) 電気機器の絶縁は内部過電圧に対しては，十分に耐えるように設計される。

(3) 送電線への落雷発生時の電線の溶断防止策として，電線の太線化等の方法が取られる。

(4) 送電線への直撃雷に対して，がいしはフラッシオーバを起こさない様に設計される。

(5) 再閉路方式を採用して，遮断器の開放後に一定時間を経てから遮断器を再投入し，送電の信頼性を高める。

3 中性点接地と直流送電

POINT 1　**中性点接地**

変圧器の中性点を大地と接続することを中性点接地という。

〈中性点接地の目的〉

① 地絡発生時の異常電圧（健全相の対地電圧上昇）を抑制し，機器の絶縁レベルを低減させる。

② 地絡電流の大きさを調整し，地絡継電器を確実に動作させる。

③ 消弧リアクトル接地方式の場合，地絡電流を自動的に消滅させる。

(1)　非接地方式…中性点を接地しない方式

〈非接地方式の特徴〉

・地絡電流が小さい

　　→電磁誘導障害が小さい

　　→地絡継電器の作動が困難

・健全相の対地電圧が$\sqrt{3}$倍に上昇する

　　→機器の絶縁強度を高くする必要がある

・対地電圧上昇が問題になりにくい配電線路に採用

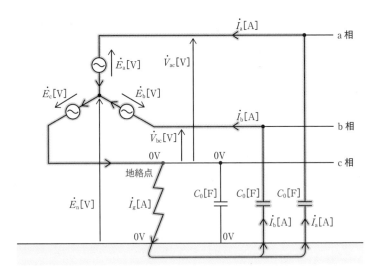

(2)　直接接地方式…中性点を導体で接地する方式

〈直接接地方式の特徴〉

・地絡電流が大きい

→電磁誘導障害が大きい

→地絡継電器の動作が確実

・健全相の対地電圧が変わらない

→機器の絶縁強度が低減可能となる

・電圧上昇の影響が大きい187 kV以上の設備で採用

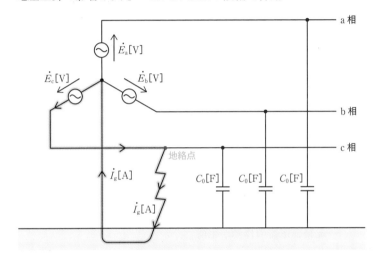

(3)　抵抗接地方式…中性点を100〜1000 Ω程度の抵抗を介して接地する方式で非接地方式と直接接地方式の中間的な特徴を持つ

〈抵抗接地方式の特徴〉

・地絡電流は，非接地方式より大きく，直接接地方式より小さい

・健全相の対地電圧上昇は，非接地方式より小さく，直接接地方式より大きい

・抵抗の調整により，地絡電流の大きさを調整可能

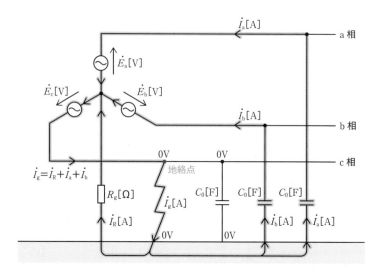

(4) 消弧リアクトル接地方式…中性点を消弧リアクトルを介して接地する
　方式

　〈消弧リアクトル接地方式の特徴〉

　・地絡電流が非常に小さい（理論的には零）

　　→電磁誘導障害が小さい

　　→地絡継電器の作動が困難

　・健全相の対地電圧が$\sqrt{3}$倍に上昇する

　　→機器の絶縁強度を高くする必要がある

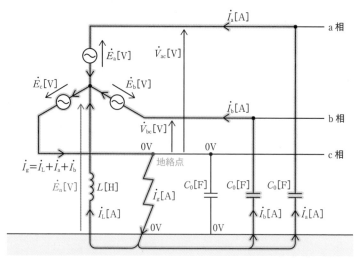

POINT 2 　**直流送電**

　送電側と受電側に交直変換器を設けて直流で送電する方式。長距離送電数連系をする場合に利用される。

(1)　直流送電の利用例

　・長距離大電力送電

　　　直流は安定度の問題がなく，導体も 2 条で済むため，長距離送電では建設費が安くなる。

　・海底ケーブルによる送電

　　　直流では充電電流が発生しないため，送電容量が低減しない。

　・異周波数系統間連系

　　　50 Hz⇔60 Hz 変換は交直変換をすれば容易となる。

　・非同期連系

　　　交流系統と同期連系すると短絡容量が増大するが，直流では短絡容量を増加せずに連系することができる。

(2)　直流送電の長所

　・無効電力がないので，電圧降下や電力損失が少ない。

　・送電線の静電容量による充電電流による影響がない。

　・電圧の最大値が交流の $\dfrac{1}{\sqrt{2}}$ 倍なので，絶縁強度を低減することができる。

　・交直変換時に異周波数連系が可能となる。

　・導体が 2 条で良いので，送電線路の建設費が安価となる。

　・同期安定度の問題がない。

　・短絡容量を増加させずに系統連系が可能である。

(3)　直流送電の短所

　・交直変換設備が必要となる。

　・受電側に無効電力供給設備が必要となる。

　・交直変換時に高調波が発生するので高調波除去フィルタが必要となる。

　・交流のような電流零点がないので，高電圧・大電流の遮断が困難である。

　・変圧器を使用して変圧できないので，変圧が容易ではない。

① 次の文章は中性点接地方式に関する記述である。（ア）～（エ）にあてはまる語句を答えよ。

P.142 **POINT 1**

中性点接地方式とは変圧器の　(ア)　結線の接続点（中性点）と大地を接続する方法である。中性点は三相平衡状態で通常運転されているときには電流が流れないが，　(イ)　事故発生時には電流が流れる。したがって，中性点接地方式の目的は　(イ)　事故発生時の　(ウ)　相の電圧上昇抑制と　(エ)　を確実に動作させ故障区間を切り離すこと等が挙げられる。

② 次の文章は中性点接地方式である直接接地方式，抵抗接地方式，非接地方式，消弧リアクトル接地方式の比較に関する記述である。（ア）～（エ）にあてはまる語句を答えよ。ただし，同じ語句を使用してよい。

P.142 **POINT 1**

中性点接地方式のうち，地絡事故時に健全相の対地電圧上昇が最も大きいのは　(ア)　方式と　(イ)　方式，最も小さいのは　(ウ)　方式である。また，地絡電流が最も大きいのは　(エ)　方式，最も小さいのは　(イ)　方式である。

③ 次の中性点接地方式に関する記述として，正しいものには○，誤っているものには×をつけよ。

P.142 **POINT 1**

(1) 直接接地方式は地絡電流が最も大きいため，電磁誘導障害が問題とならない。

(2) 非接地方式は，主に配電系統で採用される。

(3) 抵抗接地方式は，非接地方式と直接接地方式の中間的な性質を持つ。

(4) 消弧リアクトル接地方式は，配電系統～154 kV まで幅広く使用される。

(5) 中性点接地方式のうち，継電器の作動が困難となるのは，抵抗接地方式と非接地方式である。

(6) 非接地方式では，1線地絡事故の際の健全相の電位上昇は$\sqrt{2}$倍となる。

(7) 直接接地方式は，187 kV 以上の系統に使用される。

④ 次の文章は直流送電に関する記述である。（ア）～（エ）にあてはまる語句を答えよ。

P.145 **POINT 2**

　直流送電とは送電側と受電側に　（ア）　を設け，送電側で交流から直流にし，受電側で直流から交流にして送電する方法である。同電圧では直流の最大値は交流の　（イ）　倍になるので，絶縁強度を　（ウ）　くすることができる他，送電線路を　（エ）　条で送電できるので，建設費が安くなるといったメリットがある。

⑤ 次の直流送電に関する記述として，正しいものには○，誤っているものには×をつけよ。

P.145 **POINT 2**

(1) 電圧降下及び電力損失が少ないので，長距離送電に向いている。

(2) 送電線が2条で済む。

(3) 交流よりも遮断が容易である。

(4) 電圧の最大値が交流の $\dfrac{1}{\sqrt{3}}$ 倍である。

(5) 変圧が容易である。

(6) 交直変換装置が高価である。

(7) 同期安定度の問題が発生する。

1 中性点接地方式に関する記述として，誤っているものを次の(1)～(5)のうちから一つ選べ。

   (1) 中性点接地は異常電圧の抑制や地絡継電器の動作等の目的で行う。

   (2) 非接地方式は，地絡電流が小さく電磁誘導障害が少なくなる。

   (3) 直接接地方式は，1線地絡事故時の健全相対地電圧の上昇がほとんどない。

   (4) 抵抗接地方式は，抵抗値を調整して，地絡継電器を動作させ電磁誘導障害を生じない程度に地絡電流を調整する。

   (5) 消弧リアクトル接地方式は，地絡電流を非常に小さくできるので，現在の送配電線で最も多く採用されている。

---

2 次の文章は中性点接地方式に関する記述である。

  抵抗接地方式は非接地方式と直接接地方式の中間的な性質を持つ接地方式で，非接地方式より　(ア)　が大きく，直接接地方式より　(イ)　が大きいという特性がある。中性点の抵抗を　(ウ)　Ω程度にするため適用可能な電圧も幅広く　(エ)　kV程度の電圧階級で採用される。

  上記の記述中の空白箇所 (ア)，(イ)，(ウ) 及び (エ) に当てはまる組合せとして，正しいものを次の(1)～(5)のうちから一つ選べ。

	（ア）	（イ）	（ウ）	（エ）
(1)	地絡電流	健全相の 対地電圧上昇	100〜1000	22〜154
(2)	健全相の 対地電圧上昇	地絡電流	100〜1000	6.6〜77
(3)	健全相の 対地電圧上昇	地絡電流	10〜50	22〜154
(4)	地絡電流	健全相の 対地電圧上昇	10〜50	22〜154
(5)	健全相の 対地電圧上昇	地絡電流	10〜50	6.6〜77

3 直流送電に関する記述として，誤っているものを次の(1)〜(5)のうちから一つ選べ。

(1) 送電線の建設費が安くなる。

(2) 交直変換設備が必要となる。

(3) 同期安定度の問題がない。

(4) 高調波の発生がない。

(5) 機器の絶縁強度を低減することができる。

4 直流送電の利用例として，誤っているものを次の(1)〜(5)のうちから一つ選べ。

(1) 海底ケーブル

(2) 発電所から変電所への超高圧送電

(3) 長距離大電力送電

(4) 異周波数系統間連系

(5) 非同期連系

❶ 中性点接地方式に関する記述として，誤っているものを次の(1)〜(5)のうちから一つ選べ。

(1) 中性点接地方式とは，送電線に接続されたY結線の接続点と大地を接続することをいう。通常時は中性点の接地回路には電流が流れないが，1線地絡事故時には中性点に電流が流れ，健全相の電圧上昇が発生する。したがって，系統の保護方式に合う中性点接地方式を選択しなければならない。

(2) 非接地方式は1線地絡時の故障電流が非常に小さく，電磁誘導障害の影響はほとんどないが，健全相の対地電圧は$\sqrt{3}$倍に上昇する。配電系統は健全相の対地電圧上昇がほとんど問題とならないので，配電用変圧器は主に中性点を持たない$\Delta-\Delta$結線で接続され，非接地方式が採用される。

(3) 直接接地方式は1線地絡時の健全相の対地電圧上昇がほとんどないので，機器の絶縁強度を低減でき，送電線のがいしの連結個数も減らすことができる。一方，1線地絡時の故障電流が大きいので，通信線の電磁誘導障害が大きくなる。したがって，光ファイバーケーブルを採用する，遮へい線を設置する等の対策が取られる。

(4) 抵抗接地方式は，非接地方式と直接接地方式の中間的な性質を持つ接地方式である。直接接地方式よりも地絡電流が小さくなるので，感度の高い地絡継電器が求められる。低抵抗接地方式と高抵抗接地方式があり，日本においては電圧階級が上がれば上がるほど低抵抗の接地方式を採用している。

(5) 消弧リアクトル接地方式は，中性点をリアクトルで接地することで，1線地絡事故時に送電線の対地静電容量と並列共振させることで消弧させる方式で理論上地絡電流は零になる。ただし，送電線のねん架が不十分で三相不平衡状態であると，中性点に電圧が発生し，送電線の対地静電容量とリアクトルが直列共振することで，中性点の電位が異常上昇してしまう可能性がある。

② 直流送電に関する記述として，誤っているものを次の(1)～(5)のうちから一つ選べ。

(1) 直流送電は交流のように変圧が容易でないため，送電線の系統は交流送電が基本として行われている。しかし，長距離送電線や海底ケーブルにおいては交流送電より有利な面があるため，日本においても北海道－本州直流連系や紀伊水道直流連系で利用されている。

(2) 直流送電は送電線が＋と－の2条で構成されるため，3条を必要とする交流送電に比べ，送電線の建設費が安価となる。また，大地帰路とすれば送電線は1条にできるためさらに経済的となるが，その場合には電食の対策が必要となる。

(3) 交直変換器は送電側と受電側に配置され，送電側では交流を直流にするコンバータ，受電側では直流を交流にするインバータが設置される。また，送電側と受電側それぞれに無効電力を吸収または供給する調相設備，高調波を吸収するフィルタを設置する。

(4) 直流送電は長距離送電で採用されることが多いが，長距離送電でなくても周波数の変換が容易であることから周波数変換所での連系や，短絡容量を増加せずに連系が可能となることから短絡電流の抑制を目的とした連系所もある。

(5) 直流送電は同じ公称電圧であれば交流の $\frac{1}{\sqrt{2}}$ 倍の電圧で送電可能となるため，機器の絶縁の面で大幅にコストダウンすることができる。しかし，送電及び受電時の交直変換器，高調波フィルタ，非常に大きな無効電力を調整する無効電力調整装置，直流遮断器等のコストが必要となる。

配電

知識問題として例年1問～2問程度
出題される分野です。配電線路の
構成機器や電気方式，配電方式等から
知識問題を中心に出題されます。
CH10 電力計算の前提となる知識も
多いので，この章をしっかりと理解
してから電力計算の章に入らないと
理解ができなくなってしまいます。

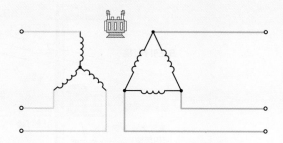

CHAPTER 07 配電

1 配電

（教科書CHAPTER07対応）

POINT 1　架空配電線路

(1)　電線…架空配電線路は，感電防止のため絶縁電線を使用する。

①　高圧配電線
・配電用変電所で変成された6.6 kVの電圧で電気を送る電線。
・屋外用架橋ポリエチレン絶縁電線（OC）などが用いられる。

②　低圧配電線
・柱上変圧器で6.6 kVから100 V/200 Vに降圧された電圧で電気を送る電線。
・屋外用ビニル絶縁電線（OW）などが用いられる。

③　引込線
・配電線から需要家へ電気を引き込む電線。
・引込用ビニル絶縁電線（DV）などが用いられる。
・低圧引込線の電柱側取付点には，過電流保護のためのケッチヒューズが設けられる。

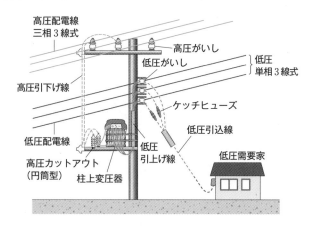

154

(2)　支持物…架空配電線路の支持物には主に鉄筋コンクリート柱が用いられる。また，支持物の転倒や傾斜を防ぐため支線が張られる。

(3)　がいし…がいしは電線と支持物を絶縁するために用いられる。

(4)　柱上変圧器…高圧配電線の6.6 kVから低圧配電線の100 V/200 Vに降圧するために電柱上に設置される。

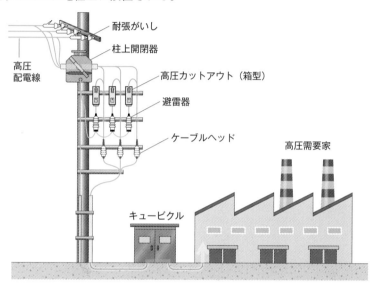

(5)　柱上開閉器…電柱上に設置される開閉器。負荷電流を遮断可能。一般にPASと呼ばれる気中開閉器が用いられる。

(6)　避雷器（→CHAPTER05変電所）…配電用変電所から需要家までの電線路では柱上変圧器や柱上開閉器付近に設置される。

(7)　高圧カットアウト…ヒューズを内蔵した開閉器で，柱上変圧器の高圧側に設置される。

(8)　自動電圧調整器（SVR）…変圧器，タップ切換装置，制御部等で構成され，高圧配電線の途中に設置し，電圧降下を防止する。

POINT 2　電気方式

(1)　単相2線式

2本の電線で単相交流を送電する。照明やコンセント等の単相の100 Vの小型家電のみを使用するような小規模住宅に使用される。

単相3線式と比較して，電圧降下や電力損失が大きい。

$$線路電流の大きさ：I_1 = \frac{P}{V\cos\theta}$$

電圧降下　　　　：$e_1 = 2I_1(R\cos\theta + X\sin\theta)$
電力損失　　　　：$P_{l1} = 2RI_1^2$
$P[\mathrm{W}]$：送電電力，$V[\mathrm{V}]$：線間電圧，$\cos\theta$：力率
$R[\Omega]$：電線1線あたりの抵抗，$X[\Omega]$：電線1線あたりのリアクタンス

変圧器

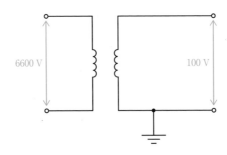

(2)　単相3線式

3本の電線で単相交流を送電する。100 Vと200 Vを得ることができるので，100 Vは照明やコンセント，200 VはエアコンやIHクッキングヒータ等に使用される。

単相2線式と比較して，電圧降下や電力損失が $\frac{1}{4}$ となる。

$$線路電流の大きさ：I_2 = \frac{P}{2V\cos\theta} = \frac{1}{2}I_1$$

電圧降下　　　　：$e_2 = I_2(R\cos\theta + X\sin\theta) = \frac{1}{4}e_1$

電力損失　　　　：$P_{l2} = 2RI_2^2 = \frac{1}{4}P_{l1}$

$P[\mathrm{W}]$：送電電力，$V[\mathrm{V}]$：線間電圧，$\cos\theta$：力率
$R[\Omega]$：電線1線あたりの抵抗，$X[\Omega]$：電線1線あたりのリアクタンス

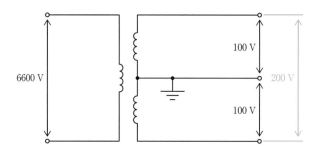

(3) 三相3線式

　3本の電線で三相交流を送電する。通常6.6 kVの高圧受電に使用されるが，200 Vの動力回路でも使用されることがある。

線路電流の大きさ：$I_3 = \dfrac{P}{\sqrt{3}\,V\cos\theta} = \dfrac{1}{\sqrt{3}}I_1$

電圧降下　　　　：$e_3 = \sqrt{3}\,I_3(R\cos\theta + X\sin\theta) = \dfrac{1}{2}e_1$

電力損失　　　　：$P_{l3} = 3RI_3{}^2 = \dfrac{1}{2}P_{l1}$

P[W]：送電電力，V[V]：線間電圧，$\cos\theta$：力率
R[Ω]：電線1線あたりの抵抗，X[Ω]：電線1線あたりのリアクタンス

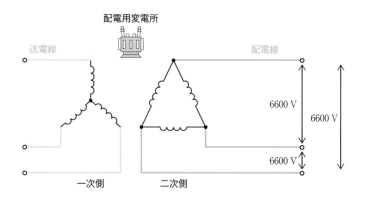

配電用変電所

送電線　　　　　　　　　　　　　　　　　配電線

6600 V　6600 V

6600 V

一次側　　　　二次側

(4) 三相4線式

　4本の電線（三相＋中性線）で三相交流を送電する。線間電圧を415 Vの動力用，相電圧を240 Vの電灯用とする。コンセント電源としては，240 Vをさらに降圧して100 Vとする。

線路電流の大きさ：$I_4 = \dfrac{P}{3V\cos\theta} = \dfrac{1}{3}I_1$

電圧降下　　　　　：$e_4 = I_4(R\cos\theta + X\sin\theta) = \dfrac{1}{6}e_1$

電力損失　　　　　：$P_{l4} = 3RI_4^2 = \dfrac{1}{6}P_{l1}$

$P[\mathrm{W}]$：送電電力, $V[\mathrm{V}]$：線間電圧, $\cos\theta$：力率
$R[\Omega]$：電線1線あたりの抵抗, $X[\Omega]$：電線1線あたりのリアクタンス

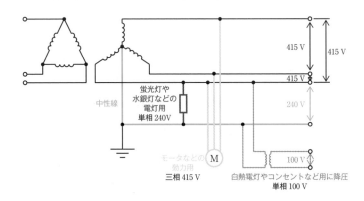

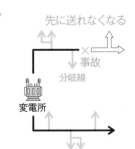

POINT 3 **配電方式**

(1) 樹枝状（放射状）方式

　　配電用変圧器毎に幹線を引き出して供給する

方式。高低圧配電線路で使用される。

〈長所〉

・構造が簡単なため，建設費が安い

・需要変動への対応が容易

〈短所〉

・事故時の停電範囲が広く，信頼度が低い

・電力損失，電圧変動が大きい

(2) ループ（環状）方式

　　幹線をループ状にして
2方向から供給可能な方
式。高圧配電線路で使用
される。

〈長所〉

・信頼度が高い

〈短所〉

・建設費が高い

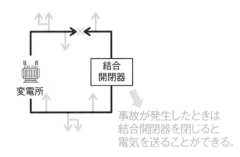

変電所

結合
開閉器

事故が発生したときは
結合開閉器を閉じると
電気を送ることができる。

(3) バンキング方式

　　同じ幹線に複数の変圧器を接続し，
その変圧器の二次側を区分ヒューズ
で並列に接続する方式。

〈長所〉

・低圧幹線の電圧降下や電力損失が
少ない

・電圧フリッカ（瞬時電圧低下によ
る蛍光灯等のちらつき）が少ない

・事故や作業の際の停電範囲を限定できる

〈短所〉

・建設費が高い

・カスケーディング（ヒューズの連鎖的な切れ）が発生する可能性があ
る

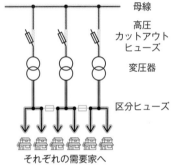

母線

高圧
カットアウト
ヒューズ

変圧器

区分ヒューズ

それぞれの需要家へ

(4) スポットネットワーク方式

　　ネットワーク変圧器，ネットワークプロテクタを介して複数の幹線か
ら電力を受電し，二次側をネットワーク母線で並列に接続する方式。

〈長所〉

・信頼度が高い

・電圧変動率が小さくフリッカが少ない

・負荷を増設しやすい

〈短所〉

・回路や保護装置が複雑で建設費が高い

・ネットワーク母線に高い信頼度が求められる

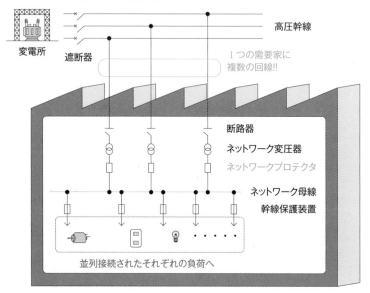

〈ネットワークプロテクタの機能〉

① 無電圧投入特性

　　ネットワーク母線が無電圧のとき，高圧側が充電されると遮断器が自動投入される特性。

② 差電圧投入特性

　　ネットワークプロテクタの一次側・二次側それぞれに電圧がある場合，一次側電圧が高い場合に自動投入する特性。

③ 逆電力遮断特性

　　高圧幹線の停電等で二次側から一次側に逆電流が発生したときに，遮断器を自動開放する特性。

(5) 低圧ネットワーク方式（レギュラーネットワーク方式）

　　複数の幹線からネットワーク変圧器やネットワークプロテクタを通して格子状の低圧配電線に電力を供給する方式。

　　大都市中心部の低圧需要家に用いられる。

〈長所〉

・信頼度が高い

・変圧器一次側のヒューズや遮断器を省略できる

〈短所〉

・建設費が高い

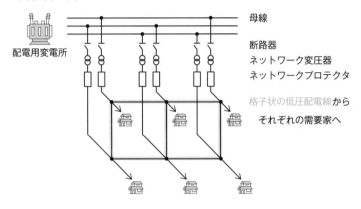

POINT 4 配電線の保護方式（時限順送方式）

① 配電線のどこかで事故が発生した際，遮断器と開閉器を開放する。

② 遮断器を投入し，一定時間経過後区分開閉器を電源側から順に投入する。

③ 事故が再発生した場合は，直前に投入した区分開閉器をロックして，そこまでの区分開閉器を再投入する。

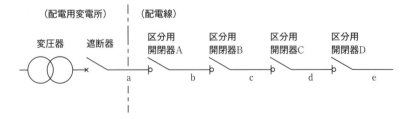

✓ 確認問題

1 次の架空配電線路に関する記述として，正しいものには○，誤っているものには×をつけよ。

P.154 **POINT 1**

(1) 配電線路とは配電用変電所から需要家までの電線路のことをいう。

(2) 架空配電線路には高圧配電線路と低圧配電線路があるが，特別高圧の配電線路はない。

(3) 配電線には一般に裸電線が用いられる。

(4) 配電線からの引込線には，過電圧保護ケッチヒューズが設けられる。

(5) 架空送電線路の支持物には主に鉄塔が使用されるが，架空配電線路の支持物には主に鉄柱が使用される。

(6) 柱上機器として，柱上変圧器，区分開閉器，避雷器，高圧カットアウト等がある。

(7) 柱上変圧器は高圧の6.6 kVから低圧の100 V/200 Vに降圧するための変圧器である。

(8) 柱上開閉器として，最も使用されているのは油入開閉器である。

(9) 高圧カットアウトは，ヒューズを内蔵した開閉器である。

---

2 次の配電線路の電気方式に関する記述として，正しいものには○，誤っているものには×をつけよ。

P.156 **POINT 2**

(1) 配電線路の電気方式は単相3線式や三相3線式が使用されるが，電力需要が大きい都市部等では三相4線式が使用されることもある。

(2) 低圧配電線路における電気方式は，電灯用には主に単相が用いられ，動力用には主に三相が用いられる。

(3) 単相2線式は2本の電線で単相交流を送るため，電圧降下や電力損失は往復分で計算する必要がある。

(4) 単相2線式は戸建住宅から大型ビルまで最も一般的に用いられる電気方式である。

(5) 単相3線式は変圧器の二次側から100 Vと200 Vを得ることができる。

(6) 単相3線式の電気方式は一般に中性線を接地する。

(7) 三相3線式の電気方式では6.6 kVで配電するため，低圧の動力回路には使用されない。

(8) 三相4線式は二次側の線間電圧を415 Vの電灯用と240 Vの動力用にして使用するものがある。

(9) 同じ送電電力，線間電圧，力率，こう長で送電した場合，電力損失は単相2線式が最も大きい。

(10) 同じ送電電力，線間電圧，力率，こう長で送電した場合，電力損失は三相3線式が最も小さい。

---

③ 次の文章は配電線路の電気方式の比較に関する記述である。（ア）〜（オ）にあてはまる語句を答えよ。

P.156 **POINT 2**

配電線路の電気方式には，単相2線式，単相3線式，三相3線式，三相4線式がある。単相2線式における線間電圧を V[V]，線路電流を I[A]，力率を $\cos\theta$ とすると，送電電力 P_1[W]は　(ア)　となり，電線1条あたりの抵抗を R[Ω]とすると，電力損失 p_1[W]は　(イ)　となる。一方，同線間電圧，線路電流，力率，抵抗における三相3線式の送電電力 P_3[W]は　(ウ)　となり，電力損失 p_3[W]は　(エ)　となる。したがって，同電力を送電する場合の三相3線式における電力損失は単相2線式の　(オ)　[%]となる。

---

④ 次の文章は各配電方式の説明に関する記述である。それぞれに該当する配電方式の名称を答えよ。

P.158 **POINT 3**

(1) 構成が単純であるため，需要増加への対応が容易であるが，事故時の停電範囲が広くなり信頼度が低く，電力損失や電圧変動も大きい。

(2) 複数の幹線のそれぞれに変圧器を接続して，格子状の低圧配電線に送電し，そこから需要家へ電力を供給する。格子状にしていることから信頼度が高く，大都市の中心部で用いられる。

(3) 同じ幹線から複数の変圧器を接続して，二次側に受電する方式で，二

次側は区分ヒューズを介して負荷を接続する。区分ヒューズがカスケーディングを起こす可能性があるが，信頼度は比較的高い。

(4) 複数の幹線のそれぞれに変圧器を接続して，二次側の母線に受電する。信頼度が高くなるが，保護装置が複雑になるため建設費が高くなる。

(5) 高圧の配電方式の一つで，環状に線路を配置し，結合開閉器を置くことで事故時に結合開閉器を投入して送電を継続することができる。

---

⑤ 次の文章はスポットネットワーク方式に関する記述である。(ア)〜(エ)にあてはまる語句を答えよ。

スポットネットワーク方式は高層ビルや大規模な工場等で用いられる方式で複数の幹線から受電するため信頼度が高く，負荷も増設しやすいという長所がある一方，回路が複雑であり保護装置が複雑であるため，建設費が高くなるという短所がある。複雑な保護装置は ┌ (ア) ┐ と呼ばれ，以下のような機能がある。

① ┌ (イ) ┐ 特性

ネットワークの一次側，二次側に電圧がある状態のとき，一次側の電圧が高い場合に遮断器を投入する。

② ┌ (ウ) ┐ 特性

ネットワーク母線に電圧がないとき，高圧幹線が充電されると遮断器が投入される。

③ ┌ (エ) ┐ 特性

高圧幹線が停電する等で二次側から一次側に電流が流れようとしたときに遮断器を開放する。

基本問題

1 架空配電線路の構成に関する記述として，誤っているものを次の(1)～(5)の
うちから一つ選べ。

  (1)　がいしは電線と支持物を絶縁するために使用する。

  (2)　柱上開閉器は負荷電流を遮断するための開閉器で一般に気中開閉器
（PAS）が用いられる。

  (3)　柱上変圧器は配電線の電圧を高圧から低圧にする変圧器で，二次側に
高圧カットアウトを設けている。

  (4)　高圧配電線には主に屋外用架橋ポリエチレン絶縁電線（OC）が使用さ
れる。

  (5)　低圧配電線には主に屋外用ビニル絶縁電線（OW）が使用される。

---

2 次の文章は架空配電線路に関する記述である。

架空配電線路は配電用変電所から6.6 kVの高圧配電線で電力を送り，
　(ア)　で電圧を100 Vまたは200 Vに降圧した後低圧　(イ)　線へ送り，
低圧　(ウ)　線を通して低圧需要家へ送ることになる。低圧需要家の電圧
が標準電圧である101 ± 6 Vもしくは202 ± 20 Vを逸脱しないように高圧配
電線の途中に　(エ)　を設ける。

　上記の記述中の空白箇所（ア），（イ），（ウ）及び（エ）に当てはまる組合せ
として，正しいものを次の(1)～(5)のうちから一つ選べ。

	（ア）	（イ）	（ウ）	（エ）
(1)	柱上変圧器	配電	引込	SVR
(2)	タップ切換装置	引込	配電	SVC
(3)	タップ切換装置	引込	配電	SVR
(4)	柱上変圧器	配電	引込	SVC
(5)	柱上変圧器	引込	配電	SVR

3 配電線路の電気方式に関する記述として，誤っているものを次の(1)～(5)のうちから一つ選べ。

(1) 低圧需要家への配電方式として単相2線式や単相3線式が用いられているが，一般に単相3線式は電力需要の大きい住宅や事務所で扱われることが多い。

(2) 工場等への送電として6.6 kV配電が行われているが，一般に三相3線式が使用される。

(3) 一般に同じ大きさの電力を送電する場合，高圧の方が低圧よりも電力損失は小さい。

(4) 三相4線式における電灯用の電力は線間電圧を使用する。

(5) 単相3線式において，バランサと呼ばれる変圧器を接続すると，電圧を平衡させ中性線に電流が流れなくなる。

---

4 次の文章は配電線路の電気方式に関する記述である。

配電線の電気方式は電力需要や用途によって，①単相2線式，②単相3線式，③三相3線式，④三相4線式が使い分けられる。それぞれの線間電圧，線電流，力率を同じとした場合の1条あたりの送電電力を大きい方から順に並べると (ア) となる。また，送電電力，線間電圧，力率，電線のこう長を同じとし，電線の材質と太さを同じにした場合の電力損失を大きい順に並べると (イ) となる。さらに送電電力，線間電圧，力率，電線のこう長，電線の比重，電力損失を同じとし，電線の材質を同じにした場合，電線重量を大きい順に並べると (ウ) となる。

上記の記述中の空白箇所（ア），（イ）及び（ウ）に当てはまる組合せとして，正しいものを次の(1)～(5)のうちから一つ選べ。

	（ア）	（イ）	（ウ）
(1)	④→③→②→①	①→②→③→④	①→③→②→④
(2)	④→②→③→①	①→③→②→④	①→③→②→④
(3)	④→③→②→①	①→②→③→④	①→②→③→④
(4)	④→②→③→①	①→③→②→④	①→②→③→④
(5)	④→③→②→①	①→③→②→④	①→③→②→④

5 配電線路に関する記述として，誤っているものを次の(1)～(5)のうちから一つ選べ。

(1) 低圧バンキング方式では変圧器の一次側に設けるヒューズの他，二次側に区分ヒューズを設ける。

(2) 樹枝状方式では，需要増加に対し柔軟に対応することが可能である。

(3) 一次側二次側をV結線として，共用変圧器と動力用変圧器の異容量変圧器を使用し，共用変圧器から100 Vと200 Vを引き出す結線方式もある。

(4) ネットワーク方式には大口需要家に対するスポットネットワーク方式と多数の一般需要家に供給するために二次側を格子状に連系するレギュラーネットワーク方式がある。

(5) スポットネットワーク方式では，ネットワーク母線に事故があった場合も，負荷を停止せずに電力を供給し続けることが可能である。

6 スポットネットワーク方式の構成設備に関する用語として，誤っているものを次の(1)〜(5)のうちから一つ選べ。

  (1) プロテクタヒューズ
  (2) ネットワークプロテクタ
  (3) ネットワークフィーダー
  (4) ネットワーク母線
  (5) ネットワーク変圧器

1️⃣ 配電系統に関する記述として，誤っているものを次の(1)〜(5)のうちから一つ選べ。

(1) 高圧の配電系統では6.6 kVの三相3線式が用いられているが，電力需要の多い地域では特別高圧の22 kVや33 kVの三相3線式が用いられることがある。

(2) 地中配電系統で使用されるケーブルは架空配電系統においては使用されない。

(3) 原則として，架空送電系統で使用される裸電線は安全上の観点から架空配電系統では使用されない。

(4) 同じ送電電力，送電電圧，力率で送電した場合，単相3線式線路の方が三相3線式線路よりも電力損失は小さい。

(5) 高圧の配電系統では電磁誘導障害への対策から，非接地方式を採用することが多い。

2️⃣ 配電系統の構成設備に関する記述として，誤っているものを次の(1)〜(5)のうちから一つ選べ。

(1) 架空配電線路の支持物としては主に鉄筋コンクリート柱が使用され，高低圧の架空配電線と通信線を共架することも多い。

(2) 避雷器は雷過電圧発生時に柱上開閉器や柱上変圧器を保護するために，機器のできるだけ近くに設置されることが多い。

(3) 高圧カットアウトは変圧器の一次側に設置され，ヒューズを内蔵しており変圧器の過負荷や短絡時にはヒューズを溶断し電路を遮断する。

(4) ケッチヒューズは低圧配電線の電柱付近に設置され，過電流や過負荷が発生したときに保護するヒューズである。

(5) 高圧架空配電線路には屋外用ポリエチレン絶縁電線（OE線）や屋外用架橋ポリエチレン絶縁電線（OC線），低圧架空配電線路には屋外用ビニル絶縁電線（OW線），低圧引込線には引込用ビニル絶縁電線（DV線）などが用いられる。

③ 低圧用の配電方式に関する記述として，誤っているものを次の(1)～(5)のうちから一つ選べ。

(1) 三相4線式変圧器にはV結線をして電灯と動力に供給する方式があり，一般に電灯と動力の両方を負担する変圧器の容量を大きくすることが多い。

(2) 柱上変圧器に使用される方式としてV結線が用いられる場合，Δ結線と比較して，設備利用率が約86.6%，出力が約57.7%であるが，変圧器が2台で済むため省スペースとなる。

(3) 単相3線式では100V負荷を外線と中性線間，200V負荷を外線間に接続して使用するが，負荷の不平衡があると異常電圧を生じるため，負荷の末端に巻数比1の単巻変圧器であるバランサを設ける。

(4) 三相3線式では，一般に一次側二次側ともΔ結線もしくはY結線として，三相200Vの動力用として使用される。

(5) 240V/415V三相4線式では二次側をY結線として中性点を直接接地する方法が取られる。主に大工場やビル等で採用され，動力用として415V，電灯用として240V，100V負荷には240Vからさらに降圧して電力を供給する。

---

④ 同じ大きさの電力を負荷に供給する際に，単相3線式の電力損失を100%としたときの各方式の組合せとして，正しいものを次の(1)～(5)のうちから一つ選べ。

	単相2線式	三相3線式	三相4線式
(1)	200	67	67
(2)	200	67	33
(3)	200	200	33
(4)	400	200	33
(5)	400	200	67

5 図のような三相4線式の配電線路に関して，次の(a)及び(b)の問に答えよ。

(a) 三相変圧器の一次側電圧（線間電圧）が6.6 kV，二次側電圧（線間電圧）が415 Vであるとき，三相変圧器の巻数比として，最も近いものを次の(1)～(5)のうちから一つ選べ。

(1) 9.2 (2) 15.9 (3) 20.8 (4) 27.5 (5) 31.8

(b) 図の単相変圧器では二次側電圧を100 Vで供給するために一次側電圧を降圧する。単相変圧器の巻数比として，最も近いものを次の(1)～(5)のうちから一つ選べ。

(1) 1.8 (2) 2.4 (3) 3.0 (4) 3.6 (5) 4.2

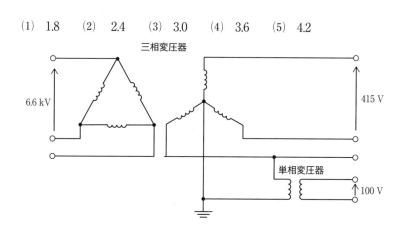

三相変圧器

6.6 kV

415 V

単相変圧器

100 V

6 次の文章はスポットネットワーク方式に関する記述である。

スポットネットワーク方式は複数の幹線から別々に受電するため信頼度が高く，大口需要家において採用される方式である。ネットワーク変圧器の一次側には受電用の (ア) があり，二次側にはネットワークプロテクタと呼ばれる (イ) ，プロテクタヒューズ，プロテクタ遮断器等から構成される保護装置があり，以下のような機能がある。

① 逆電力遮断特性

高圧幹線が停電する等で二次側から一次側に電流が流れようとしたときに遮断器を開放する。

② ［　(ウ)　］投入特性

　　ネットワークの一次側，二次側に電圧がある状態のとき，一次側の電圧が高い場合に遮断器を投入する。

③ ［　(エ)　］投入特性

　　ネットワーク母線が停止状態にあるとき，高圧幹線が充電されると遮断器が投入される。

　　上記の記述中の空白箇所 (ア)，(イ)，(ウ) 及び (エ) にあてはまる組合せとして，正しいものを次の(1)～(5)のうちから一つ選べ。

	(ア)	(イ)	(ウ)	(エ)
(1)	断路器	ネットワークリレー	差電圧	無電圧
(2)	遮断器	過電流リレー	差電圧	無負荷
(3)	断路器	過電流リレー	順電圧	無負荷
(4)	遮断器	ネットワークリレー	差電圧	無電圧
(5)	断路器	ネットワークリレー	順電圧	無負荷

7 次の文章は配電線の保護形式である時限順送方式に関する記述である。

　　図のような配電線路がある場合，雷等の事故が発生した場合にはまず［　(ア)　］が開放し，その後［　(イ)　］も開放する。時限順送方式では復旧時遮断器を投入した後，区分用開閉器を［　(ウ)　］の順に投入し，送電開始から再度停止までの時間を計測することにより事故を判定する。例えば区分開閉器の動作時間が6秒であるとき，13秒前後で再度送電を停止した場合には，区分開閉器の［　(エ)　］をロックして再度送電を開始する。したがって，この方式では2回の停電が起こることで，事故区間の特定と停電範囲の極小化を図ることとなる。

変圧器　　遮断器　　区分用　　区分用　　区分用
　　　　　　　　　　開閉器　　開閉器　　開閉器
　　　　　　　　　　　A　　　　B　　　　C

　上記の記述中の空白箇所（ア），（イ），（ウ）及び（エ）にあてはまる組合せ
として，正しいものを次の(1)～(5)のうちから一つ選べ。

	（ア）	（イ）	（ウ）	（エ）
(1)	開閉器	遮断器	A→B→C	B
(2)	開閉器	遮断器	C→B→A	B
(3)	遮断器	開閉器	A→B→C	B
(4)	遮断器	開閉器	A→B→C	C
(5)	開閉器	遮断器	C→B→A	C

問題編

CHAPTER 07

配電
1

173

地中電線路

毎年1問は確実に出題される分野です。テキストによっては送配電と一緒になっている可能性があります。地中電線路特有の施設方法やケーブルに関する出題，架空送電線との比較等の知識を問う問題が多く出題されています。

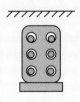
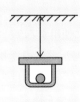

地中電線路

1 地中電線路

POINT 1 地中電線路

(1) 電線とケーブル…地中電線路は地中送電，地中配電ともにケーブルを使用する。

- ・裸電線＝裸電線（導体むき出し）…おもに架空送電で使用
- ・絶縁電線＝裸電線＋絶縁被覆…おもに架空配電で使用
- ・ケーブル＝裸電線＋絶縁被覆＋保護被覆…おもに地中送配電で使用

(2) 地中電線路の長所と短所

長所	短所
・景観が保たれる ・露出部が少なく感電などの危険が少ない ・天候や接触等の影響を受けにくいので信頼度が高い ・通信線に対する誘導障害が少ない	・建設費が高い ・故障箇所の発見や復旧が難しい ・架空電線路に比べ，放熱性が悪く温度が上昇しやすいので，送電容量が少なくなる ・ケーブルの静電容量が大きいため，フェランチ効果の影響が大きくなる ・ケーブルの絶縁体で誘電損が発生する

POINT 2 地中ケーブルの種類

(1) OFケーブル

- ・紙と油を絶縁体に使用するケーブル。
- ・絶縁油を充てんし，導体の周りに巻かれた絶縁紙に油をしみこませて絶縁する。また，絶縁油は常時大気圧以上に保持して絶縁体中のボイド（気泡）の発生を防ぐ。
- ・最高許容温度は80℃であり，給油設備が必要である。

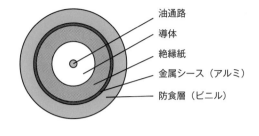

- 油通路
- 導体
- 絶縁紙
- 金属シース（アルミ）
- 防食層（ビニル）

(2)　CVケーブル

・架橋ポリエチレンを絶縁体に使用するケーブル。

・軽量で工事や保守が容易であることから，多く使用されている。

・誘電正接 $\tan\delta$，比誘電率 ε_r が小さいため，誘電損や充電電流が小さく，最高許容温度も90℃と高いため，許容電流や送電容量がOFケーブルに比べて大きくなる。

・ケーブル内に水が浸入することで，絶縁体に木の枝のような亀裂が発生し，絶縁性能を著しく低下させる水トリーが発生することがある。

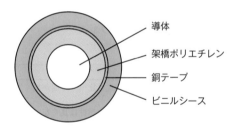

- 導体
- 架橋ポリエチレン
- 銅テープ
- ビニルシース

(3)　CVTケーブル

・単心のCVケーブルを3本より合わせたもの。

・3心共通シース形CVケーブルと比較して，以下のような利点がある。

　① 放熱性がよく，許容電流が大きくなる

　② 軽くて曲げやすく，端末処理が容易で，接続作業性がよい

　③ 絶縁破壊が起きた場合も，短絡事故が起きにくい

(1)　直接埋設式…コンクリートトラフ等の防護物内にケーブルを収めて埋設する方法。

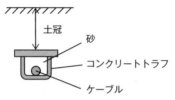

土冠

砂

コンクリートトラフ

ケーブル

長所	短所
・工事が簡単で工期が短いため，工事費が安くなる ・ケーブルの放熱性がよく，許容電流が大きくなる	・外部事故が多い ・掘削する必要があるため，ケーブルの保守点検や増設・引替えが難しく，また事故時の復旧に時間がかかる

(2)　管路式…コンクリートに穴をあけ管路を作り，管路内にケーブルを引き入れる方法。

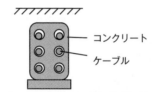

コンクリート

ケーブル

長所	短所
・マンホール内で作業が可能なため，保守点検が容易 ・増設や引替えが容易 ・外部事故が少ない	・直接埋設式に比べ，工期が長く，工事費がやや高い ・ケーブルの放熱性は良くないため，許容電流が小さくなる

(3)　暗きょ式…コンクリート製の暗きょの中に支持金具等でケーブルを支持する方式。

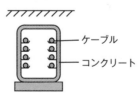

ケーブル

コンクリート

長所	短所
・ケーブルの保守点検が容易 ・増設や引替えが容易 ・放熱性がよく，許容電流が大きくなる ・通信線やガス管，上下水道等も一緒に付設する共同溝として利用可能	・ほかの方式に比べて工期が最も長く，工事費も最も高い

ケーブルの損失

(1) 抵抗損

ケーブルの抵抗によって導体に発生する損失。ケーブルの抵抗をR[Ω]，ケーブルを流れる電流をI[A]とすると，抵抗損P[W]は次の式で表せる。

$$P = RI^2$$

ケーブルの抵抗R[Ω]は，抵抗率をρ[Ω・m]，断面積をA[m²]，長さをl[m]とすると，次の式で表せる。

$$R = \rho \frac{l}{A}$$

(2) 誘電損

ケーブルの架橋ポリエチレンなどの絶縁体(誘電体)に発生する損失。角周波数をω[rad/s]，周波数をf[Hz]，ケーブルの静電容量をC[F]，電圧をV[V]，誘電正接を$\tan\delta$とすると誘電損P[W]は，次の式で表せる。

$$P = \omega CV^2 \tan\delta$$
$$= 2\pi fCV^2 \tan\delta$$

(3) シース損

ケーブルの金属シースに流れる電流より発生する損失

・渦電流損：シースの円周方向に流れる電流により発生

・シース回路損：シースの長手方向(軸方向)に流れる電流により発生

問題編

CHAPTER 08

地中電線路

1

179

POINT 5　誘電正接 $\tan\delta$

ケーブルの抵抗成分を流れる電流 I_R と容量成分を流れる電流 I_C の比で，$\tan\delta = \dfrac{I_R}{I_C}$ となる。

ケーブルが劣化すると抵抗分が増加し誘電正接は増加する。

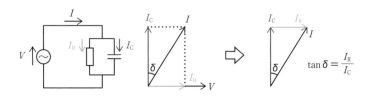

POINT 6　ケーブルの許容電流・送電容量

ケーブルの送電容量は許容電流に比例し，許容電流はケーブルの耐熱温度によって決まる。したがって，送電容量を大きくするために，発熱を抑える，冷却する，耐熱性を向上させる方法が取られる。

(1)　ケーブルの発熱抑制（損失低減）方法

①　抵抗損を少なくする

・導体を太くする

・導電率の大きい導体を使用する

②　誘電損を小さくする

・比誘電率の小さい絶縁体を使用する

③　シース損を小さくする

・クロスボンド接地方式（各相の金属シースに別の相の金属シースを接続し，シース電流を打ち消す）を採用する。

(2)　ケーブルの冷却方法

①　内部冷却：ケーブルの内部に冷却媒体を循環させる

②　外部冷却：ケーブルを外から冷却する

・直接冷却方式：ケーブルが収納される管路に冷却水を循環させる

・間接冷却方式：ケーブルが収納される管路とは別に冷却水用の管路を設け冷却水を循環させる

(3) ケーブルの耐熱性向上

　　ケーブルの材料に耐熱性の高いもの（架橋ポリエチレン等）を採用する。

POINT 7　　**ケーブルの静電容量とインダクタンス**

　　地中ケーブルは架空送電と比較して，静電容量が大きく，インダクタンスが小さいという特性がある。

(1) 静電容量

　　ケーブルは絶縁体で覆われているため，静電容量が大きくなる。したがって，電流が進み位相となり，受電端電圧が送電端電圧より高くなるフェランチ効果が発生する可能性が高くなる。

(2) インダクタンス

　　ケーブルは3線を互いに密着させているため，それぞれの電流が作る磁束が打ち消し合い，電磁誘導作用がほとんど起こらずインダクタンスは小さくなる。

POINT 8　　**地中電線路の故障点の標定方法**

　　地中電線路は目視による故障点の発生が難しいため，電気的な方法によって故障点を探す。

(1) マーレーループ法

　　健全相と故障相をマーレーループ装置に接続し，ブリッジ回路を用いて地絡点を標定する。このとき，故障点までの距離 x[m]は，ケーブルの長さ L[m]，ブリッジが平衡したときの目盛を a，ブリッジの全目盛を1000とすると，次の通りとなる。

$$x = \frac{aL}{500}$$

(2) パルスレーダ法

　故障したケーブルの端からパルスを送り，パルスが故障点で反射して返ってくるまでの到達時間から故障点を標定する。故障点までの距離 x[m]は，パルスの伝わる速度を v[m/μs]，パルスが返ってくるまでの時間を t[μs]とすると，次の通りとなる。

$$x=\frac{vt}{2}$$

(3) 静電容量測定法

　ケーブルの静電容量がケーブルの長さに比例することを利用して，故障したケーブルと同じ長さの故障していないケーブルの静電容量を測定して故障点を標定する。

　故障点までの距離 x[m]は，ケーブルの長さ L[m]，故障ケーブルの静電容量を C_{x}[μF]，健全なケーブルの静電容量を C[μF]とすると，次の通りとなる。

$$x=\frac{C_{\mathrm{x}}}{C}L$$

POINT 9　ケーブルの絶縁劣化診断法

(1) 直流漏れ電流測定…ケーブルに直流高電圧を加えたときの漏れ電流の大きさやその時間特性から，絶縁劣化を診断する。

(2) 部分放電法…ケーブルに高電圧を加えたときの部分放電の有無から，絶縁劣化を診断する。

(3) 誘電正接法…絶縁体に交流電圧を加えたときの誘電正接 $\tan\delta$ の値から，絶縁劣化を診断する。

(4) 絶縁油中ガス分析法…OFケーブルに使われている絶縁油の成分を分析し，絶縁劣化を診断する。

確認問題

① 次の地中電線路に関する記述として，正しいものには○，誤っているものには×をつけよ。 P.176 **POINT 1**

(1) 主にケーブルが使用される。

(2) 構造上密閉されているため，裸電線も使用される。

(3) 天候や落雷等の影響を受けにくい。

(4) 景観が保たれるが，誘導障害の影響が大きくなる。

(5) 架空電線路に比べ建設費が安い。

(6) 架空電線路に比べ送電容量を大きくしやすい。

(7) 夜間軽負荷時は送電端電圧上昇の懸念がある。

(8) 架空電線路に比べ静電容量が大きい。

② 次の文章は電線路に使用されるケーブルに関する記述である。（ア）〜（オ）にあてはまる語句を答えよ。 P.176 **POINT 2**

ケーブルには紙と油を絶縁体に使用する   (ア)   ケーブルと架橋ポリエチレンを絶縁体に使用する   (イ)   ケーブルがある。   (ア)   ケーブルに使用する絶縁油は粘度の   (ウ)   ものが使用される。最高許容温度は   (イ)   ケーブルの方が   (エ)   ，送電容量は   (イ)   ケーブルの方が   (オ)   。

③ 次の表は地中ケーブルの布設方式に関するものである。表中の（ア）〜（ク）にあてはまる語句を答えよ。 P.178 **POINT 3**

	管路式	直接埋設式	暗きょ式
工事費	普通	(ア)	(イ)
外傷	普通	受け (ウ)	受け (エ)
保守点検	普通	(オ)	(カ)
許容電流	(キ)	(ク)	大きい

❹ 次のケーブルの損失に関する記述として，正しいものには〇，誤っている
ものには×をつけよ。

P.179 **POINT 4**

(1) ケーブルの抵抗損はケーブルを流れる電流に比例する。

(2) ケーブルの抵抗は送電線の長さが長く，断面積が大きいほど大きくな
る。

(3) ケーブルの誘電損はケーブルに使用する絶縁体により発生する損失で
あり，CVケーブルでは架橋ポリエチレンにより発生する損失である。

(4) ケーブルの誘電損は静電容量が大きいほど損失が大きくなる。

(5) ケーブルの誘電損は周波数，電圧，誘電正接のそれぞれに比例する。

(6) ケーブルのシース損には円周方向に流れる電流によるシース回路損と
長手方向に流れる電流による渦電流損がある。

---

❺ ケーブルの送電容量を増加させる方法として，正しいものには〇，誤って
いるものには×をつけよ。

P.180 **POINT 6**

(1) ケーブルの導体を太いものに変更する。

(2) 導電率の小さい導体を使用する。

(3) 比誘電率が大きい絶縁体を採用する。

(4) OFケーブルの内部に冷却媒体を循環させる。

(5) 管路式布設方式の管路の中に冷却水を循環させる。

(6) CVケーブルをOFケーブルに変更する。

---

❻ 次の文章はケーブルと裸電線の比較に関する記述である。（ア）～（オ）
にあてはまる語句を答えよ。

P.181 **POINT 7**

ケーブルは絶縁被覆と保護被覆で覆われているため，静電容量が裸電線よ
り　（ア）　くなり，夜間・休祭日等の軽負荷時には位相が　（イ）　位相に
なりやすい。したがって，受電端電圧が送電端電圧より　（ウ）　くなる
　（エ）　効果が発生する可能性が高くなる。また，インダクタンスは架空
送電線より　（オ）　なる。これは架空送電線が隣接する送電線と接触しな
いようにある程度の離隔距離を確保しなければならないためである。

⑦ 地中電線路の故障点の標定方法に関する記述として，正しいものには○，
誤っているものには×をつけよ。

P.181 **POINT 8**

　⑴　架空送電線路と比較して，地中送電線路は故障点を標定する技術が確
　　　立しており，標定が容易である。

　⑵　マーレーループ法は故障相のみで地絡点を標定することができない。

　⑶　パルスレーダ法はケーブルの端からパルスを送り，パルスが反射して
　　　返ってくるまでの時間から故障点を標定する方法である。

　⑷　パルスレーダ法において，ケーブルの端から故障点までの距離が2倍
　　　になるとパルスが反射して返ってくるまでの時間は4倍となる。

　⑸　静電容量測定法はケーブルの静電容量がケーブルの長さに比例するこ
　　　とを利用した測定法である。

　⑹　静電容量測定法において，故障点までの距離x[m]は，ケーブルの長
　　　さL[m]，故障ケーブルの静電容量をC_x[μF]，健全なケーブルの静電
　　　容量をC[μF]とすると，$x = \dfrac{C}{C_x}L$となる。

---

⑧ 次の(a)〜(d)はケーブルの絶縁劣化診断法に関する記述である。それぞれ適
当なものを(1)〜(8)のうちから一つ選べ。

P.182 **POINT 9**

　(a)　ケーブルに高電圧を加えたときに生じる放電の有無から，絶縁劣化を
　　　診断する。

　(b)　ケーブルに直流高電圧を加えたときの漏れ電流の大きさから，絶縁劣
　　　化を診断する。

　(c)　OFケーブルに使われている絶縁媒体の成分を分析し，絶縁劣化を診
　　　断する。

　(d)　絶縁体に交流電圧を加えたときの容量分の電流および抵抗分の電流の
　　　関係から，絶縁劣化を診断する。

　⑴　油中ガス分析法　⑵　部分放電法　　⑶　交流漏れ電流測定

　⑷　誘電体損失法　　⑸　連続放電法　　⑹　直流漏れ電流測定

　⑺　誘電正接法　　　⑻　無負荷電圧法

問題編

CHAPTER 08

地中電線路

①

1 地中電線路の架空送電線路と比較した特徴に関する記述として，誤っているものを次の(1)〜(5)のうちから一つ選べ。

   (1)　天候や鳥獣接触による影響を受けにくい。

   (2)　露出部が少ないため，感電の危険が少ない。

   (3)　建設費が高くなる。

   (4)　誘電損が大きく，通信線に対する誘導障害が大きい。

   (5)　放熱性が悪く，送電容量が小さくなる。

2 次の文章はCVケーブルに関する記述である。

   CVケーブルの絶縁体に使用する　(ア)　は最高許容温度が高く，　(イ)　が小さいので，許容電流が大きくなり，結果的に送電容量が大きくなる。また，OFケーブルのような給油設備も不要なので，　(ウ)　場所での使用も可能となる。CVケーブルを3本より合わせた　(エ)　形CVケーブルは放熱性が良いため，許容電流を大きくすることができる。

   上記の記述中の空白箇所（ア），（イ），（ウ）及び（エ）に当てはまる組合せとして，正しいものを次の(1)〜(5)のうちから一つ選べ。

	（ア）	（イ）	（ウ）	（エ）
(1)	架橋ポリエチレン	インダクタンス	水平距離が長い	3心共通シース
(2)	架橋ポリエチレン	比誘電率	高低差の大きい	トリプレックス
(3)	絶縁紙	インダクタンス	高低差の大きい	3心共通シース
(4)	絶縁紙	比誘電率	水平距離が長い	トリプレックス
(5)	架橋ポリエチレン	比誘電率	高低差の大きい	3心共通シース

3 地中ケーブルの布設方式である直接埋設式，管路式，暗きょ式に関する記述として，正しいものを次の(1)～(5)のうちから一つ選べ。

(1) 事故発生時の復旧に最も時間がかかるのは管路式であり，次いで暗きょ式，直接埋設式の順となる。

(2) 管路式では，管路に冷却水を循環させることで冷却効果が上がるため，他の方式より許容電流が大きくなる。

(3) ケーブル布設にかかる工期が最も長いのは管路式である。

(4) 暗きょ式では，ケーブル以外の絶縁電線も使用可能である。

(5) ケーブルの引替えが必要になった際，最も容易に作業が可能なのは暗きょ式である。

---

4 地中電線路における損失に関する記述として，誤っているものを次の(1)～(5)のうちから一つ選べ。

(1) ケーブルの絶縁体が経年劣化すると，主にシース損が大きくなる。

(2) 抵抗損は，導体を流れる電流の 2 乗に比例する。

(3) 誘電損はケーブルの絶縁体に流れる電流のうち，電圧と同相成分の電流により発生する損失である。

(4) シース損は，ケーブル内にある保護被覆である金属シースに流れる電流による損失である。

(5) ケーブル内で部分放電が発生すると損失が増加する。

---

5 電圧が33 kV，周波数60 Hz，こう長2 kmの三相 3 線式地中電線路において，ケーブルの静電容量が0.33 μF/km，誘電正接が0.04%であるとき，このケーブルの 3 線合計の誘電体損[W] として最も近いものを次の(1)～(5)のうちから一つ選べ。

(1) 108　　(2) 325　　(3) 3280　　(4) 10800　　(5) 32500

6 ケーブルの送電容量に関する記述として，誤っているものを次の(1)～(5)の
うちから一つ選べ。

(1) ケーブルの送電容量は主にケーブルの温度により決まる。したがっ
て，ケーブルの温度上昇を抑制すれば，送電容量は大きくなる。

(2) ケーブルの誘電損を小さくする方法として，導体の断面積を大きくす
る，比誘電率の小さい絶縁体を使用する等の方法がある。

(3) シース損を低減させる方法としてクロスボンド接地方式を採用する
ことが有効である。

(4) OFケーブルにおいて，絶縁油を循環させることでケーブルの内部を
冷却することは有効である。

(5) 管路式における外部冷却方式には，ケーブル管路を利用して冷却水を
通水する直接水冷方式と，ケーブル管路とは別に冷却水用の管路を設け
冷却水を通水する間接水冷方式がある。

---

7 地中電線路の故障点標定方法の名称として誤っているものを次の(1)～(5)の
うちから一つ選べ。

(1) パルスレーダ法　　(2) インダクタンス法　　(3) 静電容量法

(4) マーレーループ法　　(5) 放電音響法

---

8 CVケーブルの絶縁劣化現象に関する記述として，誤っているものを次の
(1)～(5)のうちから一つ選べ。

(1) CVケーブル特有の絶縁劣化現象として，絶縁体中に水が存在した場
合に樹枝状に絶縁破壊する水トリー劣化がある。

(2) CVケーブルの経年劣化により絶縁が劣化すると，絶縁抵抗値が小さ
くなる。

(3) CVケーブルの絶縁劣化によりケーブル内のボイドがあると，高電圧
を印加する際に部分放電が発生する。

(4) ケーブルの絶縁体に直流の高電圧を印加し，漏れ電流を測定すること
で絶縁を診断することができる。

(5) 誘電正接法では直流の電圧を加えることで，誘電正接の値から絶縁を
診断することができる。

1 CVケーブルに関する記述として，誤っているものを次の(1)～(5)のうちから一つ選べ。

   (1) 導体の周りに架橋ポリエチレンの絶縁体，さらにその周りに金属シース，ビニルシース等を巻いた構造のケーブルである。

   (2) 架橋ポリエチレンはポリエチレンを網目状の構造にしたものであり，ポリエチレンの温度耐性を高めたものである。

   (3) 許容温度が約90℃でありOFケーブルよりも高いため，送電容量がOFケーブルよりも大きくなる。

   (4) CVTケーブルは3心共通シース形ケーブルより放熱性が良く，許容電流を大きくできる能力を持つ。

   (5) CVTケーブルはそれぞれ独立したシースを持ち，3条をより合わせているため3心共通シース形ケーブルより総重量が重くなるが，端末処理が容易になる。

2 地中ケーブルの布設方式である直接埋設式，管路式，暗きょ式に関する記述として，誤っているものを次の(1)～(5)のうちから一つ選べ。

   (1) 直接埋設式の布設方式は外部事故発生防止のため，車両その他重量物の圧力を受けるおそれのある場所は，埋設深さを1.2 m以上としている。

   (2) 管路式は増設すると増設したケーブルにより，他のケーブルの放熱性の影響を受けるので，増設の際には温度上昇に問題がないか検討する必要がある。

   (3) 直接埋設式や暗きょ式では電食による影響が金属管による管路式より大きいため，注意する必要がある。

   (4) 暗きょ式は，他の方式よりも工事期間が長く，工事費も大きくなるが，施工後の増設や引替えは容易となる。

   (5) 暗きょ式では電話線やガス管，上下水道等と共同に施設する共同溝というものがある。

3 電圧が66 kV，周波数50 Hz，こう長2.5 kmの三相3線式地中電線路において，ケーブルの静電容量が0.42 μF/km，誘電正接が0.03%であるとき，次の(a)及び(b)の問に答えよ。

(a) このケーブルの3線合計の誘電体損 [W] として最も近いものを次の(1)〜(5)のうちから一つ選べ。

    (1) 144   (2) 431   (3) 517   (4) 653   (5) 784

(b) このケーブルにおける抵抗成分に流れる1線あたりの電流の大きさ [mA] として最も近いものを次の(1)〜(5)のうちから一つ選べ。

    (1) 4   (2) 7   (3) 25   (4) 98   (5) 380

---

4 ケーブルの送電容量増大方法に関する記述として，誤っているものを次の(1)〜(5)のうちから一つ選べ。

(1) 導体を太くすれば送電容量が増大するが，電線を太くすると表皮効果などの影響を受けてしまうため，分割導体を採用することで容量を増大させる。

(2) OFケーブルにおいて絶縁油を合成油から鉱油に変更することで，最高許容温度を上昇させ，送電容量を増大する。

(3) シース損失を低減させるために，クロスボンド接地方式を採用し，金属シースを接地する。

(4) ケーブルの内部に冷却媒体を循環させ，導体の温度上昇を抑制させる。水冷却の場合には，水質の管理が重要となる。

(5) 誘電損は静電容量に比例することから，比誘電率の小さい絶縁体を採用し，静電容量を小さくする。

5 次の文章は事故点の標定方法に関する記述である。

　地中送電線は架空送電線と異なり，目視での事故確認が困難であることから，事故点の特定のために電気的な方法により標定する。

　マーレーループ法は　(ア)　の原理を利用した測定方法で，測定精度が高いという特徴がある一方，並行に健全相がない場合や　(イ)　事故の場合には適用できない。ケーブルの全長を l [m]，ブリッジが平衡したときの目盛が a，ブリッジの全目盛が1000であるとすると，測定点から事故点までの距離 x [m] は　(ウ)　となる。

　パルスレーダ法はパルス電圧を出し，事故点で反射したパルスが返ってくるまでの時間を測定するものであり，マーレーループ法では測定困難な　(イ)　事故の特定も可能である。故障点までの距離 x [m] は，パルスの伝わる速度を v [m/μs]，パルスが返ってくるまでの時間を t [μs] とすると，　(エ)　となる。

　上記の記述中の空白箇所 (ア)，(イ)，(ウ) 及び (エ) に当てはまる組合せとして，正しいものを次の(1)〜(5)のうちから一つ選べ。

	(ア)	(イ)	(ウ)	(エ)
(1)	ホイートストンブリッジ	断線	$\dfrac{al}{500}$	$\dfrac{vt}{2}$
(2)	ホイートストンブリッジ	断線	$2l - \dfrac{al}{500}$	$\dfrac{vt}{2}$
(3)	シェーリングブリッジ	2線地絡	$2l - \dfrac{al}{500}$	$\dfrac{vt}{2}$
(4)	シェーリングブリッジ	断線	$2l - \dfrac{al}{500}$	$2vt$
(5)	ホイートストンブリッジ	2線地絡	$\dfrac{al}{500}$	$2vt$

09

電気材料

毎年1問，問14で出題される分野です。電気を送電するための導電材料，電気絶縁のために使用される絶縁材料，変圧器の鉄心等に使用される磁性材料等から出題されます。理論科目の電磁気や電気回路等と関連する内容もあります。

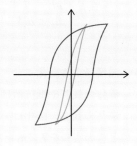

CHAPTER 09 電気材料

1 電気材料

（教科書CHAPTER09対応）

POINT 1　導電材料

(1)　導電材料に求められる条件…導電材料は電力を送電する機器を構成する材料であり，損失を小さく効率よく送電可能な材料が求められる。

・抵抗値が小さい（導電率が大きい）

・温度変化による影響が小さい

・引張強さおよび可とう性（曲げやたわみに対する強さ）がある

・加工及び接続が容易

・耐食性に優れる

・原料となる資源が豊富で安価

(2)　抵抗と抵抗率・導電率

導体材料の抵抗率を ρ [Ω·mm²/m]，導電率を σ [S·m/mm²] とした とき，長さ l [m]，断面積 A [mm²] の電線の抵抗 R [Ω] は次の式で表せる。

$$R = \frac{\rho l}{A} = \frac{l}{\sigma A}$$

(3)　温度による変化

導体の長さや抵抗値は温度によって変化する。

導体の長さの変化は，導体の線熱膨張係数を a_{L} [℃⁻¹]，温度が t_1 [℃] のときの実長を L_1 [m]，t_2 [℃] に変化したときの実長を L_2 [m] とすると，次の式で表せる。

$$L_2 = L_1 \{1 + a_{\mathrm{L}}(t_2 - t_1)\}$$

194

導体の抵抗値の変化は，導体の抵抗温度係数を a_R [℃$^{-1}$]，温度が t_1 [℃] のときの抵抗値を R_1 [Ω]，t_2 [℃] に変化したときの抵抗値を R_2 [Ω] とすると，次の式で表せる。

$$R_2 = R_1 \{1 + a_R(t_2 - t_1)\}$$

(4) 銅線とアルミニウム電線

電線の導電率は，20℃で抵抗率が $\dfrac{1}{58}$ Ω・mm^2/m の標準軟銅を基準としたパーセント導電率が使用される。電線の材料として主に使用されるのは硬銅線と硬アルミニウム線である。

銀	106%	導電率は銅より高いが高価
標準軟銅 (基準)	100%	可とう性がある
硬銅	97%	引張強さがある
金	75%	薄く伸びるため電気部品などに用いられる
硬アルミニウム	61%	比重が銅の約1/3で軽い
鉄	18%	導電率は硬アルミニウムの3割ほど

POINT 2　絶縁材料

(1) 絶縁抵抗・絶縁耐力

絶縁材料に電圧を加えるとわずかに電流が流れるがこれを漏れ電流といい，加えた電圧と漏れ電流の関係から絶縁材料の絶縁抵抗が求められる。規格外の高電圧がかかると絶縁が保てなくなり，突然大電流が流れるようになるが，これを絶縁破壊と呼ぶ。絶縁破壊を起こさない限界の電圧や電界強度を絶縁耐力という。

(2) 絶縁材料の耐熱クラス

絶縁材料の使用可能な温度上限を許容最高温度という。許容最高温度の低い順に区分したものを耐熱クラスという。

耐熱クラス	Y	A	E	B	F	H	N	R	-
許容最高温度 [℃]	90	105	120	130	155	180	200	220	250

(3) 気体絶縁材料

　気体の絶縁材料には乾燥空気，窒素，水素，六ふっ化硫黄（SF_6）などがあり，圧力を加えると絶縁耐力は大きくなる。

〔六ふっ化硫黄（SF_6）ガスの特徴〕

・無色・無臭・無毒・不燃性

・絶縁耐力が高く，アークの消弧能力も優れる

・化学的に安定

・温室効果ガスの一種で地球温暖化に及ぼす影響が大きい

---

(4) 液体絶縁材料

　代表的なものに，変圧器等で絶縁と冷却を目的として利用される絶縁油がある。粘度が低く流動的な材料ほど冷却効果が大きい。石油から作られた鉱油，鉱油の欠点を改善した合成油，環境にやさしい植物油などがある。

(5) 固体絶縁材料

　一般に気体や液体の絶縁材料より絶縁耐力が高いものが多く，電線やケーブルの被覆に用いられるビニルやゴム，プラスチック等がある。

〔固体絶縁材料が劣化するおもな原因〕

・膨張・収縮の繰り返しによるひずみ

・風や振動などの外力による衝撃や摩擦

・直射日光などの紫外線による材料の化学変化

・絶縁体内部の非常に小さな空隙により生じる部分放電

POINT 3 磁性材料

(1) 磁石材料

　　ほかの磁界により容易に磁化されない残留磁気・保磁力の大きな強磁性体。

(2) 磁心材料

　　鉄，コバルト，ニッケルなどの残留磁気・保磁力が小さく，透磁率の大きい強磁性体の合金（ケイ素鋼やアモルファス合金）を使用する。

　　変圧器の鉄心には磁心材料が使用される。

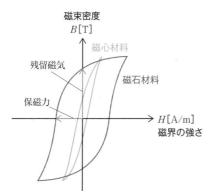

	磁石材料	磁心材料
残留磁気	大きい	小さい
保磁力	大きい	小さい

	ケイ素鋼		アモルファス合金
価格	安い	<	高い
鉄損	大きい	>	小さい
強度	小さい	<	大きい
加工性	優れる	>	劣る
重量	軽い	<	重い

☑️ 確認問題

① 次の導電材料に関する記述として，正しいものには○，誤っているものには×をつけよ。

P.194 **POINT 1**

(1) 抵抗値が小さく，加工が容易で，資源が豊富で安価なものが求められる。

(2) 引張強さがあり，可とう性がないものが求められる。

(3) 導電性が良くて電力損失が小さくても，材料のコストが高い場合は採用されない。

(4) 電線の抵抗は導体の体積に比例する。

(5) 導電率は抵抗率の逆数である。

(6) 一般に金属は温度が高くなるほど抵抗が小さくなる性質を持つ。

(7) 導電率の低い導体を使用する場合は電線の抵抗を小さくするために，電線の径を太くするので，重量は重くなる。

(8) 一般的に送電線で使用される硬銅線は導電率が標準軟銅より高い。

(9) 金属のうち，最も導電率が高いのは銅である。

(10) 鋼心アルミより線は導体に軟アルミニウムを使用している。

(11) 地中ケーブルの導体には軟銅が使用される。

---

② 次の絶縁材料に関する記述として，正しいものには○，誤っているものには×をつけよ。

P.195 **POINT 2**

(1) 絶縁材料は，遮断器，開閉器，変圧器，ケーブル等の絶縁媒体に使用される。

(2) 絶縁材料の耐熱クラスBの許容最高温度は120℃である。

(3) 気体材料は，空気，窒素，酸素，水素，SF_6 ガス等がある。

(4) 気体材料は，遮断器開閉時のアーク消弧として使用されるものがある。

(5) 液体材料には絶縁油があり，一般に鉱油が使用されるが，高い圧力をかけると絶縁耐力が低減してしまうので，近年合成油等も使用されるようになった。

(6) 液体材料は，通常使用において劣化することがないので，長期的な使用に向いている。

(7) 固体材料には，がいしに使用される磁器，油入変圧器の絶縁紙，ケーブルに使用されるポリエチレン等がある。

(8) 固体材料は，衝撃や摩擦等の機械的なものに影響を受けやすいが，直射日光や空気，水等の外部要因には影響を受けにくい。

---

③ 次の文章は気体の絶縁材料として使用されるSF_6ガスに関する記述である。（ア）～（エ）にあてはまる語句を答えよ。

P.195 **POINT 2**

SF_6ガスは無色，無臭，無毒，　（ア）　燃性の気体であり，高い絶縁耐力とアーク消弧能力を持つことからガス遮断器の絶縁媒体として広く利用されている。比重は空気に比べて　（イ）　，絶縁耐力は空気に比べて　（ウ）　。地球温暖化物質に指定されているため，機器から漏れがないように密閉構造とする必要がある。地球温暖化に及ぼす影響は同量の二酸化炭素と比較して　（エ）　。

---

④ 次の磁性材料に関する記述として，正しいものには○，誤っているものには×をつけよ。

P.197 **POINT 3**

(1) 磁石材料とは容易に磁化されない材料のことをいい，発電機や電動機，変圧器等に主に使用される。

(2) 磁心材料の残留磁気及び保磁力は磁石材料より小さい。

(3) ヒステリシス曲線で囲まれた面積とヒステリシス損の値は比例する。

(4) 交番磁界が強磁性体中を通過すると，ヒステリシス損が発生する。

(5) 変圧器の鉄心には主にケイ素鋼とニッケル・コバルト合金が使用される。

(6) ケイ素鋼は重量が軽く加工性に優れるが，ケイ素含有量を増加させるともろくなる。

📖 基本問題

1 電線の導電材料に関する記述として，誤っているものを次の(1)～(5)のうちから一つ選べ。

(1) 架空電線路の電線には引張強さのある軟銅線や鋼心アルミより線が使用される。

(2) アルミは導電率が銅の約3分の2であるが，比重が銅の約3分の1となるため，同容量で同じ長さの電線である場合，重量は軽くなる。

(3) ケーブルの導体には可とう性に優れる軟銅が使用される。

(4) 銀は20℃における導電率が銅よりも高いが，高価であるため送電線では採用されない。

(5) 導体は温度により長さや抵抗が変化するが，電線の導電材料としては温度の変化により大きく，長さや抵抗が変化するものは採用されない。

---

2 電気絶縁材料に関する記述として，誤っているものを次の(1)～(5)のうちから一つ選べ。

(1) ケーブルに使用される絶縁材料は，絶縁耐力が大きく，耐熱性に優れ，放熱性が良いものが求められる。

(2) 油入変圧器に使用される絶縁油には，絶縁抵抗が大きいこと，粘度が低いこと，比熱が大きいことが求められる。

(3) 遮断器に使用される気体の絶縁材料には，空気やSF_6ガスが使用される。

(4) CVケーブルの絶縁体に水分が含まれていると，絶縁体中に部分放電が生じ，水トリーと呼ばれる劣化現象が起こる。

(5) 気体の絶縁材料は，一般に圧力が高くなると絶縁耐力が低減するので，圧力の上昇に注意する。

3 六ふっ化硫黄ガス（SF_6ガス）に関する記述として，誤っているものを次の(1)～(5)のうちから一つ選べ。

(1) 空気よりも比重が大きい。

(2) 温室効果ガスの一種である。

(3) 化学的に安定である。

(4) 無色・無臭・無毒である。

(5) アークの消弧能力が優れ，187 kV未満の電圧階級であれば使用可能である。

---

4 変圧器の鉄心に使用される磁性材料に関する記述として，誤っているものを次の(1)～(5)のうちから一つ選べ。

(1) 強磁性体に交番磁界を加えるとヒステリシス損が生じる。

(2) ヒステリシスループにおいて残留磁気や保磁力が小さいと損失が大きくなる。

(3) 変圧器の鉄心は渦電流損低減のため，積層鉄心を使用することも多い。

(4) 磁心材料には透磁率が大きく，損失が小さい材料が利用される。

(5) アモルファス合金はケイ素鋼に比べ，強度に優れるが，価格が高い。

❶ 長さ225 mの架空送電線に関して，次の(a)及び(b)の問に答えよ。ただし，送電線は硬銅線であるとし，20℃のときの標準軟銅の抵抗率を$\frac{1}{58}$ Ω・mm²/m，硬銅線のパーセント導電率を97%，電線の断面積は200 mm²であるとする。

(a) 送電線の温度が20℃のときの抵抗値[Ω]として最も近いものを次の(1)〜(5)のうちから一つ選べ。

(1) 0.015　　(2) 0.016　　(3) 0.018　　(4) 0.019　　(5) 0.020

(b) 送電線の温度が20℃から80℃に変化したときの抵抗値[Ω]として最も近いものを次の(1)〜(5)のうちから一つ選べ。ただし，送電線の長さの変化は十分に小さいとし，抵抗温度係数は温度によらず0.004℃⁻¹とする。

(1) 0.019　　(2) 0.020　　(3) 0.022　　(4) 0.024　　(5) 0.025

❷ 絶縁材料に関する記述として，誤っているものを次の(1)〜(5)のうちから一つ選べ。

(1) 固体絶縁材料で，温度上昇により長時間熱が加わると，絶縁物内で化学反応を起こし劣化することがある。

(2) 送電線のがいしにはけい石，長石，粘土を原料とした磁器がいしが使用されている。

(3) CVケーブルを塩化水素等を含んだ場所に施設した際，銅が反応して絶縁物中を樹枝状に成長することを化学トリー劣化という。

(4) 絶縁油が空気と触れ酸化し部分放電する等して劣化すると，淡黄色から茶褐色に変色する。

(5) CVケーブルの水トリー劣化は目視で確認することが困難なので，直流漏れ電流や誘電正接を測定し，劣化状況を推定する。

3 次の文章は，変圧器の鉄心材料に関する記述である。

ケイ素鋼板は鉄にケイ素を約 （ア） ％程度加えた合金であり，価格が安いがそのまま変圧器の鉄心等に使用すると渦電流損が大きくなるため板厚を （イ） mm 程度にした積層鉄心が用いられる。アモルファス合金は鉄，コバルト，ケイ素等を原料にして作る非結晶質であり，ケイ素鋼より鉄損が小さく，強度があり，加工性が （ウ） ，重量が （エ） という特徴を持つ。

上記の記述中の空白箇所（ア），（イ），（ウ）及び（エ）に当てはまる組合せとして，正しいものを次の(1)～(5)のうちから一つ選べ。

	（ア）	（イ）	（ウ）	（エ）
(1)	4 ～ 5	0.3	劣り	重い
(2)	10～15	5	優れ	重い
(3)	4 ～ 5	5	劣り	軽い
(4)	10～15	0.3	劣り	重い
(5)	10～15	5	優れ	軽い

電力計算

電力科目のメインとなる分野で，毎年
4～6問程度出題されます。パーセン
トインピーダンスや変圧器，電力や
電力損失，電圧降下など，問題は多岐
にわたり，B問題ではやや複雑な計算
も出題され，電力科目の合否をわけ
る可能性がある分野です。電力科目は
この分野を中心に学習すると高得点
が望めるでしょう。

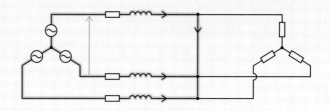

CHAPTER 10 電力計算

1 パーセントインピーダンス,変圧器の負荷分担,三相短絡電流

（教科書CHAPTER10　SEC01～SEC03対応）

POINT 1　定格容量 (P_n [V・A])

(1)　単相変圧器

単相変圧器の定格容量P_n[V・A]は，定格一次電圧をV_{1n}[V]，定格一次電流をI_{1n}[A]，定格二次電圧をV_{2n}[V]，定格二次電流をI_{2n}[A]とすると，以下の式で求められる。

$$P_n = V_{1n}I_{1n} = V_{2n}I_{2n}$$

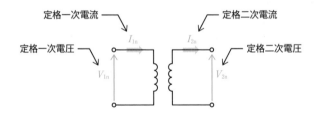

(2)　三相変圧器

三相変圧器の定格容量P_n[V・A]は，定格一次線間電圧をV_{1nl}[V]，定格一次線電流をI_{1nl}[A]，定格二次線間電圧をV_{2nl}[V]，定格二次線電流をI_{2nl}[A]とすると，

$$P_n = \sqrt{3}\,V_{1nl}I_{1nl} = \sqrt{3}\,V_{2nl}I_{2nl}$$

となり，定格一次相電圧をV_{1np}[V]，定格一次相電流をI_{1np}[A]，定格二次相電圧をV_{2np}[V]，定格二次相電流をI_{2np}[A]とすると，

$$P_n = 3V_{1np}I_{1np} = 3V_{2np}I_{2np}$$

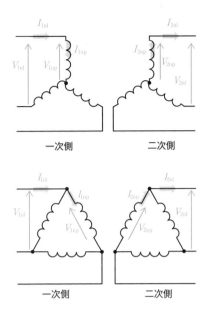

一次側　　　　　　二次側

一次側　　　　　　二次側

POINT 2　パーセントインピーダンス

(1) 単相交流回路のパーセント
インピーダンス

図のような単相交流回路の
パーセントインピーダンス
$\%Z$ [%] は，定格電圧を E_n [V]，
定格電流を I_n [A]，インピー
ダンスを Z [Ω] とすると，次
の式で定義される。

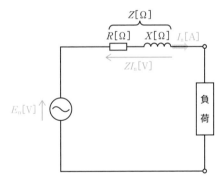

$$\%Z = \frac{ZI_\mathrm{n}}{E_\mathrm{n}} \times 100$$

上式の分母と分子に E_n をかけ，定格容量 $P_\mathrm{n} = E_\mathrm{n}I_\mathrm{n}$ を考慮すると，次
の式で表せる。

$$\%Z = \frac{ZE_\mathrm{n}I_\mathrm{n}}{E_\mathrm{n}^2} \times 100 = \frac{ZP_\mathrm{n}}{E_\mathrm{n}^2} \times 100$$

(2) 三相交流回路のパーセントインピーダンス

　三相交流回路のパーセントインピーダンス$\%Z[\%]$は定格線間電圧を$V_\mathrm{n}[\mathrm{V}]$，定格電流を$I_\mathrm{n}[\mathrm{A}]$，インピーダンスを$Z[\Omega]$とすると，次の式で定義される。

$$\%Z = \frac{ZI_\mathrm{n}}{\dfrac{V_\mathrm{n}}{\sqrt{3}}} \times 100 = \frac{\sqrt{3}ZI_\mathrm{n}}{V_\mathrm{n}} \times 100$$

　上式の分母と分子にV_nをかけ，定格容量$P_\mathrm{n} = \sqrt{3}\,V_\mathrm{n}I_\mathrm{n}$を考慮すると，次の式で表せる。

$$\%Z = \frac{\sqrt{3}ZV_\mathrm{n}I_\mathrm{n}}{V_\mathrm{n}^2} \times 100 = \frac{ZP_\mathrm{n}}{V_\mathrm{n}^2} \times 100$$

　※パーセントインピーダンスの関係は抵抗のみ，リアクタンスのみの場合も同様に扱える。

POINT 3　　パーセントインピーダンスの基準容量換算

　$\%Z \propto P_\mathrm{n}$の関係があるので，定格容量$P_\mathrm{n}[\mathrm{V \cdot A}]$のときのパーセントインピーダンス$\%Z[\%]$を基準容量$P_\mathrm{B}[\mathrm{V \cdot A}]$に換算したときのパーセントインピーダンス$\%Z'[\%]$は，次の式で表せる。

$$\%Z' = \frac{P_\mathrm{B}}{P_\mathrm{n}} \times \%Z$$

POINT 4　　パーセントインピーダンスの合成

　パーセントインピーダンスの合成もオームの法則の合成インピーダンスと同様に扱うことができる。

　$\%Z_1$，$\%Z_2$，$\cdots$，$\%Z_n[\%]$の合成インピーダンス$\%Z[\%]$は以下の通りとなる。

① 直列接続の場合

$$\%Z = \%Z_1 + \%Z_2 + \cdots + \%Z_n$$

② 並列接続の場合

$$\%Z = \cfrac{1}{\cfrac{1}{\%Z_1} + \cfrac{1}{\%Z_2} + \cdots + \cfrac{1}{\%Z_n}}$$

合成インピーダンスが２つの場合

$$\%Z = \frac{\%Z_1\%Z_2}{\%Z_1 + \%Z_2}$$

POINT 5 変圧器の負荷分担

変圧器の負荷分担は，基準容量換算された各変圧器のパーセントインピーダンスの逆比に等しい。

変圧器Aと変圧器Bがあるとき，基準容量換算された変圧器Aのパーセントインピーダンスを$\%Z_A{}'[\%]$，基準容量換算された変圧器Bのパーセントインピーダンスを$\%Z_B{}'[\%]$とすると，全体負荷$P[\mathrm{V \cdot A}]$に対するそれぞれの分担負荷$P_A[\mathrm{V \cdot A}]$，$P_B[\mathrm{V \cdot A}]$は，次の式で表せる。

$$P_A = \frac{\%Z_B{}'}{\%Z_A{}' + \%Z_B{}'} \times P$$

$$P_B = \frac{\%Z_A{}'}{\%Z_A{}' + \%Z_B{}'} \times P$$

POINT 6 三相短絡電流

図のような回路の三相短絡電流$I_s[\mathrm{A}]$は，定格相電圧を$E_n[\mathrm{V}]$，定格線間電圧を$V_n[\mathrm{V}]$，線路インピーダンスを$Z_s[\Omega]$とすると，次の式で表せる。

$$I_s = \frac{E_n}{Z_s} = \frac{V_n}{\sqrt{3}Z_s}$$

また，パーセントインピーダンス$\%Z_s = \dfrac{Z_s I_n}{E_n} \times 100$より，$Z_s = \dfrac{\%Z_s E_n}{100 I_n}$であるから，次の式で表せる。

$$I_s = \frac{E_n}{\dfrac{\%Z_s E_n}{100 I_n}} = \frac{100 I_n}{\%Z_s}$$

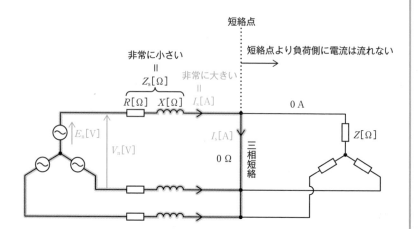

✅ 確認問題

① 定格一次電圧が200 V，定格二次電圧が100 Vの単相変圧器について，定格一次電流が50 Aであるとき，定格二次電流[A]，定格容量[kV・A]の大きさを求めよ。

POINT 1
P.206

② 定格一次電圧が66 kV，定格二次電圧が6.6 kVで定格容量が300 kV・Aの三相変圧器がある。このとき，定格一次電流[A]，定格二次電流[A]の大きさを求めよ。

POINT 1
P.206

③ 図のような回路において，定格電圧E_nが100 V，定格電流I_nが20 Aであるとき，図のインピーダンス$Z = 0.5\ \Omega$のパーセントインピーダンス[%]を求めよ。

POINT 2
P.207

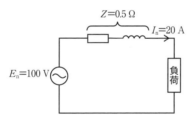

④ 定格一次電圧が400 V，定格二次電圧が100 Vで定格容量が20 kV・Aの単相変圧器があり，この単相変圧器のパーセントリアクタンスが4 ％であるとき，一次側換算の誘導性リアクタンスX_1[Ω]および二次側換算の誘導性リアクタンスX_2[Ω]を求めよ。

POINT 2
P.207

⑤ 定格一次電圧が33 kV，定格二次電圧が6.6 kVで定格容量が15 MV・Aの三相変圧器がある。この変圧器の二次側換算の誘導性リアクタンスが0.2 Ωであるとき，一次側換算の誘導性リアクタンスの値X_1〔Ω〕及びパーセントリアクタンスの値%X〔%〕を求めよ。

P.207 **POINT 2**

---

⑥ 定格容量10 MV・Aの変圧器があり，自己容量基準でパーセントインピーダンスが7%であるとき，この変圧器を50 MV・A換算したときのパーセントインピーダンスの値を求めよ。

P.208 **POINT 3**

---

⑦ 図のような電源から三相変圧器を介して二次側の点Pに接続された系統があり，変圧器の定格容量は20 MV・Aであり，変圧器のパーセントインピーダンスは自己容量基準で7.5%である。また，変圧器一次側から電源側をみたパーセントインピーダンスは80 MV・A基準で4%である。このとき変圧器の二次側の点Pから電源側をみたパーセントインピーダンスの値を求めよ。ただし，基準容量は10 MV・Aとする。

P.208 **POINT 4**

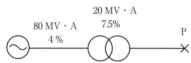

---

⑧ 図のように電源から負荷に2系統で送電されており，各系統のパーセントインピーダンスは図の通りとする。このとき負荷側から電源側をみた合成パーセントインピーダンスを求めよ。ただし，基準容量は10 MV・Aとする。

P.208 **POINT 4**

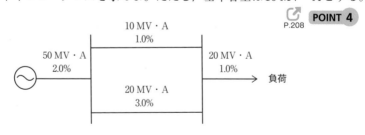

⑨ 表のように自己容量の異なる二つの変圧器A及びBを80 kV・Aの負荷に接続したとき，それぞれの分担負荷P_A[V・A]及びP_B[V・A]の値を求めよ。ただし，各変圧器の抵抗とリアクタンスの比は等しいとする。P.209 **POINT 5**

	変圧器A	変圧器B
自己容量	100 kV・A	50 kV・A
パーセントインピーダンス（自己容量基準）	10%	7.5%

⑩ 図のような発電機，変圧器，負荷を接続した三相3線式1回線送電線路がある。このとき，次の(a)及び(b)の問に答えよ。ただし，図に記載のないインピーダンスは無視できるものとする。P.209 **POINT 6**

(a) 図のF点から電源側をみたパーセントインピーダンス[%]（20 MV・A基準）を求めよ。

(b) 図のF点における三相短絡電流[kA]を求めよ。

1 変圧器の百分率リアクタンスに関して，次の(a)及び(b)の問に答えよ。ただし，抵抗分は無視できるものとする。

(a) 定格一次電圧が200 V，定格二次電圧が100 Vで定格容量が5 kV・Aの単相変圧器があり，二次側に換算したリアクタンスの値が0.03 Ωであるとき，この変圧器の百分率リアクタンスの値 [%] として，最も近いものを次の(1)～(5)のうちから一つ選べ。

(1) 1.5　　(2) 3.0　　(3) 6.0　　(4) 12　　(5) 24

(b) 定格一次電圧が33 kV，定格二次電圧が6.6 kVで定格容量が60 MV・Aの三相変圧器があり，二次側に換算したリアクタンスの値が0.03 Ωであるとき，この変圧器の百分率リアクタンスの値 [%] として，最も近いものを次の(1)～(5)のうちから一つ選べ。

(1) 1.4　　(2) 2.4　　(3) 4.1　　(4) 7.2　　(5) 12.4

---

2 図に示すように，発電機Aから負荷に供給されている系統に分散型電源Bを連系することを考える。次の(a)及び(b)の問に答えよ。ただし，図に記載のないインピーダンスは無視できるものとする。

(a) 分散型電源Bを連系する前の負荷から見た系統の百分率インピーダンス（20 MV・A基準）として，最も近いものを次の(1)～(5)のうちから一つ選べ。

(1) 4.0　　(2) 4.9　　(3) 6.5　　(4) 11.1　　(5) 16.5

(b) 分散型電源Bを連系した後の負荷から見た系統の百分率インピーダンス（20 MV・A基準）として，最も近いものを次の(1)～(5)のうちから一つ選べ。

(1) 0.7　　(2) 1.7　　(3) 3.2　　(4) 5.7　　(5) 8.5

発電機A
8.0%
(100 MV・A基準)

6.0%
(20 MV・A基準)

2.5%
(20 MV・A基準)

6.0%
(30 MV・A基準)

遮断器

負荷

分散型電源B
2.0%
(50 MV・A基準)

---

3 2台の単相変圧器A，Bがある。変圧器Aの二次側換算の百分率リアクタンスが4 %（10 MV・A基準），変圧器Bの二次側換算の百分率リアクタンスが12%（20 MV・A基準）である。二次側に200 kWで遅れ力率0.8の負荷を接続したときの変圧器Aが分担する負荷の大きさ[kV・A]として最も近いものを次の(1)～(5)のうちから一つ選べ。

(1) 63　　(2) 100　　(3) 120　　(4) 150　　(5) 187

---

4 2台の三相変圧器A，Bを並行運転している。変圧器Aの定格容量が600 kV・A，百分率インピーダンスが定格容量基準で4 %，変圧器Bの定格容量が400 kV・A，百分率インピーダンスが定格容量基準で5 %であるとき，950 kWで力率1の負荷を接続した。このとき，容量を超過する変圧器と超過する容量[kV・A]の組合せとして，最も近いものを次の(1)～(5)のうちから一つ選べ。

	容量超過する変圧器	超過する容量
(1)	A	20
(2)	B	20
(3)	B	130
(4)	A	220
(5)	B	220

---

5 図に示すような66 kV母線から負荷に供給されるF点にて事故が発生したときについて，次の(a)及び(b)の問に答えよ。ただし，母線及び母線から負荷までのインピーダンスは無視できるものとする。

(a) F点から電源側をみた百分率インピーダンス [%]（120 MV・A 基準）として，最も近いものを次の(1)～(5)のうちから一つ選べ。

(1) 6 (2) 12 (3) 24 (4) 38 (5) 50

(b) F点での短絡電流の大きさ [kA] として，最も近いものを次の(1)～(5)のうちから一つ選べ。

(1) 2.9 (2) 5.1 (3) 8.7 (4) 15.2 (5) 26.2

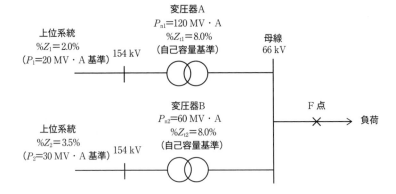

216

1 定格容量20 MV・Aの三相変圧器3台を使用し，40 MWで力率0.9（遅れ）の負荷に電力を供給している。20 MWで力率0.6（遅れ）の負荷が増加するため，変圧器を増設することにした。このとき，増設する変圧器の必要最低容量[MV・A]として最も近いものを次の(1)～(5)のうちから一つ選べ。

(1) 14　　(2) 16　　(3) 18　　(4) 20　　(5) 22

2 図のように定格電圧66 kVの電源から三相変圧器を介して二次側に電力を送電している系統がある。三相変圧器は定格容量が50 MV・A，変圧比が66 kV/6.6 kV，リアクタンスが一次側換算でj2.7 Ωである。また，変圧器一次側から電源をみた百分率リアクタンスは100 MV・A基準で15.0%である。このとき，次の(a)及び(b)の問に答えよ。ただし，各機器の抵抗分及び図に記載のないインピーダンスは無視できるものとする。

(a) 50 MV・A基準として，変圧器の二次側から電源側を見たパーセントリアクタンス[%]の値として，最も近いものを次の(1)～(5)のうちから一つ選べ。

(1) 8.5　　(2) 10.6　　(3) 18.1　　(4) 23.4　　(5) 38.5

(b) 図のF点において三相短絡事故が発生した際，事故電流を遮断できる遮断器の定格遮断電流の最小値[kA]として，最も近いものを次の(1)～(5)のうちから一つ選べ。

(1) 23.8　　(2) 41.3　　(3) 51.4　　(4) 71.5　　(5) 89.1

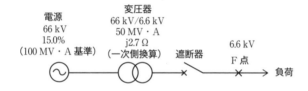

3 図に示すように，上位系統から負荷に電力供給されている系統に分散型電源を連系することを考える。次の(a)及び(b)の問に答えよ。ただし，図に記載のないインピーダンスは無視できるものとする。

(a) 分散型電源を連系した後のF点から電源側をみた百分率インピーダンスの大きさ$\%Z'$と連系する前のF点から電源側をみた百分率インピーダンスの大きさ$\%Z$の比$\dfrac{\%Z'}{\%Z}$として，最も近いものを次の(1)〜(5)のうちから一つ選べ。

(1) 0.3　(2) 0.7　(3) 1.6　(4) 2.0　(5) 3.2

(b) 図のF点で三相短絡事故が発生したとする。分散型電源を連系する前の三相短絡電流の大きさI_sと分散型電源Bを連系した後の三相短絡電流の大きさI_s'の比$\dfrac{I_s'}{I_s}$として，最も近いものを次の(1)〜(5)のうちから一つ選べ。

(1) 0.6　(2) 1.1　(3) 1.4　(4) 2.2　(5) 3.2

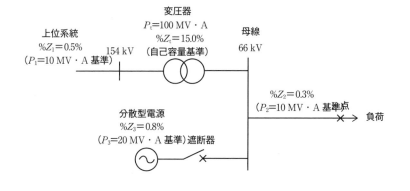

❹ 図のようなこう長 10 km の並行 2 回線の送電線があり，送電線の電圧は 66 kV，送電線のインピーダンスは 2.0%/km（30 MV・A 基準）である。このとき，次の(a)及び(b)の問に答えよ。ただし，図に記載のないインピーダンスは無視できるものとする。

(a) 図の F_1 点で事故が発生したときの三相短絡電流の大きさ [kA] として，最も近いものを次の(1)～(5)のうちから一つ選べ。

(1) 0.9　(2) 1.2　(3) 1.5　(4) 2.0　(5) 2.6

(b) 図の F_2 点で事故が発生したときの三相短絡電流の大きさ [kA] として，最も近いものを次の(1)～(5)のうちから一つ選べ。

(1) 0.9　(2) 1.2　(3) 1.5　(4) 2.0　(5) 2.6

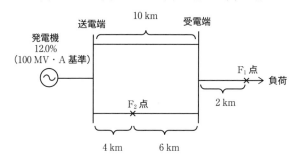

2 電力と電力損失,線路の電圧降下,充電電流・充電容量・誘電損

（教科書CHAPTER10　SEC04〜 SEC06対応）

POINT 1　**電力（詳細は理論科目）**

(1)　交流における電力

$$
\begin{aligned}
&皮相電力：S = VI &&= ZI^2 \ [\text{V·A}] \\
&有効電力：P = VI \cos\theta = RI^2 \ [\text{W}] \\
&無効電力：Q = VI \sin\theta = XI^2 \ [\text{var}]
\end{aligned}
$$

ゆえに，$S^2 = P^2 + Q^2$

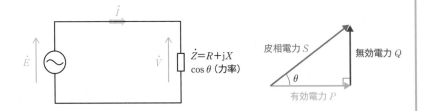

(2)　単相電力と三相電力

①　単相電力…回路に単相負荷が接続されているとき，単相負荷が消費する有効電力。

$$P = VI \cos\theta = RI^2$$

②　三相電力…回路に三相平衡負荷が接続されているとき，三相負荷が消費する有効電力。

$$P = 3V_{\text{p}}I_{\text{p}} \cos\theta = \sqrt{3}\,V_{\text{l}}I_{\text{l}} \cos\theta = 3RI_{\text{p}}^2$$

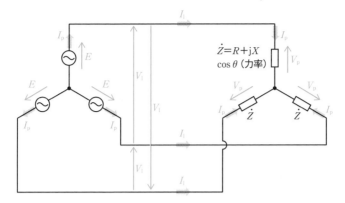

※V_pは相電圧 [V]，I_pは相電流 [A]，V_lは線間電圧 [V]，I_lは線電流 [A]。

また，受電端の三相電力P [W] は，送電端電圧（相）をE_s [V]，受電端電圧（相）をE_r [V]，送電端電圧（線間）をV_s [V]，受電端電圧（線間）をV_r [V]，送電端電圧と受電端電圧の位相差をδとすると，

$$P = \frac{3E_sE_r}{X}\sin\delta = \frac{V_sV_r}{X}\sin\delta$$

でも導出可能となる。（ただし，線路抵抗は無視する）

POINT 2　**電力損失（P_L）**

電力損失は送配電時に生じる損失で，線路抵抗により発生する抵抗損，コロナ放電によるコロナ損，がいしからの漏れ電流による漏れ電流損があるが，一般的には抵抗損のみを取り扱う。

(1)　単相2線式電線路の電力損失

1線あたりの電力損失は$P_L = RI^2$なので，単相2線式の電力損失P_{L2} [W] はその2本分なので，以下の通りとなる。

$$P_{L2} = 2RI^2$$

(2)　三相交流回路の電力損失

1線あたりの電力損失は$P_L = RI^2$なので，三相3線式の電力損失P_{L3} [W] はその3本分なので，以下の通りとなる。

$$P_{L3} = 3RI^2 = 3R\left(\frac{P}{\sqrt{3}\,V_r \cos\theta}\right)^2 = \frac{RP^2}{V_r^2 \cos^2\theta}$$

POINT 3 線路の電圧降下 (v)

　単相電線路の電線1本分の電圧降下 v [V] は，電線の抵抗を R [Ω]，リアクタンスを X [Ω]，力率角を θ（遅れ）とすると，次の式で表せる。

$$v = I(R\cos\theta + X\sin\theta)$$

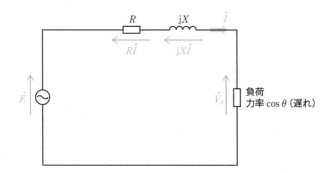

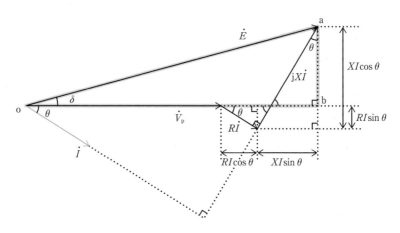

222

(1) 単相2線式電線路の電圧降下

単相2線式電線路の電圧降下は，電線2本分で2倍であるから，以下の通りとなる。

$$v = 2I(R\cos\theta + X\sin\theta)$$

(2) 三相3線式電線路の電圧降下

三相3線式電線路の電圧降下は，線間電圧が相電圧の$\sqrt{3}$倍であることから，以下の通りとなる。

$$v = \sqrt{3}\,I(R\cos\theta + X\sin\theta)$$

POINT 4 無負荷充電電流と無負荷充電容量

(1) 無負荷充電電流 I_C

無負荷充電電流は電線の静電容量により電線に流れる進み電流で，無負荷でも流れる電流である。送電線の1相分の等価回路は図のようになるので，無負荷充電電流 I_C[A]は線間電圧を V[V]，角周波数を ω[rad/s]，周波数を f[Hz]，電線1線あたりの静電容量を C[F]，電線1線あたりの容量性リアクタンスの大きさを $X_C = \dfrac{1}{\omega C}$[Ω]とすると，以下の通りとなる。

$$I_C = \frac{\dfrac{V}{\sqrt{3}}}{X_C} = \frac{\omega CV}{\sqrt{3}} = \frac{2\pi fCV}{\sqrt{3}}$$

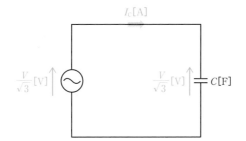

(2)　無負荷充電容量 Q_3

　　無負荷充電容量は，対地電圧 $\dfrac{V}{\sqrt{3}}$ [V] と無負荷充電電流 I_C [A] の積なので，1線あたりの充電容量 Q_1 [var] は $Q_1 = \dfrac{V}{\sqrt{3}} \cdot I_C$ となり，3線分の無負荷充電容量 Q_3 [var] はその3倍となる。

$$Q_3 = 3 \cdot \frac{V}{\sqrt{3}} \cdot I_C = 3 \cdot \frac{V}{\sqrt{3}} \cdot \frac{2\pi fCV}{\sqrt{3}} = 2\pi fCV^2$$

POINT 5　　誘電損 (P_d)

　　誘電損は誘電体に交流電圧を加えたときに発生する損失で，電圧と同相の電流成分（図の $\dot{I}_R$）による損失である。図の $\tan\delta = \dfrac{I_R}{I_C}$ は誘電正接と呼ばれ，ケーブルの誘電損 P_d [W] は，以下の通りとなる。

$$P_d = 2\pi fCV^2 \tan\delta$$

☑ 確認問題

① 単相負荷に電圧100 Vで電流5 A，力率0.8で電力を供給しているとき，皮相電力 [V・A]，有効電力 [W]，無効電力 [var] の大きさを求めよ。

P.220 **POINT 1**

② 三相負荷に電圧400 Vで電流10 A，力率0.9で電力を供給しているとき，皮相電力 [kV・A]，有効電力 [kW]，無効電力 [kvar] の大きさを求めよ。

P.220 **POINT 1**

③ 三相負荷に供給した有効電力が200 kW，無効電力が150 kvarであるとき，この負荷の力率を求めよ。

P.220 **POINT 1**

④ 消費電力300 kWで遅れ力率0.8の負荷Aと消費電力180 kWで遅れ力率0.6の負荷Bに同時に電力を供給するとき，電源が供給する皮相電力 [kV・A] の大きさを求めよ。

P.220 **POINT 1**

⑤ 送電端電圧が203 V，受電端電圧が198 V，線路の電流が20 A，力率が0.7（遅れ）のとき，単相負荷に供給される有効電力 [kW] 及び無効電力 [kvar] の大きさを求めよ。

P.220 **POINT 1**

⑥ 三相3線式の送電線路において，送電端電圧が215 V，受電端電圧が204 V，送電端電圧と受電端電圧の位相差が $\dfrac{\pi}{6}$ rad，送電線のリアクタンスが0.5 Ω であるとき，送電電力 [kW] の大きさを求めよ。また，力率が0.9（遅れ）のとき，線路に流れる電流 [A] の大きさを求めよ。ただし，送電線の抵抗は

無視できるものとする。

P.220 **POINT 1**

⑦ 単相2線式の配電線路において，消費電力が500Wで力率が0.6（遅れ）の負荷に100Vで電力を供給した。配電線の抵抗が0.2Ω，リアクタンスが0.3Ωであるとき，この線路における電力損失［W］及び電圧降下［V］の大きさを求めよ。ただし，送電端電圧と受電端電圧の位相差は十分に小さいものとする。

P.221~223 **POINT 2** **3**

⑧ 三相3線式の配電線路において，消費電力が50kWで力率が0.6（遅れ）の負荷に6.6kVで電力を供給した。配電線の抵抗が0.5Ω，リアクタンスが0.4Ωであるとき，この線路における電力損失［W］及び電圧降下［V］の大きさを求めよ。ただし，送電端電圧と受電端電圧の位相差は十分に小さいものとする。

P.221~223 **POINT 2** **3**

⑨ 同じ電圧 V［V］，電力 P［W］，力率 $\cos\theta$，抵抗 R［Ω］及びリアクタンス X［Ω］の送電線で負荷に電力を供給したとき，単相2線式の線路電流，電圧降下，電力損失は三相3線式のそれぞれ何倍となるか求めよ。

P.221~223 **POINT 2** **3**

⑩ 三相3線式の配電線路において，受電端電圧が6500Vであるとき，次の問に答えよ。ただし，線路の抵抗は0.7Ω，リアクタンスは0.9Ωとする。

P.222 **POINT 3**

(1) 消費電力が300kWで力率が0.8（遅れ）の負荷を接続したときの電圧降下［V］の大きさを求めよ。

(2) (1)と同じ負荷を接続し，力率改善により受電端の力率が0.95（遅れ）に改善されたときの電圧降下［V］の大きさを求めよ。

⓫ 図は三相3線式配電線路におけるベクトル図であり，V_s[V]は送電端電圧，V_r[V]は受電端電圧，I[A]は線電流，X[Ω]は線路のリアクタンス，δは相差角（V_sとV_rの位相差），θは力率角である。このとき，次の問に答えよ。ただし，線路抵抗は無視するものとする。

P.220 POINT 1

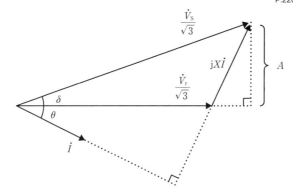

(1) 受電端の電力P[W]をV_r，I，θを用いて示せ。

(2) 図のAの長さをV_s，δを用いて示せ。

(3) 図のAの長さをX，I，θを用いて示せ。

(4) (1)〜(3)の結果を用いて，受電端の電力P[W]をV_s，V_r，X，δを用いて示せ。

⓬ 図は三相3線式送電線路のベクトル図であり，V_s[V]は送電端電圧，V_r[V]は受電端電圧，I[A]は線電流，R[Ω]は線路の抵抗，X[Ω]は線路のリアクタンス，δは相差角（V_sとV_rの位相差），θは力率角である。ただし，δは十分に小さいものとする。このとき次の問に答えよ。

P.222 POINT 3

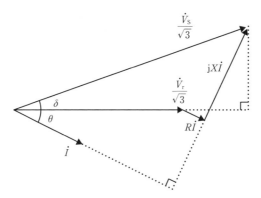

⑴ 電圧降下（$v = V_s - V_r$ [V]）の大きさを求めよ。

⑵ 有効電力 P [W] を V_r, I, θ を用いて示せ。

⑶ 無効電力 Q [var] を V_r, I, θ を用いて示せ。

⑷ 電圧降下 v を P, Q, V_r, R, X を用いて示せ。

⑬ 電圧 66 kV，周波数 50 Hz，ケーブル 1 線あたりの静電容量が 3.3 μF の三相 3 線式の地中送電線路について，次の問に答えよ。　P.223　**POINT 4**

⑴ 無負荷充電電流 [A] の大きさを求めよ。

⑵ 無負荷充電容量 [kvar] の大きさを求めよ。

⑶ 誘電正接が 0.05% であるとき，ケーブル 3 線分の誘電損 [W] の大きさを求めよ。

⑭ 電圧 22 kV，周波数 50 Hz，こう長 4 km，静電容量が 0.42 μF/km の三相 3 線式の地中送電ケーブルについて，誘電正接が 0.05% であるとき，無負荷充電容量 [kvar] 及び誘電損 [W] の大きさを求めよ。　P.223　**POINT 4**

1 同容量の単相変圧器3台を消費電力600 kW，遅れ力率0.8の単相負荷に接続することを考える。変圧器1台が故障し停止した際，残りの2台の変圧器を125％まで過負荷運転できるとしたとき，各変圧器に必要な容量[kV・A]として，最も近いものを次の(1)～(5)のうちから一つ選べ。

   (1) 160   (2) 190   (3) 200   (4) 250   (5) 300

2 送電線の送電端電圧と受電端電圧の関係及び送電電力に関して，次の(a)及び(b)の問に答えよ。

(a) 送電端電圧（相電圧）を $\dot{E}_s = E_s\,\mathrm{e}^{j\delta}$ [V]，受電端電圧（相電圧）を $\dot{E}_r = E_r$ [V]，送電線を流れる電流を $\dot{I}$ [A]，送電線の抵抗を R [Ω]，送電線のリアクタンスを X [Ω] としたとき，送電端電圧と受電端電圧の関係を表す式として，正しいものを次の(1)～(5)のうちから一つ選べ。

(1) $\dot{E}_s = \dot{E}_r + (R + \mathrm{j}X)\dot{I}$ (2) $\dot{E}_s = \dot{E}_r - (R + \mathrm{j}X)\dot{I}$

(3) $\dot{E}_s + \dot{E}_r = (R + \mathrm{j}X)\dot{I}$ (4) $\sqrt{3}\dot{E}_s = \sqrt{3}\dot{E}_r + (R + \mathrm{j}X)\dot{I}$

(5) $\sqrt{3}\dot{E}_s = \sqrt{3}\dot{E}_r - (R + \mathrm{j}X)\dot{I}$

(b) R が十分に小さいとき，送電電力 P [W] を示す式として，正しいものを次の(1)～(5)のうちから一つ選べ。

(1) $\dfrac{E_s E_r}{X}\sin\delta$ (2) $\dfrac{\sqrt{3}E_s E_r}{X}\sin\delta$ (3) $\dfrac{3E_s E_r}{X}\sin\delta$

(4) $E_r I \cos\delta$ (5) $3E_r I \cos\delta$

3 三相3線式配電線路から遅れ力率0.8の負荷に電力を供給したところ，電圧降下が8Vであった。この負荷と有効電力が等しい遅れ力率0.6の負荷を接続し，同じ受電端電圧で電力を供給したときの電圧降下の大きさ[V]として，最も近いものを次の(1)～(5)のうちから一つ選べ。ただし，線路の抵抗は0.2Ω，線路のリアクタンスは0.3Ωとし，送電端電圧と受電端電圧の相差角は十分に小さいものとする。

(1) 5 (2) 7 (3) 9 (4) 11 (5) 13

---

4 図のような三相3線式配電線路があり，共に力率が0.8の負荷に電力を供給している。送電線の抵抗が0.33Ω/km，リアクタンスが0.38Ω/kmであるとき，線路の末端での電圧降下の大きさ[V]として，最も近いものを次の(1)～(5)のうちから一つ選べ。ただし，送電端電圧と受電端電圧の位相差は十分に小さいものとする。

(1) 53 (2) 61 (3) 73 (4) 82 (5) 98

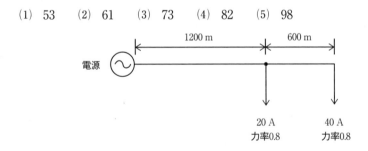

---

5 図のような三相3線式配電線路において，二次電圧が200Vの変圧器から共に遅れ力率0.9で$P_A = 5$kWの負荷A及び$P_B = 9$kWの負荷Bに電力を供給しているとき，この配電線路での電力損失[W]の大きさとして，最も近いものを次の(1)～(5)のうちから一つ選べ。ただし，1線あたりの線路の抵抗は0.41Ω/km，線路のリアクタンスは無視できるものとし，電圧降下は十分に小さいものとする。

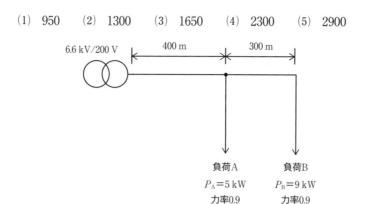

(1) 950　　(2) 1300　　(3) 1650　　(4) 2300　　(5) 2900

6.6 kV/200 V　　400 m　　300 m

負荷A　　　　負荷B
$P_A = 5\,\mathrm{kW}$　　$P_B = 9\,\mathrm{kW}$
力率0.9　　　力率0.9

6 　こう長2 kmの三相3線式配電線の受電端に力率1で消費電力が600 kWの負荷を接続するとき，配電線での電圧降下の大きさ [V] として，最も近いものを次の(1)〜(5)のうちから一つ選べ。ただし，受電端の電圧は6.6 kV，電線の抵抗率は$\dfrac{1}{35}\,\Omega \cdot \mathrm{mm}^2/\mathrm{m}$で断面積が80 mm²とする。

(1) 37　　(2) 49　　(3) 65　　(4) 85　　(5) 112

7 　こう長が3 kmの三相3線式地中送電線路がある。ケーブル1線の1 kmあたりの静電容量を0.32 μF/kmとするとき，次の(a)及び(b)の間に答えよ。ただし，電源の電圧は66 kV，周波数は60 Hzとする。

　(a) ケーブルの静電容量による充電電流 [A] の大きさとして，最も近いものを次の(1)〜(5)のうちから一つ選べ。

　　(1) 14　　(2) 24　　(3) 55　　(4) 95　　(5) 140

　(b) ケーブル3線を充電するのに必要な充電容量 [kV・A] として，最も近いものを次の(1)〜(5)のうちから一つ選べ。

　　(1) 16　　(2) 55　　(3) 160　　(4) 450　　(5) 1600

1 定格容量が600 kV・Aの変圧器の二次側に消費電力400 kWで遅れ力率0.9の負荷が接続されている。ここに，消費電力150 kWで遅れ力率0.85の負荷を接続したい。変圧器が5％以上の余裕を持つようにするために必要な電力用コンデンサの容量[kvar]として，最も近いものを次の(1)～(5)のうちから一つ選べ。

(1) 20　　(2) 50　　(3) 80　　(4) 110　　(5) 140

---

2 図のように，P点からA点まで一様の電流密度i[A/m]で分布している長さl[m]の三相3線式配電線路がある。配電線路の単位長さあたりの抵抗がρ[Ω/m]であるとき，P点に対するA点の電圧降下の大きさ[V]として，正しいものを次の(1)～(5)のうちから一つ選べ。ただし，力率は1とする。

(1) $\dfrac{\rho i l^2}{2}$　　(2) $\dfrac{\sqrt{3}\rho i l^2}{2}$　　(3) $\dfrac{\rho i l^2}{\sqrt{3}}$　　(4) $\dfrac{\rho i l}{2}$　　(5) $\dfrac{\sqrt{3}\rho i l}{2}$

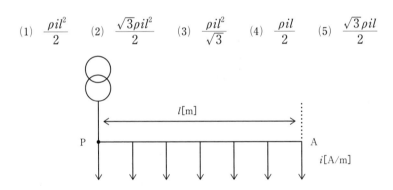

---

3 図のように，単相2線式電線路において，200 Vの電源から遅れ力率0.8で消費電力$P_A = 8$ kWの負荷A及び遅れ力率0.6で消費電力$P_B = 6$ kWの負荷Bに電力を供給しているとき，この配電線路での電力損失[W]の大きさとして，最も近いものを次の(1)～(5)のうちから一つ選べ。ただし，線路の抵

抗は0.35 Ω/kmとし，電圧降下は十分に小さいものとする。

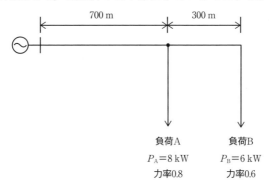

(1) 1000　　(2) 1750　　(3) 2700　　(4) 3500　　(5) 5300

---

④ 三相3線式送電線路において，力率0.8の負荷にP[W]の電力を供給している。送電端電圧をV_s[V]，受電端電圧をV_r[V]，送電線の抵抗をR[Ω]，送電線のリアクタンスをX[Ω]としたとき，この送電線路での電圧降下及び電力損失の組合せとして，最も近いものを次の(1)～(5)のうちから一つ選べ。

	電圧降下	電力損失
(1)	$\dfrac{(R+0.75X)P}{V_\mathrm{r}}$	$1.25\dfrac{RP^2}{V_\mathrm{r}^{\,2}}$
(2)	$\dfrac{(R+0.75X)P}{V_\mathrm{r}}$	$1.56\dfrac{RP^2}{V_\mathrm{r}^{\,2}}$
(3)	$1.25\dfrac{(R+0.75X)P}{V_\mathrm{r}}$	$\dfrac{RP^2}{V_\mathrm{r}^{\,2}}$
(4)	$1.25\dfrac{(R+0.75X)P}{V_\mathrm{r}}$	$1.25\dfrac{RP^2}{V_\mathrm{r}^{\,2}}$
(5)	$1.25\dfrac{(R+0.75X)P}{V_\mathrm{r}}$	$1.56\dfrac{RP^2}{V_\mathrm{r}^{\,2}}$

5 こう長4kmの三相3線式配電線の受電端に力率1で消費電力が400kW の負荷を接続するとき，配電線での電圧降下率が5.0%を超えないような電線の太さとしたい。このときの電線の断面積[mm²]として，最も近いものを次の(1)～(5)のうちから一つ選べ。ただし，受電端の電圧は6.6kV，電線の抵抗率は$\frac{1}{56}$Ω・mm²/mとする。

   (1) 10   (2) 12   (3) 14   (4) 16   (5) 18

---

6 こう長が3kmで三相3線式送電線の受電端にある遅れ力率0.7の負荷に電力800kWを供給している。負荷の端子電圧を6.6kVとして，電圧降下率が3.0%を超えないように受電側に電力用コンデンサを設置したい。電力用コンデンサの最小容量[kvar]の条件として，最も近いものを次の(1)～(5)のうちから一つ選べ。ただし，送電線1線あたりの抵抗は0.40Ω/km，リアクタンスは0.30Ω/kmとして，送電端電圧と受電端電圧の相差角は十分に小さいとする。

   (1) 100   (2) 250   (3) 350   (4) 450   (5) 600

---

7 公称電圧6.6kVで長さが350mのケーブルの絶縁耐力試験を3線一括にて行う。1線の1kmあたりの静電容量を0.29μF/kmとするとき，次の(a)及び(b)の問に答えよ。ただし，試験の電圧は電気設備技術基準に基づき対地電圧は10350V，周波数は60Hzとする。

  (a) 3線一括での絶縁耐力試験のケーブルに流れる充電電流[A]の大きさとして，最も近いものを次の(1)～(5)のうちから一つ選べ。

     (1) 0.4   (2) 1.2   (3) 3.0   (4) 6.5   (5) 12

(b) 実際に試験を行ったところ，電流計の数値は想定した充電電流より0.1%大きい結果となった。ケーブルの誘電損以外の損失は無視するものとして，公称電圧をかけたときのケーブルの誘電損［W］の大きさとして，最も近いものを次の(1)～(5)のうちから一つ選べ。

(1) 75   (2) 200   (3) 500   (4) 800   (5) 1250

線路計算

単相 3 線式に特化した内容やループ
電流の計算等を中心とした分野です。
理論科目のキルヒホッフの法則を使い
こなせることが前提となっているので,
回路計算を苦手としている方は一度
理論科目に立ち返ってみた方が効果的
かもしれません。出題されるのは数年
に 1 回程度ですが, B問題で出題される
可能性もあるため, 油断できない分野
となります。

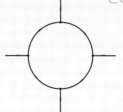
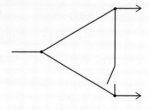

CHAPTER 11 線路計算

1 配電線路の計算

(教科書CHAPTER11対応)

POINT 1 単相3線式回路の計算

(1) 100/200 V単相3線式回路の特徴

- 中性線の電位は0Vで，中性線と電圧線間の電圧が100V，電圧線間の電圧は200Vとなる。
- 上下の100V負荷が等しい場合，中性線の電流は0Aとなり，100V負荷が異なる場合には中性線に電流が流れる。
- 中性線断線時には軽負荷の電圧が過大となり，重負荷の電圧が過小となる。

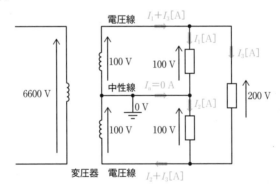

(2) バランサ

バランサは，巻数比1の単巻変圧器で，バランサを接続した回路を流れる電圧・電流は例えば次の図のようになり，以下のような特徴がある。

- 負荷不平衡時や中性線断線事故時においても，100V負荷に加わる電圧が等しくなる。
- 負荷不平衡時においても，中性線を流れる電流が0になる。
- 負荷不平衡時においても，線路損失を減少できる。

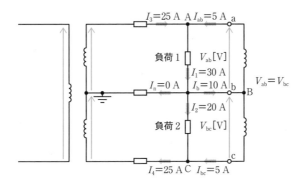

POINT 2　ループ回路

　環状になっている配電線路の問題は，以下の通りに回路方程式を立てれば電気回路計算と同様に解くことが可能。

・ループ線路のある部分を流れる電流をIとおき，他の部分を流れる電流をIを使って表す。

・「電圧降下の総和＝0」の式を立てる。

・ループ線路の各部に流れる電流を求める。

・ループ線路の各部の電圧降下を求める。

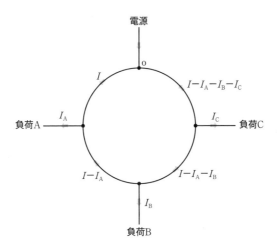

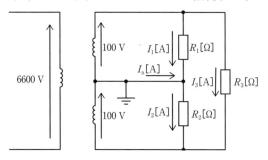

✓ 確認問題

① 図のような単相3線式回路について，（ア）〜（オ）にあてはまる数値または式を答えよ。

POINT 1
P.238

図のような単相3線式回路について，抵抗R_1および抵抗R_2に加わる電圧は $\boxed{（ア）}$ [V]，抵抗R_3に加わる電圧は $\boxed{（イ）}$ [V]であり，抵抗R_1に流れる電流I_1は $\boxed{（ウ）}$ [A]，抵抗R_2に流れる電流I_2は $\boxed{（エ）}$ [A]である。したがって，$R_1 = R_2$のとき，中性線を流れる電流I_nは $\boxed{（オ）}$ [A]である。ただし，図に記載のない抵抗やリアクタンスは無視するものとする。

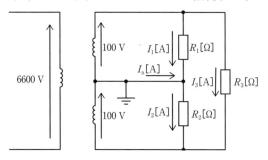

② 図は100/200 V単相3線式配電線路にR_1およびR_2の抵抗負荷を接続し，スイッチSを投入することで，バランサを接続可能としたものである。このとき次の(a)及び(b)の問に答えよ。ただし，配電線路の抵抗およびリアクタンスは無視できるものとする。

POINT 1
P.238

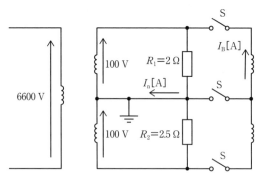

240

(a) スイッチS投入前の中性線を流れる電流の大きさI_n[A]を求めよ。

(b) スイッチSを投入すると中性線を流れる電流I_nが0Aとなった。このとき，バランサを流れる電流の大きさI_B[A]を求めよ。

③ 図のような単相2線式1回線のループ配電線路について，供給点aでの電位が$V_a = 100$Vであるとき，次の(a)〜(c)の問に答えよ。ただし，各線路の1線あたりの抵抗は図の通りとし，リアクタンスは無視するものとする。

P.239 **POINT 2**

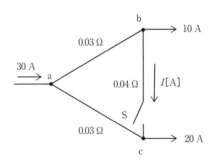

(a) Sを投入しないときの負荷点bでの電位V_b[V]を求めよ。

(b) Sを投入したときの負荷点bと負荷点cの間に流れる電流の大きさI[A]を求めよ。

(c) Sを投入しないときおよび投入したときの配電線の損失の差ΔP[W]を求めよ。

1 　図のようなバランサを接続可能な単相3線式配電線路について，各負荷を
流れる電流が20Aおよび10Aであり，変圧器から負荷までの抵抗は1線あ
たり0.1Ωである。このとき，次の(a)および(b)の問に答えよ。

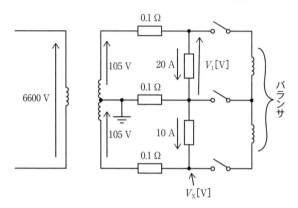

(a) バランサを接続していないとき，20Aの負荷に加わる電圧の大きさ
V_1[V]として，最も近いものを次の(1)〜(5)のうちから一つ選べ。

(1) 101 　(2) 102 　(3) 103 　(4) 104 　(5) 105

(b) バランサを接続したとき，10A負荷の電圧線側の電位 V_X[V]として，
最も近いものを次の(1)〜(5)のうちから一つ選べ。

(1) −103.5 　(2) −102.0 　(3) 100.5 　(4) 102.0 　(5) 103.5

2　図の単線結線図に示すような単相2線式の電線路がある。母線の電圧が107 Vで，各負荷に供給される電流は図の通りである。回路1線あたりの抵抗が0.3 Ω/kmであり，線路のリアクタンスが無視できるとき，次の(a)及び(b)の問に答えよ。

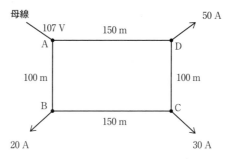

(a)　A-D間を流れる電流の大きさ[A]として，最も近いものを次の(1)～(5)のうちから一つ選べ。

(1)　27　　(2)　41　　(3)　54　　(4)　81　　(5)　108

(b)　C点の電位[V]として，最も近いものを次の(1)～(5)のうちから一つ選べ。

(1)　101　　(2)　102　　(3)　103　　(4)　104　　(5)　105

❶ 図のように一次電圧が6600 V，二次電圧が204/102 Vの変圧器から供給される単相3線式配電線路がある。二次側の負荷側線路には力率1で抵抗値の異なる負荷1及び負荷2が接続されており，電圧線L_1と電圧線L_2の間に太陽光発電設備が接続され，太陽光発電設備は電流I[A]，力率1の定電流特性で一定運転するものとする。また，線路のインピーダンスは図に示された抵抗分のみであり，負荷側線路のインピーダンスは無視するものとする。このとき，次の(a)及び(b)の間に答えよ。

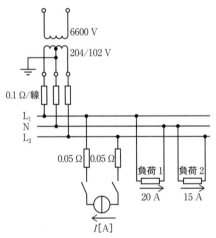

(a) 太陽光発電設備を接続していないとき，二次側中性線Nの電位V_N[V]として，最も近いものを次の(1)～(5)のうちから一つ選べ。

(1) −5 　(2) −0.5 　(3) 0 　(4) 0.5 　(5) 5

(b) 太陽光発電設備を接続すると，負荷1に加わる電圧が101 Vとなった。このとき，太陽光発電設備から供給される電流の大きさI[A]として，最も近いものを次の(1)～(5)のうちから一つ選べ。

(1) 5 　(2) 15 　(3) 30 　(4) 45 　(5) 65

2 図のような単相2線式配電線路があり，母線P点での電圧が107 Vのとき，C点の電圧が95 Vとなった。電線1線あたりの抵抗が0.2 Ω/kmであるとき，C点の負荷の電流の大きさI [A] として，最も近いものを次の(1)〜(5)のうちから一つ選べ。ただし，線路のリアクタンスは無視できるものとし，負荷はすべて力率1であるとする。

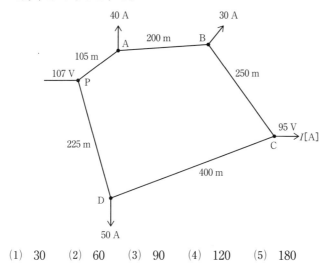

(1)　30　　(2)　60　　(3)　90　　(4)　120　　(5)　180

電線のたるみと支線

力学的な内容を取り扱う少し特殊な分野で，数年に1問程度出題されます。イメージしながら理解していくと速く学習できる分野となります。公式を暗記していなければ解けない問題も出題されるので，本問題集で扱う公式は確実に暗記して本番に臨むようにして下さい。

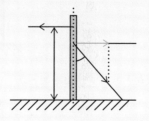
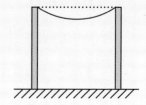

電線のたるみと支線

1 電線のたるみと支線

（教科書CHAPTER12対応）

POINT 1 電線のたるみと実長

(1) 電線のたるみ

電線のたるみ D[m]は，電線1mあたりの合成荷重 W[N/m]，径間 S[m]，電線の水平張力 T[N]とすると，次の式で表せる。

$$D = \frac{WS^2}{8T}$$

ここで，電線の合成荷重 W[N/m]は，電線の自重 W_o[N/m]，氷雪荷重 W_i[N/m]，風圧荷重 W_w[N/m]とすると，次の式で表せる。

$$W = \sqrt{(W_o + W_i)^2 + W_w{}^2}$$

(2) 電線の実長

電線の実長 L[m]は，電線のたるみ D[m]の分だけ径間 S[m]よりも長くなるので，次の式で表せる。

$$L = S + \frac{8D^2}{3S}$$

また，金属は温度が高くなると膨張するため，電線は長くなる。温度 t_2[℃]のときの実長 L_2[m]は，温度 t_1[℃]のときの実長を L_1[m]，電線の線熱膨張係数を a[℃$^{-1}$]とすると，次の式で表せる。

$$L_2 = L_1\{1 + a(t_2 - t_1)\}$$

POINT 2　　**電線の水平張力と支線の張力の関係**

(1) 電線の取付高さと支線の取付高さが等しい場合

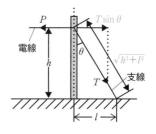

電線と支線の取付高さが h [m] のとき，電線の水平張力 P [N] は，支線の張力を T [N]，支線の根開きを l [m]，電柱と支線が作る角度を θ [rad] とすると，次の式で表せる。

$$P = T\sin\theta = T\frac{l}{\sqrt{h^2 + l^2}}$$

(2) 電線の取付高さと支線の取付高さが異なる場合

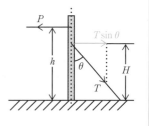

電線取付高さが h [m]，支線の取付高さが H [m] のとき，電線の水平張力 P [N] は，支線の張力を T [N]，電柱と支線が作る角度を θ [rad] とすると，次の式で表せる。

$$Ph = TH\sin\theta$$

❶ 同じ高さで径間が100 mの電柱間に電線を布設する。電線の自重が16 N/m，風圧荷重が12 N/mであるとき，次の問に答えよ。 P.248 **POINT 1**

(1) 電線の合成荷重[N/m]の大きさを求めよ。

(2) 電線の水平張力が10 kNであるとき，電線のたるみ[m]の大きさを求めよ。

(3) (2)の条件において，電線の実長[m]を求めよ。

(4) (3)の条件において，導体の温度が30℃であった。電線の線熱膨張係数が$1.5×10^{-5}℃^{-1}$であるとき，導体の温度が60℃になったときの，電線の実長[m]を求めよ。

---

❷ 径間が200 mで，電線の合成荷重が18 N/mである電線について，導体の温度が30℃のときのたるみが4.0 mであるとき，次の問に答えよ。

P.248 **POINT 1**

(1) 電線の張力[kN]の大きさを求めよ。

(2) 導体の温度が60℃になったときの電線の実長[m]を求めよ。ただし，電線の線熱膨張係数は$1.5×10^{-5}℃^{-1}$とする。

---

❸ 図のように電柱に電線2本と支線を取り付けるとき，次の問に答えよ。

(1) 電線1のみを取り付けるとき，支線の張力F[kN]の大きさを求めよ。

(2) 電線1と電線2の両方を取り付けるとき，支線の張力F[kN]の大きさを求めよ。

P.249 **POINT 2**

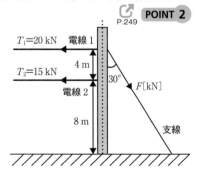

1 図のように，水平面上に1mあたりの合成荷重が W[N/m] の電線と支持物を建設し，電線と建造物の離隔距離を確保するようにしたい。このとき，次の(a)及び(b)の問に答えよ。

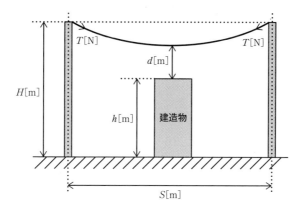

(a) 電線と建造物の離隔距離 d[m] の大きさを表す式として，正しいものを次の(1)〜(5)のうちから一つ選べ。

(1) $\dfrac{WS}{4T}$
(2) $\dfrac{WS^2}{8T^2}$
(3) $H - \dfrac{WS^2}{8T}$
(4) $H - h - \dfrac{WS}{4T}$

(5) $H - h - \dfrac{WS^2}{8T}$

(b) 離隔距離を確保するため，電線のたるみを図の0.8倍にするためには電線の引張強度は何倍とすればよいか。正しいものを次の(1)〜(5)のうちから一つ選べ。

(1) 0.80
(2) 1.05
(3) 1.12
(4) 1.25
(5) 1.55

2 径間が200 mで，電線の合成荷重が20 N/mである電線について，導体の温度が30℃のときのたるみが2.5 mであるとき，次の問に答えよ。

(a) 電線の張力 [kN] の大きさとして，最も近いものを次の(1)～(5)のうちから一つ選べ。

(1) 10　(2) 20　(3) 30　(4) 40　(5) 50

(b) 導体の温度が60℃になったときのたるみ [m] の大きさとして，最も近いものを次の(1)～(5)のうちから一つ選べ。ただし，電線の線熱膨張係数は$1.5 \times 10^{-5}℃^{-1}$とする。

(1) 2.8　(2) 3.2　(3) 3.6　(4) 4.0　(5) 4.8

---

3 図のように，地上から10 mにおいて，水平張力 $T = 10$ kNで力を受ける電柱を，地上高 8 mの点にて支線で支持している。支線の張力$F = 28$ kNで平衡しているとき，支線の根開きl [m] として，最も近いものを次の(1)～(5)のうちから一つ選べ。

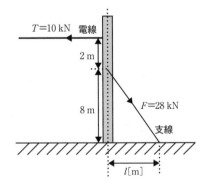

(1) 2　(2) 4　(3) 6　(4) 8　(5) 10

1 図のように径間の長さ S [m]，同じ高さ H [m] の電柱から張力 T [N] で 1 m あたりの荷重が W [N/m] の電線が接続されており，このときのたるみを D_0 [m] とする。一方の電柱を h [m] だけかさ上げしたとき，H [m] の電柱からみたたるみ D [m] の大きさを表す式として，正しいものを次の(1)~(5)のうちから一つ選べ。

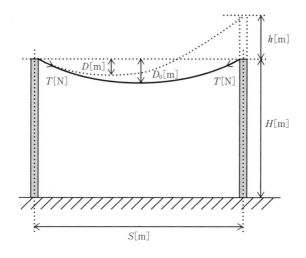

(1) $D_0\left(1-\dfrac{h}{4D_0}\right)^2$　　(2) $D_0\left(1-\dfrac{h}{2D_0}\right)^2$　　(3) $D_0\left(1-\dfrac{h}{D_0}\right)^2$

(4) $D_0\left(1+\dfrac{h}{4D_0}\right)^2$　　(5) $D_0\left(1+\dfrac{h}{2D_0}\right)^2$

② 図のように，地上から $60°$ に傾斜した電柱が水平張力 $T = 8\,\mathrm{kN}$ で電線から力を受けている。地上から $6\,\mathrm{m}$ の箇所に支線で支持するとき，支線の張力 $F[\mathrm{kN}]$ として，最も近いものを次の(1)〜(5)のうちから一つ選べ。ただし，支線は地上から $45°$ に傾斜しているものとし，電柱の重量は考慮しないものとする。

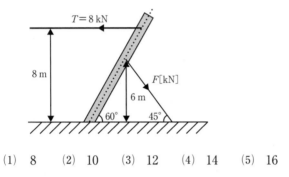

(1) 8   (2) 10   (3) 12   (4) 14   (5) 16

［著者紹介］

尾上　建夫（おのえ　たけお）

名古屋大学大学院修了後，電力会社及び化学メーカーにて火力発電所の運転・保守等を経験
し，2019年よりTAC電験三種講座講師。自身のブログ「電験王」では電験の過去問解説を無料
で公開し，受験生から絶大な支持を得ている。保有資格は，第一種電気主任技術者，第一種
電気工事士，エネルギー管理士，大気一種公害防止管理者，甲種危険物取扱者，一級ボイラー
技士等。

● 装　　丁　エイブルデザイン
● イラスト　エイブルデザイン（酒井　智夏）
● 編集協力　TAC出版開発グループ

みんなが欲しかった！電験三種 電力の実践問題集

2021年7月25日　初　版　第1刷発行

著　者	尾	上	建	夫
発行者	多	田	敏	男
発行所	TAC株式会社　出版事業部			
	（TAC出版）			

〒101-8383
東京都千代田区神田三崎町3-2-18
電 話 03（5276）9492（営業）
FAX 03（5276）9674
https://shuppan.tac-school.co.jp

組　版	株式会社　エイブルデザイン
印　刷	株式会社　ワコープラネット
製　本	株式会社　常　川　製　本

© Takeo Onoe 2021　　Printed in Japan

ISBN 978-4-8132-8867-1
N.D.C. 540.79

TAC電験三種講座のご案内

「みんなが欲しかった! 電験三種 教科書&問題集」を
お持ちの方は
「教科書&問題集なし」コースで
お得に受講できます!!

TAC電験三種講座のカリキュラムでは、「みんなが欲しかった!電験三種 教科書&問題集」を教材として使用しておりますので、既にお持ちの方でも「教科書&問題集なし」コースでお得に受講する事ができます。独学ではわかりにくい問題も、TAC講師の解説で本質と基本の理解度が深まります。また、学習環境や手厚いフォロー制度で本試験合格に必要なアウトプット力が身につきますので、ぜひ体感してください。

こんな方にオススメ!

- 教科書に書き込んだ内容を活かしたい!
- ほかの解き方も知りたい!
- 本質的な理解をしたい!
- 講師に質問をしたい!

TACだからこそ提供できる合格ノウハウとサポート力!

TAC 電験三種講座 5つの特長

POINT 1
電験三種を知り尽くした TAC講師陣!

「試験に強い講師」「実務に長けた講師」様々な色を持つ各科目の関連性を明示した講義を行います!

石田 聖人 講師
電験は範囲が広く、たくさんの公式が出てきます。「基本から丁寧に」合格を目指して一緒に頑張りましょう!

尾上 建夫 講師
合否の分け目は無駄な時間をかけず、計画的かつ効率的に学習できるかどうかです。共に頑張っていきましょう!

入江 弥憲 講師
電験三種を合格するための重要なポイントを絞って解説を行うので、初めて学ぶ方も全く問題ありません。一緒に合格を目指して頑張りましょう!

佐藤 祥太 講師
講義では、問題文の読み方を丁寧に解説することより、今まで身に付いた知識から問題までを精選できるようお手伝い致します。

POINT 2
全科目合格も科目合格も 狙えるカリキュラム

分析結果を基に全科目を正しい順序で1年以内に一通り学習する最強の学習方法!

- 十分な学習時間を用意し、学習範囲を基礎的なものに絞ったカリキュラム
- 過去問に対応できる知識の運用まで教えます!
- 1年で4科目を駆け抜ける!

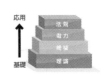

講義ボリューム

	理論	機械	電力	法規
TAC	18	19	17	9
他社例	4	4	4	2

丁寧な講義でしっかり理解!
※2021年合格目標4科目完全合格本科生の場合

はじめてでも安心! 効率的に無理なく全科目合格を目指せる!

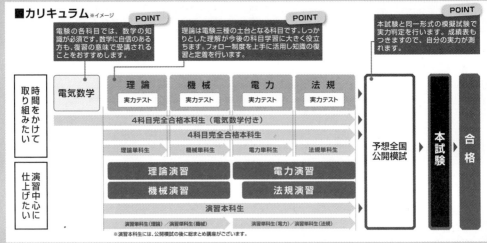

※コース名称等は変更となる場合がございます。 ※コース・料金、日程等の詳細はTAC電験三種講座のホームページをご覧ください。

TAC出版 書籍のご案内

TAC出版では、資格の学校TAC各講座の定評ある執筆陣による資格試験の参考書をはじめ、資格取得者の開業法や仕事術、実務書、ビジネス書、一般書などを発行しています！

TAC出版の書籍

*一部書籍は、早稲田経営出版のブランドにて刊行しております。

資格・検定試験の受験対策書籍

- 日商簿記検定
- 建設業経理士
- 全経簿記上級
- 税　理　士
- 公認会計士
- 社会保険労務士
- 中小企業診断士
- 証券アナリスト
- ファイナンシャルプランナー(FP)
- 証券外務員
- 貸金業務取扱主任者
- 不動産鑑定士
- 宅地建物取引士
- マンション管理士
- 管理業務主任者
- 司法書士
- 行政書士
- 司法試験
- 弁理士
- 公務員試験(大卒程度・高卒者)
- 情報処理試験
- 介護福祉士
- ケアマネジャー
- 社会福祉士　ほか

実務書・ビジネス書

- 会計実務、税法、税務、経理
- 総務、労務、人事
- ビジネススキル、マナー、就職、自己啓発
- 資格取得者の開業法、仕事術、営業術
- 翻訳書 (T's BUSINESS DESIGN)

一般書・エンタメ書

- エッセイ、コラム
- スポーツ
- 旅行ガイド (おとな旅プレミアム)
- 翻訳小説 (BLOOM COLLECTION)

書籍の正誤についてのお問合わせ

万一誤りと疑われる箇所がございましたら、以下の方法にてご確認いただきますよう、お願いいたします。

なお、正誤のお問合わせ以外の書籍内容に関する解説・受験指導等は、**一切行っておりません。**
そのようなお問合わせにつきましては、お答えいたしかねますので、あらかじめご了承ください。

1 正誤表の確認方法

TAC出版書籍販売サイト「Cyber Book Store」の
トップページ内「正誤表」コーナーにて、正誤表をご確認ください。

CYBER TAC出版書籍販売サイト
BOOK STORE

URL:https://bookstore.tac-school.co.jp/

2 正誤のお問合わせ方法

正誤表がない場合、あるいは該当箇所が掲載されていない場合は、書名、発行年月日、お客様のお名前、ご連絡先を明記の上、下記の方法でお問合わせください。
なお、回答までに1週間前後を要する場合もございます。あらかじめご了承ください。

文書にて問合わせる

● 郵 送 先 〒101-8383 東京都千代田区神田三崎町3-2-18
TAC株式会社 出版事業部 正誤問合わせ係

FAXにて問合わせる

● FAX番号 **03-5276-9674**

e-mailにて問合わせる

● お問合わせ先アドレス **syuppan-h@tac-school.co.jp**

※お電話でのお問合わせは、お受けできません。また、土日祝日はお問合わせ対応をおこなっておりません。
※正誤のお問合わせ対応は、該当書籍の改訂版刊行月末日までといたします。

乱丁・落丁による交換は、該当書籍の改訂版刊行月末日までといたします。なお、書籍の在庫状況等により、お受けできない場合もございます。
また、各種本試験の実施の延期、中止を理由とした本書の返品はお受けいたしません。返金もいたしかねますので、あらかじめご了承くださいますようお願い申し上げます。

電 力

解答編

Index

CHAPTER 01 水力発電

1 水力発電

✓ 確認問題

1 次の文章は水力発電所の取水方式に関する記述である。(ア) 〜 (エ) にあてはまる語句を答えよ。

水力発電所はその取水方式により 3 つに分類される。
（ア）は，河川の上流に取水ダムを設けてそこから水を取り入れ，河川の自然勾配を利用して落差を得て，発電後の水を河川に戻す方式である。（イ）は，ダムを築き，河川をせき止めることにより生じる落差を利用して発電する方式で，その構造上（ウ）が不要となる。（エ）は（ア）と（イ）の両方を合わせて落差を得る方式である。

POINT 1 水力発電所の分類

解答 （ア）水路式　　　（イ）ダム式
（ウ）サージタンク　（エ）ダム水路式

水力発電所は以下の 3 つに分類される。

- 水路式 ：自然勾配を利用
- ダム式 ：ダムを建設
- ダム水路式：ダムで貯水後，その水を誘導

✎ イメージ（絵）で覚えることが重要である。ダムと水路のイメージ図を描けるようにしておく。

2 次の文章は水力発電所の構造に関する記述である。(ア) 〜 (ウ) にあてはまる語句を答えよ。

水路式及びダム水路式の水力発電所には，導水路と水圧管路の接続部にタンクを設けることが多い。それぞれの発電所において求められる役割が異なるので，水路式発電所に設けるものを（ア），ダム水路式発電所に設けるものを（イ）と呼ぶ。（ア）は主に水車に送る水の流量調節や取水に含まれる土砂・ごみ等を除去する役割があり，（イ）は負荷急変時に水圧管内で生じる（ウ）を防止する役割がある。

POINT 2 ヘッドタンクとサージタンク

解答 （ア）ヘッドタンク　（イ）サージタンク
　　　　（ウ）水撃作用（ウォーターハンマー）

　ヘッドタンクは水路から水圧管に向かう途中に接続するタンクで，流量を調整し，土砂・ごみ等除去を目的としたものであり，サージタンクは流量が急変したときに水圧変化による水撃作用（ウォーターハンマー）を防止するためのタンクである。

　サージタンクは下図のような構造をしており，水圧変化を緩和している。

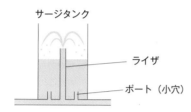

サージタンク

ライザ

ポート（小穴）

3 ベルヌーイの定理に関する以下の記述について，（ア）〜（オ）にあてはまる語句又は式を答えよ。

　流水中のエネルギーについて，どの地点でもエネルギーの総和が等しくなるという法則を $\boxed{（ア）}$ の法則と呼ぶ。基準面から h[m] の高さにおける水圧管中の流速を v[m/s]，圧力を p[Pa]，水の密度を ρ[kg/m³] とすると，質量 m[kg] の流水中のエネルギーには位置エネルギー $\boxed{（イ）}$[J] と圧力エネルギー $\boxed{（ウ）}$[J] と運動エネルギー $\boxed{（エ）}$[J] があり，$\boxed{（ア）}$ の法則よりそれらの総和は等しい。ベルヌーイの定理はこれらのエネルギーを mg で除した式であり，$\boxed{（オ）}$＝一定と表される。

POINT 3 ベルヌーイの定理

🖊 エネルギー保存の法則の形で覚えていても,ベルヌーイの定理の形で覚えてもよい。導出できるようになることが重要である。

解答 （ア）エネルギー保存　（イ）mgh

　　　　（ウ）$m\dfrac{p}{\rho}$　（エ）$\dfrac{1}{2}mv^2$

　　　　（オ）$h+\dfrac{p}{\rho g}+\dfrac{v^2}{2g}$

　ベルヌーイの定理はエネルギー保存の法則を水力の水頭（高さ）にしたものである。

④ 総落差が105 mで損失水頭が 7 mである水力発電所の有効落差[m]を求めよ。

POINT 4 水力発電所の出力

解答 98 m

（有効落差H[m]）＝（総落差H_a[m]）−（損失水頭 h_g[m]）の関係があり，$H_a = 105$ m，$h_g = 7$ mであるから，有効落差H[m]は，

$$H = H_a - h_g$$
$$= 105 - 7$$
$$= 98 \text{ m}$$

⑤ 貯水池の静水面の標高が547 m，水車の標高が425 m，放水面の標高が430 mで損失水頭が 5 mである水力発電所の有効落差[m]を求めよ。

POINT 4 水力発電所の出力
✏ 電験でも水車の標高が記載されたことがあるが，解答する上では使用しないので注意すること。

解答 112 m

（総落差H_a[m]）＝（貯水池の標高）−（放水面の標高）であるから，

$$H_a = 547 - 430$$
$$= 117 \text{ m}$$

（有効落差H[m]）＝（総落差H_a[m]）−（損失水頭h_g[m]）なので，

$$H = H_a - h_g$$
$$= 117 - 5$$
$$= 112 \text{ m}$$

⑥ 次の文章は水力発電所の出力に関する記述である。（ア）〜（ウ）にあてはまる単位又は式を答えよ。

水力発電所の理論水力P_0[kW]は有効落差H[m]，水車に1秒あたり流入する水の流量Q[（ア）]を用いて，

$$P_0 = \boxed{\text{（イ）}} \text{ [kW]}$$

で求められる。水車出力P_w[kW]は水車の効率のみを考慮した出力であり，発電機出力P_g[kW]は水車と発電機を考慮した出力である。

ここで水車効率をη_w，発電機効率をη_gとすると，発電機出力P_gは，

POINT 4 水力発電所の出力
✏ これらの基本公式は導出過程も重要ではあるが，基本的には覚えること。

$$P_g = \boxed{\phantom{(\mathrm{ウ})}} \,[\mathrm{kW}]$$

で求められる。

解答 （ア）$\mathrm{m^3/s}$　（イ）$9.8\,QH$　（ウ）$9.8\,QH\eta_w\eta_g$

⑦ 次の文章は水力発電所のエネルギー変換に関する記述である。（ア）～（オ）にあてはまる語句を答えよ。

水力発電所は水の持つ ⎡ （ア） ⎤ エネルギーを水車によって ⎡ （イ） ⎤ エネルギーに変換し，発電機で ⎡ （イ） ⎤ エネルギーを ⎡ （ウ） ⎤ エネルギーに変換して発電する発電所である。発電機の出力は有効落差に ⎡ （エ） ⎤ し，水車に流入する水の流量に ⎡ （オ） ⎤ する。

POINT 4 水力発電所の出力

POINT 6 水車の種類

解答 （ア）位置　（イ）機械　（ウ）電気
　　　　（エ）比例　（オ）比例

水力発電所では水車の種類により，水の持つ位置エネルギーを運動エネルギーに変換するもの（衝動水車）と，圧力エネルギーに変換するもの（反動水車）があり，それらを総称して機械エネルギーと呼ぶ。発電機出力 $P_g\,[\mathrm{kW}]$ は，有効落差 $H\,[\mathrm{m}]$，水車に流入する水の流量 $Q\,[\mathrm{m^3/s}]$，水車効率 η_w，発電機効率 η_g を用いて，

$$P_g = 9.8\,QH\eta_w\eta_g$$

で求められ，有効落差と水車に流入する水の流量に比例する。

⑧ 次の文章は水力発電所の出力に関する記述である。（ア）～（ウ）にあてはまる数値を答えよ。ただし，有効数字は 3 桁とする。

貯水池の静水面の標高が350 m，放水面の標高が210 mで損失水頭が15 mである水力発電所がある。この発電所を使用水量15 $\mathrm{m^3/s}$で運転しているときの水車効率が92%，発電機効率が96%であるとき，この発電所の理論水力は ⎡ （ア） ⎤ $[\mathrm{kW}]$，水車出力は ⎡ （イ） ⎤ $[\mathrm{kW}]$，発電機出力は ⎡ （ウ） ⎤ $[\mathrm{kW}]$ となる。

POINT 4 水力発電所の出力

解答　（ア）18400　（イ）16900　（ウ）16200

（総落差$H_a[\mathrm{m}]$）＝（貯水池の標高）－（放水面の標高）であるから，

$$H_a = 350 - 210$$
$$= 140\ \mathrm{m}$$

となり，（有効落差$H[\mathrm{m}]$）＝（総落差$H_a[\mathrm{m}]$）－（損失水頭$h_g[\mathrm{m}]$）なので，

$$H = H_a - h_g$$
$$= 140 - 15$$
$$= 125\ \mathrm{m}$$

理論水力$P_0[\mathrm{kW}]$，水車出力$P_w[\mathrm{kW}]$，発電機出力$P_g[\mathrm{kW}]$は，有効落差$H[\mathrm{m}]$，水車に流入する水の流量$Q[\mathrm{m^3/s}]$，水車効率η_w，発電機効率η_gを用いて，

$$P_0 = 9.8QH$$
$$P_w = 9.8QH\eta_w = P_0\eta_w$$
$$P_g = 9.8QH\eta_w\eta_g = P_0\eta_w\eta_g = P_w\eta_g$$

よって，発電所の使用水量$Q = 15\ \mathrm{m^3/s}$，水車効率$\eta_w = 0.92$，発電機効率$\eta_g = 0.96$をそれぞれ代入すると，

$$P_0 = 9.8QH$$
$$= 9.8 \times 15 \times 125$$
$$= 18375 \rightarrow 18400\ \mathrm{kW}$$

$$P_w = P_0\eta_w$$
$$= 18375 \times 0.92$$
$$= 16905 \rightarrow 16900\ \mathrm{kW}$$

$$P_g = P_w\eta_g$$
$$= 16905 \times 0.96$$
$$\fallingdotseq 16229 \rightarrow 16200\ \mathrm{kW}$$

理論水力$P_0[\mathrm{kW}]$から，水車出力$P_w[\mathrm{kW}]$及び発電機出力$P_g[\mathrm{kW}]$を求める際，四捨五入による誤差を防ぐため，有効数字を4桁以上（2種二次試験では5桁以上）にして計算し，最後に有効数字3桁にして整理する。

9 ある水力発電所が5000 kWの出力で1年間運転した場合の年間発電電力量 [GW・h] を求めよ。ただし，1年は365日とする。

POINT 4 水力発電所の出力

解答 43.8 GW・h

出力5000 kWなので，年間発電電力量 W [GW・h] は，

$$W = P_g \times 24 \times 365$$
$$= 5000 \times 24 \times 365$$
$$= 43800000 \text{ kW・h} \rightarrow 43.8 \text{ GW・h}$$

k（キロ）は10^3，M（メガ）は10^6，G（ギガ）は10^9である。

10 最大使用水量が20 m³/s，総落差が125 m，損失水頭が10 mの水力発電所がある。この発電所の利用率が70%であるとき，この発電所の年間発電電力量 [GW・h] を求めよ。ただし，発電所の総合効率は90%とし，1年は365日とする。

POINT 4 水力発電所の出力

解答 124 GW・h

（有効落差H[m]）＝（総落差H_a[m]）－（損失水頭h_g[m]）なので，

$$H = H_a - h_g$$
$$= 125 - 10$$
$$= 115 \text{ m}$$

発電機の最大出力P_g[kW] は，有効落差H[m]，最大使用水量$Q_m = 20$ m³/s，総合効率$\eta = 90\% = 0.9$であるので，

$$P_g = 9.8 Q_m H \eta$$
$$= 9.8 \times 20 \times 115 \times 0.9$$
$$= 20286 \text{ kW}$$

よって，年間発電電力量 W [GW・h] は，

$$W = P_g \times 利用率 \times 24 \times 365$$
$$= 20286 \times 0.7 \times 24 \times 365$$
$$\fallingdotseq 124000000 \text{ kW・h} \rightarrow 124 \text{ GW・h}$$

⓫ 揚水発電をしている水力発電所において，総落差が150 m，損失水頭が発電時，揚水時ともに 5 m であるとき，有効落差及び揚程の大きさ[m]を求めよ。

POINT 4 水力発電所の出力

POINT 5 揚水発電所の必要動力

解答 有効落差145 m，揚程155 m

発電時の有効落差 H[m]は，（有効落差 H[m]）＝（総落差 H_a[m]）－（損失水頭 h_g[m]）なので，

$$H = H_a - h_g$$
$$= 150 - 5$$
$$= 145 \text{ m}$$

また，揚水運転時必要揚程 H_p[m]は，（揚程 H_p[m]）＝（総落差 H_a[m]）＋（揚水時損失水頭 h_p[m]）なので，

$$H_p = H_a + h_p$$
$$= 150 + 5$$
$$= 155 \text{ m}$$

⓬ 次の文章は揚水発電所の出力に関する記述である。（ア）～（エ）にあてはまる式を答えよ。

POINT 4 水力発電所の出力

POINT 5 揚水発電所の必要動力

揚水発電所の総落差 H_a[m]，揚水時の損失水頭 h_p[m]，発電時の損失水頭が h_g[m]であるとき，全揚程は （ア） [m]，有効落差は （イ） [m]となる。水車効率を η_w，ポンプ効率を η_p，発電機効率を η_g，電動機効率を η_m とし，水車へ流入する流量を Q[m³/s]とすると，揚水時に必要な入力は （ウ） [kW]，発電時の出力は （エ） [kW]となる。

解答 （ア）$H_a + h_p$　（イ）$H_a - h_g$

（ウ）$\dfrac{9.8 Q (H_a + h_p)}{\eta_p \eta_m}$

（エ）$9.8 Q (H_a - h_g) \eta_w \eta_g$

⓭ 次の文章は揚水発電所の出力に関する記述である。（ア）～（ウ）にあてはまる数値を答えよ。ただし，有効数字は 3 桁とする。

POINT 4 水力発電所の出力

POINT 5 揚水発電所の必要動力

総落差が110 m，損失水頭が発電時・揚水時とも 9 m，最大使用水量がともに15 m³/sの揚水発電所がある。発電時の総合効率が90%，揚水時の総合効率が85%であるとき，発電時の最

10

大出力は $\boxed{\quad (\text{ア}) \quad}$ [kW]，揚水時の電動機動力は $\boxed{\quad (\text{イ}) \quad}$ [kW] である。また，この揚水発電所の総合効率は $\boxed{\quad (\text{ウ}) \quad}$ ％となる。

解答 （ア）13400　（イ）20600　（ウ）64.9

発電時の有効落差 H [m] は，（有効落差 H [m]）＝（総落差 H_a [m]）－（損失水頭 h_g [m]）なので，

$$H = H_\mathrm{a} - h_\mathrm{g}$$
$$= 110 - 9$$
$$= 101 \text{ m}$$

発電機の最大出力 P_g [kW] は，有効落差 H [m]，最大使用水量 $Q_\mathrm{m} = 15 \text{ m}^3/\text{s}$，発電時の総合効率 $\eta = 90\% = 0.9$ であるので，

$$P_\mathrm{g} = 9.8 Q_\mathrm{m} H \eta$$
$$= 9.8 \times 15 \times 101 \times 0.9$$
$$= 13362.3 \text{ kW} \rightarrow 13400 \text{ kW}$$

また，揚水運転時における揚程 H_p [m] は，（揚程 H_p [m]）＝（総落差 H_a [m]）＋（揚水時の損失水頭 h_p [m]）なので，

$$H_\mathrm{p} = H_\mathrm{a} + h_\mathrm{p}$$
$$= 110 + 9$$
$$= 119 \text{ m}$$

電動機の必要動力 P_m [kW] は，揚程 H_p [m]，最大使用水量 $Q_\mathrm{m} = 15 \text{ m}^3/\text{s}$，揚水時の総合効率 $\eta' = 85\%$ であるので，

$$P_\mathrm{m} = \frac{9.8 Q_\mathrm{m} H_\mathrm{p}}{\eta'}$$
$$= \frac{9.8 \times 15 \times 119}{0.85}$$
$$= 20580 \text{ kW} \rightarrow 20600 \text{ kW}$$

よって，この揚水発電所の総合効率 η'' は，

$$\eta'' = \frac{P_\mathrm{g}}{P_\mathrm{m}}$$
$$= \frac{13362}{20580}$$
$$\fallingdotseq 0.649 \rightarrow 64.9\%$$

⓮ 次の文章は，水車の種類に関する記述である。（ア）～（エ）にあてはまる語句を答えよ。

POINT 6 水車の種類

　水力発電所に用いられる水車は，ノズルから水を噴射してバケットに水をあてる ＿（ア）＿ 水車と水の流入および流出の力を利用して回転する ＿（イ）＿ 水車がある。＿（ア）＿ 水車は有効落差（位置エネルギー）を ＿（ウ）＿ 水頭に変換して，＿（イ）＿ 水車は有効落差を ＿（エ）＿ 水頭に変換して，ランナを回転させる。

解答　（ア）衝動　（イ）反動
　　　　（ウ）速度　（エ）圧力

　衝動水車と反動水車を構成する主なものは以下の通り。

┌ 衝動水車：ノズル，バケット
└ 反動水車：ケーシング，ガイドベーン，吸出し管

　衝動水車はノズルから水を噴射してバケットに水をあてる，すなわち，速度水頭（運動エネルギー）を利用した水車である。

　一方，反動水車は全体を水で満たし，ランナに流入するエネルギーと流出するエネルギーである圧力水頭（圧力エネルギー）を利用した水車である。

⓯ 次の文章は，ペルトン水車に関する記述である。（ア）～（ウ）にあてはまる語句を答えよ。

POINT 6 水車の種類

　ペルトン水車は，水圧管の先端のノズルから水を噴射してバケットに水をあてて回転させる水車である。水量の調整は ＿（ア）＿ 弁で行うが，負荷遮断等の緊急時に急閉すると ＿（イ）＿ が発生するため，＿（ウ）＿ で噴射の向きを変え，バケットに水が行かないようにする。さらに，ランナが空回りしないように停止するため，バケット背後に水を噴射するジェットブレーキが設けられている。

解答　（ア）ニードル
　　　　（イ）水撃作用（ウォーターハンマー）
　　　　（ウ）デフレクタ

　水力発電所は常に系統と並列されているが，事故

等により突然負荷遮断することが想定される。ペルトン水車において，そのまま噴射し続けると，水車は非常に大きな回転速度となり，水車の回転速度が異常上昇し，最悪の場合設備損傷事故が発生する。

　そのため，負荷遮断が起きた際，できるだけ速く水を遮断する必要があるが，ニードル弁を急激に閉鎖すると，その圧力変化により水撃作用（ウォーターハンマー）が発生し，設備の損壊が発生する可能性がある。

　したがって，デフレクタでノズルから出る水をバケットに当たらないようにし，ジェットブレーキでバケットの裏側に水を当て逆回転のエネルギーを与えることにより，ランナの回転上昇を防止する。

⑯ 次の文章は，反動水車であるフランシス水車に関する記述である。（ア）～（エ）にあてはまる語句を答えよ。

　フランシス水車は，渦巻き形の　（ア）　から水を流入させてランナを回転させる。流量の調整は　（イ）　で行う。ランナの下部には位置エネルギーを回収する　（ウ）　管があるが，　（ウ）　管を長くしすぎると　（エ）　が発生し，ランナの壊食や効率の低下，振動の発生等が起こるので設計には注意する。

POINT 6 水車の種類

解答 （ア）ケーシング　（イ）ガイドベーン
　　　（ウ）吸出し　（エ）キャビテーション

　フランシス水車を構成するもので，電験で出題されるのはケーシング，ガイドベーン，ランナ，吸出し管である。

　吸出し管を長くし過ぎると，ランナ出口部の圧力が低くなり，気泡が発生し，再び圧力が上昇すると破裂し，衝撃が起こるキャビテーションが発生する。

吸出し管の高さは原理上10 mまで可能であるが，キャビテーションの影響から実際には6 mぐらいまでが限界である。

⑰ 次の文章は調速機に関する記述である。（ア）～（ウ）にあてはまる語句を答えよ。

調速機は水車の回転速度を一定にし，系統の　（ア）　を一定に保つために水量の調整を行う装置である。周波数が上昇した場合には開度を　（イ）　させ，周波数が低下した場合には開度を　（ウ）　させる。

解答 （ア）周波数　（イ）減少　（ウ）上昇

系統の負荷が小さくなると，系統の周波数は上昇し，系統の負荷が大きくなると，系統の周波数は低下する。

系統の周波数を一定に保つためにガバナフリー運転では，系統の負荷が低下したら発電機の出力を低下させ，系統の負荷が上昇したら発電機の出力を上昇させ，結果的に周波数が一定になるように運転する。

POINT 7 調速機（ガバナ）

調速機（ガバナ）については基本問題**5**，応用問題**4**のような計算問題にも対応できることが重要となる。

📖 基本問題

1 次の文章は水力発電における水頭に関する記述である。

POINT 3 ベルヌーイの定理

図のような水力発電所において放水面を基準面とすると、基準面から高さh_1[m]にある貯水池の水面における位置水頭は $\boxed{\quad(ア)\quad}$ [m]であり、水が図のh_2[m]の高さで圧力p[Pa]、速度v[m/s]で水圧管を通過している場合、水の位置水頭は $\boxed{\quad(イ)\quad}$ [m]、圧力水頭は $\boxed{\quad(ウ)\quad}$ [m]、速度水頭は $\boxed{\quad(エ)\quad}$ [m]となる。ベルヌーイの定理はエネルギー保存則により、この水頭の和が常に一定で、

$$\boxed{\quad(ア)\quad} = \boxed{\quad(イ)\quad} + \boxed{\quad(ウ)\quad} + \boxed{\quad(エ)\quad}$$

となる関係を示したものである。ただし、管路での損失はないものとし、重力加速度はg[m/s^2]、水の密度はρ[kg/m^3]とする。

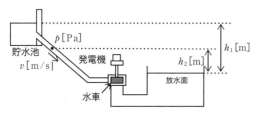

貯水池　p[Pa]　発電機
v[m/s]　　　　h_2[m]　　h_1[m]
水車　　　　放水面

上記の記述中の空白箇所（ア）、（イ）、（ウ）及び（エ）に当てはまる組合せとして、正しいものを次の(1)～(5)のうちから一つ選べ。

	(ア)	(イ)	(ウ)	(エ)
(1)	h_1	h_2	$\dfrac{p}{\rho g}$	$\dfrac{v^2}{2g}$
(2)	0	$h_1 - h_2$	$\dfrac{p}{\rho g}$	$\dfrac{v^2}{2g}$
(3)	h_1	h_2	$\dfrac{p}{\rho g}$	$\dfrac{v^2}{2\rho g}$
(4)	h_1	h_2	$\dfrac{p}{\rho g}$	$\dfrac{v^2}{2g}$
(5)	0	$h_1 - h_2$	$\dfrac{p}{\rho g}$	$\dfrac{v^2}{2\rho g}$

解答 (1)

(ア) 位置水頭は，基準面である放水面からの高さ
　　を表すので，放水面から高さ h_1[m] にある貯水
　　池の水面における位置水頭は h_1[m] となる。

(イ) (ア) と同様に h_2[m] の高さにおける位置水頭
　　は h_2[m] となる。

(ウ) 圧力水頭は，圧力 p[Pa]，重力加速度 g[m/s²]，
　　水の密度 ρ[kg/m³] が与えられているので，$\dfrac{p}{\rho g}$[m]
　　となる。

(エ) 速度水頭は，速度 v[m/s] および重力加速度
　　g[m/s²] が与えられているので，$\dfrac{v^2}{2g}$[m] となる。

---

2 総落差110 m，損失水頭 8 m，水車効率93%，発電機効率
96%，定格出力3000 kWの水力発電所において，水車発電機
が70%負荷で運転しているとき，水車に流入する水の流量
[m³/s] の値として，最も近いものを次の(1)〜(5)のうちから一
つ選べ。ただし，負荷の違いによる水車効率及び発電機効率
の変化はないものとする。

POINT 4 水力発電所の出力

　(1)　1.88　　(2)　2.35　　(3)　3.36
　(4)　3.82　　(5)　4.80

解答 (2)

　有効落差 H[m] は，(有効落差 H[m]) = (総落差
H_a[m]) − (損失水頭 h_g[m]) なので，
$$H = H_a - h_g$$
$$= 110 - 8$$
$$= 102 \text{ m}$$

　また，定格出力3000 kWで水車発電機は70%負荷
で運転しているので，発電機の出力 P_g[kW] は，
$$P_g = 0.7 \times 3000$$
$$= 2100 \text{ kW}$$

　よって，$P_g = 9.8 Q H \eta_w \eta_g$ に各値を代入して流量
Q[m³/s] を求めると，

$$P_g = 9.8QH\eta_w\eta_g$$
$$2100 = 9.8 \times Q \times 102 \times 0.93 \times 0.96$$
$$Q = \frac{2100}{9.8 \times 102 \times 0.93 \times 0.96}$$
$$\fallingdotseq 2.35 \ \mathrm{m^3/s}$$

3 下池と上池がある揚水発電所があり，昼間は上池から下池へ発電し，夜間は下池から上池へ同量を揚水運転する。各条件が次のように与えられているとき，(a)～(h)の値を求めよ。ただし，有効数字3桁で答えよ。

POINT 4 水力発電所の出力

POINT 5 揚水発電所の必要動力

上池の標高	：600 m
下池の標高	：400 m
発電時の流量	：20 m³/s
揚水時の流量	：16 m³/s
発電時の損失水頭	：総落差の 3 %
揚水時の損失水頭	：総落差の 3 %
水車効率	：93%
発電機効率	：96%
ポンプ効率	：91%
電動機効率	：95%
重力加速度	：9.8 m/s²
発電時間	：8 時間

(a) 発電時の有効落差 [m]

(b) 揚水時の全揚程 [m]

(c) 理論水力 [kW]

(d) 発電時出力 [kW]

(e) 揚水時必要動力 [kW]

(f) 一日の発電電力量 [kW・h]

(g) 揚水所要時間 [h]

(h) 発電所の総合効率 [%]

解 答 (a) 194 m　(b) 206 m　(c) 38000 kW

(d) 33900 kW　(e) 37400 kW

(f) 272000 kW・h　(g) 10 h　(h) 72.7%

(a) （総落差 H_a [m]）＝（上池の標高）−（下池の標高）であるから，

注目 本試験では(a)～(c)の内容はなく，いきなり(d)や(h)の問題が出題される可能性がある。
本問で途中過程を理解しておくこと。

$$H_a = 600 - 400$$
$$\quad = 200 \text{ m}$$

（有効落差H[m]）＝（総落差H_a[m]）−（損失水頭h_g[m]）なので，

$$H = H_a - h_g$$
$$\quad = 200 - 200 \times 0.03$$
$$\quad = 194 \text{ m}$$

(b) 揚水運転時における揚程H_p[m]は，（揚程H_p[m]）＝（総落差H_a[m]）＋（揚水時の損失水頭h_p[m]）なので，

$$H_p = H_a + h_p$$
$$\quad = 200 + 200 \times 0.03$$
$$\quad = 206 \text{ m}$$

(c) 理論水力P_0[kW]は，有効落差H[m]，水車に流入する水の流量Q[m³/s]を用いて，

$$P_0 = 9.8QH$$

よって，発電所の使用水量$Q = 20 \text{ m}^3/\text{s}$，有効落差$H = 194 \text{ m}$を代入すると，

$$P_0 = 9.8QH$$
$$\quad = 9.8 \times 20 \times 194$$
$$\quad = 38024 \rightarrow 38000 \text{ kW}$$

(d) 発電機出力P_g[kW]は，有効落差H[m]，水車に流入する水の流量Q[m³/s]，水車効率η_w，発電機効率η_gを用いて，

$$P_g = 9.8QH\eta_w\eta_g$$

よって，発電所の使用水量$Q = 20 \text{ m}^3/\text{s}$，有効落差$H = 194 \text{ m}$，水車効率$\eta_w = 0.93$，発電機効率$\eta_g = 0.96$をそれぞれ代入すると，

$$P_g = 9.8QH\eta_w\eta_g$$
$$\quad = 9.8 \times 20 \times 194 \times 0.93 \times 0.96$$
$$\quad \fallingdotseq 33948 \rightarrow 33900 \text{ kW}$$

(e) 揚水時の必要動力 P_m[kW]は，揚程 H_p[m]，揚水時の流量 Q_m[m³/s]，揚水時のポンプ効率 η_p，電動機効率 η_m とすると，

$$P_m = \frac{9.8 Q_m H_p}{\eta_p \eta_m}$$

よって，$H_p = 206$ m，揚水時の流量 $Q_m = 16$ m³/s，揚水時のポンプ効率 $\eta_p = 0.91$，電動機効率 $\eta_m = 0.95$ を代入すると，

$$P_m = \frac{9.8 Q_m H_p}{\eta_p \eta_m}$$

$$= \frac{9.8 \times 16 \times 206}{0.91 \times 0.95}$$

$$\fallingdotseq 37364 \rightarrow 37400 \text{ kW}$$

(f) 発電機出力 $P_g = 33948$ kW，一日の発電運転時間 $t = 8$ h であるから，一日の発電電力量 W[kW・h]は，

$$W = P_g t$$

$$= 33948 \times 8$$

$$\fallingdotseq 271584 \rightarrow 272000 \text{ kW・h}$$

(g) 発電時の使用水量 V[m³]は，発電所の使用水量 $Q = 20$ m³/s，一日の発電運転時間 $t = 8$ h であるから，

$$V = 3600 Q t$$

$$= 3600 \times 20 \times 8$$

$$= 576000 \text{ m}^3$$

よって，揚水時も同量揚水するので，揚水所要時間 t_p[h]は，揚水時の流量 $Q_m = 16$ m³/s であるから，

$$t_p = \frac{V}{3600 Q_m}$$

$$= \frac{576000}{3600 \times 16}$$

$$= 10 \text{ h}$$

(h)　揚水時の必要動力 $P_m = 37364\,\mathrm{kW}$，揚水所要時間 $t_p = 10\,\mathrm{h}$ であるから，揚水時の一日必要電力量 $W_p\,[\mathrm{kW \cdot h}]$ は，

$$W_p = P_m t_p$$
$$= 37364 \times 10$$
$$= 373640\,\mathrm{kW \cdot h}$$

よって，総合効率 η は，

$$\eta = \frac{W}{W_p}$$
$$= \frac{271584}{373640}$$
$$\fallingdotseq 0.72686 \rightarrow 72.7\%$$

POINT5において，総合効率は，

$$\eta = \frac{\text{発電機の出力}}{\text{揚水時の電動機の入力}}$$

となっているが，この公式は発電時の流量と揚水時の流量が等しいときのみ適用可能。原則は本問のように電力量比で総合効率を求める。

4 水車の名称と種類の関係について，誤っているものを次の (1)～(5)のうちから一つ選べ。

POINT 6 水車の種類

(1)　フランス水車　　　－　反動水車
(2)　クロスフロー水車　－　衝動水車
(3)　ペルトン水車　　　－　衝動水車
(4)　デリア水車　　　　－　衝動水車
(5)　カプラン水車　　　－　反動水車

解 答　(4)

衝動水車と反動水車は以下の通り分けられる。

衝動水車	ペルトン水車，クロスフロー水車
反動水車	フランシス水車，プロペラ水車（カプラン水車），斜流水車（デリア水車）

5 水車発電機における調速機（ガバナ）の特性を設定する速度調定率 $R\,[\%]$ は次の式で与えられる。このとき，次の(a)及び(b)の問に答えよ。ただし，本問で扱う水車発電機の定格出力は $2000\,\mathrm{kW}$，定格回転速度は $500\,\mathrm{min^{-1}}$，系統周波数は $50\,\mathrm{Hz}$ とする。

POINT 7 調速機（ガバナ）

$$R = \frac{\dfrac{N_2 - N_1}{N_n}}{\dfrac{P_1 - P_2}{P_n}} \times 100\,[\%]$$

20

N_1[min^{-1}]：変化前の回転速度，N_2[min^{-1}]：変化後の回転速度，N_n[min^{-1}]：定格回転速度

P_1[kW]：変化前の出力，P_2[kW]：変化後の出力，P_n[kW]：定格出力

(a) 定格出力，定格回転速度で運転していたところ，系統事故により回転速度が 505 min^{-1}，出力は 1500 kW となった。速度調定率[%]として，最も近いものを次の(1)～(5)のうちから一つ選べ。

(1) 2　(2) 4　(3) 5　(4) 6　(5) 8

(b) (a)の速度調定率において，出力 1500 kW，定格回転速度で運転していたところ，周波数が 49.7 Hz に急変した。このときの変化後の出力 P_2[kW] として，最も近いものを次の(1)～(5)のうちから一つ選べ。

(1) 300　(2) 750　(3) 1200
(4) 1500　(5) 1800

解答　(a)(2)　(b)(5)

(a) 変化前の回転速度 $N_1 = 500$ min^{-1}，変化後の回転速度 $N_2 = 505$ min^{-1}，定格回転速度 $N_n = 500$ min^{-1}，変化前の出力 $P_1 = 2000$ kW，変化後の出力 $P_2 = 1500$ kW，定格出力 $P_n = 2000$ kW であるから，速度調定率 R[%]は，

$$R = \frac{\dfrac{N_2 - N_1}{N_n}}{\dfrac{P_1 - P_2}{P_n}} \times 100$$

$$= \frac{\dfrac{505 - 500}{500}}{\dfrac{2000 - 1500}{2000}} \times 100$$

$$= \frac{\dfrac{5}{500}}{\dfrac{500}{2000}} \times 100$$

速度調定率の計算は分数の中に分数がある繁分数の計算が必ず必要となる。本問の場合，

$$\frac{\dfrac{1}{100}}{\dfrac{1}{4}} \times 100$$

$$= \frac{1}{100} \div \frac{1}{4} \times 100$$

$$= \frac{1}{100} \times 4 \times 100$$

$$= 4$$

と求められる。

$$= \frac{\dfrac{1}{100}}{\dfrac{1}{4}} \times 100$$

$$= 4\,\%$$

(b) 系統周波数 f [Hz]，発電機の極数を p としたときの定格回転速度 N_n [min^{-1}] は，

$$N_n = \frac{120 f}{p}$$

であるため，回転速度は系統周波数に比例する。

　したがって，速度調定率の式は，変化前の周波数 f_1 [Hz]，変化後の周波数 f_2 [Hz]，系統の周波数 $f = 50$ Hz とすると，

$$R = \frac{\dfrac{f_2 - f_1}{f}}{\dfrac{P_1 - P_2}{P_n}} \times 100$$

よって，各値を代入すると，

$$4 = \frac{\dfrac{49.7 - 50}{50}}{\dfrac{1500 - P_2}{2000}} \times 100$$

$$4 \times \frac{1500 - P_2}{2000} = \frac{49.7 - 50}{50} \times 100$$

$$1500 - P_2 = \frac{49.7 - 50}{50} \times 100 \times \frac{2000}{4}$$

$$1500 - P_2 = -300$$

$$P_2 = 1800 \text{ kW}$$

$N = \dfrac{120 f}{p}$

は機械科目の発電機及び電動機で非常によく出てくる公式である。

基本的に速度調定率の式は与えられる場合が多く，周波数に置き換える形も非常によく使われる。

$N \to f$ に置き換えるだけなので公式として理解しておくこと。

⚙ 応用問題

1 図のような水力発電所がある。貯水池の静水面のA点からの高さhは80 m, 損失水頭は5 mである。A点での圧力p [kPa]を測ったところ500 kPa（大気圧基準）であった。全水頭はベルヌーイの定理に従うものとする。次の(a)及び(b)の問に答えよ。ただし，図のA点の配管内径は1.5 m, 重力加速度は$g = 9.8$ m/s^2, 水の密度は$\rho = 1000$ kg/m^{3}とし，管内における水の流れは一様であるとする。

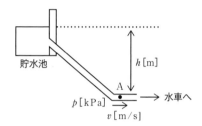

(a) A点における流速v [m/s] の大きさとして，最も近いものを次の(1)～(5)のうちから一つ選べ。

(1) 9　　(2) 11　　(3) 15　　(4) 22　　(5) 30

(b) この水力発電所の理論水力 [kW] として，最も近いものを次の(1)～(5)のうちから一つ選べ。ただし，A点と放水面の高さは同じとする。

(1) 28000　　(2) 35000　　(3) 45000
(4) 56000　　(5) 70000

解 答 (a) (4)　(b) (1)

(a) A点から見た貯水池の水面の高さhは80 m, 損失水頭は5 mなので，貯水池の水面の位置水頭H [m] は，

$$H = 80 - 5$$
$$= 75 \text{ m}$$

また，貯水池の静水面の圧力は大気圧で流れは

ないものと考えられるので，貯水池の圧力水頭および速度水頭は零である。また，A点は基準点なので位置水頭が 0 m である。A点での圧力 $p =$ 500 kPa，重力加速度 $g = 9.8$ m/s^2，水の密度 $\rho =$ 1000 kg/m^3 であるから，ベルヌーイの定理より，

$$H = \frac{p}{\rho g} + \frac{v^2}{2g}$$

$$75 = \frac{500 \times 10^3}{1000 \times 9.8} + \frac{v^2}{2 \times 9.8}$$

$$75 = \frac{500}{9.8} + \frac{v^2}{2 \times 9.8}$$

$$75 \times 2 \times 9.8 = 1000 + v^2$$

$$1470 = 1000 + v^2$$

$$v^2 = 470$$

$$v \fallingdotseq 21.68 \rightarrow 22 \text{ m/s}$$

◆ ベルヌーイの定理によるエネルギーの変換はできるようにしておくこと。

(b)　A点の配管断面積 S[m^2] は，配管の半径 r[m] が $1.5 \div 2 = 0.75$ m なので，

$$S = \pi r^2$$

$$= 3.1416 \times 0.75^2$$

$$\fallingdotseq 1.767 \text{ m}^2$$

配管を流れる流量 Q[m^3/s] は，

$$Q = Sv$$

$$= 1.767 \times 21.68$$

$$\fallingdotseq 38.31 \text{ m}^3/\text{s}$$

理論水力 P_0[kW] は，有効落差 H[m]，水車に流入する水の流量 Q[m^3/s] を用いて，

$$P_0 = 9.8QH$$

発電所の使用水量 $Q = 38.31$ m^3/s，有効落差 $H = 75$ m を代入すると，

$$P_0 = 9.8QH$$

$$= 9.8 \times 38.31 \times 75$$

$$\fallingdotseq 28157 \rightarrow 28000 \text{ kW}$$

2 揚水時の流量が$17 \, \mathrm{m^3/s}$，発電時の流量が$20 \, \mathrm{m^3/s}$の揚水発電所があり，総落差が$90 \, \mathrm{m}$，損失水頭は揚水時，発電時とも$4 \, \mathrm{m}$とする。揚水時のポンプおよび電動機の総合効率が$84 \, \%$，発電時の水車及び発電機の総合効率が$87 \, \%$である。ただし，重力加速度は$9.8 \, \mathrm{m/s^2}$，水の密度は$1000 \, \mathrm{kg/m^3}$とする。次の(a)〜(d)の問に答えよ。

注目 電験の問題として非常によく出題されるパターンである。ここでは(a)〜(d)とステップを踏んで出題されているが，いきなり(d)が出題されても解けるようにしておくこと。

(a) 揚水量および発電時の使用水量が同一であるとして，この発電所が1日で発電可能な時間[h]として，最も近いものを次の(1)〜(5)のうちから一つ選べ。ただし，発電と揚水の切換えには各40分要するものとする。

　(1) 9.5 　(2) 10.4 　(3) 10.7 　(4) 11.1 　(5) 11.6

(b) この発電所の揚水時の必要動力[kW]として，最も近いものを次の(1)〜(5)のうちから一つ選べ。

　(1) 12000 　(2) 15660 　(3) 17100
　(4) 17850 　(5) 18600

(c) この発電所の総合効率[%]として，最も近いものを次の(1)〜(5)のうちから一つ選べ。

　(1) 64 　(2) 67 　(3) 70 　(4) 73 　(5) 76

(d) この発電所の年間発電電力量[MW・h]として，最も近いものを次の(1)〜(5)のうちから一つ選べ。ただし，この発電所の発電時間は9時〜15時，常時一定運転とする。

　(1) 3200 　(2) 16000 　(3) 32000
　(4) 64000 　(5) 128000

解答 (a)(2) (b)(5) (c)(2) (d)(3)

(a) 発電時の運転時間をt_1[h]，揚水時の運転時間をt_2[h]とする。発電時の流量が$20 \, \mathrm{m^3/s}$，揚水時の流量が$17 \, \mathrm{m^3/s}$であるから，揚水量および発電時の使用水量の関係は，

$$3600 \times 20 \times t_1 = 3600 \times 17 \times t_2$$
$$20t_1 = 17t_2 \quad \cdots ①$$

発電と揚水の切換には40分, つまり $\dfrac{2}{3}$ h 要するので,

$$t_1 + t_2 = 24 - \dfrac{2}{3} \times 2$$
$$= \dfrac{68}{3} \quad \cdots ②$$

②より $t_2 = \dfrac{68}{3} - t_1$ であるから, これを①に代入して t_1 を求めると,

$$20t_1 = 17\left(\dfrac{68}{3} - t_1\right)$$
$$= \dfrac{1156}{3} - 17\,t_1$$
$$37t_1 = \dfrac{1156}{3}$$
$$t_1 ≒ 10.414 \rightarrow 10.4\ \text{h}$$

解答では分数で計算しているが, 小数で計算しても良い。

(b) 揚水運転時必要揚程 H_p [m] は, (揚程 H_p [m]) = (総落差 H_a [m]) + (揚水時の損失水頭 h_p [m]) なので,

$$H_p = H_a + h_p$$
$$= 90 + 4$$
$$= 94\ \text{m}$$

揚水時の必要動力 P_m [kW] は, 揚程 H_p [m], 揚水時の流量 Q_m [m³/s], 揚水時の総合効率 η_2 とすると,

$$P_m = \dfrac{9.8 Q_m H_p}{\eta_2}$$

よって, $H_p = 94$ m, 揚水時の流量 $Q_m = 17$ m³/s, 揚水時の総合効率 $\eta_2 = 0.84$ を代入すると,

$$P_m = \dfrac{9.8 Q_m H_p}{\eta_2}$$
$$= \dfrac{9.8 \times 17 \times 94}{0.84}$$
$$≒ 18643\ \text{kW} \rightarrow 18600\ \text{kW}$$

(c)　発電時の有効落差 H[m] は，（有効落差 H[m]）
= （総落差 H_a[m]）$-$（損失水頭 h_g[m]）なので，

$$H = H_a - h_g$$
$$= 90 - 4$$
$$= 86 \text{ m}$$

　　発電機出力 P_g[kW] は，有効落差 H[m]，水車
に流入する水の流量 Q[m^3/s]，発電時の総合効率
η_1 を用いて，

$$P_g = 9.8 Q H \eta_1$$

よって，発電所の使用水量 $Q = 20$ m^3/s，総合
効率 $\eta_1 = 0.87$ をそれぞれ代入すると，

$$P_g = 9.8 Q H \eta_1$$
$$= 9.8 \times 20 \times 86 \times 0.87$$
$$\fallingdotseq 14665 \text{ kW}$$

　　したがって，一日の発電運転時間 t_1 が (a) より
10.414 h であるから，一日の発電電力量 W_1[kW・h]
は，

$$W_1 = P_g t_1$$
$$= 14665 \times 10.414$$
$$\fallingdotseq 152720 \text{ kW・h}$$

　　次に，揚水時の運転時間を t_2[h] は①より，

$$t_2 = \frac{20}{17} t_1$$
$$= \frac{20}{17} \times 10.414$$
$$\fallingdotseq 12.251 \text{ h}$$

　　一日の揚水時に必要な電力量 W_2[kW・h] は，

$$W_2 = P_m t_2$$
$$= 18643 \times 12.251$$
$$\fallingdotseq 228400 \text{ kW・h} \quad \cdots ⑥$$

　　したがって，発電所の総合効率 η[%] は，

$$\eta = \frac{W_1}{W_2}$$
$$= \frac{152720}{228400}$$
$$\fallingdotseq 0.668 \rightarrow 67\%$$

✎ 本問の総合効率は基本問題
3 と同じように，発電時と揚水
時の流量が異なるので電力量
比で求める。

(d) 発電所の運転時間は 6 h であるから，発電所の
年間発電電力量 $W\,[\mathrm{MW\cdot h}]$ は，

$$W = P_g t \times 365$$
$$= 14665 \times 6 \times 365$$
$$\fallingdotseq 32116000\ \mathrm{kW\cdot h} \rightarrow 32000\ \mathrm{MW\cdot h}$$

3 次の文章は水車の比速度に関する記述である。

水車の比速度 $N_s\,[\mathrm{m\cdot kW}]$ とは，水車の形状を同じにした
まま 1 m の落差で 1 kW の出力を発生したときの回転速度を
いい，定格回転速度 $N\,[\mathrm{min^{-1}}]$，水車出力 $P\,[\mathrm{kW}]$，有効落差
$H\,[\mathrm{m}]$ を用いて以下の式で表される。

$$N_s = \frac{(ア)}{(イ)} \times N$$

ただし，水車出力 $P\,[\mathrm{kW}]$ は衝動水車ではノズル 1 本あた
り，反動水車ではランナ 1 個あたりとなる。

ペルトン水車，フランシス水車，カプラン水車において，
比速度を小さい順に並べると，一般的に (ウ) 水車＜
(エ) 水車＜ (オ) 水車となり，有効落差を小さい順に
並べると，一般的に (オ) 水車＜ (エ) 水車＜ (ウ)
水車となる。

上記の記述中の空白箇所（ア），（イ），（ウ），（エ）及び（オ）
に当てはまる組合せとして，正しいものを次の(1)～(5)のうち
から一つ選べ。

	(ア)	(イ)	(ウ)	(エ)	(オ)
(1)	$H^{\frac{5}{4}}$	$P^{\frac{1}{2}}$	ペルトン	カプラン	フランシス
(2)	$P^{\frac{1}{2}}$	$H^{\frac{5}{4}}$	ペルトン	フランシス	カプラン
(3)	$H^{\frac{5}{4}}$	$P^{\frac{1}{2}}$	フランシス	カプラン	ペルトン
(4)	$H^{\frac{5}{4}}$	$P^{\frac{1}{2}}$	カプラン	ペルトン	フランシス
(5)	$P^{\frac{1}{2}}$	$H^{\frac{5}{4}}$	フランシス	ペルトン	カプラン

解答 (2)

水車の比速度とは，水車の形状を相似形として小
さくし，1 m の落差で 1 kW の出力としたときの回

比速度の分母と分子は非常
に間違えやすいので注意する
こと。

28

転速度で，定格回転速度 $N\,[\min^{-1}]$，水車出力 $P\,[\mathrm{kW}]$，有効落差 $H\,[\mathrm{m}]$ を用いて，次の式で表せる。

$$N_\mathrm{s} = \frac{P^{\frac{1}{2}}}{H^{\frac{5}{4}}} \times N$$

一般的に有効落差と比速度は逆の関係があり，有効落差は，ペルトン水車＞フランシス水車＞斜流（デリア）水車＞プロペラ（カプラン）水車

比速度は，ペルトン水車＜フランシス水車＜斜流（デリア）水車＜プロペラ（カプラン）水車
となることが多い。ただし，明確な基準はなく，フランシス水車より有効落差が低いペルトン水車等もある。

④ 出力 $1000\,\mathrm{MW}$，速度調定率が $5\,\%$ のタービン発電機と出力 $200\,\mathrm{MW}$，速度調定率が $3\,\%$ の水車発電機があり，共に $75\,\%$ 負荷で運転している。このとき，次の(a)及び(b)の問に答えよ。ただし，タービン発電機の極数は 2，水車発電機の極数は 8 であり，系統の周波数は $60\,\mathrm{Hz}$ とする。また，自動調速機（ガバナ）の特性を設定する速度調定率 R は次の式で与えられる。

$$R = \frac{\dfrac{N_2 - N_1}{N_\mathrm{n}}}{\dfrac{P_1 - P_2}{P_\mathrm{n}}} \times 100\,[\%]$$

$N_1\,[\min^{-1}]$：変化前の回転速度，$N_2\,[\min^{-1}]$：変化後の回転速度，$N_\mathrm{n}\,[\min^{-1}]$：定格回転速度

$P_1\,[\mathrm{MW}]$：変化前の出力，$P_2\,[\mathrm{MW}]$：変化後の出力，
$P_\mathrm{n}\,[\mathrm{MW}]$：定格出力

(a) 水車発電機の定格回転速度 $[\min^{-1}]$ として，最も近いものを次の(1)〜(5)のうちから一つ選べ。

(1) 375　　(2) 750　　(3) 900

(4) 1200　　(5) 3000

(b) 定格回転速度で運転したところ，負荷が急変し，タービン発電機の出力が $500\,\mathrm{MW}$ となった。このとき，水車発電機の出力 $[\mathrm{MW}]$ として，最も近いものを次の(1)〜(5)のうちから一つ選べ。

(1) 50   (2) 70   (3) 100
(4) 120   (5) 140

解答 (a) (3)   (b) (2)

(a) 水車発電機の極数 $p = 8$，系統の周波数 $f = 60\,\mathrm{Hz}$ であるから，水車発電機の定格回転速度 $N_{n2}\,[\mathrm{min}^{-1}]$ は，

$$N_{n2} = \frac{120f}{p}$$

$$= \frac{120 \times 60}{8}$$

$$= 900\,\mathrm{min}^{-1}$$

(b) タービン発電機における速度調定率 R_1 の式は，変化前の周波数 $f_1\,[\mathrm{Hz}]$，変化後の周波数 $f_2\,[\mathrm{Hz}]$，系統の周波数 $f\,[\mathrm{Hz}]$，変化前の出力 $P_{11}\,[\mathrm{MW}]$，変化後の出力 $P_{21}\,[\mathrm{MW}]$，定格出力 $P_{n1}\,[\mathrm{MW}]$ とすると，

$$R_1 = \frac{\dfrac{N_{21} - N_{11}}{N_{n1}}}{\dfrac{P_{11} - P_{21}}{P_{n1}}} \times 100 = \frac{\dfrac{f_2 - f_1}{f}}{\dfrac{P_{11} - P_{21}}{P_{n1}}} \times 100$$

タービン発電機の変化前の出力 $P_{11}\,[\mathrm{MW}]$ は，75% 負荷であるから，

$$P_{11} = 0.75 \times P_{n1}$$

$$= 0.75 \times 1000$$

$$= 750\,\mathrm{MW}$$

POINT5 において，総合効率は，

$$\eta = \frac{\text{発電機の出力}}{\text{揚水時の電動機の入力}}$$

となっているが，この公式は発電時の流量と揚水時の流量が等しいときのみ適用可能。原則は本問のように電力量比で総合効率を求める。

よって，速度調定率の式に各値を代入すると，

$$R_1 = \frac{\dfrac{f_2 - f_1}{f}}{\dfrac{P_{11} - P_{21}}{P_{n1}}} \times 100$$

$$5 = \frac{\dfrac{f_2 - 60}{60}}{\dfrac{750 - 500}{1000}} \times 100$$

$$= \frac{\dfrac{f_2 - 60}{60}}{\dfrac{1}{4}} \times 100$$

$$5 \times \frac{1}{4} = \frac{f_2 - 60}{60} \times 100$$

$$f_2 - 60 = 5 \times \frac{1}{4} \times \frac{60}{100}$$

$$f_2 = 5 \times \frac{1}{4} \times \frac{60}{100} + 60$$

$$= 60.75\,\text{Hz}$$

同様に，水車発電機における速度調定率 R_2 の式は，変化前の出力 P_{12}[MW]，変化後の出力 P_{22}[MW]，定格出力 P_{n2}[MW]とすると，

$$R_2 = \frac{\dfrac{f_2 - f_1}{f}}{\dfrac{P_{12} - P_{22}}{P_{n2}}} \times 100$$

水車発電機の変化前の出力 P_{12}[MW]は，75%負荷であるから，

$$P_{12} = 0.75 \times P_{n2}$$
$$= 0.75 \times 200$$
$$= 150\,\text{MW}$$

よって，速度調定率の式に各値を代入すると，

$$3 = \frac{\dfrac{60.75 - 60}{60}}{\dfrac{150 - P_{22}}{200}} \times 100$$

$$3 \times \frac{150 - P_{22}}{200} = \frac{60.75 - 60}{60} \times 100$$

$$150 - P_{22} = \frac{60.75 - 60}{60} \times 100 \times \frac{200}{3}$$

$$P_{22} \fallingdotseq 66.7 \to 70\,\text{MW}$$

水車発電機の変化前の出力150 MWを定格出力200 MWとしてしまい、計算間違いするおそれがあるので注意。

31

CHAPTER 02 火力発電

1 汽力発電の設備と熱サイクル

✓ 確認問題

1 次の（ア）〜（カ）は汽力発電設備に関する記述である。（ア）〜（カ）に対応する名称を次の(1)〜(6)から，系統図の記号を図中の(a)〜(f)から，それぞれ選べ。

（ア）燃料を燃焼し，水を蒸気に変化させる。

（イ）過熱蒸気が膨張して，熱エネルギーを回転エネルギーに変換する。

（ウ）給水の圧力を上げて，ボイラへ水を供給する。

（エ）蒸気を水に戻す。

（オ）機械エネルギーを電気エネルギーに変換する。

（カ）飽和蒸気をさらに加熱して過熱蒸気にする。

(1) タービン (2) 給水ポンプ (3) 過熱器
(4) 復水器 (5) 発電機 (6) ボイラ

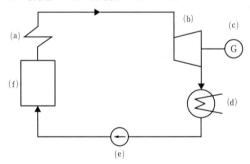

解答 （ア）(6)(f) （イ）(1)(b) （ウ）(2)(e)
（エ）(4)(d) （オ）(5)(c) （カ）(3)(a)

（ア）ボイラでは燃料を燃焼し，水を蒸気（飽和蒸気）に変化させる。

（イ）過熱器を出た過熱蒸気はタービンで断熱膨張

POINT 1 汽力発電の概要

🔧 ランキンサイクルの基本系統図及び設備名は描けるようにしておくこと。
さらに，再熱器や給水加熱器，節炭器等も合わせて描けると良い。

し，蒸気の持つ熱エネルギーが回転エネルギー（機械エネルギー）に変化する。

（ウ）給水ポンプでは給水の圧力を上昇させ，ボイラに送水する。

（エ）復水器では，タービンで仕事をした蒸気を冷却・凝縮し水にする。

（オ）発電機は，機械エネルギーを電気エネルギーに変換する役割がある。（機械科目，同期機参照）

（カ）過熱器では，ボイラから出た飽和蒸気をさらに加熱し，乾いた過熱蒸気にする。

② 次の文章は温度に関する記述である。（ア）～（ウ）にあてはまる語句又は数値を答えよ。

POINT 2 絶対温度

セルシウス温度 t［℃］は大気圧で水が固体に変化する温度を 0 ℃，水が気体に変化する温度を 100 ℃とした指標であり，熱力学の分野では ［（ア）］ が用いられる。これは，原子内の運動が零となる温度を ［（イ）］ としたもので，セルシウス温度にすると－273.15℃が 0 K となる。セルシウス温度の15℃を ［（ア）］ に変換すると ［（ウ）］ となる。

解答 （ア）絶対温度　（イ）絶対零度
（ウ）288.15 K

絶対温度はセルシウス温度の＋273とすることが多い。

③ 次の文章は物質の三態に関する記述である。（ア）～（オ）にあてはまる語句を答えよ。

POINT 3 物質の三態と用語の定義

氷を加熱すると水になり，さらに水を加熱すると水蒸気となる。常温の水を加熱すると100℃まで上昇し，その後100℃一定の状態（飽和温度）で水が水蒸気になる。このとき，100℃まで上昇させるために必要な熱を ［（ア）］，水を水蒸気にするために必要な熱を ［（イ）］ という。

一般に水の圧力を上昇させると沸点は ［（ウ）］ し ［（イ）］ が小さくなるが，［（イ）］ が零になる圧力を ［（エ）］，そのときの温度を ［（オ）］ という。

（ア）顕熱　（イ）潜熱　（ウ）上昇
　　　　（エ）臨界圧力　（オ）臨界温度

　温度を上昇させるために必要な熱を顕熱，水を水
蒸気とするため，すなわち状態変化のために必要な
熱を潜熱という。一般に圧力が上昇すると，沸点は
上昇し，潜熱は小さくなる。

　潜熱が零になる圧力を臨界圧力と呼び，その温度
を臨界温度という。水の臨界圧力は約22.1 MPa，
臨界温度は約374℃であり，それより高い圧力は超
臨界圧という。

🔖 $T-s$ 線図の関係で覚えるの
が最も理解しやすい。

❹　次のボイラの種類の説明に関して，自然循環ボイラ，強制
循環ボイラ，貫流ボイラのいずれかの名称を（ア）～（ウ）に
あてはめよ。

POINT 5　ボイラの種類

　　（ア）：超臨界圧での使用が可能であるが，蒸気ドラム
　　　　　を持たないため，給水の管理に注意を要するボ
　　　　　イラ。
　　（イ）：冷たい水は重く，蒸気は軽いという特性を利用
　　　　　して，ボイラの蒸発管で水を蒸気にしながら循
　　　　　環させるボイラ。
　　（ウ）：循環ポンプを設置してボイラ水を循環させるボ
　　　　　イラ。

（ア）貫流ボイラ　（イ）自然循環ボイラ
　　　　（ウ）強制循環ボイラ

🔖 蒸気ドラムを持たない,循環ポ
ンプを持つ等がキーワードと
なる。

❺　次の汽力発電設備に関する記述として，正しいものには○，
誤っているものには×をつけよ。
　　(1)　汽力発電設備の主な設備には，ボイラ，タービン，発
　　　　電機，復水器，給水ポンプ等がある。
　　(2)　汽力発電設備はブレイトンサイクルで発電する設備で
　　　　ある。
　　(3)　給水ポンプでは給水を加圧し，ボイラに送水する役割
　　　　がある。
　　(4)　給水ポンプで行われる過程は，断熱圧縮である。
　　(5)　ボイラでは給水を飽和蒸気にする変圧受熱を行う。

(6) 蒸気ドラムには，水と蒸気を分離すると同時に，給水
に含まれる不純物を除去する役目がある。

(7) 強制循環ボイラは，循環ポンプがあるため，自然循環
ボイラよりも起動停止に時間がかかる。

(8) 貫流ボイラは，蒸気ドラムがないため，水と蒸気の比
重差がない超臨界圧でのみ扱う。

(9) 過熱器はボイラ上部にある設備で，ボイラからの飽和
蒸気を乾いた過熱蒸気にする役割がある。

(10) 蒸気タービンは蒸気の持つ熱エネルギーを機械的エネ
ルギーに変換するものである。

(11) 再熱タービンはタービンで仕事をした蒸気の一部を給
水を温めるのに使用するタービンである。

(12) 復水器ではあまり熱損失は発生せず，その割合はボイ
ラで与えた熱量の1割程度である。

解答　(1) ○　(2) ×　(3) ○　(4) ○　(5) ×　(6) ○

(7) ×　(8) ×　(9) ○　(10) ○　(11) ×　(12) ×

(1) ○。汽力発電設備の主な設備には，ボイラ，
タービン，発電機，復水器，給水ポンプ等がある。
その他にも，過熱器，再熱器，給水加熱器，脱気
器，節炭器，空気予熱器，押込通風機，脱硝装置，
電気集塵機，脱硫装置など多数の設備がある。

(2) ×。汽力発電設備はランキンサイクルで発電す
る設備である。ブレイトンサイクルで発電する設
備はガスタービンである。

(3) ○。給水ポンプでは給水を加圧し，ボイラに送
水する役割がある。汽力発電設備としては，最も
電気容量の大きい補機である。

(4) ○。給水ポンプで行われる過程は，加熱がなく，
圧縮する工程なので，断熱圧縮である。

(5) ×。ボイラでは給水を飽和蒸気にする等圧受熱
を行う。

(6) ○。蒸気ドラムには，水と蒸気を分離すると同
時に，給水に含まれる不純物を除去する役割があ
る。

✎ 電験ではランキンサイクルと
ブレイトンサイクルは出題さ
れる可能性があるので覚えて
おく。

✎ 貫流ボイラでは蒸気ドラムが
ないため給水管理が重要とな
る。

(7) ×。強制循環ボイラは，循環ポンプがあるため，ボイラ水を速く循環でき，自然循環ボイラよりも急速起動が可能となる。

起動時はまだ蒸気の発生が少ないので，自然循環ボイラでは循環量が小さい。そのため，起動に時間がかかる。

(8) ×。貫流ボイラは，蒸気ドラムがないが，臨界圧力以下でも使用可能であり，亜臨界圧の設備もある。

(9) ○。過熱器はボイラ上部にある設備で，ボイラからの飽和蒸気を乾いた過熱蒸気にする。これにより，タービン下段での水滴発生を防ぐこととなる。

(10) ○。蒸気タービンは蒸気の持つ熱エネルギーを機械的エネルギー（軸出力）にして発電機に送るものである。

(11) ×。再熱タービンはタービン中段で仕事をしている蒸気を一旦ボイラに送り返し，再熱器で再加熱を行いタービンに送るタービンで，再生タービンは，タービンで仕事をした蒸気の一部を給水を温めるのに使用するタービンである。

(12) ×。復水器では大きな熱損失を伴い，その割合はボイラで与えた熱量の5割程度である。

6 次の文章は汽力発電設備の熱サイクルに関する記述である。（ア）〜（オ）にあてはまる語句を答えよ。

POINT 8 熱サイクル

　図は一般的な汽力発電所の熱サイクルであり，　（ア）　サイクルと呼ばれる。給水ポンプは図の　（イ）　，タービンでの仕事は　（ウ）　，ボイラは　（エ）　，復水器は　（オ）　とそれぞれ対応する。

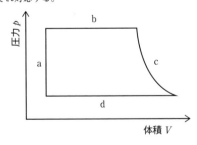

解答 （ア）ランキン　（イ）a　（ウ）c
　　　　（エ）b　（オ）d

　aは体積が変化なく圧力が上昇している断熱圧縮であり給水ポンプでの仕事であることがわかる。

　bは圧力が変化せず，体積が一気に上昇しているので，水から蒸気に状態変化した等圧受熱であり，ボイラでの仕事であることがわかる。

　cは圧力が減少し，体積が上昇していることから，断熱膨張であり，タービンでの仕事であることがわかる。

　dは圧力が変化せず，体積が一気に減少しているので，蒸気から水に状態変化する等圧放熱であり，復水器での仕事であることがわかる。

🔖 基本的な系統図を理解しておいて，温度や圧力の変化がどうなるかを理解していれば，比較的容易に解答が導き出せる。

📖 基本問題

POINT 4 ボイラ

1 ボイラ設備に関する記述として，誤っているものを次の(1)
～(5)のうちから一つ選べ。

(1) 過熱器は飽和蒸気をさらに加熱し，過熱蒸気にする役
割がある。

(2) 再熱器は高圧タービンで仕事をした蒸気を再加熱し，
熱効率の向上を図る設備である。

(3) ボイラ安全弁は蒸気圧力が一定以上になったとき，破
損を防ぐために自動的に放圧する弁である。

(4) 節炭器はボイラの余熱で燃料を加熱する装置であり，
熱効率の向上を図る設備である。

(5) 空気予熱器はボイラの余熱で燃焼用空気を加熱する装
置であり，熱効率の向上を図る設備である。

解 答 (4)

(1) 正しい。過熱器はボイラから発生した飽和蒸気
をさらに加熱し，過熱蒸気にする役割がある。

(2) 正しい。再熱器は高圧タービンで仕事をした蒸
気を再加熱し低圧タービンに送る，熱効率の向上
を図る設備である。

(3) 正しい。ボイラ安全弁は蒸気圧力が一定以上に
なったとき，破損を防ぐために自動的に放圧する
弁である。

(4) 誤り。節炭器は煙道を通る燃焼ガスの余熱で給
水を加熱する装置であり，熱効率の向上を図る設
備である。

(5) 正しい。空気予熱器は煙道を通る燃焼ガスの余
熱で燃焼用空気を加熱する装置であり，熱効率の
向上を図る設備である。場所は節炭器より後段で
あり，燃焼ガスの温度は大きく下がる。

✎ 節炭器→給水，
空気予熱器→燃焼用空気
は非常に間違えやすい内容で
あるので注意する。

2 次の文章はボイラの種類に関する記述である。
ボイラの種類には大きく分けて， (ア) ボイラと
(イ) ボイラがあり，さらに (イ) ボイラは (ウ)

POINT 5 ボイラの種類

ボイラと　＿（エ）＿　ボイラに分けられる。　＿（ア）＿　ボイラは最も蒸気圧力を高く設計可能であるが，給水の管理に注意を必要とする。　＿（ウ）＿　ボイラは，同容量であれば　＿（エ）＿　ボイラよりもボイラの高さを低くすることができる特長がある。

上記の記述中の空白箇所（ア），（イ），（ウ）及び（エ）に当てはまる組合せとして，正しいものを次の(1)～(5)のうちから一つ選べ。

	（ア）	（イ）	（ウ）	（エ）
(1)	貫流	ドラム形	強制循環	自然循環
(2)	貫流	ドラム形	自然循環	強制循環
(3)	ドラム形	循環	自然循環	強制循環
(4)	ドラム形	循環	強制循環	自然循環
(5)	貫流形	循環	強制循環	自然循環

解答 (1)

ボイラの種類には蒸気ドラムを持つか持たないかで**ドラム形**ボイラと**貫流**ボイラに分けられ，さらにドラム形ボイラは循環ポンプを持つか持たないかで，**自然循環**ボイラと**強制循環**ボイラに分けられる。

・貫流ボイラは蒸気ドラムを持たず，連続的に水を蒸気に変化させるボイラで，保有水量が少ないので起動停止が早く，ボイラの重量も軽くなるが，給水の不純物を逃がす場所がないので，給水の管理には注意を必要とする。

・自然循環ボイラは水と蒸気の密度差を利用して循環させるボイラで，給水が高圧になってくると水と蒸気の密度差が小さくなり循環力が小さくなるので，ボイラの高さを高くする必要がある。

・強制循環ボイラはボイラから降りてきた降水管に循環ポンプを設置して，ポンプの力を利用して循環力を得るボイラである。ポンプのエネルギー分，ボイラの高さを低くすることができ，圧力が上がるので，配管を細くすることも可能となる。

ボイラの種類の問題は非常に出題されやすい内容の一つである。
それぞれが「なぜ」ドラムを持つ持たない，圧力が高い低い，給水の管理が必要等理由も合わせて覚えれば忘れにくくなる。

3 一般的な汽力発電設備におけるタービン発電機に関する記述として、誤っているものを次の(1)~(5)のうちから一つ選べ。ただし、この発電機の極数は2とする。

POINT 6 蒸気タービン

(1) 回転速度は50 Hzにおいては3000 min^{-1}、60 Hzにおいては3600 min^{-1}である。

(2) 極数は水車発電機と比べると少ない。

(3) 回転子は横置円筒形が一般的である。

(4) 小容量では空気冷却方式、大容量では水素冷却方式が採用される。

(5) 一般に大型であるため、鉄機械と呼ばれる。

解答 (5)

(1) 正しい。タービン発電機は極数が2極のものがほとんどであり、周波数$f = 50$ Hzまたは$f = 60$ Hzの場合の回転速度N_{50} [min^{-1}] およびN_{60} [min^{-1}] は、

$$N_{50} = \frac{120f}{p}$$
$$= \frac{120 \times 50}{2} = 3000 \text{ min}^{-1}$$
$$N_{60} = \frac{120f}{p}$$
$$= \frac{120 \times 60}{2} = 3600 \text{ min}^{-1}$$

同期発電機の同期速度は基本公式として覚えておくこと。

(2) 正しい。タービン発電機の方が極数が少なく、高速で回転する。

(3) 正しい。回転子は回転速度が大きく、段数を増やす必要があるため、形は円筒形になり、円筒形である構造上横置形が一般的である。

(4) 正しい。タービン発電機は、一般に小容量のものは空気冷却方式を採用するが、容量が大きくなった場合にはより冷却効果が高い水素冷却方式を採用する。

(5) 誤り。一般に大型であるが、それでもタービン発電機はできるだけ小型にしており、その重量は巻線（銅）が占める割合が大きい。したがって、銅機械と呼ばれる。

タービン発電機が大きいのは出力が大きいからである。同じ出力ベースで考えれば、水車発電機よりかなり小さくなる。

4 次の文章は汽力発電設備の熱サイクルに関する記述である。

汽力発電設備の基本サイクルは (ア) サイクルと呼ばれる。しかしながら，この基本サイクルでは復水器での熱損失やボイラの負担が大きくなり，容量も大きくなってしまうという欠点がある。

 (イ) サイクルは高圧タービンで一度仕事をした蒸気を再度ボイラに送り過熱蒸気にするサイクルである。 (ウ) サイクルはタービン中段から一部蒸気を取り出し，給水加熱器に送るサイクルである。一般に大容量の汽力発電所では，これらを組み合わせて使用する場合が多い。

上記の記述中の空白箇所（ア），（イ）及び（ウ）に当てはまる組合せとして，正しいものを次の(1)～(5)のうちから一つ選べ。

	（ア）	（イ）	（ウ）
(1)	カルノー	再熱	再生
(2)	カルノー	再生	再熱
(3)	ランキン	再熱	再生
(4)	ブレイトン	再生	再熱
(5)	ランキン	再生	再熱

POINT 8 熱サイクル

解答 (3)

汽力発電設備の基本サイクルはランキンサイクルと呼ばれる。カルノーサイクルは熱力学における理想的なサイクルとされ，ブレイトンサイクルはガスタービンにおける熱サイクルである。

高圧タービンで一度仕事をした蒸気を再度ボイラに送り，再熱器で過熱蒸気にするサイクルを再熱サイクルという。

タービン中段から一部蒸気を取り出し，給水加熱器に送るサイクルを再生サイクルという。

> ✎ どちらが，再熱サイクルか再生サイクルかは，再熱器に行くかどうかで見分ければ間違えなくなる。

5 汽力発電設備に関する記述として，誤っているものを次の(1)～(5)のうちから一つ選べ。

  (1) 過熱器の出口蒸気は非常に高温高圧の蒸気となる。

  (2) 復水器ではタービンからの蒸気を冷却するため，大量の冷却水を必要とする。

  (3) 蒸気ドラムでは汽水分離をして上から飽和蒸気，下から水を引き出す。

  (4) 再熱器ではタービンからの蒸気を再加熱するため，温度及び圧力が上昇し過熱蒸気になる。

  (5) 給水ポンプでは給水を加圧するため，給水ポンプの出口圧力が汽力発電設備で最も高い圧力となる。

解答 (4)

  (1) 正しい。過熱器の出口蒸気は非常に高温高圧の蒸気で，エンタルピーが最も大きな状態となる。

  (2) 正しい。復水器ではタービンからの蒸気を冷却するため，大量の冷却水を必要とする。その放熱量も非常に大きいので，大型の火力発電所では海水で熱交換することが多い。

  (3) 正しい。蒸気ドラムでは汽水分離をして上から飽和蒸気を引き出し過熱器へ，下から水を引き出し，ボイラで加熱する。

  (4) 誤り。再熱器ではタービンからの蒸気を再加熱するため，温度上昇し過熱蒸気になる。圧力は上昇しない。

  (5) 正しい。給水ポンプでは給水を加圧するため，給水ポンプの出口圧力が汽力発電設備で最も高い圧力となる。

温度上昇すると圧力も上昇すると考えてしまう傾向がある。体積が一定でないならば，温度を上げても圧力は上昇しないことを理解しておくこと。

✿ 応用問題

1 ドラム形ボイラに関する記述として，誤っているものを次の(1)～(5)のうちから一つ選べ。

(1) 蒸気ドラムでは汽水分離を行う他，蒸発管への送水，給水の流れ込み等様々なフローの中継点的な役割がある。給水流量と蒸気の流量を一定にするため，液面計を設けできるだけレベルが一定となるような管理を行っている。

(2) 貫流ボイラと比較して，保有水量が多いため，急激な負荷変化に対して対応がしやすい特長がある。

(3) 自然循環ボイラでは水の比重差で循環させるため，重い水はボイラに送水され，ボイラで温められるとドラムに戻るという循環を繰り返す。

(4) 水の圧力が上昇すると，水と蒸気の比重差が小さくなるため，ボイラでの給水の循環力が小さくなる。したがって，強制循環ボイラでは循環ポンプを設置し，水を強制循環させる。

(5) 強制循環ボイラは，自然循環ボイラに比べてボイラの高さは低くすることができるが，管形は大きくなる。

解答 (5)

(1) 正しい。蒸気ドラムでは汽水分離を行う他，蒸発管への送水，給水の流れ込み等様々なフローの中継点的な役割がある。給水流量と蒸気の流量を一定にするため，液面計を設けできるだけレベルが一定となるような管理を行っている。

(2) 正しい。貫流ボイラと比較して，ドラム形ボイラは蒸気ドラムをはじめ保有水量が多いため，起動停止には時間がかかるが，急激な負荷変化に対して対応がしやすい特長がある。

(3) 正しい。水は温度が低いと重くなり，温度が高いと軽くなる性質を持つ。自然循環ボイラでは水の比重差で循環させるため，重い水はボイラに送水され，ボイラで温められるとドラムに戻るという循環を繰り返す。

🔧 蒸気ドラムではレベルが一定となるように制御している。レベルが下がりすぎると空焚きになり焼損の危険性がある。

(4)　正しい。水の圧力が上昇すると，水と蒸気の比重差が小さくなるため，ボイラでの給水の循環力が小さくなる。自然循環ボイラを採用すると，ボイラの高さを高く設計しなければならない。したがって，強制循環ボイラでは循環ポンプを設置し，水を強制循環させる。

(5)　誤り。強制循環ボイラでは，ボイラ水を強制循環させるため，自然循環ボイラに比べてボイラの高さを低くすることができ，急速起動をすることができる。また，管径は小さくすることが可能となる。

圧力が高ければ管径を小さくしても流量を確保できる。
管径を小さくする方が全体の受熱量も増え，ボイラ自体の耐久性も高くなる。

2 汽力発電設備の熱効率向上対策として，誤っているものを次の(1)～(5)のうちから一つ選べ。
(1)　再熱サイクルを採用する。
(2)　タービン入口蒸気温度を高くする。
(3)　給水加熱器を設置し，抽気で給水を加熱する。
(4)　復水器の真空度を下げる。
(5)　節炭器，空気予熱器を設置する。

解答　(4)

(1)　正しい。再熱サイクルを使用すると，低圧タービンの後段での乾き度が確保でき，熱効率も向上する。

(2)　正しい。タービン入口蒸気温度を高くすると，熱落差が大きくなるので，熱効率は向上する。

(3)　正しい。給水加熱器を設置し，抽気で給水を加熱する，すなわち再生サイクルは復水器での熱損失を低減させることができるので，熱効率が向上する。

(4)　誤り。復水器の真空度を下げる（圧力は上がる）と熱落差が小さくなり，熱効率が低下する。

(5)　正しい。節炭器，空気予熱器を設置すると，排ガスの熱を回収することができるので，熱効率が向上する。

真空度とは真空の強さのことであり，大気圧をゼロとすると，負の値となる。
真空度を下げると真空の強さが弱くなるので，膨張する力が弱くなる。

❸ 各タービンに関する記述として，誤っているものを次の(1)
～(5)のうちから一つ選べ。

(1) 再熱タービン：タービンの中段にて蒸気を取り出し，
ボイラで再加熱を行って，再びタービ
ンに戻す。

(2) 再生タービン：タービンの中段から蒸気を取り出し，
給水を温める。

(3) 衝動タービン：運動エネルギーでタービンを回転させ
る。汽力発電設備では採用されない。

(4) 背圧タービン：タービンの出口蒸気を，熱エネルギー
として別の用途に利用するタービンで
復水器を使用しない。

(5) 復水タービン：復水器の高い真空度を利用して，蒸気
を大きく膨張させる。

解答 (3)

(1) 正しい。再熱タービンはタービンの中段にて蒸
気を取り出し，ボイラで再加熱を行って，再び
タービンに戻すタービンである。

(2) 正しい。再生タービンはタービンの中段から蒸
気を取り出し，給水を温めるタービンである。

(3) 誤り。衝動タービンは運動エネルギーでタービ
ンを回転させるが，汽力発電設備の蒸気タービン
では第1段の羽根車に使用される。

(4) 正しい。背圧タービンはタービンの出口蒸気を，
熱エネルギーとして別の用途に利用するタービン
で復水器を使用しない。

(5) 正しい。復水タービンは復水器の高い真空度を
利用して，蒸気を大きく膨張させることができる。

🖊 ボイラからタービンに向かう
蒸気は流速が非常に速い。し
たがって，その運動エネル
ギーはタービンの第1段で回
収する。

❹ 次の文章はタービン発電機と水車発電機の比較に関する記
述である。

汽力発電所ではタービン発電機，水力発電所では水車発電
機が用いられるが，その特性は大きく異なる。

一般に水車発電機では回転速度を大きくとると ▢（ア）▢ が
発生してしまう懸念から，回転速度を大きくできない。一方，
タービン発電機は回転速度を大きくすることができるが，回

注目 ▶ タービン発電機と水車発
電機の違いは非常に重要な内容
である。なぜなのかを理解してお
くと忘れにくいの
で，丸暗記をしない
こと。

45

転速度を大きくすると，遠心力が大きくなるので，回転子の
構造は　(イ)　にし，　(ウ)　とするのが一般的となる。
　(イ)　とすると，冷却が難しくなるので，空気より冷却効
果が高い水素を利用して冷却する。水素は空気より比熱が
　(エ)　，風損が　(オ)　という特徴があるが，爆発性があ
るため，圧力管理に注意を要する。

　上記の記述中の空白箇所（ア），（イ），（ウ），（エ）及び（オ）
に当てはまる組合せとして，正しいものを次の(1)〜(5)のうち
から一つ選べ。

	（ア）	（イ）	（ウ）	（エ）	（オ）
(1)	ウォーターハンマー	突極形	縦置形	小さく	小さい
(2)	キャビテーション	円筒形	横置形	大きく	小さい
(3)	キャビテーション	円筒形	横置形	小さく	大きい
(4)	ウォーターハンマー	突極形	縦置形	大きく	大きい
(5)	キャビテーション	突極形	横置形	大きく	大きい

解答 (2)

　基本原則として，材料費のコストダウンの考え方
から考えると，回転速度はできるだけ大きい方が望
ましい。したがって，一般的にタービン発電機は最
も回転速度を大きく取れる2極形の構造をしている。
一方，水車発電機においては比速度が大きくなりす
ぎるとキャビテーションが発生してしまうので，回
転速度を大きくすることができない。

　タービン発電機においては，回転速度を大きくす
ると遠心力も大きくなるので，回転子の構造は直径
を小さくし，その分軸方向に長くする円筒形にし，
軸方向に長くなるので，横置形の方が経済的となる。

　円筒形にすると冷却表面積が小さくなるので，冷
却効率を上げなければならない。したがって，水素
冷却方式を採用し，冷却する。

　水素は空気より比熱が大きく，風損が小さいため，
冷却媒体としては優れているが，爆発性があるため，
圧力および濃度管理には注意する。

キャビテーションは，微小な気
泡が生じ，その気泡がつぶれ
たときに衝撃圧が発生する現
象である。

5 図に示す汽力発電設備の $T-s$ 線図に関する記述として誤っているものを次の(1)～(5)のうちから一つ選べ。

(1) 図のA→Bは断熱圧縮の過程であり，給水ポンプでボイラ圧力まで上昇させる過程である。

(2) 図のC→Eは断熱膨張の過程であり，ボイラにより給水が飽和蒸気になるまでの過程である。

(3) 図のF→Gは等圧受熱の過程であり，再熱器により蒸気が再加熱される過程である。

(4) 図のH→Cはタービン中段より蒸気を抜き出し，給水加熱器により給水が温められる過程である。

(5) 図のI→Aは等圧放熱の過程であり，復水器により蒸気が水になる過程である。

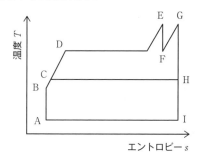

注目 熱サイクルの線図と系統図を合わせて覚えておくことが重要となる。

圧力変化や温度変化を理解していればp-V線図でもT-s線図でも対応可能となる。

解答 (2)

(1) 正しい。図のA→Bは断熱圧縮の過程であり，給水ポンプでボイラ圧力まで上昇させる過程である。

(2) 誤り。図のC→Eは等圧受熱の過程であり，ボイラ及び過熱器により給水が過熱蒸気になるまでの過程である。

(3) 正しい。図のE→Fは高圧タービンによる断熱膨張の過程であり，図のF→Gは再熱器により蒸気が再加熱される等圧受熱の過程である。

(4) 正しい。図のG→Iが低圧タービンによる断熱膨張の過程である。また，図のH→Cはタービンの中段より蒸気を抜き出し給水加熱器により給水が温められる過程である。

(5) 正しい。図のI→Aは等圧放熱の過程であり，復水器により蒸気が水になる過程である。

2 火力発電の各種計算

☑ 確認問題

1 発電端での出力 P_G が 500 MW の汽力発電所があり，所内電力 P_L が 25 MW であるとき，次の値を求めよ。

(1) 送電端電力 P_S[MW]

(2) 所内率 L[%]

POINT 1 汽力発電所の電力

解答 (1) 475 MW (2) 5.0%

(1) 送電端電力 P_S[MW]は，発電端電力 P_G が 500 MW，所内電力 P_L が 25 MW であるから，

$$P_S = P_G - P_L$$
$$= 500 - 25$$
$$= 475 \text{ MW}$$

(2) 所内率 L は，

$$L = \frac{P_L}{P_G}$$
$$= \frac{25}{500}$$
$$= 0.05 \rightarrow 5.0\%$$

2 ある汽力発電所のボイラ効率が 86%，タービン室効率が 46%，発電機効率が 99%，所内率が 4% であるとき，次の値を求めよ。

(1) 発電端熱効率 η_P[%]

(2) 送電端熱効率 η_S[%]

POINT 2 汽力発電所の効率

解答 (1) 39.2% (2) 37.6%

(1) 汽力発電における総合効率である発電端熱効率 η_P は，ボイラ効率 η_B，タービン室効率 η_T，発電機効率 η_G とすると，

$$\eta_P = \eta_B \times \eta_T \times \eta_G$$
$$= 0.86 \times 0.46 \times 0.99$$
$$= 0.391644 \rightarrow 39.2\%$$

(2) 送電端熱効率 η_S は，発電端熱効率 η_P，所内率 L とすると，

$$\eta_S = \eta_P(1-L)$$
$$\eta_S = 0.391644 \times (1-0.04)$$
$$\fallingdotseq 0.376 \rightarrow 37.6\%$$

❸ 重油専焼自然循環ボイラがあり，1時間あたりの燃料消費量が40 t，蒸気量が1200 t/hであるとき，ボイラ効率[%]を求めよ。ただし，重油の発熱量は44000 kJ/kg，給水のエンタルピーは1400 kJ/kg，蒸気のエンタルピーは2600 kJ/kgとする。

POINT 2 汽力発電所の効率

解答 81.8%

ボイラ効率 η_B は，燃料消費量を $B[\mathrm{kg/h}]$，燃料発熱量を $H[\mathrm{kJ/kg}]$，蒸気量を $Z[\mathrm{kg/h}]$，給水と蒸気の比エンタルピーをそれぞれ $h_w[\mathrm{kJ/kg}]$，$h_s[\mathrm{kJ/kg}]$ とすると，

$$\eta_B = \frac{Z(h_s - h_w)}{BH}$$
$$= \frac{1200 \times 10^3 \times (2600 - 1400)}{40 \times 10^3 \times 44000}$$
$$\fallingdotseq 0.818 \rightarrow 81.8\%$$

🖋 どれだけの熱量が給水に移動したかを考えると公式を覚えやすい。

❹ 復水タービンがある。タービン入口蒸気の比エンタルピーを 3400 kJ/kg，タービン出口蒸気の比エンタルピーを 1900 kJ/kg，復水器での復水のエンタルピーを 150 kJ/kg，蒸気量を 2200 t/h，機械的出力を 800 MW とするとき，次の値を求めよ。
  (1) タービン効率 $\eta_t[\%]$
  (2) タービン室効率 $\eta_T[\%]$

POINT 2 汽力発電所の効率

解答 (1) 87.3% (2) 40.3%

(1) タービンの機械的出力を $P_t[\mathrm{kW}]$，蒸気量を $Z[\mathrm{kg/h}]$，タービン入口蒸気，タービン出口蒸気の比エンタルピーをそれぞれ $h_s[\mathrm{kJ/kg}]$，$h_t[\mathrm{kJ/kg}]$ とすると，タービン効率 η_t は，

$$\eta_t = \frac{3600 P_t}{Z(h_s - h_t)}$$

$$= \frac{3600 \times 800 \times 10^3}{2200 \times 10^3 \times (3400 - 1900)}$$

$$\fallingdotseq 0.873 \rightarrow 87.3\%$$

(2)　タービンの機械的出力をP_t[kW]，蒸気量をZ[kg/h]，復水，タービン入口蒸気の比エンタルピーをそれぞれh_w[kJ/kg]，h_s[kJ/kg]とすると，タービン室効率η_Tは

$$\eta_T = \frac{3600 P_t}{Z(h_s - h_w)}$$

$$= \frac{3600 \times 800 \times 10^3}{2200 \times 10^3 \times (3400 - 150)}$$

$$\fallingdotseq 0.403 \rightarrow 40.3\%$$

係数の3600があるのは，出力P_t[kW]=P_t[kJ/s]が1秒あたりの熱量なのに対し，蒸気量Z[kg/h]が1時間あたりの数値であるためである。

5 タービンの機械的出力が305 MW，発電機出力が300 MWであるとき，発電機効率[%]を求めよ。

POINT 2　汽力発電所の効率

解答 98.4%

発電機効率η_Gは，発電機出力P_G[kW]，タービンの機械的出力P_t[kW]とすると，

$$\eta_G = \frac{P_G}{P_t}$$

$$= \frac{300 \times 10^3}{305 \times 10^3}$$

$$\fallingdotseq 0.984 \rightarrow 98.4\%$$

6 出力が1000 MWの石炭火力発電所において，1時間あたりの燃料消費量が320 tであるとき，発電端熱効率[%]を求めよ。ただし，石炭の発熱量は28 MJ/kgとする。

POINT 2　汽力発電所の効率

解答 40.2%

発電端熱効率η_Pは，燃料消費量B[kg/h]，燃料発熱量H[kJ/kg]，発電機出力P_G[kW]とすると，

汽力発電設備の発電端および送電端熱効率は30～40%程度になることは覚えておくとよい。

$$\eta_P = \frac{3600 P_G}{BH}$$

$$= \frac{3600 \times 1000 \times 10^3}{320 \times 10^3 \times 28 \times 10^3}$$

$$\approx 0.402 \rightarrow 40.2\%$$

7 定格運転している汽力発電所の復水器があり，冷却水の流量が $10\,\mathrm{m^3/s}$，冷却水の比熱が $4.2\,\mathrm{kJ/(kg \cdot K)}$，冷却水の密度が $1000\,\mathrm{kg/m^3}$，冷却水の入口温度及び出口温度がそれぞれ $20℃$ 及び $27℃$ であるとき，冷却水が持ち去る熱量の大きさ $[\mathrm{kJ/s}]$ を求めよ。

POINT 3 復水器の損失

解答 294000 kJ/s

冷却水の流量を $Q\,[\mathrm{m^3/s}]$，冷却水の比熱を $c\,[\mathrm{kJ/kg \cdot K}]$，冷却水の密度を $\rho\,[\mathrm{kg/m^3}]$，冷却水の温度変化を $\Delta T\,[\mathrm{K}]$ とすると，冷却水に移動する熱量 $W\,[\mathrm{kJ/s}]$ は，

$$W = \rho Q c \Delta T$$

$$= 1000 \times 10 \times 4.2 \times (27 - 20)$$

$$= 294000 \ \mathrm{kJ/s}$$

8 次の文章は火力発電所で扱う燃料に関する記述である。（ア）〜（キ）にあてはまる語句を答えよ。

火力発電所で扱う燃料には固体燃料，液体燃料，気体燃料があり，原油は ア 燃料，石炭は イ 燃料，LNGは ウ 燃料である。原油，石炭，LNGのうち，環境性が最も良いのは エ で最も悪いのは オ ，経済性が最も良いのは カ ，最も悪いのは キ ある。

POINT 4 燃料と環境対策

解答 （ア）液体　（イ）固体　（ウ）気体　（エ）LNG
（オ）石炭　（カ）石炭　（キ）原油

解答編

CHAPTER 02

火力発電

②

❾ 次の火力発電所の環境対策に関する記述として，正しいものには○，誤っているものには×をつけよ。

(1) 火力発電所における環境汚染対策物質としては，窒素酸化物，硫黄酸化物，臭素酸化物，ばいじんがある。

(2) 窒素酸化物の発生を抑制するために，燃焼温度を高くすることは有効である。

(3) ばいじんの排出抑制設備として，電気集じん器が広く採用されている。

(4) 硫黄酸化物の排出抑制設備として，脱硝装置が有効である。

(5) LNGはSO_xの発生がないので，SO_xに対する環境対策設備は不要である。

(6) 燃料と空気の比率が悪く，空気の量が少ないとばいじん発生量が増える原因となる。

(7) 排煙脱硝装置は，排ガス中に含まれるNO_xを触媒と硝酸を利用して，無害の窒素と水に分解する装置である。

(8) 排煙脱硫装置として，石灰－石こう法が一般的に用いられている。

(9) NO_x及びSO_xは共に人体の呼吸器系に害を与える物質である。

(10) 窒素酸化物の発生を抑制するため，酸素濃度を上げ，完全燃焼させることが有効である。

解 答 (1) × (2) × (3) ○ (4) × (5) ○ (6) ○

(7) × (8) ○ (9) ○ (10) ×

(1) ×。火力発電所における環境汚染対策物質としては，窒素酸化物，硫黄酸化物，ばいじんがあるが，臭素酸化物は環境汚染対策物質に当てはまらない。

(2) ×。窒素酸化物の発生を抑制するために，燃焼温度を低くすることは有効である。

(3) ○。

(4) ×。硫黄酸化物の排出抑制設備として，脱硫装置が有効である。

(5) ○。LNGは燃料に硫黄分がなく，SO_xの発生がないので，SO_xに対する環境対策設備は不要である。

(6) ○。

(7) ×。排煙脱硝装置は，排ガス中に含まれるNO_xを触媒とアンモニアを利用して，無害の窒素と水に分解する装置である。

(8) ○。

(9) ○。NO_x及びSO_xは共に人体の呼吸器系に害を与え，NO_xはのど，気管，肺などの呼吸器に悪影響を与え，SO_xは気管支炎やぜん息の原因になると言われている。

(10) ×。窒素酸化物の発生を抑制するため，酸素濃度を下げ，反応する酸素量を減少させることが有効である。

⑩ 火力発電所における燃料の燃焼に関し，次の問に答えよ。ただし，原子量は水素 (H) が1，炭素 (C) が12，酸素 (O) が16とし，燃料の質量比は炭素87%，水素13%とする。また，1 kmolあたりの気体の体積は22.4 Nm^3/kmolとする。

(1) 燃料消費量が10 t/h，燃料の発熱量が40000 kJ/kgであるとき，1時間あたりの総発熱量 [kJ/h] を求めよ。

(2) 炭素1 kgが完全燃焼するのに必要な酸素の質量 [kg] 及び体積 [Nm^3] を求めよ。

(3) 炭素1 kgが完全燃焼したときに発生する二酸化炭素の質量 [kg] 及び体積 [Nm^3] を求めよ。

(4) 水素1 kgが完全燃焼するのに必要な酸素の質量 [kg] 及び体積 [Nm^3] を求めよ。

(5) 水素1 kgが完全燃焼したときに発生する水蒸気の質量 [kg] 及び体積 [Nm^3] を求めよ。ただし，水蒸気は気体であるとする。

(6) 火力発電所で使用する燃料1 kgが完全燃焼するのに必要な酸素の質量 [kg] 及び体積 [Nm^3] を求めよ。

(7) 火力発電所で使用する燃料1 kgが完全燃焼するのに必要な空気の体積 [Nm^3] を求めよ。ただし，空気中に含まれる酸素の体積割合は21%とする。

解答 (1) 4.0×10^8 kJ/h　(2) 2.67 kg，1.87 Nm^3

(3) 3.67 kg，1.87 Nm^3　(4) 8 kg，5.6 Nm^3

(5) 9 kg，11.2 Nm^3　(6) 3.36 kg，2.35 Nm^3

(7) 11.2 Nm^3

POINT 5 燃焼計算

注目 燃焼計算の内容は，一見難易度が高そうな内容であるが，パターン化されている問題がかなり多い。

B問題で出題される可能性が高い分野なので，パターンを理解しておけば，大きな得点源になり得る。

Nm^3とは，0℃，1気圧の標準状態に換算した体積である。電験においては単に体積と考えればよい。

(1) 燃料消費量Bが10 t/h，燃料の発熱量Hが40000 kJ/kgであるので，1 時間あたりの総発熱量Q[kJ/h]は，

$$Q = BH$$
$$= 10 \times 10^3 \times 40000$$
$$= 4.0 \times 10^8 \text{ kJ/h}$$

(2) 炭素の燃焼反応式は以下の通りとなる。

$$C + O_2 \rightarrow CO_2$$

よって，炭素 1 molを完全燃焼するのに必要な酸素は 1 molである。炭素 1 kgのモル数n_C[kmol]は，炭素の原子量が12であるから，

$$n_C = \frac{1}{12} \text{ kmol}$$

反応する酸素のモル数n_O[kmol]は，

$$n_O = n_C = \frac{1}{12} \text{ kmol}$$

酸素の原子量が16であるから，完全燃焼するのに必要な酸素の質量M_O[kg]は，

$$M_O = 16 \times 2 \times n_O$$
$$= 16 \times 2 \times \frac{1}{12}$$
$$\fallingdotseq 2.6667 \rightarrow 2.67 \text{ kg}$$

また，1 kmolあたりの気体の体積は22.4 Nm^{3}であるから，完全燃焼するのに必要な酸素の体積V_O[Nm^3]は，

$$V_O = 22.4 \times n_O$$
$$= 22.4 \times \frac{1}{12}$$
$$\fallingdotseq 1.8667 \rightarrow 1.87 \text{ Nm}^3$$

(3) (2)で示した炭素の燃焼反応式より，炭素 1 molを完全燃焼したときに発生する二酸化炭素は 1 molである。

発生する二酸化炭素のモル数n_{CO2}[kmol]は，

$$n_{CO2} = n_C = \frac{1}{12} \text{ kmol}$$

炭素の原子量が12，酸素の原子量が16であるから，完全燃焼したときに発生する二酸化炭素の質量 M_{CO2} [kg] は，

$$M_{CO2} = (12 + 16 \times 2) \times n_{CO2}$$

$$= (12 + 16 \times 2) \times \frac{1}{12}$$

$$\fallingdotseq 3.6667 \rightarrow 3.67\,\mathrm{kg}$$

また，1 kmol あたりの気体の体積は 22.4 $\mathrm{Nm^3}$ であるから，完全燃焼したときに発生する二酸化炭素の体積 V_{CO2} [$\mathrm{Nm^3}$] は，

$$V_{CO2} = 22.4 \times n_{CO2}$$

$$= 22.4 \times \frac{1}{12}$$

$$\fallingdotseq 1.8667 \rightarrow 1.87\,\mathrm{Nm^3}$$

(4)　水素の燃焼反応式は以下の通りとなる。

$$H_2 + \frac{1}{2} O_2 \rightarrow H_2O$$

よって，水素 1 mol を完全燃焼するのに必要な酸素は 0.5 mol である。

水素 1 kg のモル数 n_H [kmol] は，水素の原子量が 1 であるから，

$$n_H = \frac{1}{1 \times 2} = 0.5\,\mathrm{kmol}$$

反応する酸素のモル数 n'_O [kmol] は，

$$n'_O = 0.5 n_H = 0.25\,\mathrm{kmol}$$

酸素の原子量が 16 であるから，完全燃焼するのに必要な酸素の質量 M_O [kg] は，

$$M_O = 16 \times 2 \times n'_O$$

$$= 16 \times 2 \times 0.25$$

$$= 8\,\mathrm{kg}$$

また，1 kmol あたりの気体の体積は 22.4 $\mathrm{Nm^3}$ であるから，完全燃焼するのに必要な酸素の体積 V_O [$\mathrm{Nm^3}$] は，

$$V_O = 22.4 \times n'_O$$

$$= 22.4 \times 0.25$$

$$= 5.6\,\mathrm{Nm^3}$$

反応した炭素の質量 1 kg と酸素の質量 2.67 kg を合わせると発生した二酸化炭素の質量 3.67 kg と等しくなる。これを質量保存の法則という。

(5) (4)で示した水素の燃焼反応式より，水素1 mol を完全燃焼したときに生成する水蒸気は1 mol である。水素1 kgから生成する水蒸気のモル数 n_{H2O} [kmol] は，

$$n_{H2O} = n_H = 0.5 \text{ kmol}$$

水素の原子量が1，酸素の原子量が16であるから，完全燃焼したときに生成する水蒸気の質量 M_{H2O} [kg] は，

$$M_{H2O} = (1 \times 2 + 16) \times n_{H2O}$$
$$= (1 \times 2 + 16) \times 0.5$$
$$= 9 \text{ kg}$$

また，1 kmolあたりの気体の体積は22.4 Nm³ であるから，完全燃焼した時に生成する水蒸気の体積 V_{H2O} [Nm³] は，

$$V_{H2O} = 22.4 \times n_{H2O}$$
$$= 22.4 \times 0.5$$
$$= 11.2 \text{ Nm}^3$$

(6) 題意より，燃料の質量比は炭素87%，水素13% であるから，燃料1 kgの中に含まれる炭素の質量 M_C [kg] 及び水素の質量 M_H [kg] は，

$$M_C = 0.87 \times 1 = 0.87 \text{ kg}$$
$$M_H = 0.13 \times 1 = 0.13 \text{ kg}$$

ここで，(2)及び(4)より，炭素及び水素1 kgが完全燃焼するときに必要な酸素の質量は2.6667 kg 及び8 kgであるから，燃料1 kgを燃焼するのに必要な酸素の質量 $M_O{}'$ [kg] は，

$$M_O{}' = 0.87 \times 2.6667 + 0.13 \times 8$$
$$\fallingdotseq 3.36 \text{ kg}$$

同様に，炭素及び水素1 kgが完全燃焼するときに必要な酸素の体積は1.8667 Nm³及び5.6 Nm³ であるから，燃料1 kgを燃焼するのに必要な酸素の体積 $V_O{}'$ [Nm³] は，

$$V_O{}' = 0.87 \times 1.8667 + 0.13 \times 5.6$$
$$\fallingdotseq 2.3520 \rightarrow 2.35 \text{ Nm}^3$$

(7) (6)より，燃料1 kgを燃焼するのに必要な酸素の体積は2.3520 Nm^3，空気中に含まれる酸素の体積割合は21％であるから，燃料1 kgが完全燃焼するのに必要な空気の体積V_A［Nm^3］は，

$$V_A = \frac{V_O}{0.21} = \frac{2.3520}{0.21}$$

$$= 11.2 \text{ Nm}^3$$

⑪ 次のガスタービン発電設備，コンバインドサイクル発電設備に関する記述として，正しいものには○，誤っているものには×をつけよ。

(1) ガスタービン発電設備の主な設備には，空気圧縮機，燃焼器，ガスタービン，冷却器がある。

(2) ガスタービンは排ガス損失が大きく，一般に熱効率は悪い。

(3) ガスタービンは蒸気タービンに比べ，起動停止が容易であり，非常用電源に向いている。

(4) ガスタービンは気温が低下すると出力も低下する。

(5) コンバインドサイクル発電ではLNGの他，原油や石炭でもガスタービンを運転可能である特徴がある。

(6) コンバインドサイクル発電は，ガスタービンと蒸気タービンを組み合わせた発電方式である。

(7) コンバインドサイクル発電は一軸型と多軸型がある。

(8) コンバインドサイクル発電は，汽力発電設備に比べて起動停止が複雑であり，時間がかかる。

(9) ガスタービンの入口温度を高くすると，コンバインドサイクル発電全体の熱効率が上昇する。

(10) コンバインドサイクル発電は，出力の増減が難しい。

(11) コンバインドサイクル発電は，汽力発電設備に比べ，非常に高効率である。

(12) コンバインドサイクル発電における総合効率ηは，ガスタービンの効率をη_g，蒸気タービンの効率をη_sとすると，$\eta = \eta_g + \eta_s$となる。

解答 (1) ×　(2) ○　(3) ○　(4) ×　(5) ×　(6) ○

(7) ○　(8) ×　(9) ○　(10) ×　(11) ○　(12) ×

(1) ×。ガスタービン発電設備の主な設備には，空気圧縮機，燃焼器，ガスタービンがあり，冷却器はなく，排ガスは高温のまま排気となる。

(2) ○。ガスタービンは高温排ガスを排出するため，排ガス損失が大きく，一般に熱効率は悪い。

(3) ○。ガスタービンは蒸気タービンに比べ，起動停止が容易であり，非常用電源に向いている。

(4) ×。ガスタービンの出力は空気の密度に影響し，気温が低下すると空気の密度が上がるので出力は上昇する。

(5) ×。コンバインドサイクル発電で扱える燃料はLNGのみであり，原油や石炭では運転できない。

(6) ○。コンバインドサイクル発電は，ガスタービンと蒸気タービンを組み合わせた発電方式である。

(7) ○。コンバインドサイクル発電はガスタービンと蒸気タービンが各1台の一軸型と複数のガスタービンに1台の蒸気タービンを組み合わせた多軸型がある。

(8) ×。コンバインドサイクル発電は，汽力発電設備に比べ構造が単純で，保有水量が少なく，起動停止が速い。

(9) ○。ガスタービンの入口温度を高くすると，熱サイクルの熱落差が大きくなり，コンバインドサイクル発電全体の熱効率が上昇する。

(10) ×。コンバインドサイクル発電は，出力の増減がしやすいので，一日の負荷に合わせて出力を変化させることができる。

(11) ○。コンバインドサイクル発電は，汽力発電設備に比べ，非常に高効率であり，汽力発電設備の熱効率の上限が40％程度に対して，コンバインドサイクル発電は50〜60％程度にもなる。

(12) ×。コンバインドサイクル発電における蒸気タービンはコンバインドサイクルの排熱を利用して発電するので，その総合効率ηは，ガスタービンの効率をη_g，蒸気タービンの効率をη_sとすると，$\eta = \eta_g + \eta_s(1 - \eta_g)$となる。

1 発電機の出力が300 MW，発電端熱効率が39%，所内率が5％の火力発電設備があるとき，次の(a)及び(b)の問に答えよ。

(a) 送電端熱効率［%］として，最も近いものを次の(1)～(5)のうちから一つ選べ。

(1) 34　(2) 35　(3) 36　(4) 37　(5) 38

(b) 送電電力［MW］として，最も近いものを次の(1)～(5)のうちから一つ選べ。

(1) 260　(2) 272　(3) 285　(4) 290　(5) 295

解答　(a)(4)　(b)(3)

(a) 送電端熱効率 η_S は，発電端熱効率を η_P，所内率 L とすると，

$$\eta_S = \eta_P(1-L)$$

$\eta_P = 0.39, L = 0.05$ を代入すると，

$$\eta_S = 0.39 \times (1-0.05)$$
$$\fallingdotseq 0.371 \rightarrow 37.1\%$$

(b) 送電電力 P_S［MW］は，発電機の出力 $P_G = 300$ MW，所内率 $L = 0.05$ であるから，

$$P_S = P_G(1-L)$$
$$= 300 \times (1-0.05)$$
$$= 285 \text{ MW}$$

2 定格出力30 MWの重油燃焼の汽力発電所がある。この発電所は10日間連続運転し，そのときの重油使用量は1200 t，送電電力量は5000 MW・hであった。このとき，次の(a)～(d)の問に答えよ。ただし，重油の発熱量は44000 kJ/kg，所内率は5％とする。

(a) 1時間あたりの燃料消費量[t/h]として，最も近いものを次の(1)～(5)のうちから一つ選べ。

(1) 3　(2) 5　(3) 10　(4) 17　(5) 25

(b) この発電所の発電端における平均出力[MW]として，最も近いものを次の(1)～(5)のうちから一つ選べ。

(1) 18　(2) 20　(3) 22　(4) 24　(5) 27

(c) 発電端熱効率[%]として，最も近いものを次の(1)～(5)のうちから一つ選べ。

(1) 28　(2) 30　(3) 32　(4) 34　(5) 36

(d) 汽力発電所のボイラ効率の値[%]として，最も近いものを次の(1)～(5)のうちから一つ選べ。ただし，タービン室効率は45%，発電機効率は98%とする。

(1) 77　(2) 79　(3) 81　(4) 84　(5) 87

解答 (a)(2) (b)(3) (c)(5) (d)(3)

(a) 発電所は10日間連続運転し，そのときの重油使用量は1200 tであるため，この発電所は240時間で1200 t燃料を使用したことになる。したがって，1時間あたりの燃料使用量B[t/h]は，

$$B = \frac{1200}{240}$$
$$= 5 \text{ t/h}$$

(b) この発電所で10日間，すなわち240時間での送電電力量は5000 MW・hであるから，1時間あたりの送電電力量W[MW・h]は，

$$W = \frac{5000}{240}$$
$$\fallingdotseq 20.833 \text{ MW・h}$$

60

したがって，送電電力 P_S[MW] は，

$$P_S = \frac{W}{1}$$

$$= \frac{20.833}{1}$$

$$= 20.833\,\text{MW}$$

送電電力 P_S[MW] は，発電機の出力 P_G[MW]，所内率 L とすると，

$$P_S = P_G(1-L)$$

$P_S = 20.833\,\text{MW}$，$L = 0.05$ を代入し，発電所の平均電力を表す発電機の出力 P_G[MW] を求めると，

$$20.833 = P_G \times (1-0.05)$$

$$P_G = \frac{20.833}{1-0.05}$$

$$\fallingdotseq 21.929 \rightarrow 22\,\text{MW}$$

(c) 発電端熱効率 η_P は，燃料消費量 B[kg/h]，燃料発熱量 H[kJ/kg]，発電機出力 P_G[kW] とすると，

$$\eta_P = \frac{3600 P_G}{BH}$$

$$= \frac{3600 \times 21.929 \times 10^3}{5 \times 10^3 \times 44000}$$

$$\fallingdotseq 0.35884 \rightarrow 36\%$$

(d) ボイラ効率 η_B，タービン室効率 η_T，発電機効率 η_G とすると，発電端効率 η_P は，

$$\eta_P = \eta_B \times \eta_T \times \eta_G$$

$\eta_P = 0.35884$，$\eta_T = 0.45$，$\eta_G = 0.98$ を代入し，ボイラ効率 η_B を求めると，

$$0.35884 = \eta_B \times 0.45 \times 0.98$$

$$\eta_B = \frac{0.35884}{0.45 \times 0.98}$$

$$\fallingdotseq 0.814 \rightarrow 81\%$$

送電電力量 W[MW·h] と全体の燃料使用量の関係でも同じ結果が出る。

$$\eta_S = \frac{3600 \times 5000 \times 10^3}{1200 \times 10^3 \times 44000}$$

$$\fallingdotseq 0.34091 \rightarrow 34.1\%$$

$$\eta_P = \frac{\eta_S}{1-L}$$

$$= \frac{0.34091}{1-0.05}$$

$$\fallingdotseq 0.359 \rightarrow 35.9\%$$

慣れるとこの方が早く解けることも多い。

3 図のように汽力発電設備における比エンタルピーが与えられているとき，次の(a)及び(b)の問に答えよ。ただし，ボイラ，タービン，復水器以外の仕事は無視できるものとする。

POINT 2 汽力発電所の効率

(a) $h_1 \sim h_4$ の大小関係として，正しいものを次の(1)〜(5)のうちから一つ選べ。

(1) $h_1 > h_2 > h_3 > h_4$ (2) $h_1 > h_2 > h_3 = h_4$

(3) $h_1 > h_2 > h_4 > h_3$ (4) $h_1 > h_4 > h_2 > h_3$

(5) $h_1 > h_4 > h_2 = h_3$

(b) この発電設備のタービン室効率として，正しいものを次の(1)〜(5)のうちから一つ選べ。ただし，発電機の損失は無視するものとする。

(1) $\dfrac{h_1 - h_2}{h_1 - h_3}$ (2) $\dfrac{h_2 - h_3}{h_1 - h_4}$ (3) $\dfrac{h_1 - h_3}{h_1 - h_4}$

(4) $\dfrac{h_1 - h_2}{h_4 - h_3}$ (5) $\dfrac{h_1 - h_3}{h_4 - h_3}$

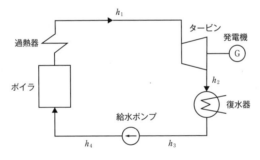

解答 (a) (2)   (b) (1)

(a) 題意より，給水ポンプによるエンタルピー変化はないものとするので，$h_3 = h_4$ であり，ボイラでは燃料の燃焼によりエンタルピーは増加し，タービン及び復水器ではエンタルピーは減少する。

　よって，$h_1 > h_2 > h_3 = h_4$ となる。

(b) タービン室効率 η_T は，ボイラで蒸気に加えられた熱量がどれだけタービンの機械的出力に変換されたかを示すものなので，$h_3 = h_4$ であることに注意して，

✎ 給水ポンプによるエンタルピー変化は実際にはあるが，理想的には零である。

✎ タービン室効率の公式を丸暗記しているとこのような問題が解けなくなる。「なぜ」その公式となるかを理解するようにすること。

$$\eta_{\mathrm{T}} = \frac{h_1 - h_2}{h_1 - h_4}$$

$$= \frac{h_1 - h_2}{h_1 - h_3}$$

4 定格出力250 MWの重油専焼の火力発電所について，下表 の通り運転したとき，次の(a)及び(b)の問に答えよ。

POINT 2 汽力発電所の効率

時刻	発電機出力 [MW]
0 時～6 時	100
6 時～9 時	150
9 時～15時	250
15時～21時	200
21時～24時	100

(a) この日の送電電力量 [MW・h] として，最も近いもの を次の(1)～(5)のうちから一つ選べ。ただし，所内率は4％ とする。

(1) 3690　　(2) 3840　　(3) 3890
(4) 4050　　(5) 4210

(b) この日の重油消費量が1020 tであるとき，この発電所の 1日の発電端熱効率 [％] として，最も近いものを次の(1) ～(5)のうちから一つ選べ。ただし，重油の発熱量は 44000kJ/kgとする。

(1) 30　　(2) 32　　(3) 35　　(4) 37　　(5) 40

解答　(a) (3)　(b) (2)

(a) 各時刻での発電電力量 [MW・h] は，

0 時～6 時：$100 \times 6 = 600$ [MW・h]

6 時～9 時：$150 \times 3 = 450$ [MW・h]

9 時～15時：$250 \times 6 = 1500$ [MW・h]

15時～21時：$200 \times 6 = 1200$ [MW・h]

21時～24時：$100 \times 3 = 300$ [MW・h]

したがって，この日の発電電力量 W_G [MW・h] は，

$$W_G = 600 + 450 + 1500 + 1200 + 300$$
$$= 4050 \text{ MW・h}$$

よって，送電電力量 W_S [MW・h] は，所内率 $L = 0.04$ であるから，

$$W_S = W_G(1-L)$$
$$= 4050 \times (1 - 0.04)$$
$$= 3888 \rightarrow 3890 \text{ MW・h}$$

（b）この発電所での平均発電電力 P_G [MW] は，

$$P_G = \frac{W_G}{24}$$
$$= \frac{4050}{24}$$
$$= 168.75 \text{ MW}$$

1 時間あたりの平均の重油消費量 B [t/h] は，

$$B = \frac{1020}{24}$$
$$= 42.5 \text{ t/h}$$

発電端熱効率 η_P は，燃料消費量 B [kg/h]，燃料発熱量 H [kJ/kg]，発電機出力 P_G [kW] とすると，

$$\eta_P = \frac{3600 P_G}{BH}$$
$$\eta_P = \frac{3600 \times 168.75 \times 10^3}{42.5 \times 10^3 \times 44000}$$
$$\fallingdotseq 0.32487 \rightarrow 32\%$$

🔖 発電電力と送電電力の関係 $P_S = P_G(1-L)$ は，電力量にも適用できる。

🔖 1 MWで 1 h運転すると，電力量が 1 MW・hとなる。したがって，1 時間あたりの電力量を求めれば出力が求められる。

🔖 電力量で計算しても同じ結果となる。

5 復水器で海水を用いて冷却する出力550 MWの汽力発電設備について，次の(a)及び(b)の問に答えよ。ただし，海水の比熱は3.97 kJ/ (kg・K)，海水の密度は1020 kg/m³とする。

（a）海水の流量が22 m³/s，冷却水の温度上昇が 7 ℃であるとき，海水が持ち去る熱量 [kJ/s] として，最も近いものを次の(1)〜(5)のうちから一つ選べ。

POINT 3 復水器の損失

(1) 2.8×10^4　　(2) 8.9×10^4　　(3) 1.6×10^5

(4) 6.2×10^5　　(5) 3.7×10^8

(b) 発電機効率が97%であるとき，タービン室効率 [%] として，最も近いものを次の(1)～(5)のうちから一つ選べ。

(1) 44　　(2) 46　　(3) 48　　(4) 50　　(5) 52

解答 (a)(4)　(b)(3)

(a) 海水の流量 $Q = 22\ \mathrm{m^3/s}$，海水の比熱 $c = 3.97\ \mathrm{kJ/(kg \cdot K)}$，海水の密度 $\rho = 1020\ \mathrm{kg/m^3}$，海水の温度変化 $\Delta T = 7\ \mathrm{K}$ であるから，海水が持ち去る熱量 $W\,[\mathrm{kJ/s}]$ は，

$$W = \rho Q c \Delta T$$
$$= 1020 \times 22 \times 3.97 \times 7$$
$$= 623607.6 \rightarrow 6.2 \times 10^5\ \mathrm{kJ/s}$$

(b) 発電機出力 $P_\mathrm{G} = 550\ \mathrm{MW}$，発電機効率 $\eta_\mathrm{G} = 0.97$ であるから，タービンの軸出力 $P_\mathrm{T}\,[\mathrm{MW}]$ は，

$$\eta_\mathrm{G} = \frac{P_\mathrm{G}}{P_\mathrm{T}}$$

$$P_\mathrm{T} = \frac{P_\mathrm{G}}{\eta_\mathrm{G}}$$

$$= \frac{550}{0.97}$$

$$\fallingdotseq 567.01\ \mathrm{MW}$$

ここで，タービン室効率 η_T は，

$$\eta_\mathrm{T} = \frac{タービン軸出力}{タービン室入力}$$

$$= \frac{タービン軸出力}{タービン軸出力 + 海水が持ち去る熱量}$$

$$\eta_\mathrm{T} = \frac{567.01 \times 10^3}{567.01 \times 10^3 + 623607.6}$$

$$\fallingdotseq 0.476 \rightarrow 48\%$$

タービン室効率の考え方を理解する。公式の丸暗記であると本問は解けない。

[W]＝[J/s]なので，[kW]＝[kJ/s]となる。

6 火力発電所で扱う燃料及び環境対策に関して，誤っているものを次の(1)～(5)のうちから一つ選べ。

(1) 同じ発電量を発電する場合，コストが安い順に並べると石炭＜石油＜LNGの順である。したがって，クリーンなエネルギーほどコストが高くなる傾向にある。

(2) 石炭火力発電では，環境対策として，排煙脱硫装置，排煙脱硝装置，電気集じん器を一般的に配置する。

(3) 大気汚染対策として，煙突の高さを高くしたり，集合煙突とすることは，大気中の拡散効果の観点から有効である。

(4) 電気集じん器はマイナス極である放電極から出る負イオンにばいじんが帯電し，プラス極である集じん極に吸着され除去される設備である。

(5) 燃焼時の窒素酸化物発生量を抑えるため，2段燃焼方式を採用することは有効である。

解答 (1)

(1) 誤り。同じ発電量を発電する場合，コストが安い順に並べると石炭＜LNG＜石油の順である。

(2) 正しい。石炭火力発電では，環境対策として，排煙脱硫装置，排煙脱硝装置，電気集じん器を一般的に配置する。排ガスの高温部から排煙脱硝装置→電気集じん器→排煙脱硫装置の順番となる。

(3) 正しい。大気汚染対策として，煙突の高さを高くしたり，集合煙突とすることは，大気中の拡散効果の観点から有効である。

(4) 正しい。電気集じん器はマイナス極である放電極から出る負イオンにばいじんが帯電し，プラス極である集じん極に吸着され除去される設備である。

(5) 正しい。燃焼時の窒素酸化物発生量を抑えるため，2段燃焼方式を採用し，1段目で酸素がやや足りない状態で燃焼し，燃焼温度を上げずに2段目で完全燃焼することは，燃焼温度を下げることでNO_Xの発生抑制に有効である。

LNGより石油の方が環境性も悪く，価格が高いのになぜ石油火力があるのかという質問を受ける。

火力発電所は50年間運転するが，燃料価格は日々刻々と変化する。

したがって，建設時の想定と現在の状況が全く異なることが多く，今後もそのまま続くとは限らない。したがって，あらゆる燃料を扱うことになる。

電気集じん器でプラスとマイナスを入れ替えた問題が出題されたことがある。電子が動くというイメージを持つ。

7 排熱回収方式のコンバインドサイクル発電において，ガスタービンの熱効率が35%，蒸気タービンの熱効率が33%であるとき，この発電所の総合熱効率として，最も近いものを次の(1)〜(5)のうちから一つ選べ。

    (1) 47   (2) 52   (3) 56   (4) 61   (5) 68

POINT 6 ガスタービン発電とコンバインドサイクル発電

解答 (3)

  コンバインドサイクル発電の総合熱効率 η はガスタービンの効率を η_g，蒸気タービンの効率を η_s とすると，

$$\eta = \eta_g + \eta_s(1 - \eta_g)$$

$\eta_g = 0.35$，$\eta_s = 0.33$ を代入すると，

$$\eta = 0.35 + 0.33 \times (1 - 0.35)$$
$$= 0.5645 \rightarrow 56\%$$

効率の式は丸暗記するのではなく，ガスタービンの排ガスで蒸気タービンを動かすというイメージを元に導出できるようにすると良い。

解答編

CHAPTER 02

火力発電 ②

1 出力100 MWの汽力発電所を，発熱量44000 kJ/kgの重油を使用して30日間連続運転した。この間の重油の使用量が10000 t，発電電力量が43200 MW・hであるとき，次の(a)及び(b)の問に答えよ。ただし，熱効率は出力により変化しないものとする。

(a) この発電所の30日間の発電端熱効率[%]として，最も近いものを次の(1)～(5)のうちから一つ選べ。

(1) 29　(2) 31　(3) 33　(4) 35　(5) 37

(b) この発電所の設備利用率[%]として，最も近いものを次の(1)～(5)のうちから一つ選べ。

(1) 20　(2) 40　(3) 60　(4) 75　(5) 90

解答 (a) (4)　(b) (3)

(a) 1時間あたりの重油の平均使用量 B[t/h]は，

$$B = \frac{10000}{30 \times 24}$$

$$\fallingdotseq 13.889 \text{ t/h}$$

発電電力 P_G[MW]は，

$$P_G = \frac{43200}{30 \times 24}$$

$$= 60 \text{ MW}$$

燃料消費量 B[kg/h]，燃料発熱量 H[kJ/kg]，発電機出力 P_G[kW]とすると，発電端熱効率 η_P は，

$$\eta_P = \frac{3600 P_G}{BH}$$

$$= \frac{3600 \times 60 \times 10^3}{13.889 \times 10^3 \times 44000}$$

$$\fallingdotseq 0.35345 \rightarrow 35\%$$

(b) 設備利用率[%]は，発電設備の実際の発電量が，定格出力で連続運転した際の発電量の何パーセン

＼ 設備利用率の定義を知っておく。機械科目や法規科目でも役立つ。

トになるかというものであるので,

$$設備利用率 = \frac{43200}{100 \times 24 \times 30} \times 100$$

$$= 60\%$$

2 定格出力10000 kWの汽力発電設備がある。発熱量26500 kJ/kg
の石炭を使用して,定格出力で24時間連続運転したところ,
石炭の消費量は85 tであった。このとき次の(a)及び(b)の問に
答えよ。

(a) 24時間の発電端熱効率[%]として,最も近いものを次
の(1)~(5)のうちから一つ選べ。

(1) 30　(2) 32　(3) 34　(4) 36　(5) 38

(b) タービン室効率が46%,発電機効率が99%,所内率が
5%であるときのボイラ効率として,最も近いものを次
の(1)~(5)のうちから一つ選べ。

(1) 76　(2) 80　(3) 84　(4) 88　(5) 92

解答　(a) (5)　(b) (3)

(a) 1時間あたりの石炭の平均使用量B[t/h]は,

$$B = \frac{85}{24}$$

$$\fallingdotseq 3.5417 \text{ t/h}$$

燃料消費量B[kg/h],燃料発熱量H[kJ/kg],
発電機出力P_{G}[kW]とすると発電端熱効率η_{P}は,

$$\eta_{\mathrm{P}} = \frac{3600 P_{\mathrm{G}}}{BH}$$

$$= \frac{3600 \times 10000}{3.5417 \times 10^3 \times 26500}$$

$$\fallingdotseq 0.38357 \rightarrow 38\%$$

(b) ボイラ効率η_{B},タービン室効率η_{T},発電機効
率η_{G}とすると,発電端効率η_{P}は,

$$\eta_{\mathrm{P}} = \eta_{\mathrm{B}} \times \eta_{\mathrm{T}} \times \eta_{\mathrm{G}}$$

$$0.38357 = \eta_{\mathrm{B}} \times 0.46 \times 0.99$$

ボイラ効率は大型ボイラ程大
きくなりやすいが,試験に出や
すい数字は80~90%ぐらい
の数字である。

$$\eta_B = \frac{0.38357}{0.46 \times 0.99}$$

$$\rightleqslant 0.84227 \rightarrow 84\%$$

3 図のようなランキンサイクルの効率について，次の(a)～(c)の問に答えよ。ただし，B[t/h]は燃料使用量，Z[t/h]は蒸気の流量，h_1[kJ/kg]はタービン入口蒸気の比エンタルピー，h_2[kJ/kg]はタービン排気蒸気の比エンタルピー，h_3[kJ/kg]は給水の比エンタルピーとし，ボイラ，タービン，復水器以外のエンタルピー変化はないものとする。

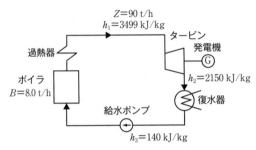

(a) ボイラ効率[%]として，最も近いものを次の(1)～(5)のうちから一つ選べ。ただし，燃料の発熱量は44000 kJ/kgとする。

   (1) 86   (2) 87   (3) 88   (4) 89   (5) 90

(b) タービン室効率[%]として，最も近いものを次の(1)～(5)のうちから一つ選べ。

   (1) 40   (2) 42   (3) 44   (4) 46   (5) 48

(c) 発電端熱効率が34%であるとき，発電機効率[%]として，最も近いものを次の(1)～(5)のうちから一つ選べ。

   (1) 91   (2) 93   (3) 95   (4) 97   (5) 99

解答 (a)(1)　(b)(1)　(c)(5)

(a) ボイラ効率η_Bは，燃料消費量B[kg/h]，燃料発熱量H[kJ/kg]，蒸気量Z[kg/h]，蒸気の比エンタルピーh_1[kJ/kg]，給水の比エンタルピー

$h_3 [\mathrm{kJ/kg}]$ を用いて,

$$\eta_B = \frac{Z(h_1 - h_3)}{BH}$$

$$= \frac{90 \times 10^3 \times (3499 - 140)}{8 \times 10^3 \times 44000}$$

$$\fallingdotseq 0.85884 \rightarrow 86\%$$

(b) タービン室効率 η_T は,ボイラで蒸気に加えられた熱量がどれだけタービンの機械的出力に変換されたかを示すものなので,

$$\eta_T = \frac{Z(h_1 - h_2)}{Z(h_1 - h_3)}$$

$$= \frac{h_1 - h_2}{h_1 - h_3} = \frac{3499 - 2150}{3499 - 140}$$

$$\fallingdotseq 0.40161 \rightarrow 40\%$$

(c) ボイラ効率 η_B,タービン室効率 η_T,発電機効率 η_G とすると,発電端熱効率 η_P は

$$\eta_P = \eta_B \times \eta_T \times \eta_G$$

$$0.34 = 0.85884 \times 0.40161 \times \eta_G$$

$$\eta_G = \frac{0.34}{0.85884 \times 0.40161}$$

$$\fallingdotseq 0.986 \rightarrow 99\%$$

この計算が合っているのに答えが全然違う場合は前の設問(ここでいう(b))で間違えている可能性が高い。
試験本番でもB問題においては,設問の繋がりをよく考えると選択肢が絞れる場合がある。

4 復水器の冷却に海水を使用している汽力発電所がある。ただし,タービンの熱消費率は $8000\,\mathrm{kJ/kW \cdot h}$,復水器冷却水流量は $30\,\mathrm{m^3/s}$,海水の入口温度は $15.5\,℃$,海水の出口温度は $22.1\,℃$,海水の比熱は $3.97\,\mathrm{kJ/kg \cdot K}$,海水の密度は $1020\,\mathrm{kg/m^3}$ とする。次の(a)及び(b)の問に答えよ。

(a) 復水器冷却水が持ち去る熱量 $[\mathrm{kJ/s}]$ として,最も近いものを次の(1)~(5)のうちから一つ選べ。

(1) 100 (2) 7.9×10^3 (3) 1.2×10^5

(4) 2.0×10^5 (5) 8.0×10^5

(b) タービンの軸出力 $[\mathrm{kW}]$ として,最も近いものを次の(1)~(5)のうちから一つ選べ。

(1) 1.8×10^3 (2) 7.8×10^3 (3) 3.3×10^5

(4) 4.8×10^5 (5) 6.6×10^5

解答 (a)(5) (b)(5)

(a) 海水の流量 $Q = 30$ m³/s，海水の比熱

$c = 3.97$ kJ/kg・K，海水の密度 $\rho = 1020$ kg/m³，

海水の温度変化 $\Delta T = 22.1 - 15.5 = 6.6$ K であるか

ら，海水が持ち去る熱量 W [kJ/s] は，

$$W = \rho Q c \Delta T$$
$$= 1020 \times 30 \times 3.97 \times 6.6$$
$$= 801781.2 \rightarrow 8.0 \times 10^5 \text{ kJ/s}$$

(b) タービン室で毎時失われる蒸気の熱エネルギー

を Q_T [kJ/h]，タービンの軸出力を P_t [kW] とす

ると，タービン熱消費率 H_t [kJ/kW・h] は，そ

の定義より，

$$H_t = \frac{Q_T}{P_t}$$

$$\therefore Q_T = H_t P_t \cdots ①$$

また，タービン室で毎時失われる蒸気の熱エネ

ルギー Q_T [kJ/h] は，タービンの 1 時間当たりの出力

と復水器冷却水が持ち去る毎時熱量 $3600 Q_w$ [kJ/h]

の合計に等しくなる。

ここで，タービンの軸出力 P_t [kW] は，毎秒当

たりの出力エネルギー（単位：[kJ/s]）と考える

ことができるので，Q_T [kJ/h]，P_t [kW] および

Q_w [kJ/s] の単位を毎時のエネルギー [kJ/h] に

統一し，関係式を立てると，

$$Q_T = 3600 P_t + 3600 Q_w \cdots ②$$

①，②式を等号で結び，$H_t = 8000$ kJ/kW・h,

および(a)で求めた Q_w の値を代入して P_t [kW] の

値を求めると，

$$8000 P_t = 3600 P_t + 3600 Q_w$$

$$\therefore P_t = \frac{3600 Q_w}{8000 - 3600}$$

$$= \frac{3600 \times 801781.2}{4400}$$

$$= 656002.8 \rightarrow 6.6 \times 10^5 \text{ kW}$$

注目 ▶熱消費率の問題も近年出題されることがある。熱消費率は 1 kW・h 発電するのに必要な熱量 [kJ] であり，1 kW・h = 3600 kJ の関係から，3600 kJ/kW・h であれば効率が 100％となる。

5 火力発電所における燃料の燃焼に関し，次の(a)及び(b)の問に答えよ。ただし，原子量は水素 (H) が1，炭素 (C) が12，酸素 (O) が16，硫黄 (S) が32とし，燃料の質量比は炭素85%，水素14%，硫黄1%とする。また，空気中に含まれる酸素の割合は21%とする。

POINT 5 燃焼計算

(a) 火力発電所で使用する燃料1 kgが完全燃焼したときに発生する二酸化炭素の質量[kg]として，最も近いものを次の(1)～(5)のうちから一つ選べ。

(1) 1.6　　(2) 2.2　　(3) 2.7　　(4) 3.1　　(5) 3.7

(b) 火力発電所で使用する燃料1 kgが完全燃焼するのに必要な空気の体積[Nm³]として，最も近いものを次の(1)～(5)のうちから一つ選べ。ただし，1 kmolあたりの気体の体積は22.4 Nm³/kmolとする。

(1) 2.4　　(2) 5.0　　(3) 7.6　　(4) 9.4　　(5) 11.3

解答　(a)(4)　(b)(5)

(a) 炭素，水素及び硫黄の燃焼反応式は以下の通りとなる。

$$C + O_2 \rightarrow CO_2$$

$$H_2 + \frac{1}{2}O_2 \rightarrow H_2O$$

$$S + O_2 \rightarrow SO_2$$

よって，二酸化炭素が発生するのは炭素を燃焼したときであり，炭素1 molを完全燃焼したときに発生する二酸化炭素は1 molである。燃料の質量比は炭素85%，水素14%，硫黄1%であり，燃料1 kgに含まれる炭素は0.85 kgとなる。したがって，炭素のモル数 n_C [kmol] は，炭素の原子量が12であるから，

$$n_C = \frac{0.85}{12} \text{ kmol}$$

発生する二酸化炭素のモル数 n_{CO2} [kmol] は，

$$n_{CO2} = n_C = \frac{0.85}{12} \text{ kmol}$$

炭素の原子量が12, 酸素の原子量が16である
から, 完全燃焼したときに発生する二酸化炭素の
質量 M_{CO2} [kg] は,

$$M_{CO2} = (12 + 16 \times 2) \times n_{CO2}$$

$$= (12 + 16 \times 2) \times \frac{0.85}{12}$$

$$\fallingdotseq 3.1167 \to 3.1\ kg$$

(b) (a)の燃焼反応式より, 炭素 1 mol を完全燃焼す
るために必要な酸素は 1 mol, 水素 1 mol を完全
燃焼するために必要な酸素は 0.5 mol, 硫黄 1 mol
を完全燃焼するために必要な酸素は 1 mol である。

燃料の質量比は炭素 85%, 水素 14%, 硫黄 1 %
であるため, 燃料 1 kg に含まれる炭素 M_C [kg],
水素 M_H [kg], 硫黄 M_S [kg] はそれぞれ次のよう
になる。

$$M_C = 0.85\ kg$$

$$M_H = 0.14\ kg$$

$$M_S = 0.01\ kg$$

それぞれのモル数 n_C [kmol], 水素 n_H [kmol],
硫黄 n_S [kmol] は, それぞれの原子量が水素 (H) 1,
炭素 (C) 12, 硫黄 (S) 32 であるから,

$$n_C = \frac{0.85}{12}\ kmol$$

$$n_H = \frac{0.14}{1 \times 2}\ kmol$$

$$n_S = \frac{0.01}{32}\ kmol$$

したがって, 必要な酸素の体積 V_O [Nm^3] は,

$$V_O = (n_C \times 1 + n_H \times 0.5 + n_S \times 1) \times 22.4$$

$$= \left(\frac{0.85}{12} \times 1 + \frac{0.14}{2} \times 0.5 + \frac{0.01}{32} \times 1 \right) \times 22.4$$

$$\fallingdotseq 2.3777\ Nm^3$$

よって, 燃料の完全燃焼に必要な空気の体積
V_A [Nm^3] は,

$$V_A = \frac{2.3777}{0.21} \fallingdotseq 11.3 \text{ Nm}^3$$

6 排熱回収形コンバインドサイクル発電の熱効率が55%，ガスタービンの排熱による蒸気タービンの熱効率が32%であったとき，ガスタービンの熱効率として，最も近いものを次の(1)～(5)のうちから一つ選べ。

(1) 23 (2) 26 (3) 29 (4) 32 (5) 34

解答 (5)

コンバインドサイクル発電の総合熱効率ηはガスタービンの効率をη_g，蒸気タービンの効率をη_sとすると，

$$\eta = \eta_g + \eta_s(1 - \eta_g)$$

$\eta = 0.55$，$\eta_s = 0.32$ を代入すると，

$$0.55 = \eta_g + 0.32 \times (1 - \eta_g)$$
$$0.55 = \eta_g + 0.32 - 0.32\eta_g$$
$$0.68\eta_g = 0.23$$
$$\eta_g \fallingdotseq 0.338 \rightarrow 34\%$$

7 コンバインドサイクル発電の特徴に関する記述として，誤っているものを次の(1)～(5)のうちから一つ選べ。
   (1) ガスタービンは非常に高温の燃焼ガスが通過するので，耐熱性が求められる。
   (2) 冬季は空気を温める熱量が増加するので，出力が低下する。
   (3) 排熱回収方式や排気再燃方式があり，排気再燃方式の方が蒸気タービンの出力割合が高い。
   (4) 一軸型と多軸型があり，一般に定格運転時の効率は多軸型の方が高い。
   (5) ガスタービンが高温になるほど，熱効率が高くなる。

解答 (2)

(1) 正しい。ガスタービンは非常に高温の燃焼ガスが通過するので，耐熱性が求められ，材料には超合金が用いられる。

注目 (2)の内容がとても重要である。コンバインドサイクル発電の欠点は，夏場の需給逼迫時に出力が下がってしまうことである。

(2) 誤り。冬季は空気が収縮し密度が増加するので，出力は増加する。

(3) 正しい。コンバインドサイクル発電には排熱回収方式と排気再燃方式があり，排気再燃方式では排気をボイラで再加熱する。したがって，蒸気タービンの出力割合が増加する。

(4) 正しい。コンバインドサイクル発電にはガスタービンと蒸気タービンがペアとなっている一軸型と複数のガスタービンに1つの蒸気タービンを組み合わせている多軸型があり，一般に多軸型の方が蒸気タービンの容量が大きくなり，効率を高くすることができる。

(5) 正しい。ガスタービンが高温になると，熱落差が大きくなり，熱効率が高くなる。

8 次の文章はコンバインドサイクル発電の熱サイクルに関する記述である。

図のように，コンバインドサイクル発電は高温領域の □(ア)□ サイクルと低温領域の □(イ)□ サイクルを組み合わせた発電を行う。図において，ガスタービンの仕事を示しているのは □(ウ)□ であり，排熱回収ボイラによる給水の加熱を示しているのは □(エ)□ である。

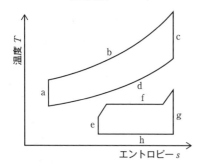

上記の記述中の空白箇所（ア），（イ），（ウ）及び（エ）にあてはまる組合せとして，正しいものを次の(1)～(5)のうちから一つ選べ。

POINT 6 ガスタービン発電とコンバインドサイクル発電

	（ア）	（イ）	（ウ）	（エ）
(1)	ブレイトン	ランキン	c	f
(2)	ブレイトン	ランキン	b	g
(3)	ランキン	ブレイトン	d	e
(4)	ランキン	ブレイトン	d	f
(5)	ランキン	ブレイトン	c	g

解答 (1)

　問題図の高温領域（a→b→c→d）はガスタービンのブレイトンサイクル，低温領域は（e→f→g→h）は蒸気タービンのランキンサイクルである。

　それぞれの変化と機器の関係は以下の通り。

〔ガスタービン〕

　a：空気圧縮機による断熱圧縮

　b：燃焼器による等圧加熱

　c：ガスタービンによる断熱膨張

　d：大気放出による等圧放熱

〔蒸気タービン〕

　e：給水ポンプによる断熱圧縮

　f：ボイラ及び過熱器による等圧受熱

　g：タービンによる断熱膨張

　h：復水器による等圧放熱

　したがって，問題文の図において，ガスタービンの仕事を示しているのは c，排熱ボイラの仕事を示しているのは f である。

解答編

熱サイクルと系統図の関係を理解すると，火力発電のメカニズムをよく理解することができる。

CHAPTER 03 原子力発電

1 原子力発電

☑ 確認問題

1 次の原子力発電に関する記述として，正しいものには○，誤っているものには×をつけよ。

(1) 原子力発電は火力発電と比較して，低圧で高温の蒸気で発電する。

(2) 原子力発電は発電時にCO_2を発生しない。

(3) 原子力発電は大気汚染の影響がほとんどないが，廃棄物の処理が困難となる。

(4) 原子力発電は復水器が不要であるため，熱効率は火力発電より高い。

(5) 現在の原子力発電は燃料として，天然ウランのウラン235を30%程度に濃縮した高濃縮ウランが用いられる。

(6) 天然に存在するウラン235の割合は約0.7%である。

(7) 原子力発電は，中性子が原子核にぶつかり，生成された中性子がまた原子核にぶつかるという連鎖反応を利用した発電である。

POINT 1 原子力発電の特徴

POINT 2 核分裂

解答 (1) × (2) ○ (3) ○ (4) ×
(5) × (6) ○ (7) ○

(1) ×。原子力発電は火力発電と比較して，低圧で低温の蒸気で発電する。具体的には火力発電は過熱蒸気で発電するのに対し，原子力発電は飽和蒸気で発電する。

(2) ○。原子力発電はウラン235の核分裂による発電で，燃焼を伴わないので，発電時にCO_2を発生しない。

(3) ○。原子力発電は火力発電で発生するNO_xやSO_xを発生させないため，大気汚染の影響がほと

んどないが，廃棄物の処理は実質地中への埋設処理しかなく，困難となる。

(4) ×。原子力発電においてもタービンで発電後の蒸気の凝縮に復水器が必要である。また，火力発電に比べ熱落差が小さいため熱効率は低くなる。

(5) ×。現在の原子力発電は燃料として，天然ウランの約0.7％程度であるウラン235を3～5％程度に濃縮した低濃縮ウランが用いられる。

(6) ○。天然に存在するウラン235の割合は約0.7％であり，ほとんどはウラン238である。

(7) ○。原子力発電は，中性子が原子核にぶつかり，生成された中性子がまた原子核にぶつかるという連鎖反応を利用した発電である。

❷ ウラン235が 4 ％の原子燃料が0.2 kgある。この燃料が核分裂したとき，発生するエネルギー量[J]を求めよ。ただし，質量欠損は0.09％とする。

POINT 2 核分裂

解答 6.48×10^{11} J

ウラン235が 4 ％であり，質量欠損が0.09％であるから，ウラン235の質量欠損 m [kg]は，

$$m = 0.2 \times 0.04 \times 0.0009$$
$$= (2 \times 10^{-1}) \times (4 \times 10^{-2}) \times (9 \times 10^{-4})$$
$$= 72 \times 10^{-7}$$
$$= 7.2 \times 10^{-6} \text{ kg}$$

発生するエネルギー E [J]は，光速 $c = 3 \times 10^8$ m/s であるから，

$$E = mc^2$$
$$= 7.2 \times 10^{-6} \times (3 \times 10^8)^2$$
$$= 7.2 \times 10^{-6} \times 9 \times 10^{16}$$
$$= 64.8 \times 10^{10}$$
$$= 6.48 \times 10^{11} \text{ J}$$

🖋 核分裂の計算問題は，質量欠損が0.09％であり，かなりパターン化されていると考えてよい。

🖋 光速 $c = 3 \times 10^8$ m/sは与えられる場合もあるが，与えられない場合もあるため，覚えておく。

❸ 次の文章は原子力発電所に用いる原子炉に関する記述である。（ア）〜（エ）にあてはまる語句を答えよ。

原子力発電所の燃料は低濃縮ウランを ［　（ア）　］ 状にして，棒状の管に封入し，燃料棒として使用する。原子炉内では核分裂反応が大きくなりすぎても小さくなりすぎてもいけないので，［　（イ）　］棒を用いて核反応を調整する。［　（イ）　］棒を挿入すると，核反応は ［　（ウ）　］ なる。また，核分裂反応により発生した高速中性子は減速させるが，日本の原子炉において，減速材として用いるものは ［　（エ）　］ である。

POINT 3 原子炉

解答 （ア）ペレット　（イ）制御
（ウ）小さく　（エ）軽水

原子力発電所に使う燃料は低濃縮ウランをペレット状にしたものである。

制御棒は中性子を吸収しやすいホウ素等を材料として用いているため，制御棒を挿入すると核反応は小さくなる。

日本の原子炉で採用されている軽水炉においては，減速材，冷却材，反射材に軽水を用いる。

🔑 密度が高い水（重水）に対し，通常の水のことを軽水という。水の約99.9%が軽水である。したがって，原子力発電所の内容では軽水というが，基本的には水と思って良い。

❹ 次の文章は軽水炉のうち，沸騰水型軽水炉に関する記述である。（ア）〜（オ）にあてはまる語句を答えよ。

沸騰水型軽水炉は原子炉内で蒸気を沸騰させてタービンへ送る。構造が簡単であり，加圧水型軽水炉より蒸気の圧力が ［　（ア）　］ という特徴がある。蒸気をタービンに送る冷却材としては ［　（イ）　］ が用いられ，出力制御には ［　（ウ）　］ と ［　（エ）　］ が用いられる。［　（エ）　］ は ［　（オ）　］ から挿入する構造となっている。

POINT 4 軽水炉

解答 （ア）低い　（イ）軽水　（ウ）再循環ポンプ
（エ）制御棒　（オ）下

沸騰水型軽水炉（BWR）は蒸気圧力が6.9 MPa，蒸気温度が280℃で，加圧水型軽水炉（PWR）は蒸気圧力が15.4 MPa，蒸気温度が325℃であり，蒸気の圧力は沸騰水型軽水炉（BWR）の方が低い。

沸騰水型軽水炉（BWR）はタービンに送る冷却材

🔑 水は圧力が上昇すると沸点が上昇する。
沸騰水型は比較的低圧で原子炉内で沸騰させるので沸騰水型，加圧水型は原子炉内で沸騰させないように圧力を上げるので加圧水型という。

としては軽水が用いられ，出力制御には再循環ポンプと制御棒が用いられ，再循環ポンプは循環量を増やすと沸騰が抑えられるので出力が上昇し，制御棒を挿入すると出力は抑制される。一般に再循環ポンプを用いる方が緩やかな出力制御となる。

原子炉の構造上，上部は飽和蒸気であり蒸気発生器もあるため，制御棒は下から挿入される。

5 次の文章は軽水炉のうち，加圧水型軽水炉に関する記述である。（ア）〜（オ）にあてはまる語句を答えよ。

POINT 4 軽水炉

加圧水型軽水炉は，原子炉で温めた軽水を　（ア）　に送り，　（ア）　で低圧の軽水と熱交換し，発生した蒸気をタービン側に送る構造の軽水炉である。冷却材を沸騰させないように　（イ）　を用い，常に原子炉内を加圧するようにしている。出力の制御は　（ウ）　濃度調整と　（エ）　が用いられ，　（ウ）　濃度を上げると出力が　（オ）　する。

解答 （ア）蒸気発生器　（イ）加圧器
　　　　（ウ）ホウ酸（ホウ素）　（エ）制御棒
　　　　（オ）低下

加圧水型軽水炉（PWR）は原子炉で温めた軽水を蒸気発生器に送り，蒸気発生器で熱交換して，二次側で発生した蒸気をタービン側に送る。

したがって，タービン側に放射性物質を含む蒸気が行くことはない。また，一次側は沸騰をさせないよう，加圧器を用いて原子炉内を常時加圧している。

出力の制御はホウ酸（ホウ素）濃度調整と制御棒を用いる。制御棒の仕組みは沸騰水型軽水炉（BWR）と同じであるが，沸騰水型軽水炉（BWR）が下から挿入するのに対し，加圧水型軽水炉（PWR）は上から挿入する仕組みとなっている。

ホウ酸（ホウ素）は中性子を吸収するので，ホウ酸（ホウ素）濃度を上げると中性子の吸収が増え，反応が低下し出力も低下する。

加圧水型の最大の特徴は蒸気発生器で一次側と二次側を分離することで，二次側のタービン側に放射線が行かないことである。

6 次の図は，核燃料サイクルに関するものである。図の（ア）〜（オ）にあてはまる語句として，最も適当なものを次の(1)〜(5)のうちから一つ選べ。ただし，同じ選択肢を複数使用してもよい。

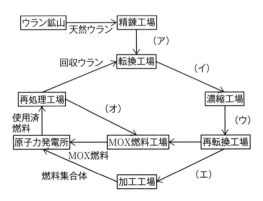

(1) ペレット
(2) 二酸化ウラン
(3) プルトニウム
(4) イエローケーキ
(5) 六フッ化ウラン

解答 （ア）(4) （イ）(5) （ウ）(5) （エ）(2) （オ）(3)

（ア）精錬工場では化学処理を行うことで，天然ウランを粉末のイエローケーキにする。

（イ）転換工場ではイエローケーキを気化しやすい六フッ化ウランに転換する。

（ウ）濃縮工場では遠心分離機を用いて六フッ化ウランを濃縮する。したがって，転換はされず六フッ化ウランのままである。

（エ）再転換工場では加工しやすくするため，六フッ化ウランを二酸化ウランに転換する。

（オ）再処理工場では，使用済み燃料のうち，燃料として再利用可能であるプルトニウムを回収する。

✎ 工場の名称や物質の名称等は覚えておくこと。

📖 基本問題

1 次の文章は，原子力発電所の核分裂反応に関する記述である。

核分裂反応は原子核に　(ア)　がぶつかり，それによりエネルギーとともに高速の　(ア)　が生まれることを繰り返す反応である。天然に含まれるウランには原子力発電の燃料となるウラン　(イ)　が約0.7%程度しかなく，これでは核分裂反応を繰り返すことができないため，核分裂反応に適した　(ウ)　%程度の低濃縮ウランにする。核分裂反応により質量欠損が生じるが，これにより得られるエネルギーは質量欠損　(エ)　する。

POINT 2 核分裂

上記の記述中の空白箇所 (ア)，(イ)，(ウ) 及び (エ) に当てはまる組合せとして，正しいものを次の(1)～(5)のうちから一つ選べ。

📎 発生するエネルギーEは
$$E = mc^2$$
なので，質量欠損mに比例する。

	(ア)	(イ)	(ウ)	(エ)
(1)	中性子	238	3～5	の2乗に比例
(2)	電子	235	12～15	の2乗に比例
(3)	中性子	235	12～15	に比例
(4)	中性子	235	3～5	に比例
(5)	電子	238	3～5	の2乗に比例

解答 (4)

2 原子炉の構成要素に関して，誤っているものを次の(1)～(5)のうちから一つ選べ。

POINT 2 核分裂

POINT 3 原子炉

(1) 軽水炉における軽水は，核分裂で発生した高速中性子を減速させる役割と，原子炉を冷却すると共に核分裂で発生したエネルギーを送り出す役割がある。

(2) 原子炉の遮へい材として，ホウ素や炭素等が用いられ，核分裂反応により発生する放射線を外部に流出しないようにしている。

(3) 制御棒は核分裂の発生を抑制するもので，反応を抑制する場合には挿入し，反応を促進する場合には引き出す。

(4) 沸騰水型軽水炉で用いられる再循環ポンプでは，流量を調整することで核反応を調整している。

(5) 加圧水型軽水炉で用いられる蒸気発生器では，一次冷却材と二次冷却材を熱交換している。

解答 (2)

(1) 正しい。軽水炉における軽水は，核分裂で発生した高速中性子を減速させる減速材としての役割と，原子炉を冷却すると共に核分裂で発生したエネルギーを送り出す冷却材としての役割がある。

(2) 誤り。原子炉の遮へい材は炉心での核分裂により生じる放射線を閉じ込めるためのもので，コンクリートや水，鉄や鉛等の金属が用いられる。

(3) 正しい。制御棒は核分裂の発生を抑制するもので，中性子を吸収しやすいホウ素等でできており，反応を抑制する場合には挿入し，反応を促進する場合には引き出す。

✎ ホウ素の役割は中性子の吸収であり，制御材として用いられる。

(4) 正しい。沸騰水型軽水炉 (BWR) で用いられる再循環ポンプでは，流量を調整することで核反応を調整している。反応を増加させる場合は再循環ポンプの流量を増やす。

✎ 再循環ポンプの内容は逆に出題される場合があるので注意する。

(5) 正しい。加圧水型軽水炉 (PWR) で用いられる蒸気発生器では，一次冷却材と二次冷却材を熱交換している。二次冷却材は一次冷却材よりも低圧であるため，蒸気発生器で沸騰させて，タービンへ送る。

3 10 g のウラン 235 が核分裂し 0.09 % の質量欠損が生じたとするとき，次の(a)及び(b)の問に答えよ。

POINT 2 核分裂

(a) この反応により発生するエネルギー[kJ]として，最も近いものを次の(1)～(5)のうちから一つ選べ。

(1) 2.7×10^{6} (2) 8.1×10^{8} (3) 8.1×10^{11}

(4) 2.7×10^{14} (5) 8.1×10^{14}

(b) 同じエネルギーを重油を燃焼して得るとき，必要な重油の量[kL]として最も近いものを次の(1)～(5)のうちから一つ選べ。ただし，重油の発熱量は42000 kJ/Lとする。

(1) 1.93　　(2) 19.3　　(3) 193

(4) 1930　　(5) 19300

解答 　(a)(2)　　(b)(2)

(a) 10 g=0.01 kgのウラン235の質量欠損が0.09%であるから，ウラン235の質量欠損 m[kg]は，

$$m = 0.01 \times 0.0009$$
$$= (1 \times 10^{-2}) \times (9 \times 10^{-4})$$
$$= 9 \times 10^{-6} \text{ kg}$$

よって，発生するエネルギー E[kJ]は，光速 $c = 3 \times 10^8$ m/sであるから，

$$E = mc^2$$
$$= 9 \times 10^{-6} \times (3 \times 10^8)^2$$
$$= 9 \times 10^{-6} \times 9 \times 10^{16}$$
$$= 81 \times 10^{10}$$
$$= 8.1 \times 10^{11} \text{ J}$$
$$= 8.1 \times 10^8 \text{ kJ}$$

(b) 重油の発熱量は42000 kJ/Lであるから，必要な重油の量 W[L]は，

$$W = \frac{E}{42000}$$
$$= \frac{8.1 \times 10^8}{4.2 \times 10^4}$$
$$\fallingdotseq 1.93 \times 10^4 \text{ L} \rightarrow 19.3 \text{ kL}$$

🔨 火力や原子力の計算はどうしても 10^x の計算が増える。

注目 できるだけ演習問題をたくさん解き，計算慣れするようにすること。

4 次の文章は，原子力発電所の出力調整に関する記述である。
原子力発電所の出力制御方法として，沸騰水型軽水炉（BWR）及び加圧水型軽水炉（PWR）に共通してあるのが　(ア)　である。沸騰水型軽水炉（BWR）にのみ配置されているのは　(イ)　であり，これにより気泡の発生量を変え，出力調整をすることができる。気泡の発生量により出力が変化することを　(ウ)　効果という。

POINT 3 原子炉

解答編

CHAPTER 03

原子力発電 ①

85

上記の記述中の空白箇所（ア），（イ）及び（ウ）に当てはまる組合せとして，正しいものを次の(1)～(5)のうちから一つ選べ。

	（ア）	（イ）	（ウ）
(1)	制御棒	再循環ポンプ	ボイド
(2)	燃料調整弁	再循環ポンプ	ドップラー
(3)	制御棒	再循環ポンプ	ドップラー
(4)	制御棒	蒸気発生器	ボイド
(5)	燃料調整弁	蒸気発生器	ドップラー

解答 (1)

原子力発電所の出力制御には沸騰水型軽水炉（BWR）と加圧水型軽水炉（PWR）で以下のように分けられる。

沸騰水型軽水炉（BWR）

→再循環ポンプ，制御棒

加圧水型軽水炉（PWR）

→ホウ酸（ホウ素）濃度，制御棒

したがって，共通してあるのが制御棒で，沸騰水型軽水炉（BWR）のみにあるのが再循環ポンプである。

再循環ポンプは循環量を増減させることで気泡の発生量を変え出力を調整するが，気泡の発生量により出力が変化することをボイド効果という。ドップラー効果は核燃料の温度が上昇すると，ウラン238の中性子吸収量が増加しその分ウラン235の中性子吸収量が減少することで出力が自動的に抑制される現象をいう。

5 次の文章は，核燃料サイクルに関する記述である。

原子力発電所の燃料としてウランが用いられているが，天然のウランは発電に必要なウラン235の割合が少ないので，精錬→転換→濃縮→ （ア） →成型の各工程を経て原子力発電燃料として最適な燃料集合体を作る。原子力発電燃料として使用した燃料は完全には反応しきれていないため， （イ） 工場にて燃料として再利用可能なプルトニウム等を回収し，残ったものを （ウ） として最終処分する。プルトニウムを添加した燃料を （エ） という。

上記の記述中の空白箇所（ア）～（エ）にあてはまる組合せとして，正しいものを次の(1)～(5)のうちから一つ選べ。

	（ア）	（イ）	（ウ）	（エ）
(1)	再転換	再処理	低レベル放射性廃棄物	イエローケーキ
(2)	再転換	再処理	低レベル放射性廃棄物	MOX燃料
(3)	再転換	再処理	高レベル放射性廃棄物	MOX燃料
(4)	再処理	再転換	低レベル放射性廃棄物	イエローケーキ
(5)	再処理	再転換	高レベル放射性廃棄物	MOX燃料

解答 (3)

核燃料サイクルは採掘→精錬→転換→濃縮→再転換→成型を経て原子力発電所の燃料棒となる。

原子力発電所にて発電した使用済み燃料もまだまだ核分裂ができる状態であるため，再利用可能なウランもしくはプルトニウムを再処理工場にて回収し，MOX燃料として再利用する。残ったものは高レベル放射性廃棄物として最終処分することになる。低レベル放射性廃棄物は原子力発電所を運転する上で必要な作業着や手袋等，燃料そのものではない廃棄物である。

1 原子力発電と火力発電を比較したときの特徴として，誤っているものを次の(1)～(5)のうちから一つ選べ。

(1) 同出力の場合，蒸気流量は原子力発電の方が多い。

(2) 火力発電はボイラからの過熱蒸気でタービンを回転させるが，原子力発電は飽和蒸気でタービンを回転させる。

(3) 低圧タービンの回転速度は原子力発電の方が小さい。

(4) 原子力発電では放射線がタービン側に送気されるため，タービン側での放射線対策が必要となる。

(5) 燃料費は火力発電が大きく，建設費は原子力発電の方が大きい。

解答 (4)

(1) 正しい。同出力の場合，原子力発電の方が蒸気温度も蒸気圧力も小さいので，同じ出力を得るために蒸気流量は原子力発電の方が多い。

(2) 正しい。火力発電はボイラからの過熱蒸気でタービンを回転させるが，原子力発電は飽和蒸気でタービンを回転させる。したがって，タービン内の蒸気の湿り度は原子力発電の方が高く，タービン翼に耐食の表面処理を行う。

(3) 正しい。原子力発電の低圧タービンの最下段は非常に大きな応力がかかり，最も湿り度の高い蒸気となる。したがって，蒸気タービンの回転速度を $1500\ \mathrm{min^{-1}}$ または $1800\ \mathrm{min^{-1}}$ まで下げ，動翼への応力を小さくしている。

(4) 誤り。原子力発電のうち，沸騰水型軽水炉（BWR）においては放射線がタービン側に送気されるため，タービン側での放射線対策が必要となるが，加圧水型軽水炉（PWR）では放射線がタービン側に送気されない。

(5) 正しい。火力発電所は発電にかかる費用のうち燃料費が最も高く，原子力発電所は設備そのものが大きくなるため，建設費が高くなる。

🔧 火力発電→過熱蒸気
原子力発電→飽和蒸気
は覚えておくこと。

🔧 原子力発電のタービン翼は後段になればなるほど回転半径も大きくなり，蒸気の湿分も多くなるため，様々な対応が必要となる。

🔧 低圧タービンは一般に，
火力発電→2極機
原子力発電→4極機
である。

🔧 BWRにおいては誤った内容ではない。試験本番でも本問のように，微妙な選択肢を入れてくることはある。他の選択肢ときちんと見比べて，誤りを見つけること。

2 次の文章は原子の性質に関する記述である。

　原子核は正の電荷を持つ陽子と電荷を持たない中性子が結合したものであるが，結合した原子核の質量は個々の質量より　(ア)　なる。これを　(イ)　といい，原子力発電においては約0.09%である。原子力発電で得られるエネルギーは　(イ)　と光速の2乗に比例する。したがって，ウラン235の原子1個が核分裂により発生するエネルギーは　(ウ)　[J]となる。ただし，アボガドロ数N_Aは6.02×10^{23}とすると，ウラン235の原子1個の質量は$\dfrac{235}{N_A}$[g]である。

　上記の記述中の空白箇所（ア），（イ）及び（ウ）にあてはまる組合せとして，正しいものを次の(1)～(5)のうちから一つ選べ。

	（ア）	（イ）	（ウ）
(1)	小さく	質量欠損	3.51×10^{-10}
(2)	大きく	崩壊	3.16×10^{-11}
(3)	大きく	質量欠損	3.51×10^{-10}
(4)	小さく	崩壊	3.51×10^{-10}
(5)	小さく	質量欠損	3.16×10^{-11}

解答 (5)

　原子核は正の電荷を持つ陽子と電荷を持たない中性子が結合したものであるが，結合した原子核の質量は個々の質量より小さくなり，これを質量欠損という。

　原子力発電において，質量欠損は約0.09%であるため，ウラン235原子1個の質量欠損m[kg]は，

$$m=\frac{235}{N_A}\times0.0009\times10^{-3}$$

$$=\frac{235}{6.02\times10^{23}}\times9\times10^{-4}\times10^{-3}$$

$$\fallingdotseq351.33\times10^{-30}\ \rightarrow\ 3.5133\times10^{-28}\ \text{kg}$$

　ウラン235の原子1個が核分裂により発生するエネルギーE[J]は，光速$c=3\times10^8$ m/sであるから，

アボガドロ数は1molあたりの原子の個数である。
また，モル質量は1molあたりの質量である。したがって，原子1個の質量は$\dfrac{\text{モル質量}}{N_A}$[g]となる。

10^{-3}は[g]を[kg]にするためのものである。基本的に計算は[kg]で統一して行うようにすると間違えにくくなる。

解答編

CHAPTER 03

原子力発電

1

$$E = mc^2$$
$$= 3.5133 \times 10^{-28} \times (3 \times 10^8)^2$$
$$\fallingdotseq 3.16 \times 10^{-11} \text{ J}$$

③ 1kgの低濃縮ウランを原子力発電所で運転し，発電したときの電力量と同じ電力量を得るために石炭専燃の火力発電所で必要な燃料量[t]として，最も近いものを次の(1)～(5)のうちから一つ選べ。ただし，低濃縮ウランのうちウラン235の割合は3%とし，質量欠損は0.09%，石炭の発熱量は27000 kJ/kg，原子力発電所の熱効率は33%，火力発電所の熱効率は39%とする。

(1) 76　　(2) 90　　(3) 2200

(4) 8400　　(5) 76000

解答 (1)

　1kgの低濃縮ウランのうち，ウラン235の割合は3%であり，ウラン235の質量欠損が0.09%であるから，質量欠損m[kg]は，
$$m = 1 \times 0.03 \times 0.0009$$
$$= 1 \times (3 \times 10^{-2}) \times (9 \times 10^{-4})$$
$$= 2.7 \times 10^{-5} \text{ kg}$$

発生するエネルギーE[J]は，光速$c = 3 \times 10^8$ m/sであるから，
$$E = mc^2$$
$$= 2.7 \times 10^{-5} \times (3 \times 10^8)^2$$
$$= 2.43 \times 10^{12} \text{ J}$$

原子力発電所の熱効率が33%であるので，原子力発電所での発電量W[W·s]は，
$$W = 0.33 \times E$$
$$= 0.33 \times 2.43 \times 10^{12}$$
$$= 8.019 \times 10^{11} \text{ W·s}$$

同じ発電量を火力発電所で発電するために必要なボイラへの入熱量Q[J]は，火力発電所の熱効率が39%であるから，

一般に原子力発電の方が熱効率が低いことを覚えておくとよい。

90

$$Q = \frac{W}{0.39}$$

$$= \frac{8.019 \times 10^{11}}{0.39}$$

$$\fallingdotseq 20.562 \times 10^{11} \text{ J} \rightarrow 2.0562 \times 10^{12} \text{ J}$$

よって，必要な石炭の燃料量 $B[\text{t}]$ は，

$$B = \frac{Q \times 10^{-3}}{27000} \times 10^{-3}$$

$$= \frac{2.0562 \times 10^{12} \times 10^{-3}}{27000} \times 10^{-3}$$

$$= \frac{2.0562 \times 10^{6}}{27000}$$

$$= \frac{20.562 \times 10^{5}}{2.7 \times 10^{4}}$$

$$\fallingdotseq 7.62 \times 10 \text{ t} \rightarrow 76 \text{ t}$$

④ 次の文章は原子炉の自己制御性に関する記述である。

原子炉内の核分裂反応は，何らかの要因で反応が増加すると，自動的に反応が抑制される自己制御性を持つ。例えば，減速材に用いる (ア) においては，核分裂が増加すると減速材の温度が上昇し密度が減少する。すると高速中性子の減速が (イ) され，熱中性子が減少するため，核分裂反応が減少する。また，沸騰水型軽水炉においては出力が増加した場合減速材の沸騰が (ウ) され，これにより反応が抑制され出力が減少する。

上記の記述中の空白箇所（ア），（イ）及び（ウ）に当てはまる組合せとして，正しいものを次の(1)～(5)のうちから一つ選べ。

	（ア）	（イ）	（ウ）
(1)	軽水	抑制	促進
(2)	ホウ素	促進	促進
(3)	軽水	促進	促進
(4)	軽水	抑制	抑制
(5)	ホウ素	促進	抑制

注目 原子炉の自己制御性は圧倒的にBWRの沸騰に関するものが多いが，減速材や燃料でも自己制御は働くことは覚えておいてよい。

軽水炉においては，減速材，冷却材，反射材に軽水を用いる，ホウ素は制御材として用いる。

核分裂が増加すると軽水の温度が上昇する。水は温度が上昇すると膨張する，すなわち密度が減少する性質があるため，同体積内の水分子の量が減少することになる。水分子が減少すると高速中性子の減速が抑制されるため，核分裂に適した低速の熱中性子の数が減少し，核分裂が抑制される。したがって，減速材にも負の温度効果があることがわかる。

また，沸騰水型軽水炉 (BWR) においては出力が増加すると，減速材である軽水の沸騰が促進され，高速中性子の減速が抑制される。これをボイド効果という。

5 次の図は原子力発電における核燃料サイクルに関するものである。

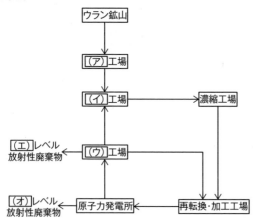

図中の空白箇所（ア），（イ），（ウ），（エ）及び（オ）に当てはまる組合せとして，正しいものを次の(1)〜(5)のうちから一つ選べ。

	（ア）	（イ）	（ウ）	（エ）	（オ）
(1)	転換	精錬	再加工	高	低
(2)	精錬	転換	再処理	高	低
(3)	転換	精錬	再処理	低	高
(4)	精錬	転換	再処理	低	高
(5)	転換	精錬	再加工	低	高

解答 （2）

　天然ウランから低濃縮ウランに，また，使用済み核燃料の循環利用を合わせて行う一連のサイクルを核燃料サイクルという。サイクルの概要は以下の通りである。

（ア）　ウラン鉱山からウラン鉱石を採掘した後は精錬工場に向かう。精錬工場でウラン鉱石を化学処理し，粉末状のウラン精鉱（イエローケーキ）にする。

（イ）　転換工場でイエローケーキを気化しやすい六ふっ化ウランにする。そして，濃縮工場で気化した六ふっ化ウランを濃縮する。また，再転換・加工工場では濃縮した六ふっ化ウランを加工しやすくするため，粉末状の二酸化ウランにし，高温で焼き固めてペレットを作り，被覆管に詰めて燃料棒とし，燃料集合体とする。

（オ）　原子力発電所で発電する。原子力発電所では，非常に低レベルであるが放射線があるため，そこの作業等で使用したもの（作業着，手袋等）は低レベル放射性廃棄物として処理する。

（ウ）（エ）　使用済み燃料を再処理工場で処理し，再利用する。回収ウランとプルトニウムは核燃料サイクルにし，残った廃棄物は高レベル放射性廃棄物として最終処分する。

注目 ▶ 丸暗記でも良いが，なぜ工場がこんなにあるのか中身と合わせて覚えると忘れにくい。

解答編

CHAPTER 03

原子力発電 1

CHAPTER 04 その他の発電

1 その他の発電

✓ 確認問題

1 次の文章は太陽電池に関する記述である。(ア)〜(オ)にあてはまる語句を答えよ。

接合した半導体に太陽光をあてると，pn接合の界面に [　(ア)　] と [　(イ)　] ができ，内蔵電界により [　(ア)　] はp形半導体に移動する。これにより起電力が発生し，負荷を接続すると電流が流れる。このとき流れる電流は [　(ウ)　] 流であるため，電力系統に連系する際は [　(エ)　] で [　(オ)　] 流に変換し送電する。

POINT 1 太陽光発電

解答 (ア) 正孔　(イ) 自由電子　(ウ) 直
(エ) パワーコンディショナ (もしくはインバータ)
(オ) 交

p形半導体とn形半導体を接合すると，その中間部では自由電子と正孔の移動が起こり，電子と正孔が結合して，内蔵電界と呼ばれる電界ができる。

pn接合部に太陽光をあてると，そのエネルギーにより電子－正孔対ができ，内蔵電界により正孔はp形半導体，自由電子はn形半導体に引き寄せられる。これにより，それぞれ正と負の電荷が帯電し，起電力が生まれる。

この起電力は直流であるため，電力系統に連系する際はパワーコンディショナ内のインバータで交流に変換し送電する必要がある。

✎ このような半導体の細かな原理は電験二種の「理論」の内容となるので参考程度でよい。

2 次の文章は風力発電に関する記述である。（ア）〜（エ）にあてはまる数値を答えよ。

POINT 2 風力発電

風力発電は風の運動エネルギーを風車の回転エネルギーにして，発電機で電気エネルギーにする発電方式である。受けた風のエネルギーをすべて電気エネルギーに変えることはできず，エネルギー変換効率は　（ア）　％程度である。風車の受風面積や風の強さに発電量が左右され，発電量は受風面積の　（イ）　乗，風速の　（ウ）　乗に比例する。しかしながら，風が強すぎると風車のブレードの損傷を招く恐れがあるので，風速は　（エ）　[m/s] を上限とするのが一般的である。

解答　（ア）40　　（イ）1　　（ウ）3　　（エ）25

風速を v [m/s]，風車の受風面積を A [m^2]，空気の密度を ρ [kg/m^3] とすると，単位時間あたりに通過する空気のエネルギー W [W] は，

$$W = \frac{1}{2}\rho A v^3 \,[\mathrm{W}]$$

したがって，発電量は受風面積の 1 乗，風速の 3 乗に比例する。実際にはこのエネルギーのうち発電に寄与するのは 40% 程度となる。また，風速は弱すぎても強すぎても問題があり，風速が強すぎ，25 m/s を超える場合にはブレード（羽根）の向きを風の向きと直角になるようにして，損壊を防ぐ対策が取られる。

3 次の文章は燃料電池発電に関する記述である。（ア）〜（オ）にあてはまる語句を答えよ。

POINT 4 燃料電池発電

燃料電池は負極に　（ア）　，正極に　（イ）　を供給して，化学反応させて発電する発電方式である。反応生成物が　（ウ）　であるため，発電時に地球温暖化物質である　（エ）　や大気汚染物質である　（オ）　を発生せず，騒音や振動も少なく，発電効率も高いという特長がある。

解答　（ア）水素　（イ）酸素（空気）　（ウ）水
（エ）二酸化炭素　（オ）窒素酸化物

燃料電池の化学反応式は以下の通りである。

$$正極：\frac{1}{2}O_2 + 2H^+ + 2e^- \rightarrow H_2O$$

$$負極：H_2 \rightarrow 2H^+ + 2e^-$$

したがって，負極（燃料極）に水素，正極（空気極）に酸素（空気）を供給して，それぞれ化学反応させて電気エネルギーを得る。反応生成物は正極に発生する水のみであるため，化石燃料燃焼時に発生する地球温暖化物質である二酸化炭素や大気汚染物質である窒素酸化物が発生しないという利点がある。

注目 燃料電池に関する内容は機械科目でも扱う内容である。

④ 次の文章はバイオマス発電に関する記述である。（ア）〜（ウ）にあてはまる語句を答えよ。

POINT 5 バイオマス発電と廃棄物発電

バイオマス発電は，木材等の木くず，さとうきびから得られるエタノール，家畜のふん等を燃料として使用する発電方法である。例えば木材の場合，燃料を燃焼することで （ア） が発生するが，発生した量と同量を植物を成長させることで回収することができるので，全体として （ア） が増加しない。これを （イ） という。化石燃料と比較すると，発熱量が （ウ） いため大量の燃料を必要とするため量的な確保等の問題がある。

解答 （ア）二酸化炭素(CO_2)

（イ）カーボンニュートラル　（ウ）低

バイオマス発電は，基本的な発電方法は汽力発電と同じであるが，燃焼するものが化石燃料ではなく再生可能な燃料である点が異なる。したがって，地球温暖化の問題となっている二酸化炭素の排出をしても，その分植林等を行えば回収できると考えられ，地球全体として二酸化炭素の量は増加しないと解釈することができる。これをカーボンニュートラルという。

ただし，化石燃料と比較して，単位体積当たりの発熱量が低いので，大量の燃料を確保する必要がある。また，他の用途，例えば木材であれば製紙業や

バイオマス発電も廃棄物発電も国産エネルギーと考えることができる。したがって，導入すれば日本のエネルギー自給率が向上すると言える。

パルプ業等と競合し，燃料費が高騰してしまう可能性もある。

⑤ 次の新エネルギー発電に関する記述として，正しいものには○，誤っているものには×をつけよ。

(1) 太陽光発電および風力発電の出力は直流である。

(2) 太陽電池で発電した電力を系統に連系するため，コンバータで変換し，送電する。

(3) 風力発電は風の運動エネルギーを利用した発電なので，発電するエネルギーは風速の2乗に比例する。

(4) 地熱発電は地中深くにあるマグマのある層まで掘削するので，一般に建設コストが高い。

(5) 地熱発電は天然蒸気を使用するので，発電時にCO_2を発生せず，腐食対策も不要である。

(6) 燃料電池発電は水の電気分解の逆の反応を利用した発電方式である。

(7) 燃料電池発電には電解質により低温形と高温形があり，りん酸は低温形，固体高分子は高温形の燃料電池である。

(8) バイオマス発電は，燃料以外は汽力発電と同じ方法で発電する発電方式である。

(9) バイオマス発電は発電時にCO_2を発生しないので，地球温暖化対策として有効である。

(10) 廃棄物発電は，焼却時に発生する熱を回収し，タービンを回して発電する方法である。

(11) 廃棄物発電の発電熱効率は汽力発電の発電熱効率と比較して低い。

解答 (1) × (2) × (3) × (4) × (5) × (6) ○
(7) × (8) ○ (9) × (10) ○ (11) ○

(1) ×。太陽光発電の出力は直流であるが，風力発電の出力は交流である。

(2) ×。太陽電池で発電した電力は直流であるため，系統に連系するためにはインバータで交流に変換する必要がある。

(3) ×。風力発電は風の運動エネルギーを利用した発電で，発電するエネルギーは風速の3乗に比例する。

(4) ×。地熱発電は地中1000～3000 mにある熱水のある層まで掘削するので，一般に建設コストが高い。

(5) ×。地熱発電は天然蒸気を使用するので，発電時にCO_2を発生しないが，蒸気中に含まれる不純物に対する腐食対策が必要である。

(6) ○。燃料電池発電は水の電気分解における水素と酸素の生成と逆の反応を利用した発電方式である。

(7) ×。燃料電池発電には電解質により低温形と高温形があり，りん酸および固体高分子とも低温形で，高温形の燃料電池には溶融炭酸塩形，固体酸化物形がある。

(8) ○。バイオマス発電は，燃料以外は汽力発電と同じ方法で発電する発電方式である。

(9) ×。バイオマス発電は，発電時にCO_2を発生するが，同量のCO_2を別の形で回収することが可能な発電方式である。

(10) ○。廃棄物発電は，焼却時に発生する熱を回収し，タービンを回して発電する方法である。

(11) ○。廃棄物発電の発電熱効率は燃料の発熱量が少ないこと，温度を高く上げることが難しいことから，汽力発電の発電熱効率より低くなる。

📖 基本問題

1 次の文章は，太陽光発電設備に関する記述である。

太陽光発電設備は近年非常に普及が進んでいる自然エネルギー発電である。エネルギー源が太陽光であり，無尽蔵にある反面，　(ア)　が天候に左右されるという欠点もある。太陽電池モジュールに用いる材料としては　(イ)　系の半導体が主流であり，その結晶構造により単結晶，多結晶，アモルファス等に分類できる。一般に価格は　(ウ)　が一番安いが，発電効率は　(エ)　が一番高いという特徴があるため，発電面積やコストバランス等を総合的に考慮し材料を選定する。

上記の記述中の空白箇所（ア），（イ），（ウ）及び（エ）に当てはまる組合せとして，正しいものを次の(1)～(5)のうちから一つ選べ。

	（ア）	（イ）	（ウ）	（エ）
(1)	電池寿命	炭素	単結晶	多結晶
(2)	発電量	炭素	単結晶	多結晶
(3)	発電量	シリコン	アモルファス	単結晶
(4)	電池寿命	シリコン	アモルファス	多結晶
(5)	発電量	炭素	アモルファス	単結晶

注目 野立てや山間部等の太陽光発電所は多結晶やアモルファス，住宅の屋根は単結晶を採用する事例が多い。

解答 (3)

太陽光発電はエネルギーが太陽光であるため，枯渇がない反面，天候が荒天だとほとんど発電しなくなるという欠点がある。電池寿命は半導体の特性を利用しているため，地震や台風等による損壊を除けばあまり天候の影響を受けず，非常に高寿命である。

太陽電池モジュールに用いる材料は材料のコストメリット等を鑑みてもシリコン系の半導体が主流である。

シリコンの半導体は，結晶構造により単結晶，多結晶，アモルファスに分類できるが，図の通り，安価な材料ほど発電効率が悪いという特性がある。

POINT 1 太陽光発電

			効率	価格
シリコン系	結晶系	単結晶 …	高	高
		多結晶 …	中	中
	非結晶系(アモルファス系) …		低	低
化合物系				

2 次の文章は，風力発電設備の風速と出力の関係に関する記述である。

　風力発電は自然に吹く風の力を利用して発電する方法である。一般に受ける風の面積A[m²]は　(ア)　の長さr[m]の2乗に比例し，単位時間あたりに通過する空気の体積V[m³/s]は風速v[m/s]の　(イ)　乗に比例する。また，単位時間あたりに通過する空気の質量m[kg/s]は，空気の密度をρ[kg/m³]とすると　(ウ)　となるので，単位時間あたりの風のエネルギーは　(エ)　の3乗に比例することになる。

　上記の記述中の空白箇所（ア），（イ），（ウ）及び（エ）に当てはまる組合せとして，正しいものを次の(1)～(5)のうちから一つ選べ。

	（ア）	（イ）	（ウ）	（エ）
(1)	ブレード	1	$\rho A v$	v
(2)	ナセル	2	ρA	r
(3)	ブレード	1	ρA	r
(4)	ナセル	2	$\rho A v$	r
(5)	ブレード	2	$\rho A v$	v

解答 (1)

　風力発電は図のような設備構成となっている。受風面積はブレードの長さ，すなわち風車の回転半径r[m]の2乗に比例し，単位時間あたりに通過する空気の体積はV[m³/s]は，

$$V = Av$$

となるので，風速v[m/s]（の1乗）に比例する。

　また，単位時間あたりの通過する空気の質量m[kg/s]は，空気の密度をρ[kg/m³]とすると，

POINT 2 風力発電

$$m = \rho V = \rho A v$$

となるので，単位時間あたりの風のエネルギー $W[\mathrm{W}]$ は，

$$W = \frac{1}{2}mv^2 = \frac{1}{2}\rho A v^3 [\mathrm{W}]$$

となり，風速 $v[\mathrm{m/s}]$ の3乗に比例する。

$W = \dfrac{1}{2}mv^2 = \dfrac{1}{2}\rho A v^3$ の公式を丸暗記するのではなく，本問等を通じて,なぜ公式が導き出されるのかを理解しておくこと。

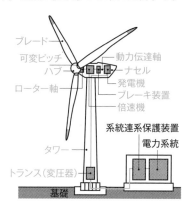

ブレード
可変ピッチ
ハブ
ローター軸
動力伝達軸
ナセル
発電機
ブレーキ装置
倍速機
系統連系保護装置
電力系統
タワー
トランス(変圧器)
基礎

3 次の文章は，燃料電池発電に関する記述である。

燃料電池発電は燃料極に水素を供給して ［(ア)］ 反応させ，空気極に空気（酸素）を供給して ［(イ)］ 反応させ電気を取り出す。水素は ［(ウ)］ 等の燃料から改質器を用いて取り出す。反応生成物は水であるため，発電時に二酸化炭素を発生しないという特徴がある。発電効率は ［(エ)］ ％程度であるため，他の自然エネルギー発電と比較して高いというメリットがある。

上記の記述中の空白箇所（ア），（イ），（ウ）及び（エ）に当てはまる組合せとして，正しいものを次の(1)〜(5)のうちから一つ選べ。

	（ア）	（イ）	（ウ）	（エ）
(1)	還元	酸化	石油	30〜60
(2)	酸化	還元	天然ガス	30〜60
(3)	還元	酸化	天然ガス	20〜30
(4)	酸化	還元	石油	20〜30
(5)	還元	酸化	天然ガス	30〜60

解答 ⑵

　燃料電池発電は各極で以下のような化学反応をする。

正極：$\dfrac{1}{2}O_2 + 2H^+ + 2e^- \rightarrow H_2O$

負極：$H_2 \rightarrow 2H^+ + 2e^-$

　したがって，負極（燃料極）では水素が電子を失う酸化反応，正極（空気極）に電子を得て水が生成する還元反応をする。

　水素は天然ガス等の燃料を改質器を通すことにより得られる。全体として，エネルギーロスとなるところが少ないので発電効率は高く（30～60％）なる。

負極では電子を失い，正極では電子を受け取るので，負極は酸化反応，正極は還元反応となる。

4 各種発電に関する記述として，誤っているものを次の⑴～⑸のうちから一つ選べ。

⑴　バイオマス発電は動植物が生成もしくは排出する有機物を燃料として発電する発電方式である。

⑵　太陽光発電の太陽電池から得られる電力は直流であるため，系統に連系するためには交流に変換する必要がある。

⑶　廃棄物発電は，燃焼温度が低いとダイオキシン等の有害物質を発生するおそれがある。

⑷　地熱発電は地中から取り出す熱水から蒸気を作りタービンを回して発電する。資源の安定供給の観点から，一般に海辺に作られることが多い。

⑸　海上は一般に陸上よりも風が強く，風力発電に適した場所が多く存在する。

注目 新エネルギー発電は総合問題として出題されることも多い。あまり深追いするのも良くないが，全体の概要は理解しておくようにすること。

解答 ⑷

⑴　正しい。バイオマス発電は動植物が生成もしくは排出する有機物を燃料として発電する発電方式である。

⑵　正しい。太陽光発電の太陽電池から得られる電力は直流であるため，系統に連系するためにはパワーコンディショナで交流に変換する必要がある。

(3) 正しい。廃棄物発電は，燃焼温度が低いとダイオキシン等の有害物質を発生するおそれがある。高温にすればダイオキシン発生量は減少するが，NO_x発生や過熱器高温腐食防止の観点から適正な温度とする必要がある。

(4) 誤り。地熱発電は地中から取り出す熱水から蒸気を作りタービンを回して発電する。資源の安定供給の観点から，一般に火山の多い山間部に作られることが多い。

(5) 正しい。海上は一般に陸上よりも風速が強く，風力発電に適した場所が多く存在する。

5 次の発電設備のうち，発電時にCO_2を発生せずかつ出力が直流であるものの組合せとして，正しいものを一つ選べ。
(1) バイオマス発電，燃料電池発電
(2) 太陽光発電，風力発電
(3) 廃棄物発電，地熱発電
(4) 燃料電池発電，太陽光発電
(5) 風力発電，地熱発電

注目 少し特殊な問題であるが，このような問題形式の問題も出題される。整理して覚えておくこと。

解答 (4)

選択肢のうち，発電時にCO_2を発生しないものは，燃料電池発電，太陽光発電，風力発電，地熱発電であり，出力が直流であるものは燃料電池発電と太陽光発電である。よって，解答は(4)となる。

1 次の文章は，太陽光発電設備に関する記述である。

太陽光発電設備の最小単位である ｜ (ア) ｜は，単体では電圧が小さいため，製品としては直並列に接続した ｜ (イ) ｜で販売される。また，系統連系するためには ｜ (イ) ｜をさらに直並列に接続して出力電圧を確保する。太陽光発電設備からの出力は直流であるため，系統と連系するためには直流を交流にし，さらには発電設備や系統に異常があった際に発電設備と系統を切り離す ｜ (ウ) ｜を内蔵したパワーコンディショナを配置する必要がある。系統異常時の保護リレーとしては ｜ (エ) ｜リレーがある。

上記の記述中の空白箇所（ア），（イ），（ウ）及び（エ）に当てはまる組合せとして，正しいものを次の(1)～(5)のうちから一つ選べ。

	（ア）	（イ）	（ウ）	（エ）
(1)	ストリング	アレイ	インバータ	過電流
(2)	セル	モジュール	系統連系保護装置	過電圧
(3)	セル	アレイ	系統連系保護装置	過電圧
(4)	ストリング	モジュール	インバータ	過電圧
(5)	セル	モジュール	インバータ	過電流

解答 (2)

太陽光発電設備は最小単位であるセルがあり，セルを直並列に接続したものがモジュールである。ストリングはモジュールを直列に配列したもので，細かくいうとアレイはストリングを並列に配列したものとなる。

パワーコンディショナには直流を交流に変換するインバータ，発電設備や系統異常時に系統と発電設備を切り離し，発電設備を停止する系統連系保護装置がある。系統異常の保護リレーとしては落雷等による過電圧リレーがある。

注目 ストリングは電験三種では出題されたことがないが，電験二種では出題されているので，覚えておくとよい。

2 風速16 m/sで出力が26 kWの風力発電設備がある。風力が変化し，出力が11 kWに変化したときの風速[m/s]として，最も近いものを次の(1)〜(5)のうちから一つ選べ。

(1) 7　　(2) 8　　(3) 10　　(4) 12　　(5) 13

解 答 (4)

　　出力は風速の3乗に比例するので(1)〜(5)の各選択肢の風速に変化した時の出力を求めると，

(1) $\left(\dfrac{7}{16}\right)^3 \times 26 \fallingdotseq 2.18 \text{ kW}$

(2) $\left(\dfrac{8}{16}\right)^3 \times 26 = 3.25 \text{ kW}$

(3) $\left(\dfrac{10}{16}\right)^3 \times 26 \fallingdotseq 6.35 \text{ kW}$

(4) $\left(\dfrac{12}{16}\right)^3 \times 26 \fallingdotseq 11.0 \text{ kW}$

(5) $\left(\dfrac{13}{16}\right)^3 \times 26 \fallingdotseq 13.9 \text{ kW}$

となるので，解答は(4)となる。

$\sqrt[3]{\dfrac{11}{26}}$ は，普通の電卓では求められないので，各選択肢の値を代入して求める。

3 燃料電池発電設備において，水素を100 m³消費したとき燃料電池発電設備から得られる電気量[kA・h]として，最も近いものを次の(1)〜(5)のうちから一つ選べ。ただし，水素のモル体積は22.4 m³/kmol，ファラデー定数は27 A・h/molとする。

(1) 120　　(2) 180　　(3) 240
(4) 300　　(5) 360

注目 この内容は主に機械科目の電気化学の分野で出題される内容である。
ただし，電力では出題されないということもないので解けるようにしておく。

解 答 (3)

　　水素100 m³の物質量 M[kmol]は，水素のモル体積が22.4 m³/kmolであるから，

$$M = \frac{100}{22.4} = 4.4643 \text{ kmol}$$

　　燃料電池の燃料極での化学反応式は以下の通りである。

　　燃料極：$H_2 \rightarrow 2H^+ + 2e^-$

化学反応式より，水素 1 mol あたりに発生する電荷量は 2 mol であり，ファラデー定数は 27 A・h/mol であるから，得られる電気量 Q[kA・h]は，

$$Q = M \times 2 \times 27$$
$$= 4.4643 \times 2 \times 27$$
$$\fallingdotseq 241 \text{ kA} \cdot \text{h}$$

したがって，最も近いのは(3)となる。

4 各燃料電池の電解質と特性として誤っている組合せを次の(1)～(5)のうちから一つ選べ。

	電解質	動作温度	発電効率
(1)	安定化ジルコニア	約1000℃	60%
(2)	水酸化ナトリウム水溶液	約80℃	70%
(3)	固体高分子膜	約90℃	33%
(4)	りん酸	約800℃	55%
(5)	炭酸リチウム	約650℃	50%

燃料電池の動作温度の数値を覚えておくことは難しいので，低温形なのか高温形なのかは覚えておき，高温形の方が効率が良い程度は覚えておくとよい。

解答 (4)

(1) 正しい。固体酸化物形燃料電池に関する説明で，動作温度が高温であることと発電効率も高いという特徴がある。

(2) 正しい。アルカリ電解質形燃料電池に関する説明である。構造が簡単で動作温度も低いので，信頼性が高い燃料電池である。

(3) 正しい。固体高分子形燃料電池に関する説明で，動作温度は低温であり発電効率も30～40%程度である。

(4) 誤り。りん酸形燃料電池に関する説明であるが，りん酸形燃料電池は低温形であり，動作温度は200℃程度である。また，発電効率も35～42%程度である。

(5) 正しい。溶融炭酸塩形燃料電池に関する説明で，動作温度が650℃程度，発電効率は50%程度である。

5 汽力発電と比較したときのバイオマス発電の特徴として，誤っているものを次の(1)～(5)のうちから一つ選べ。

(1) 資源が豊富である。

(2) 発電効率が悪い。

(3) 発電所運転時に二酸化炭素を排出しない。

(4) 燃料の発熱量が低い。

(5) 燃料を国内で生産可能である。

解答 (3)

(1) 正しい。バイオマス発電の原料は国内にもたくさんの埋蔵量があり，種類も多いため，資源は豊富にある。

(2) 正しい。バイオマス発電は，化石燃料と比較すると発電効率は悪くなる。

(3) 誤り。バイオマス発電は，発電時には二酸化炭素を排出するが，同量の二酸化炭素を植林等で回収することができる。

(4) 正しい。一般にバイオマス発電は，燃料の発熱量が低い。

(5) 正しい。木材等は国内で生産することが可能である。

✎ 二酸化炭素の総量が変わらないカーボンニュートラルという言葉や，廃棄物等を燃焼して熱回収するサーマルリサイクルという用語も知っておいてもよい。

6 新エネルギー発電に関する記述として，誤っているものを次の(1)～(5)のうちから一つ選べ。

(1) 廃棄物発電は原油専燃の汽力発電に比べ，燃焼温度が低いため，熱効率が劣る。

(2) 燃料電池発電は発電効率が良く，発電時に大気汚染物質を排出しないメリットがあるが，導入に費用がかかり，寿命が短いというデメリットがある。

(3) 太陽光発電設備は発電時に地球温暖化物質である二酸化炭素を排出しないという特徴がある。

(4) 地熱発電は火山の多い日本においては埋蔵量が非常に多いため，貴重な国産のエネルギーとなり得るが，掘削に費用がかかることや土地の規制等の問題があり，なかなか普及が進んでいない状況にある。

(5) 風力発電は風が吹けば季節や時間帯等関係なく発電する設備である一方，発電量が風速に大きく影響を受け，

騒音や高周波発生の問題点もあるため，発電設備設置場所に制約がある。

(1) 正しい。廃棄物発電は原油専燃の汽力発電に比べ，発熱量が低く，過熱器の高温腐食の懸念もあるため，燃焼温度が低くなり，熱効率は10〜15%程度である。

(2) 正しい。燃料電池発電は発電効率が良く，発電時に大気汚染物質を排出しないメリットがあるが，導入に費用がかかり，寿命が10年程度と短いというデメリットがある。

(3) 正しい。太陽光発電設備は発電時に地球温暖化物質である二酸化炭素を排出しないという特徴がある。

(4) 正しい。地熱発電は火山の多い日本においては埋蔵量が非常に多いため，貴重な国産のエネルギーとなり得るが，掘削に費用がかかることや国立公園といったような土地の規制等の問題があり，なかなか普及が進んでいない状況にある。

(5) 誤り。風力発電は風が吹けば季節や時間帯等関係なく発電する設備である一方，発電量が風速に大きく影響を受け，騒音や低周波発生の問題点もあるため，発電設備設置場所に制約がある。

全体の文章の内容はほぼ合っていて一部微妙な違いがあるという難易度高めの問題であるが，電験三種ではこのような出題の仕方も多い。

CHAPTER 05 変電所

1 変電所

☑ 確認問題

① 次の変圧器に関する記述として，正しいものには○，誤っているものには×をつけよ。

POINT 1 変圧器

(1) 変圧器の一次電圧がE_1[V]，一次巻線および二次巻線の巻数がN_1およびN_2であるとすると，二次電圧E_2[V]は，$E_2 = \dfrac{N_1}{N_2}E_1$となる。

(2) 単相変圧器における変圧比と巻数比の値は等しい。

(3) 負荷時タップ切換変圧器は，系統側の電圧を一定に保つためにタップを切り換えることにより，負荷側の電圧を調整するものである。

(4) Δ−Δ結線は第2調波および第3調波を還流することができる。

(5) Y−Δ結線は一次電圧より二次電圧が30°進みの位相差を生じる。

(6) Y−Y結線は誘導障害が発生するおそれがあるので基本的には使用せず，3次巻線にΔ巻線を接続し，Y−Y−Δ結線にして使用する。

(7) Δ−Δ結線は単相変圧器3台を使用する場合，1台が故障してもV−V結線として使用できる。

(8) 変圧器の鉄心材料として用いられるケイ素鋼板は，アモルファス合金に比べ，重量が軽く，強度も強い。

(9) 変圧器の鉄心の渦電流損を低減するため，絶縁被覆を施した積層鉄心を用いることが多い。

解答 (1) × (2) ○ (3) × (4) × (5) ×
(6) ○ (7) ○ (8) × (9) ○

(1) ×。変圧器の一次電圧がE_1[V]，二次電圧をE_2[V]，一次巻線および二次巻線の巻数がN_1およびN_2であるとすると，

$$\frac{E_1}{E_2} = \frac{N_1}{N_2}$$

となり，この式を整理すると，

$$E_2 = \frac{N_2}{N_1} E_1$$

となる。

(2) ○。単相変圧器における変圧比 $\frac{E_1}{E_2}$ と巻数比 $\frac{N_1}{N_2}$ は等しく，

$$\frac{E_1}{E_2} = \frac{N_1}{N_2}$$

となる。

(3) ×。負荷時タップ切換変圧器は，負荷側の電圧を一定に保つためにタップを切り換えることにより，変圧比を調整するものである。

(4) ×。Δ－Δ結線は第3調波を還流することができるが，第2調波を還流する役割はない。

(5) ×。Y－Δ結線は一次電圧より二次電圧が30°遅れの位相差を生じる。

(6) ○。Y－Y結線は誘導障害が発生するおそれがあるので基本的には使用せず，3次巻線にΔ巻線を接続し，Y－Y－Δ結線にして使用する。

(7) ○。Δ－Δ結線は単相変圧器3台を使用する場合，1台が故障してもV－V結線として使用できる。

(8) ×。変圧器の鉄心材料として用いられるケイ素鋼板は，アモルファス合金に比べ，重量は軽いが，強度は弱い。

(9) ○。変圧器の鉄心の渦電流損を低減するため，絶縁被覆を施した積層鉄心を用いることが多い。

第2調波は通常運転時には発生せず，変圧器に電圧を投入するときに発生する高調波で，保護継電器の動作時間を一時的に変えることで対応可能となる。

② 次の表は遮断器の名称とその説明に関するものである。（ア）〜（エ）の説明に該当する遮断器を次の(1)〜(5)のうちから一つ選べ。

POINT 2 遮断器

名称	説明
（ア）	保守が容易であるが，大型で開閉時の騒音が大きい。
（イ）	高い消弧能力を持つが，充填ガスが温室効果ガスなので，取り扱いに注意を要する。
（ウ）	小型・軽量で，低い電圧の系統で現在の主流となっている遮断器である。
（エ）	開閉時の騒音は小さいが，火災に注意する必要がある。

(1) 真空遮断器　　(2) 磁気遮断器　　(3) 油遮断器
(4) 空気遮断器　　(5) ガス遮断器

解答　（ア）(4)　（イ）(5)　（ウ）(1)　（エ）(3)

（ア）保守が容易であるが，大型で開閉時の騒音が大きいのは空気遮断器である。

（イ）高い消弧能力を持つが，充填ガス（SF_6ガス）が温室効果ガスなので，取り扱いを要するのはガス遮断器である。

（ウ）小型・軽量で，低い電圧の系統で現在の主流となっている遮断器は真空遮断器である。

（エ）開閉時の騒音は小さいが，火災に注意する必要があるのは油遮断器である。

③ 次の図は受電用変圧器から負荷に繋いだ線路の基本回路図である。受電開始時の機器A，Bの投入順序および受電停止時の開放順序を答えよ。

POINT 3 断路器

注目 投入順序や開放順序は丸暗記するのではなく，解説にあるメカニズムを理解する。

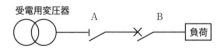

解答　投入順序：A→B，開放順序：B→A

図のAは断路器，図のBは遮断器である。通電時に開閉可能なのはBの遮断器のみであり，Aの断路器は通電していないときのみ開閉可能である。

したがって，投入時は，Bの遮断器を投入した後，通電状態でAの断路器を投入すると危険なので，先にAの断路器を投入しておき，Bの遮断器を投入する。

また，開放時は，先にAの断路器を開放すると非常に危険であり，必ずBの遮断器を開放し，通電がなくなった後Aの断路器を開放する。

4 次の文章は避雷器に関する記述である。（ア）〜（オ）にあてはまる語句を答えよ。

POINT 4 避雷器

避雷器は過電圧が発生した際に放電して，電圧の上昇を抑制し機器を保護する装置である。図は避雷器に用いられる材料の [(ア)] – [(イ)] 特性を示すものであり，縦軸が [(ア)] であり，横軸が [(イ)] である。図のAおよびBは酸化亜鉛素子もしくは炭化けい素素子の特性を示す曲線であるが，このうちAが [(ウ)] ，Bが [(エ)] であるため，より避雷器の理想的な特性に近いのはAとBのうち [(オ)] の素子であることがわかる。

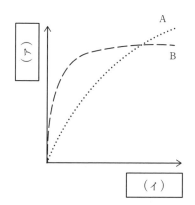

解答 （ア）電圧　（イ）電流　（ウ）炭化けい素素子
（エ）酸化亜鉛素子　（オ）B

5 次の文章は計器用変成器に関する記述である。（ア）〜（オ）にあてはまる語句を答えよ。

POINT 5 計器用変成器

計器用変成器には計器用変圧器と計器用変流器がある。計器用変圧器の場合は，一次電圧 E_1[V] と二次電圧 E_2[V] の比は，一次巻線および二次巻線の巻数を N_1 および N_2 とすると，

$\dfrac{E_1}{E_2} = \boxed{\text{(ア)}}$ となり，計器用変流器の場合は，一次電流I_1[A]

と二次電流I_2[A]の比は，一次巻線および二次巻線の巻数をN_1

およびN_2とすると，$\dfrac{I_1}{I_2} = \boxed{\text{(イ)}}$ となる。したがって，一次

側より二次側の巻数が大きいのは計器用$\boxed{\text{(ウ)}}$である。一

次側通電時に，二次側を開放してはならないのは$\boxed{\text{(エ)}}$，

短絡してはならないのは$\boxed{\text{(オ)}}$である。

解答 （ア）$\dfrac{N_1}{N_2}$ （イ）$\dfrac{N_2}{N_1}$ （ウ）変流器

（エ）計器用変流器 （オ）計器用変圧器

計器用変圧器における電圧比と巻数比の関係は，

$$\dfrac{E_1}{E_2} = \dfrac{N_1}{N_2}$$

となり，計器用変圧器では二次電圧E_2を一次電圧

E_1より小さくするため，$N_1 > N_2$となる。

計器用変流器における電流比と巻数比の関係は，

$$\dfrac{I_1}{I_2} = \dfrac{N_2}{N_1}$$

となり，計器用変流器では二次電流I_2を一次電流I_1

より小さくするため，$N_2 > N_1$となる。

したがって，一次側より二次側の巻数が大きいの

は計器用変流器である。

計器用変流器は二次側を開放すると，二次側の電

流を維持するために大きな電圧が加わるので，二次

側を開放してはならない。

計器用変圧器は二次側を短絡すると，二次側の電

圧を維持するために大きな電流が流れるので，二次

側を短絡してはならない。

計器用変圧器→短絡厳禁
計器用変流器→開放厳禁は，
安全性に関わる問題であり，
実務においても非常に重要な
内容であるので，必ず理解し
ておくこと。

6 次の表は継電器の名称とその説明に関するものである。（ア）～（オ）の説明に該当する継電器を次の(1)～(5)のうちから一つ選べ。

名称	説明
（ア）	電流が設定値より下回った場合に動作する。
（イ）	変圧器の一次側と二次側から電流を検出して，電流の比がある範囲を逸脱した場合に動作する。
（ウ）	短絡故障や過負荷故障により電流が設定値より上昇した場合に動作する。
（エ）	変圧器の内部故障を，油流の変化や分解ガスの量で検知して動作する。
（オ）	零相変流器により地絡を検出し動作する。

- (1) 不足電圧継電器
- (2) 地絡過電流継電器
- (3) 不足電流継電器
- (4) 過電圧継電器
- (5) 比率差動継電器
- (6) ブッフホルツ継電器
- (7) 過電流継電器
- (8) 地絡方向継電器
- (9) 差動継電器

POINT 7 保護継電器

注目 電験三種においては継電器のメカニズムではなく，概要を理解していることが重要となる。

解答 （ア）(3)　（イ）(5)　（ウ）(7)　（エ）(6)　（オ）(2)

（ア）電流が設定値より下回った場合に動作するのは，不足電流継電器である。

（イ）変圧器の一次側と二次側から電流を検出して，電流の比がある範囲を逸脱した場合に動作するのは比率差動継電器である。

（ウ）短絡故障や過負荷故障により電流が設定値より上昇した場合に動作するのは過電流継電器である。

（エ）変圧器の内部故障を，油流の変化や分解ガスの量で検知して動作するのはブッフホルツ継電器である。

（オ）零相変流器により地絡を検出し動作するのは地絡過電流継電器である。

7 次の文章はガス絶縁開閉装置に関する記述である。（ア）～（エ）にあてはまる語句を答えよ。

ガス絶縁開閉装置は遮断器や断路器，変成器等を金属容器に収納し，　（ア）　ガスを封入した装置である。それぞれを単独に設置した場合と比べ，装置全体の据付面積が　（イ）　こ

POINT 8 ガス絶縁開閉装置

と，現地での据付工期が <u>　(ウ)　</u> こと，外観点検が <u>　(エ)　</u> であること等の特徴がある。

（ア）SF$_6$ （イ）小さい

（ウ）短い （エ）困難

　ガス絶縁開閉装置は遮断器や断路器，変成器等を金属容器に収納し，高い絶縁性と消弧能力を持つSF$_6$ガスを封入した装置である。

　一括収納することから据付面積が小さく，工場で組み立てて納品するため，現地での工期が短くなるが，密閉構造であるため，外観点検が困難であること等の特徴がある。

⑧ 次の文章は変電所における調相設備に関する記述である。（ア）〜（エ）にあてはまる語句を答えよ。

　調相設備は無効電力を調整して，力率を改善する設備であり，電力用コンデンサ，分路リアクトル，静止形無効電力補償装置（SVC），同期調相機がある。このうち，夜間軽負荷時等に受電端電圧の上昇を防ぐのは <u>　(ア)　</u> であり，これにより <u>　(イ)　</u> 無効電力を吸収する。また，界磁電流を調整して力率を遅れから進みまで連続的に調整することができるのは <u>　(ウ)　</u> であり，進み無効電力を供給する場合には界磁電流を <u>　(エ)　</u> する必要がある。

POINT 9 調相設備

（ア）分路リアクトル （イ）遅れ

（ウ）同期調相機 （エ）小さく

各調相設備の特徴は以下の通りである。

① 電力用コンデンサ

　　位相を進める役割がある。同じ意味の言葉として，「進み無効電力を吸収する」もしくは「遅れ無効電力を供給する」がある。

② 分路リアクトル

　　位相を遅らせる役割がある。同じ意味の言葉として，「遅れ無効電力を吸収する」もしくは「進み無効電力を供給する」がある。

✎ 進み無効電力を供給するということは，遅れ無効電力を吸収することと同じことで，位相を遅らせることである。

③ 静止形無効電力補償装置（SVC）

　サイリスタの位相制御を用いて，無効電力を
連続的に調整する。代表的な方式であるサイリ
スタ制御リアクトル方式（TCR）ではコンデン
サとリアクトルを並列に接続し，サイリスタに
よってリアクトルに流れる電流を制御する。

④ 同期調相機

　界磁電流を調整して力率を遅れから進みまで
連続的に調整する。下図のV曲線の通り，界磁
電流を小さくすると遅れ，大きくすると進みと
なる。

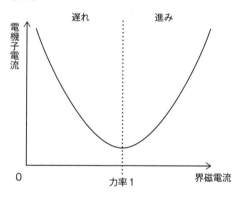

📖 基本問題

1 変圧器の結線方式に関する記述として，誤っているものを次の(1)～(5)のうちから一つ選べ。

POINT 1 変圧器

(1) Δ－Δ結線は一次側と二次側の線間電圧に位相差がなく，Δ結線で第3高調波を還流できるので，二次側の電圧波形はひずみの少ない正弦波となる。

(2) Y－Δ結線は一次側の中性点を接地可能であるが，一次側と二次側の線間電圧に$\frac{\pi}{3}$radの位相差を生じる。

(3) V－V結線は，将来負荷が増設された場合に変圧器もΔ－Δ結線として増設可能である。

(4) Y－Y結線は，一次側と二次側の線間電圧に位相差はないが，第3高調波を還流することができないので，単独で用いられることはない。

(5) Y－Y－Δ結線の三次巻線には第3高調波を還流する役割がある他，調相設備を接続して利用することもできる。

解答 (2)

(1) 正しい。Δ－Δ結線は一次側と二次側の線間電圧に位相差がなく，Δ結線で第3高調波を還流できるので，二次側の電圧波形はひずみの少ない正弦波となる。

(2) 誤り。Y－Δ結線は一次側の中性点を接地可能であるが，一次側と二次側の線間電圧に$\frac{\pi}{6}$radの位相差を生じる。

(3) 正しい。V－V結線は，将来負荷が増設された場合に変圧器もΔ－Δ結線として増設可能である。

(4) 正しい。Y－Y結線は，一次側と二次側の線間電圧に位相差はないが，第3高調波を還流することができないので，単独で用いられることはなく，Y－Y－Δ結線として用いることが多い。

(5) 正しい。Y－Y－Δ結線の三次巻線には第3高調波を還流する役割がある他，調相設備を接続して利用することもできる。

✎ 弧度法

$$30° = \frac{\pi}{6}\,\mathrm{rad}$$

$$45° = \frac{\pi}{4}\,\mathrm{rad}$$

$$60° = \frac{\pi}{3}\,\mathrm{rad}$$

$$90° = \frac{\pi}{2}\,\mathrm{rad}$$

は，直ぐに変換できるように。

2 次の文章は遮断器に関する記述である。

POINT 2 遮断器

遮断器は短絡や地絡が発生した際の事故電流を遮断することができる開閉装置である。ガス遮断器は開閉時に発生するアークに（ア）ガスを吹き付けることで消弧する遮断器であり、真空遮断器はアークを真空中の（イ）により消弧する遮断器である。一般に（ウ）遮断器の方が（エ）遮断器よりも高電圧で利用可能であるが、（エ）遮断器の方が保守は容易である。

上記の記述中の空白箇所（ア）、（イ）、（ウ）及び（エ）に当てはまる組合せとして、正しいものを次の(1)〜(5)のうちから一つ選べ。

	（ア）	（イ）	（ウ）	（エ）
(1)	SF_6	拡散	ガス	真空
(2)	SF_6	拡散	真空	ガス
(3)	C_2H_6	拡散	真空	ガス
(4)	SF_6	吸収	ガス	真空
(5)	C_2H_6	吸収	真空	ガス

解答 (1)

ガス遮断器はSF_6ガスの吹き付け、真空遮断器はアークの真空中の拡散によりアークを消弧するが、一般にガス遮断器は真空遮断器よりも高電圧で使用される。

現在の主流はガス遮断器と真空遮断器なので、特に理解を深めること。

3 次の文章は、避雷器に関する記述である。

POINT 4 避雷器

避雷器で検討する過電圧に雷過電圧と（ア）がある。避雷器はその（イ）の電圧−電流特性により電流を大地に逃がすことで過電圧を抑制し、電圧値を低減させる。この電圧を（ウ）といい、一般に変電所内の機器の絶縁電圧は（ウ）よりも（エ）し、機器を保護する。

上記の記述中の空白箇所（ア）、（イ）、（ウ）及び（エ）に当てはまる組合せとして、正しいものを次の(1)〜(5)のうちから一つ選べ。

	（ア）	（イ）	（ウ）	（エ）
(1)	開閉過電圧	非線形	制限電圧	低く
(2)	開閉過電圧	線形	降伏電圧	高く
(3)	地絡過電圧	非線形	降伏電圧	低く
(4)	地絡過電圧	線形	制限電圧	低く
(5)	開閉過電圧	非線形	制限電圧	高く

解答 (5)

　避雷器で検討する過電圧は雷過電圧と開閉過電圧である。避雷器に求められる特性は非線形の電圧－電流特性であり，電圧値が機器の絶縁を脅かすことがないように電流を大地に逃がし，電圧値を低減させることである。

この電圧を制限電圧といい，機器の絶縁電圧を制限電圧より高くすることで，機器の損傷を防ぐ対策がとられる。

✎ 線形特性とは関係が直線で表すことができる特性である。

4 次の文章は，変電所機器の保護に関する記述である。

　屋外変電所では雷過電圧の発生により，機器の絶縁が脅かされることがあるが，全ての機器が雷過電圧に耐える絶縁強度を有することは現実的ではない。したがって，機器の近くに　（ア）　を設置し制限電圧を設けて機器の絶縁強度をそれ以上とすることで機器の絶縁設計を経済的，合理的に行う。これを　（イ）　という。　（ウ）　は各電気機器を金属容器に収納し，内部を SF_6 ガスで満たした装置で，小型で信頼性が高く，雷過電圧に対し有効な対策の一つである。

　上記の記述中の空白箇所（ア），（イ）及び（ウ）に当てはまる組合せとして，正しいものを次の(1)～(5)のうちから一つ選べ。

| POINT 4 | 避雷器 |
| POINT 8 | ガス絶縁開閉装置 (GIS) |

	（ア）	（イ）	（ウ）
(1)	保護継電器	絶縁協調	GCB
(2)	保護継電器	保護協調	GCB
(3)	避雷器	絶縁協調	GIS
(4)	避雷器	保護協調	GIS
(5)	避雷器	絶縁協調	GCB

解 答 (3)

　屋外変電所においては地上より少し高い位置に電線がある。したがって，落雷の発生確率が高くなりやすいという特徴がある。

　雷過電圧に対する対策として，機器の絶縁強度を雷過電圧に耐えうる構造とすることは経済性に欠ける。そのため，機器の近くに避雷器を設置し制限電圧以上に電圧が上がらないようにすることで機器の保護を図る。これを絶縁協調という。

　GISは各電気機器を金属容器に収納し，金属容器を接地することで，機器は保護される。

5 次の文章は計器用変成器に関する記述である。

　計器用変成器において，計器用変圧器の二次側には　(ア)　インピーダンス負荷を接続し，一次側に電流が流れている状態では絶対に　(イ)　してはならない。一方，計器用変流器の二次側には　(ウ)　インピーダンス負荷を接続し，一次側に電流が流れている状態では絶対に　(エ)　してはならない。一次側に電流が流れている状態では計器用変流器の二次側を　(エ)　すると，　(オ)　が過大となり，変流器を焼損してしまう可能性がある。

　上記の記述中の空白箇所（ア），（イ），（ウ），（エ）及び（オ）に当てはまる組合せとして，正しいものを次の(1)～(5)のうちから一つ選べ。

POINT 5 計器用変成器

	（ア）	（イ）	（ウ）	（エ）	（オ）
(1)	高	短絡	低	開放	電圧
(2)	低	短絡	高	開放	電圧
(3)	低	開放	高	短絡	電圧
(4)	高	開放	低	短絡	電流
(5)	低	短絡	高	開放	電流

解 答 (1)

　計器用変圧器は二次側に高インピーダンス負荷を接続し，一次側に電流が流れている状態では絶対に

✎ 計器用変成器ではこの内容が最重要となるため，最も出題頻度が高い。

121

短絡してはならない。これは，二次側電圧を常にある値にしようと制御している中で短絡すると，どれだけ電流が流れても目標の電圧に上昇せず，過大な電流が流れるからである。

また，計器用変流器は二次側に低インピーダンス負荷を接続し，一次側に電流が流れている状態では絶対に開放してはならない。これは，二次側電流を常にある値にしようと制御している中で開放すると，どれだけ電圧をかけても目標の電流に上昇せず，電圧が過大となるからである。

6 次の調相設備に関する記述として，誤っているものを次の(1)〜(5)のうちから一つ選べ。
- (1) 夜間軽負荷時に電圧上昇抑制のために分路リアクトルを投入した。
- (2) 電流の位相を進めるために電力用コンデンサを投入した。
- (3) 同期調相機の界磁電流を調整して，無効電力を調整した。
- (4) 静止形無効電力補償装置は無効電力を連続的に調整することができる。
- (5) 調相設備を負荷に対し，直列に接続した。

解答 (5)

- (1) 正しい。夜間軽負荷時は，進み力率になりやすく受電側の電圧が上がりやすくなる。この進み力率改善のために分路リアクトルを投入し，力率を遅らせる。
- (2) 正しい。昼間の重負荷時等は電流の位相が遅れとなるため，電流の位相を進めるために電力用コンデンサを投入する。
- (3) 正しい。同期調相機は界磁電流を調整して力率を遅れから進みまで連続的に調整できる機器である。
- (4) 正しい。静止形無効電力補償装置はサイリスタの制御により，無効電力を連続的に調整することができる。
- (5) 誤り。調相設備は負荷に対し，並列に接続する機器である。

POINT 9 調相設備

注目 進みか遅れなのか，電験一種受験生でも迷う人がいる。
特に「電流を進ませる＝電力用コンデンサが進み電流を吸収＝負荷に遅れ電流を供給」の概念が頭に入っていることが重要である。

✎ 通電中には直列に投入することが難しいことを想像できれば，並列であることは間違えない。

7 次の変電所の機能として，誤っているものを次の(1)～(5)の
うちから一つ選べ。

(1) 負荷時タップ切換装置で変圧比を調整した。

(2) Δ－Δ結線の変圧器とY－Y－Δ結線の変圧器を並列
に接続した。

(3) 避雷器をできるだけ機器から離れた場所に設置した。

(4) 地絡事故対策として，零相変流器を設置し，二次側に
保護継電器を接続した。

(5) 変圧器の一次側と二次側の電流をCTを介して取り出
し，CTの二次側に比率差動継電器を設けた。

解答 (3)

(1) 正しい。負荷時タップ切換装置は巻数比すなわ
ち変圧比を変えることが可能な機器である。

(2) 正しい。Δ－Δ結線の変圧器とY－Y－Δ結線
の変圧器は，どちらも一次側と二次側の位相差が
ないため，並列に運用することは可能である。

(3) 誤り。避雷器をできるだけ機器の近傍に設置す
る方が効果的である。

(4) 正しい。地絡事故対策として，零相変流器を設
置し，電流の不平衡を検知して，二次側に保護継
電器を接続し，電流が流れたときに遮断器を開放
する操作が行われる。

(5) 正しい。変圧器の一次側と二次側の電流をCT
を介して取り出し，CTの二次側に比率差動継電
器を設ける。

✎ 変圧器の並行運転の条件は
他にもあるので,詳しくは機械
科目「CH02変圧器」の項を
参照のこと。

1 変圧器の結線方法に関する記述として，誤っているものを次の(1)～(5)のうちから一つ選べ。

(1) Δ－Δ結線は中性点を接地することができないので，地絡時の健全相電圧上昇の影響の少ない低圧の変圧器として採用されることが多い。

(2) Δ－Δ結線は一次電圧と二次電圧が同位相であり，線間電圧の電圧比は巻数比と等しい。

(3) Y－Δ結線は巻数比が 1 であるとき，二次側の線間電圧が一次側の線間電圧の $\dfrac{1}{\sqrt{3}}$ 倍の大きさとなり，30°の位相差が発生する。

(4) Y－Y－Δ結線の三次巻線は第三調波成分を還流させる役割があるほか，調相設備の接続や所内用電源として使用されることも多い。

(5) Y－Y－Δ結線は，一次電圧と二次電圧が同位相であるが，Y－Δ結線の変圧器に比べ小容量の変圧器にのみ取り扱いが可能である。

解答 (5)

(1) 正しい。Δ－Δ結線は中性点を接地することができないので，地絡時の健全相電圧上昇の影響の少ない低圧の変圧器として採用されることが多い。

(2) 正しい。Δ－Δ結線は一次電圧と二次電圧が同位相であり，線間電圧の電圧比は巻数比と等しい。

(3) 正しい。下図の通り，Y－Δ結線は巻数比が 1 であるとき，二次側の線間電圧が一次側の線間電圧の $\dfrac{1}{\sqrt{3}}$ 倍の大きさとなり，30°の位相差が発生する。

🔧 一線地絡時の健全相の電圧上昇は理論上約1.73倍である。

🔧 このように図を描けば間違えることは少ない。
覚えるのではなく理解するように努めること。

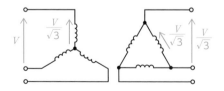

(4) 正しい。Y－Y－Δ結線の三次巻線は第三調波成分を還流させる役割があるほか，調相設備の接続や所内用電源として使用されることも多い。

(5) 誤り。Y－Y－Δ結線は，一次電圧と二次電圧が同位相であり，Y結線の相電圧が線間電圧の $\frac{1}{\sqrt{3}}$ 倍であることから，Y－Δ結線の変圧器に比べ大容量の機器にも取り扱いが可能である。

2 変電所機器に用いられるSF₆ガスに関する記述として，正しいものを次の(1)～(5)のうちから一つ選べ。

   (1) 空気より軽い気体である。

   (2) 温室効果ガスであり，地球温暖化係数は二酸化炭素の20000倍以上である。

   (3) 化学的には安定しているが，可燃性の物質である。

   (4) 無色ではあるが，漏れると臭いがあるガスである。

   (5) 人体に有害である。

解答 (2)

(1) 誤り。空気より重い気体で比重は5程度である。

(2) 正しい。温室効果ガスであり，地球温暖化係数は二酸化炭素の20000倍以上である。

(3) 誤り。化学的には安定しているが，不燃性の物質である。

(4) 誤り。無色無臭の気体である。

(5) 誤り。人体に無害の気体である。

> SF₆ガスの地球温暖化係数は二酸化炭素の約23900倍である。

3 避雷器に関する記述として，誤っているものを次の(1)～(5)のうちから一つ選べ。

   (1) 避雷器に求められる機能には，異常電圧発生時に即時に電流が流れ機器を保護する機能と，引き続き避雷器に流れようとする続流を遮断し正常な状態に戻す機能がある。

   (2) ギャップレス避雷器に用いる酸化亜鉛素子は非直線抵抗特性に優れた抵抗体である。

   (3) 放電中の避雷器間の電圧は制限電圧であり，常規対地電圧より低い電圧となる。

   (4) ギャップ付き避雷器はギャップを特性要素と直列に接

続したものである。

(5) 避雷器の制限電圧より変電所機器の絶縁破壊電圧を高くしつつ，経済的な絶縁設計を行うことを絶縁協調という。

解答 (3)

(1) 正しい。避雷器に求められる機能には，異常電圧発生時に即時に電流が流れ機器を保護する機能と，引き続き避雷器に流れようとする続流を遮断し正常な状態に戻す機能がある。

(2) 正しい。ギャップレス避雷器に用いる酸化亜鉛素子は非直線抵抗特性に優れた抵抗体である。

(3) 誤り。放電中の避雷器間の電圧は制限電圧であり，常規対地電圧より高い電圧となる。

(4) 正しい。ギャップ付き避雷器はギャップを特性要素と直列に接続したものである。

(5) 正しい。避雷器の制限電圧より変電所機器の絶縁破壊電圧を高くしつつ，経済的な絶縁設計を行うことを絶縁協調という。

✎ 常規対地電圧（通常時の対地電圧）より制限電圧が低いと，通常運転時にも避雷器に電流が流れることになってしまう。

4 次の文章はガス絶縁開閉装置（GIS）に関する記述である。

ガス絶縁開閉装置（GIS）は，遮断器，断路器，変流器，　(ア)　等の機器を金属容器に収納し，　(イ)　で充填した装置である。一般的な屋外変電所に比べると，機器が　(ウ)　価であり，サイズは小さく，充電部が密閉されている特徴から，都市部の地下変電所に採用されることが多い。

上記の記述中の空白箇所（ア），（イ）及び（ウ）に当てはまる組合せとして，正しいものを次の(1)〜(5)のうちから一つ選べ。

	（ア）	（イ）	（ウ）
(1)	避雷器	SF_6ガス	高
(2)	保護継電器	窒素ガス	安
(3)	避雷器	SF_6ガス	安
(4)	保護継電器	窒素ガス	高
(5)	保護継電器	SF_6ガス	高

解答 (1)

　ガス絶縁開閉装置（GIS）は，遮断器，断路器，変流器，避雷器等を金属容器に収納し，SF₆ガスで充填したものである。密閉構造であることから，保護継電器を内蔵することは適さない。一般的な屋外変電所に比べると，機器が高価になるが，サイズが小さく，充電部が密閉されている特徴から，土地の価格が高く，面積の確保が難しい都市部の地下変電所に採用されることが多い。

🖋 GISの方が高額となるが，安全性も高くコンパクトであるため，土地価格の高い都市部では採用されやすい。

5 定格容量500 kV・Aの変圧器の二次側に250 kWで遅れ力率0.8の負荷Aを接続して運転している。この変圧器にさらに200 kWで遅れ力率0.9の負荷Bを接続し，変圧器の容量超過を避けるため，電力用コンデンサを接続した。接続する電力用コンデンサの必要容量[kvar]として，最も近いものを次の(1)～(5)のうちから一つ選べ。

(1) 10　　(2) 30　　(3) 50　　(4) 70　　(5) 110

解答 (4)

　負荷Aの無効電力 Q_A[kvar]および負荷Bの無効電力 Q_B[kvar]は，それぞれの有効電力 $P_B = 250$ kW，$P_A = 200$ kW，力率 $\cos\theta_A = 0.8$，$\cos\theta_B = 0.9$ であることから，

$$Q_A = P_A \tan\theta_A$$

$$= P_A \frac{\sin\theta_A}{\cos\theta_A}$$

$$= P_A \frac{\sqrt{1-\cos^2\theta_A}}{\cos\theta_A}$$

$$= 250 \times \frac{\sqrt{1-0.8^2}}{0.8}$$

$$= 250 \times \frac{0.6}{0.8}$$

$$= 187.5 \text{ kvar}$$

$$Q_B = P_B \tan\theta_B$$

$$= P_B \frac{\sin\theta_B}{\cos\theta_B}$$

🖋 調相設備に関する計算問題としては定番中の定番の問題であり，ほぼ数字を変えただけのような類題も出題されやすい。

$$\tan\theta = \frac{\sin\theta}{\cos\theta}$$

$$\sin^2\theta + \cos^2\theta = 1$$

等の重要公式を駆使して確実に解けるようにしておく。

$$= P_B \frac{\sqrt{1 - \cos^2 \theta_B}}{\cos \theta_B}$$

$$= 200 \times \frac{\sqrt{1 - 0.9^2}}{0.9}$$

$$\fallingdotseq 200 \times \frac{0.43589}{0.9}$$

$$\fallingdotseq 96.864 \ \text{kvar}$$

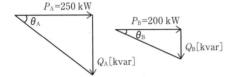

変圧器の定格容量 $S_n = 500 \ \text{kV·A}$，有効電力の合計 $P_A + P_B = 450 \ \text{kW}$ であることから，変圧器の容量が超過しないための無効電力の最大値 Q_m [kvar] は，

$$Q_m = \sqrt{S_n^2 - (P_A + P_B)^2}$$

$$= \sqrt{500^2 - 450^2}$$

$$= \sqrt{47500}$$

$$\fallingdotseq 217.94 \ \text{kvar}$$

したがって，電力用コンデンサの必要容量 Q_C [kvar] は，

$$Q_C = (Q_A + Q_B) - Q_m$$

$$= (187.5 + 96.864) - 217.94$$

$$\fallingdotseq 66.4 \ \text{kvar}$$

P_A=250 kW　P_B=200 kW

Q_A=187.5 kvar

S_n=500 kV·A

Q_B=96.864 kvar

Q_c[kvar]

以上より，選択肢の数値のうち，上記の直近上位の値として 70 kvar が適切である。

6 変電所機器に関する記述として，誤っているものを次の(1)〜(5)のうちから一つ選べ。

(1) 変圧器に遅れ力率0.8の500 kW負荷が接続されており，力率を0.9に改善するため50 kvarの電力用コンデンサを投入した。

(2) 負荷側（二次側）の電圧が低いので，負荷時タップ切換器のタップを切り換え，一次側と二次側の巻数比を小さくした。

(3) 負荷側で事故が発生したときを想定し，過電流継電器の保護協調をとるため，負荷側の動作時間を電源側の動作時間より速く動作するように整定した。

(4) 夜間軽負荷時の無効電力改善のため，同期調相機の界磁電流を小さくした。

(5) 変圧器の並行運転をするために，巻数比が等しく一次二次の定格電圧が等しいΔ－Δ結線とY－Y－Δ結線を並列に接続した。

解答 (1)

(1) 誤り。有効電力の大きさを$P = 500 \text{ kW}$，遅れ力率$\cos\theta = 0.8$の時の無効電力の大きさを$Q\,[\text{kvar}]$，電力用コンデンサ接続後，遅れ力率$\cos\theta' = 0.9$となったときの無効電力の大きさを$Q'\,[\text{kvar}]$とすると，

$$Q = P\tan\theta$$

$$= P\frac{\sin\theta}{\cos\theta}$$

$$= P\frac{\sqrt{1-\cos^2\theta}}{\cos\theta}$$

$$= 500 \times \frac{\sqrt{1-0.8^2}}{0.8}$$

$$= 500 \times \frac{0.6}{0.8}$$

$$= 375 \text{ kvar}$$

$$Q' = P\tan\theta'$$

$$= P\frac{\sin\theta'}{\cos\theta'}$$

$$= P\frac{\sqrt{1-\cos^2\theta'}}{\cos\theta'}$$

注目 単純なスカラー量の差でないことを理解していれば，このような計算は必要ない。

したがって，時間が限られる試験本番で出題された場合には，このような計算を行わずに間違えを見つけるということが重要である。

$$= 500 \times \frac{\sqrt{1 - 0.9^2}}{0.9}$$

$$\fallingdotseq 500 \times \frac{0.43589}{0.9}$$

$$\fallingdotseq 242.16 \text{ kvar}$$

よって，電力用コンデンサの必要容量 Q_C [kvar] は，

$$Q_C = Q - Q'$$

$$= 375 - 242.16$$

$$\fallingdotseq 133 \text{ kvar}$$

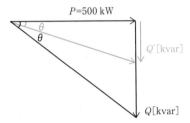

(2) 正しい。一次巻線および二次巻線の巻数を N_1 および N_2 とすると，一次電圧 E_1 [V] と二次電圧 E_2 [V] の関係は，

$$\frac{E_1}{E_2} = \frac{N_1}{N_2}$$

$$E_2 = \frac{N_2}{N_1} E_1$$

となるので，E_2 を高くするためには $\dfrac{N_2}{N_1}$ を大きく，すなわち巻数比 $\dfrac{N_1}{N_2}$ を小さくする必要がある。

(3) 正しい。負荷側で事故が発生したときを想定し，過電流継電器の保護協調をとるためには，先に負荷側の過電流継電器が動作するようにする必要があるので，負荷側の動作時間を電源側の動作時間より速く動作するように整定する。

(4) 正しい。同期調相機の界磁電流の力率の関係は，V 曲線の関係がある。夜間軽負荷時の無効電力改善のためには，力率を遅らせる必要があるので，同期調相機の界磁電流を小さくする。

✎ V 曲線の特性は覚えておく必要がある。
発電機が逆になることも覚えておくこと。

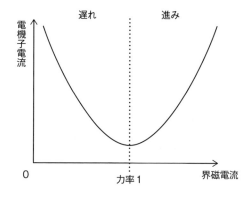

(5) 正しい。Δ − Δ結線とY − Y − Δ結線はともに
一次と二次の位相差がないので，巻数比が等しく
一次・二次の定格電圧が等しい場合，並列に接続
することは可能である。

CHAPTER 06 送電

1 架空送電線路，充電電流，線路定数

☑ 確認問題

1 次の架空送電線路に関する記述として，正しいものには○，誤っているものには×をつけよ。

(1) 送電線路とは，変電所から変電所及び変電所から需要家までの電線路をいう。

(2) 配電線路とは，電圧階級が高圧以下の電線路をいう。

(3) 架空送電線路は，送電線，鉄塔，がいし，架空地線などにより構成されている。

(4) 架空送電線路に使用される硬銅より線は，鋼心アルミより線と比較すると導電率は高いが，重量が重く，価格も高い。

(5) 架空送電線路に使用される鋼心アルミより線は，硬銅より線より導電率は低いが，軽量で引張強さが強く，安価であるという特徴がある。

(6) 鋼心アルミより線は硬アルミ線の周りに亜鉛メッキ鋼線をより合わせたものである。

(7) 多導体方式は一相あたり電線を2本以上で送電する方法であり，コロナ放電の発生がしにくく，表皮効果が大きくなり，送電容量が大きくなる。

(8) ねん架を行うと，三相不平衡抑制に繋がる。

(9) 電線の支持物には，鉄柱，鉄塔，鉄筋コンクリート柱，木柱などがあるが，架空送電線路では一般に鉄筋コンクリート柱が用いられる。

(10) がいしは電線と支持物を絶縁するためのもので，懸垂がいしと長幹がいしがある。

(11) がいしの塩害とは季節風や台風等で塩分等ががいしに付着し，がいしの強度が劣化する現象である。

(12) がいしの塩害対策として，定期的にがいし洗浄を行うことは有効である。

(13) 架空地線は送電線への落雷を防止するための絶縁体でできた線である。

⒁ 鉄塔の接地抵抗を大きくすることは逆フラッシオーバの発生を防止する上で有効である。

⒂ ダンパとは送電線をがいしに留めるための金具である。

⒃ アーマロッドを用いることで微風振動の発生防止をすることができる。

⒄ 充電電流とは，送電線に蓄えられる電流であり，直流電流もしくは不平衡の交流電流が流れるときのみ発生する。

⒅ 電線路の抵抗は電線の温度によって変化し，一般に電線の温度が上昇すればするほど，抵抗も大きくなる。

⒆ 電線のインダクタンスは電線自体がより線になっているために発生するものである。

⒇ 電線の静電容量には，対地静電容量と電線間の線間静電容量がある。

解答　(1) ×　(2) ×　(3) ○　(4) ○　(5) ○　(6) ×

(7) ×　(8) ○　(9) ×　⑽ ○　⑾ ×　⑿ ○

⒀ ×　⒁ ○　⒂ ×　⒃ ×　⒄ ×　⒅ ○

⒆ ×　⒇ ○

(1) ×。送電線路とは，発電所から変電所及び変電所から変電所までの電線路をいう。

(2) ×。配電線路とは，変電所から需要家までの電線路をいう。特別高圧 (7000 V超) の電線路もある。

(3) ○。

(4) ○。架空送電線路に使用される硬銅より線は，鋼心アルミより線と比較すると導電率は97%と高いが，重量が重く，価格も高い。

(5) ○。

(6) ×。鋼心アルミより線は亜鉛メッキ鋼線の周りに硬アルミ線をより合わせたものである。

(7) ×。多導体方式は一相あたり電線を2本以上で送電する方法であり，コロナ放電の発生がしにくく，表皮効果は小さくなり，送電容量が大きくなる。

(8) ○。

97%は軟銅を基準とした値である。

(9) ×。電線の支持物には，鉄柱，鉄塔，鉄筋コンクリート柱，木柱などがあるが，架空送電線路では一般に鉄塔が用いられる。

(10) ○。

(11) ×。がいしの塩害とは季節風や台風等で塩分等ががいしに付着し，がいし表面の絶縁性能が低下する現象である。

(12) ○。

(13) ×。架空地線は送電線への落雷を防止するための裸電線（導体）である。

(14) ×。鉄塔の接地抵抗を小さくすることで鉄塔から送電線への逆フラッシオーバの発生を防止する。

(15) ×。ダンパとは，送電線の微風振動を防止するために，送電線に取り付けるおもりであり，送電線をがいしに留めるための金具はクランプである。

(16) ×。微風振動の発生防止をすることができるのはダンパであり，アーマロッドは，送電線に巻き付ける補強材で，振動による断線やフラッシオーバ時のアークによる溶断を防止するものである。

(17) ×。充電電流とは，送電線に蓄えられる電流であり，平衡不平衡関係なく，交流電圧がかかると発生する。

(18) ○。

(19) ×。電線のインダクタンスは鉄塔間の電線がコイルのような形になり現れるものである。

(20) ○。

❷ 次の文章は送電線路の電線に関する記述である。（ア）～（エ）にあてはまる語句を答えよ。

架空送電線路に用いる電線として，古くから用いられている　（ア）　より線は，　（イ）　より線と比べて導電率が97％と高いが，機械的強度，経済性に劣るため，新規で採用される例はほとんどない。現在多く採用される　（イ）　より線は，　（ア）　より線に比べ，引張強さが大きく，重量が　（ウ）　，導電率が　（エ）　，価格が安いという特徴がある。

POINT 2 送電線

注目 このような問題は電験三種でも何度も出題されている内容である。概要をしっかりと理解しておくこと。

解答 （ア）硬銅　（イ）鋼心アルミ

（ウ）軽く　（エ）低く

　硬銅より線は導電率が97％と高いが，機械的強度（引張強さ）や経済性に関して，鋼心アルミより線より劣るので現在新規で採用される例はない。

　鋼心アルミより線は引張強さの強い亜鉛メッキ鋼線の周りに硬アルミ線をより合わせたもので，硬銅より線より導電率は61％と低いが，引張強さが大きく，安価・軽量であるため，現在の主流となっている。

3 次の文章はがいしの汚損に関する記述である。（ア）〜（ウ）にあてはまる語句を答えよ。

　海岸に近い沿岸部では，季節風や台風などにより，海の塩分が運ばれ，がいしの表面に付着し，がいしの絶縁が急激に低下する現象が発生する。これをがいしの　（ア）　という。その対策としては，がいしのひだを深くし，表面距離を長くした　（イ）　がいしを用いる方法，定期的に　（ウ）　を行いがいしの塩分を除去する方法等がとられる。

POINT 4 がいし

注目　塩害の内容は事故につながるため，出題されやすい。確実に理解しておくこと。

解答　（ア）塩害　（イ）耐塩　（ウ）がいし洗浄

　海岸に近い沿岸部では，季節風や台風等により，海の塩分が運ばれ，がいしの表面に付着し，がいしの絶縁が急激に低下する塩害が発生する。日常的な対策としては定期的にがいし洗浄を行うことが挙げられるが，強風等で急速にがいし表面の塩分濃度が増加する可能性があるので，がいしのひだを深くし，表面距離を長くした耐塩がいしの採用も選択される。

4 次の（ア）〜（オ）の文章は送電線の構成物に関する記述である。それぞれの記述について，最も適当なものを(1)〜(8)のうちから一つ選べ。

　（ア）送電線に発生する微風振動を防止するために，送電線に取り付ける。

　（イ）鉄塔の最上部に張られる裸電線で，送電線への直撃雷を防止する。

　（ウ）がいしで留められている電線間をつなぐ電線。

POINT 5 その他構成物

注目　その他構成物の内容は知識問題として出題されやすい。暗記してしまえば解ける内容なので，確実に理解しておく。

（エ）フラッシオーバ発生時にがいしの破損を防止するために取り付ける金属電極。

（オ）多導体方式の送電線間の，電線相互の接近や接触を防止するもの。

(1) アーマロッド　(2) 埋設地線
(3) スペーサ　(4) クランプ
(5) ダンパ　(6) 架空地線
(7) アークホーン　(8) ジャンパ

解答 （ア）(5)　（イ）(6)　（ウ）(8)
（エ）(7)　（オ）(3)

（ア）ダンパは送電線に発生する微風振動を防止するために，送電線に取り付けるおもりである。

（イ）架空地線は鉄塔の最上部に張られる裸電線で，架空地線に落雷させることで送電線への直撃雷を防止する役割がある。

（ウ）がいしで留められている電線間をつなぐ電線をジャンパという。

（エ）フラッシオーバ発生時にがいしの破損を防止するために取り付ける金属電極をアークホーンという。

（オ）スペーサは多導体方式の送電線でのみ使用され，電線相互の接近や接触を防止する。

❺ 次の文章は送電線の線路定数に関する記述である。（ア）〜（エ）にあてはまる語句を答えよ。

送電線のこう長が長くなると，送電線自体の抵抗，インダクタンス，静電容量，漏れコンダクタンスの線路定数を無視できなくなる。

送電線の抵抗は送電線が太くなると，中心部分で電流が流れにくくなり，抵抗値が大きくなる。これを　(ア)　という。

また，電線間の距離D[m]，電線の半径r[m]とすると，$\dfrac{D}{r}$

が大きくなるとインダクタンスは　(イ)　なり，静電容量は
　(ウ)　なる。漏れコンダクタンスの値は他の線路定数と比較して　(エ)　。

POINT 7 線路定数

注目 分布定数回路になると，計算問題が出題されるが，電験三種では出題されない。

式よりも内容理解することが重要である。

解答 （ア）表皮効果　（イ）大きく
（ウ）小さく　（エ）小さい

　送電線の抵抗は送電線が太くなると，中心部分で電流が流れにくくなり，抵抗値が大きくなり，送電容量が小さくなるがこれを表皮効果という。

　電線1本の1kmあたりの送電線のインダクタンス$L\,[\mathrm{mH/km}]$と静電容量$C\,[\mu\mathrm{F/km}]$は電線間の距離$D\,[\mathrm{m}]$，電線の半径$r\,[\mathrm{m}]$とすると，

$$L = 0.05 + 0.4605\,\log_{10}\frac{D}{r}$$

$$C = \frac{0.02413}{\log_{10}\dfrac{D}{r}}$$

　したがって，$\dfrac{D}{r}$が大きくなるとインダクタンスは大きくなり，静電容量は小さくなる。

　漏れコンダクタンスは他の線路定数と比較して小さいので無視することが多い。

1 架空送電線路に関する記述として，誤っているものを次の
(1)～(5)のうちから一つ選べ。

POINT **2** 送電線

(1) 鋼心アルミより線は軟銅より線と比べて導電率が低い
ため，送電線の外径が大きくなり，風圧荷重が大きくなる。

(2) 硬銅より線は鋼心アルミより線と比べて導電率が高い
が，重量が大きく高価である。

(3) 多導体方式は同一断面積の単導体方式に比べ，送電容
量が大きくなる。

(4) 架空地線は鉄塔の上部に施設している絶縁電線である。

(5) 三相不平衡の発生を防止するために，送電線をねん架
することは効果がある。

解答 (4)

(1) 正しい。鋼心アルミより線は軟銅より線と比べ
て導電率が低いため，同容量の送電をするために
は送電線の外径が大きくなり，風圧荷重が大きく
なる。

(2) 正しい。硬銅より線は鋼心アルミより線と比べ
て導電率が高いが，重量が大きく高価である。

(3) 正しい。多導体方式は同一断面積の単導体方式
に比べ，表皮効果の影響が小さくなり，送電容量
が大きくなる

(4) 誤り。架空地線は鉄塔の上部に施設している裸
電線である。

(5) 正しい。三相不平衡の発生を防止するために，
送電線をねん架することは効果がある。

2 次の文章は架空送電線路の多導体方式に関する記述である。
多導体方式とは一相あたり 2 条以上の電線を用いて送電する
方式であり，一般に電圧階級の ［(ア)］ 電線に適用される。
多導体方式の特徴として，コロナ放電が発生しにくいため
［(イ)］ を起こしにくい， ［(ウ)］ が増加するという利点が
ある一方，電線間のスペーサにより ［(エ)］ が発生するとい
う可能性もある。

POINT **2** 送電線

上記の記述中の空白箇所（ア），（イ），（ウ）及び（エ）に当てはまる組合せとして，正しいものを次の(1)~(5)のうちから一つ選べ。

	（ア）	（イ）	（ウ）	（エ）
(1)	高い	電波障害	送電容量	サブスパン振動
(2)	高い	フラッシオーバ	導電率	三相不平衡
(3)	低い	電波障害	導電率	サブスパン振動
(4)	低い	フラッシオーバ	導電率	サブスパン振動
(5)	高い	電波障害	送電容量	三相不平衡

解答 (1)

　一相あたり2条以上の電線を用いて送電する方式を多導体方式といい，電圧階級の高い電線に適用される。コロナ放電が発生しにくいため，電波障害が起こりにくい，同断面積の単導体方式と比較して送電容量が増加するという利点がある一方，強風が吹いた際，電線間のスペーサ間のサブスパン振動が発生するという可能性もある。

3 がいしの塩害対策に関する記述として，誤っているものを次の(1)~(5)のうちから一つ選べ。

(1) 懸垂がいしの連結個数を増やす。
(2) 定期的にがいし洗浄を行う。
(3) がいしに親水性のシリコーンコンパウンドを塗布する。
(4) ひだの深い耐塩がいしを採用する。
(5) 変電所では屋内化もしくは密閉化する。

解答 (3)

(1) 正しい。懸垂がいしの連結個数を増やすと表面漏れ距離が増加するので，塩害対策として有効である。
(2) 正しい。定期的にがいし洗浄を行い，表面に付着した塩分を取り除くことは塩害対策として有効である。

解答編

CHAPTER 06

送電
1

(3) 誤り。がいしに塗布するのは撥水性のシリコーンコンパウンドである。

(4) 正しい。ひだの深い耐塩がいしを採用すると，表面漏れ距離が増加する。

(5) 正しい。変電所では屋内化もしくは密閉化をすることは塩害対策として有効である。

✎ 文章の内容の大半は合っていて，一部が誤りであるパターンが多いのでよく文章を読むこと。

4 電線の付属品に関する説明として，誤っているものを次の(1)〜(5)のうちから一つ選べ。

POINT 5 その他構成物

(1) ジャンパとは，鉄塔部のがいしに接続した電線同士をつなぐ線のことである。

(2) アーマロッドはクランプ付近に巻き付ける補強材で，振動による断線やアークによる溶断を防止するためのものである。

(3) アークホーンはフラッシオーバや逆フラッシオーバの発生を防止する電極である。

(4) 埋設地線は鉄塔の塔脚から地中埋設される接地線であり，鉄塔の接地抵抗を低くするものである。

(5) スペーサとは，多導体方式で電線相互間の衝突を防止するためのものである。

解答 (3)

(1) 正しい。ジャンパとは，鉄塔部のがいしに接続した電線同士をつなぐ線のことである。

(2) 正しい。アーマロッドはクランプ付近に巻き付ける補強材で，振動による断線やアークによる溶断を防止するためのものである。

(3) 誤り。アークホーンはフラッシオーバや逆フラッシオーバの発生時にがいしの損傷を防止する電極である。フラッシオーバを防止する効果はない。

(4) 正しい。埋設地線は鉄塔の塔脚から地中埋設される接地線であり，鉄塔の接地抵抗を低くし，雷過電圧による電流等を大地に逃がすものである。

(5) 正しい。スペーサとは，多導体方式で電線相互間の衝突を防止するためのものである。

⚙ 応用問題

1 鋼心アルミより線に関する記述として，誤っているものを次の(1)～(5)のうちから一つ選べ。

(1) 引張強さの強い鋼線の周りに硬アルミ線をより合わせた電線で，硬銅より線よりも機械的強度が大きく軽量である。

(2) 鋼心アルミより線の耐熱温度は約90℃であるが，アルミを耐熱アルミ合金にした耐熱温度が高いより線がある。

(3) 硬銅より線と比較して径間の長い線路での採用が可能である。

(4) 硬銅より線と比較して導電率が約3分の2，比重が約3分の1であるため，同体積では硬銅より線の半分程度の重量となる。

(5) 硬銅より線と比較して軽量であるため，風圧荷重が小さくなる。

解答 (5)

(1) 正しい。引張強さの強い鋼線の周りに硬アルミ線をより合わせた電線で，硬銅より線よりも機械的強度が大きく比重も3分の1程度で軽量である。

(2) 正しい。鋼心アルミより線の耐熱温度は約90℃であるが，アルミを耐熱アルミ合金にした耐熱温度が約150℃の鋼心耐熱アルミより線がある。

通常使用において，90℃を超えることは少ないので，鋼心アルミより線が一般的で一時的に過負荷状態となることが想定される場合，鋼心耐熱アルミを導入する。

(3) 正しい。硬銅より線と比較して，引張強さが大きいので，径間の長い線路での採用が可能である。

(4) 正しい。硬銅より線と比較して導電率が約3分の2，比重が約3分の1であるため，同体積では硬銅より線の半分程度の重量となる。

(5) 誤り。硬銅より線と比較して軽量であるが，導電率が小さく送電線は太くなりやすいため，風圧荷重は大きくなる。

風圧荷重は電線の直径に比例するので，鋼心アルミより線の方が大きくなる。

141

2 送電線の付属品として使用される機器とその説明として，正しいものを次の(1)～(5)のうちから一つ選べ。

(1) スペーサ　多導体に使用され，強風時等に電線間の接触を防止するが，微風振動を誘発する可能性がある。

(2) ジャンパ　電線に取り付け，微風振動による断線を防ぐ。

(3) ダンパ　がいしで接続されている電線間を接続するために使用される。

(4) アーマロッド　クランプ付近の電線に巻き付けて，電線の振動やアークによる損傷を防止する。

(5) クランプ　電線と電線の接続に用いられる部品である。

注目 正しいものを選べという問題は，すべての知識を持っていないと解けない。本問を解ければ，送電線の付属品に関しては十分理解していると考えてよい。

解答 (4)

(1) 誤り。スペーサは，多導体に使用され，強風時等に電線間の接触を防止するが，サブスパン振動を誘発する可能性がある。

(2) 誤り。ジャンパは電線と電線の接続に用いられる部品である。電線に取り付け，微風振動による断線を防ぐのはダンパである。

(3) 誤り。ダンパは，送電線に取り付け，微風振動による断線を防ぐ付属品であり，がいしで接続されている電線間を接続するために使用されるのは，ジャンパである。

(4) 正しい。アーマロッドは，クランプ付近の電線に巻き付けて，電線の振動やアークによる損傷を防止する。

(5) 誤り。クランプは送電線をがいしに留めるために使用される金具であり，電線と電線の接続に用いられるのはジャンパである。

3 次の文章は送電線に用いられるがいしに関する記述である。

がいしは送電線と鉄塔を絶縁し、送電線を鉄塔に固定させるために用いられるものである。高い絶縁強度、環境耐性、特に、径間の長い電線には　(ア)　が求められる。

(イ)　は最も広く使用されているがいしで、使用電圧に応じて連結個数を決定する。耐塩がいしは塩害等による汚損対策として使用されるがいしで、表面漏れ距離は懸垂がいしの　(ウ)　倍程度となる。

(エ)　は、円柱形の磁器棒にひだをつけ、両端に連結金具をつけたもので、塩害によるがいしの汚損が少なく、雨洗効果が優れている。

上記の記述中の空白箇所（ア）、（イ）、（ウ）及び（エ）に当てはまる組合せとして、正しいものを次の(1)～(5)のうちから一つ選べ。

	（ア）	（イ）	（ウ）	（エ）
(1)	化学的安定性	長幹がいし	2.5	懸垂がいし
(2)	機械的強度	懸垂がいし	1.5	長幹がいし
(3)	機械的強度	懸垂がいし	2.5	長幹がいし
(4)	化学的安定性	懸垂がいし	1.5	長幹がいし
(5)	機械的強度	長幹がいし	2.5	懸垂がいし

解答 (2)

がいしは、送電線と鉄塔を固定させるため用いられ、高電圧、風雨及び引張荷重が常時かかるため、高い絶縁強度、環境耐性、機械的強度が求められる。

懸垂がいしは最も広く使用されているがいしで、使用電圧に応じて連結個数を決定する。耐塩がいしは沿岸部の塩害等による汚損対策として使用されるがいしで、表面漏れ距離は懸垂がいしの1.5倍程度となる。

長幹がいしは、円柱形の磁器棒にひだをつけ、両端に連結金具をつけたもので、塩害によるがいしの汚損が少なく、雨洗効果が優れているが、機械的強度は懸垂がいしに比べ低いという特徴がある。

化学的安定性も必要ではあるが、特にがいし特有の特性として求められるのは機械的強度である。

4 直径が18 mmの送電線500 mの60℃における抵抗値 [Ω] として、最も近いものを次の(1)〜(5)のうちから一つ選べ。

ただし、抵抗値の温度特性は温度変化前の抵抗値をR_1 [Ω]、抵抗温度係数をa_R [℃$^{-1}$]、温度変化前の温度をt_1 [℃]、温度変化後の温度をt_2 [℃] とすると、温度変化後の抵抗値R_2 [Ω] は、

$$R_2 = R_1 \{1 + a_R(t_2 - t_1)\}$$

となる。また、送電線の材質は硬銅線であり、20℃における送電線の抵抗率は0.0181 Ω・mm^2/mとし、抵抗温度特性係数は0.00381℃$^{-1}$とする。

(1) 0.035 (2) 0.041 (3) 0.044
(4) 0.048 (5) 0.053

注目 計算問題の出題の少ない分野ではあるが、唯一抵抗値の温度変化の計算問題だけは出題されることがある。

ほぼパターン化されているので、本問を解けるようにしていれば、本番でも対応できると考えてよい。

解答 (2)

送電線の断面積S [mm^2] は、半径r [mm] が9 mmであるから、

$$S = \pi r^2$$
$$= 3.1416 \times 9^2$$
$$\fallingdotseq 254.47 \text{ mm}^2$$

20℃における抵抗値R_1 [Ω] は、抵抗率$\rho = 0.0181$ Ω・mm^2/m、送電線の長さ$l = 500$ mであるから、

$$R_1 = \frac{\rho l}{S}$$
$$= \frac{0.0181 \times 500}{254.47}$$
$$\fallingdotseq 0.035564 \Omega$$

問題文より、温度変化後の抵抗値R_2 [Ω] は、

$$R_2 = R_1 \{1 + a_R(t_2 - t_1)\}$$

よって、抵抗温度特性係数$a_R = 0.00381$℃$^{-1}$であるから、

$$R_2 = 0.035564 \times \{1 + 0.00381 \times (60-20)\}$$
$$\fallingdotseq 0.0410 \ \Omega$$

2 送電線のさまざまな障害

☑ 確認問題

1 次の各文章は送電線の振動に関する記述である。（ア）〜（セ）にあてはまる語句を答えよ。

POINT 1 振動

a. 電線に付着し氷雪が落下し，その反動で電線が跳ね上がる現象を　(ア)　という。この対策として，　(イ)　を取り付けると氷雪の付着を防止できる。

b. 一相あたり2本以上にして送電する　(ウ)　方式の送電線で風速10 m/sを超える強風が吹くと，　(エ)　間の電線の固有振動数と上下の力が共振して振動する現象を　(オ)　振動という。

c. 電線に毎秒数メートル程度の風が連続的に吹くと電線の背後に　(カ)　渦ができ，電線が上下に振動する現象を　(キ)　という。この現象は，電線の重量が　(ク)　く，径間の長さが大きく，張力が　(ケ)　いほど発生しやすい。　(コ)　は送電線につるすおもりであり，この振動の抑制効果がある。

d. 氷雪が翼状に付着した電線に風があたり，揚力が発生し，上下に振動する現象を　(サ)　という。単導体方式と多導体方式では　(シ)　方式の方が発生しやすい。

e. 電線表面から放電が起こったときに電線から帯電している水滴が飛び，その反動により電線が振動する現象を　(ス)　という。気象条件としては，雨天で　(セ)　風時に発生しやすい。

解答 （ア）スリートジャンプ　（イ）難着雪リング

（ウ）多導体　（エ）スペーサ

（オ）サブスパン　（カ）カルマン

（キ）微風振動　（ク）軽　（ケ）大き

（コ）ダンパ　（サ）ギャロッピング

（シ）多導体　（ス）コロナ振動　（セ）無

　送電線の障害には場所や季節，天候条件により発生頻度が変わるものが多い。

　着氷雪により発生する事故にはスリートジャンプ

とギャロッピングがあるが，ギャロッピングは送電線がスペーサにより回転できない多導体方式の方が発生しやすい。

　雨天時に発生するものとして，コロナ振動があるが，コロナ放電は本降りで無風の時に発生しやすく，コロナ振動も同条件で発生しやすくなる。

❷ 次の文章は送電設備への落雷に関する記述である。（ア）〜（オ）にあてはまる語句を答えよ。

　送電線に落雷し，がいしの絶縁が破壊されて鉄塔側に電流が流れることを　(ア)　，鉄塔もしくは　(イ)　線に落雷し，鉄塔の電位が高くなりがいしの絶縁が破壊されて送電線側に電流が流れることを　(ウ)　という。　(ウ)　を防止するために鉄塔と大地をつなぐ線を　(エ)　線という。また，　(ア)　または　(ウ)　の際にがいしの損傷を防ぐためにがいし付近に設ける付属品を　(オ)　という。

POINT 2 雷害

> **解答** （ア）フラッシオーバ　（イ）架空地
> 　　　　（ウ）逆フラッシオーバ　（エ）埋設地
> 　　　　（オ）アークホーン

フラッシオーバが送電線から鉄塔，逆フラッシオーバが鉄塔から送電線と覚えておく。

❸ 次の文章はコロナ放電に関する記述である。（ア）〜（オ）にあてはまる語句を答えよ。

　コロナ放電は，空気の絶縁が破壊され，電線表面から放電する現象で，電圧が　(ア)　く，気圧が　(イ)　く，湿度が　(ウ)　い方が発生しやすい。コロナ放電に対する対策として，電線を　(エ)　くする，　(オ)　導体方式の採用等が挙げられる。

POINT 3 コロナ放電

> **解答** （ア）高　（イ）低　（ウ）高
> 　　　　（エ）太　（オ）多

　コロナ放電は，電線表面の電界が空気の絶縁耐力（コロナ臨界電圧）を超えると発生する現象で，電界は電圧が高い程大きく，空気の絶縁耐力は気圧が低く，湿度が高い程小さくなる。したがって，雨天時は発生しやすくなる。

注目 コロナ放電や多導体方式は非常に出題されやすい内容である。よく理解しておくこと。

コロナ放電は電線を太くしたり，多導体方式を採用して，等価的に断面積を大きくしたりすると発生しにくくなる。

❹ 次の文章は静電誘導障害と電磁誘導障害に関する記述である。（ア）〜（オ）にあてはまる語句を答えよ。

　静電誘導障害と電磁誘導障害のうち電線が作る磁界によって生じる障害は　(ア)　であり，誘導される電圧は電線と通信線間の　(イ)　と電線に流れる電流に比例する。一方　(ウ)　は，誘導される電圧は電線と通信線間の　(エ)　と電線の対地電圧に比例する。静電誘導障害と電磁誘導障害の対策として，電線と通信線の離隔距離を　(オ)　くすること等がある。

POINT 4 静電誘導障害

POINT 5 電磁誘導障害

解答　（ア）電磁誘導障害　（イ）相互インダクタンス
　　　　（ウ）静電誘導障害　（エ）静電容量
　　　　（オ）大き

　電線と通信線の間に発生する障害として，静電誘導障害と電磁誘導障害がある。

　静電誘導障害は電線と通信線の静電容量及び通信線と大地間の静電容量により分圧され発生するものである。

　電磁誘導障害は電線を流れる電流が作る磁界により，通信線に電圧が誘導されるものである。

　いずれも，電線と通信線の距離を大きくすれば，電圧も小さくなる。

✎ 大きくか小さくかで迷う場合は極端に大きい場合を想定すると良い。現実的ではないが数百mも離れたら誘導障害は全く関係ないことは容易に想像がつく。

❺ 次の文章は送電線の受電端電圧に関する記述である。（ア）〜（オ）にあてはまる語句を答えよ。

　受電端電圧は昼間の重負荷時と夜間休祭日等の軽負荷時で変化する。通常は送電端電圧の方が受電端電圧よりも高いが，　(ア)　負荷時には送電端電圧よりも受電端電圧の方が高くなる　(イ)　という現象が発生する。これは送電線を流れる電流が　(ウ)　電流となることにより発生する。この対策として，電力用コンデンサや分路リアクトルを用いるが，電力用コンデンサは　(エ)　し，分路リアクトルは　(オ)　する。

POINT 6 フェランチ効果

（ア）軽　（イ）フェランチ効果

　　（ウ）進み（進相）　（エ）開放　（オ）投入

　フェランチ効果により最大の問題となるのは，受電端の電圧値が正常範囲を逸脱し，過電圧がかかることであり，そのために電圧値を下げる必要がある。

　電圧値が上昇する原因は進み電流にあるので，進み位相を改善することがフェランチ効果に最も良い対策であると言える。

　電力用コンデンサは投入すると力率が進み，分路リアクトルは投入すると力率が遅れとなる。したがって，フェランチ効果に対する対策として，投入している電力用コンデンサを開放し，分路リアクトルを投入すると良いことが分かる。

◆ 重負荷時遅れになるのは負荷がコイルで構成されているからである。例えば，誘導電動機ではL形等価回路を描いても，コイルのみが現れることがわかる。

6 次の文章は過電圧に関する記述である。（ア）〜（エ）にあてはまる語句を答えよ。

POINT 7 過電圧

　過電圧には外部過電圧と内部過電圧があるが，外部過電圧には，送電線に直接落雷する　（ア）　や，鉄塔や架空地線に落雷した過電圧が，がいしの絶縁強度を超えた場合に発生する　（イ）　等がある。内部過電圧には遮断器等の操作により発生する　（ウ）　等がある。

　過電圧に対する対応として，過電圧により一旦遮断器を開放した後，一定時間経過後に再投入する　（エ）　方式というものがある。

（ア）直撃雷　（イ）逆フラッシオーバ

　　（ウ）開閉過電圧　（エ）再閉路

　過電圧を要因によって分類すると，図のように分類される。

　雷過電圧や開閉過電圧等の過電圧は瞬時的なものが多いので，過電圧により遮断器が回路を遮断したあと，一定時間経過後に再投入すれば復帰する場合も多い。

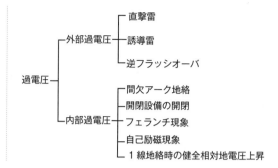

❼ 次の送電線のさまざまな障害に関する記述として，正しい
ものには○，誤っているものには×をつけよ。

(1) コロナ放電発生時に，繰り返し電線の水滴が落ちると，
コロナ振動が発生しやすい。

(2) 氷雪が翼状に付着した電線に風が当たったとき発生す
る振動はサブスパン振動である。

(3) スリートジャンプは冬季に発生する現象である。

(4) 送電線の振動は強風時にのみ発生する現象である。

(5) アーマロッドは電線につける補強材で，振動による断
線を防止する。

(6) ギャロッピングは一般に多導体の方が発生しやすい。

(7) 雷雲が近づくことで電線に雷雲とは異なる極性の電荷
が蓄えられ，落雷が起きたときに電線に蓄えられた電荷
が放電される現象を誘導雷という。

(8) 逆フラッシオーバはがいしの絶縁が低いと発生しにくい。

(9) 不平衡絶縁の採用は逆フラッシオーバの抑制に繋がる。

(10) 架空地線は直撃雷の抑制と誘導雷を軽減する効果がある。

(11) 埋設地線の接地抵抗は高いほど良い。

(12) コロナ放電は気圧が高く，湿度が高いほど発生しやすい。

(13) コロナ放電により，通信線の誘導障害やテレビ・ラジ
オ等の受信障害を発生する。

(14) コロナ放電の対策として，電線の細線化がある。

(15) 多導体方式は単導体方式よりコロナ放電が発生しにくい。

(16) 静電誘導障害の対策として，光ファイバーケーブルを
採用することは効果的である。

(17) 電線と通信線の間に遮へい線を設けることは静電誘導
障害対策としては有効であるが，電磁誘導障害対策とし
ては有効ではない。

(18) 送電線をねん架することは静電誘導障害及び電磁誘導
障害のいずれの対策としても有効である。

⑲　電線に絶縁電線を使用すれば誘導障害は発生しない。

⑳　送電線の送電端電圧より受電端電圧が高くなる現象を
　　フェランチ効果という。

㉑　フェランチ効果は進み力率になると必ず発生するので，
　　進み力率にしないことが重要である。

㉒　フェランチ効果の対策として分路リアクトルを投入す
　　るとよい。

㉓　フェランチ効果は夜間軽負荷時に発生しやすい。

㉔　過電圧には外部過電圧と内部過電圧があり，雷過電圧
　　や間欠アーク地絡による過電圧は外部過電圧，開閉設備
　　の操作による開閉過電圧やフェランチ効果による過電圧
　　は内部過電圧である。

㉕　外部過電圧の雷過電圧のうち，直撃雷はフラッシオー
　　バが発生し，誘導雷は逆フラッシオーバが発生する。

㉖　無負荷長距離送電線に同期発電機を接続すると，自己
　　励磁現象により発電機の電圧上昇が起こることがある。

解答

(1)　○。コロナ放電発生時に，繰り返し電線の水滴
　　が滴下すると，水滴が滴下した時の反発力により
　　コロナ振動が発生しやすくなる。

(2)　×。氷雪が翼状に付着した電線に風が当たった
　　とき発生する振動はギャロッピングである。

(3)　○。スリートジャンプは降雪によるものなので，
　　冬季に発生する現象である。

(4)　×。送電線の振動のうち，微風振動やコロナ振
　　動は強風時に発生する振動ではない。

(5)　○。アーマロッドは電線につける補強材で，振
　　動による断線を防止する。

(6)　○。ギャロッピングは電線がスペーサにより回
　　転せず，翼状に氷雪が付着しやすい多導体の方が
　　発生しやすい。

(7) ○。雷雲が近づくことで電線に雷雲とは異なる極性の電荷が蓄えられ，落雷が起きたときに電線に蓄えられた電荷が放電される現象を誘導雷という。

(8) ×。逆フラッシオーバはがいしの絶縁が低いと発生しやすくなる。

(9) ×。不平衡絶縁の採用は，2回線の絶縁強度に差をつけ，1回線のみが逆フラッシオーバするようにする方法で，逆フラッシオーバの抑制にはならない。

(10) ○。架空地線には，送電線への直撃雷の防止と架空地線に電荷を蓄積させることで，送電線への蓄積を抑える目的があり，誘導雷を軽減する効果もある。

(11) ×。埋設地線の接地抵抗は低いほど，逆フラッシオーバのおそれがなくなる。

(12) ×。コロナ放電は気圧が低く，湿度が高いほど発生しやすい。

(13) ○。コロナ放電により，通信線の誘導障害やテレビ・ラジオ等の受信障害を発生する。

(14) ×。コロナ放電の対策として，電線の太線化がある。

(15) ○。多導体方式は単導体方式より等価断面積が大きくなるので，コロナ放電が発生しにくい。

(16) ○。静電誘導障害の対策として，電気的な影響を受けない光ファイバーケーブルを採用することは効果的である。

(17) ×。電線と通信線の間に遮へい線を設けることは静電誘導障害対策としても電磁誘導障害対策としても有効である。

(18) ○。送電線をねん架することは静電誘導障害及び電磁誘導障害のいずれの対策としても有効である。

(19) ×。電線に絶縁電線を使用しても誘導障害は発生する。

⑳　○。送電線の送電端電圧より受電端電圧が高く
なる現象をフェランチ効果という。

㉑　×。フェランチ効果は進み力率になると必ず発
生する現象ではなく，進み力率でも，送電端電圧
の方が高くなることはある。

㉒　○。分路リアクトルを投入すると，進み力率が
抑えられるので，フェランチ効果の対策として分
路リアクトルを投入すると良い。

㉓　○。フェランチ効果は夜間軽負荷時に発生しや
すい。

㉔　×。過電圧には外部過電圧と内部過電圧があり，
雷過電圧は外部過電圧，間欠アーク地絡による過
電圧や開閉設備の操作による開閉過電圧やフェラ
ンチ効果による過電圧は内部過電圧である。

㉕　×。外部過電圧の雷過電圧において，直撃雷も
誘導雷も送電線から鉄塔側に電流が流れるとフ
ラッシオーバが発生する可能性がある。

㉖　○。無負荷長距離送電線に同期発電機を接続す
ると，増磁作用による自己励磁現象により発電機
の電圧上昇が起こることがある。

📖 基本問題

1 送電線の振動に関する記述として，誤っているものを次の(1)～(5)のうちから一つ選べ。

(1) サブスパン振動は多導体方式の送電線に風速10 m/s以上の風が当たると発生する現象である。

(2) ギャロッピングは電線の周りに翼状に氷雪が付着し，そこに風が吹くことで振動する現象である。

(3) スリートジャンプでは相間短絡が発生する可能性がある。

(4) 微風振動は数m/sの風が吹くことで電線の風上側に渦が生じることで振動する現象である。

(5) コロナ振動は晴天時よりも雨天時に発生しやすい。

解答 (4)

(1) 正しい。サブスパン振動は多導体方式の送電線に風速10 m/s以上の風が当たると発生する現象である。

(2) 正しい。ギャロッピングは電線の周りに翼状に氷雪が付着し，そこに一様な強風が吹くことで振動する現象である。

(3) 正しい。スリートジャンプでは，落雪後の跳ね上がり時に隣の送電線に接触し，相間短絡が発生する可能性がある。

(4) 誤り。微風振動は数 m/sの風が吹くことで電線の風下側に渦が生じることで振動する現象である。

(5) 正しい。コロナ振動は水滴がコロナ放電発生時に滴下することによる振動なので，晴天時よりも雨天時の方が発生しやすい。

POINT 1 振動

🖋 一字違いの間違いに気づきにくい問題も出題される。本試験ではもっと長い文章で一字違いの問題が出題されることもある。

2 次の文章は送電線の雷害に関する記述である。

電線に直接雷が落ちると，　(ア)　ボルト程度の電圧が加わるが，この電圧が機器に加わると機器を損傷してしまう可能性があるので，がいし部で　(イ)　をする。このときのがいしの損傷を防ぐために，がいしの両端に　(ウ)　を設ける

ことがある。また，送電線への直撃雷を防止するため，（エ）を設ける。

上記の記述中の空白箇所（ア），（イ），（ウ）及び（エ）に当てはまる組合せとして，正しいものを次の(1)〜(5)のうちから一つ選べ。

	（ア）	（イ）	（ウ）	（エ）
(1)	数万	フラッシオーバ	アークホーン	架空地線
(2)	数万	逆フラッシオーバ	アーマロッド	埋設地線
(3)	数百万	フラッシオーバ	アークホーン	架空地線
(4)	数万	逆フラッシオーバ	アークホーン	埋設地線
(5)	数百万	フラッシオーバ	アーマロッド	架空地線

解答 (3)

　雷の電圧は数百万〜数億ボルトにもなると言われ，この電圧が機器にかかると，機器は損傷してしまう。したがって，発電所や変電所等では避雷器を設け，雷過電圧を大地に逃がすことで機器を保護する。また，送電線においてもがいしでフラッシオーバし，送電線の溶断等を防止している。また，がいしも損傷してしまう可能性があるので，がいしの両端にアークホーンを設け，そこで放電させる方法が取られる。

　送電線の直撃雷防止のため，鉄塔の最上部に設ける裸電線を架空地線という。

POINT 2 雷害

✎ 現在の系統で扱われる電圧が50万ボルトが最大であることを考えると，いかに雷の電圧が大きいかがわかる。

3 送電線のコロナ放電に関する記述として，誤っているものを次の(1)〜(5)のうちから一つ選べ。
(1) 空気の絶縁耐力以上の電界がかかると発生する。
(2) 気圧が低く，湿度が高いときに発生しやすい。
(3) 電路に突起物があるとその部分で発生しやすい。
(4) 電圧が高く，電線が太いほど発生しやすい。
(5) 多導体方式では単導体方式に比べ発生しにくい。

解答 (4)

(1) 正しい。コロナ放電は空気の絶縁耐力（コロナ臨界電圧）以上の電界がかかると発生する。

(2) 正しい。コロナ放電は，気圧が低く，湿度が高い時に発生しやすい。

(3) 正しい。電路に突起物があるとその部分でコロナ放電しやすい。

(4) 誤り。電圧が高いと発生しやすいが，電線が細いほど表面の電界が大きくなり，発生しやすくなる。

(5) 正しい。多導体方式の方が等価断面積が大きいので，発生しにくくなる。

POINT **3** コロナ放電

電線が太いほど電界が小さくなるのがわからない場合は，理論科目の静電気の分野で復習すること。

4 送電線のコロナ放電による影響に関する記述として，誤っているものを次の(1)～(5)のうちから一つ選べ。

(1) 送電線直下の作業員へ雷撃する可能性がある。

(2) テレビで受信障害が発生する。

(3) エネルギーが熱・光・音などに変化し電力損失に繋がる。

(4) 電線や付属品が腐食する。

(5) 送電線の振動が発生する。

解答 (1)

(1) 誤り。コロナ放電により送電線直下の作業員へ雷撃する可能性は低い。送電線直下の作業員へ雷撃する可能性があるのは誘導障害である。

(2) 正しい。コロナ放電により，テレビやラジオで受信障害が発生する。

(3) 正しい。コロナ放電では，エネルギーが熱・光・音などに変化し電力損失に繋がる。

(4) 正しい。コロナ放電により，電線や付属品が腐食することがある。

(5) 正しい。コロナ放電では，水滴が滴下することによりコロナ振動が発生することがある。

POINT **3** コロナ放電

コロナ放電と誘導障害の記憶が曖昧だと本問のような問題は間違えやすくなる。
きちんとメカニズムを理解すること。

5 送電線の誘導障害に関する記述として，誤っているものを次の(1)～(5)のうちから一つ選べ。

(1) 電線と通信線間の静電容量と通信線と大地間の静電容量に起因する誘導障害を静電誘導障害という。

(2) 電線の作る磁界により発生する誘導障害を電磁誘導障害という。

(3) 電線と通信線の離隔距離をできるだけ長くすると誘導障害の影響が小さくなる。

(4) 通信線に光ファイバーケーブルを採用すると，誘導障害の対策となる。

(5) 誘導障害は可聴雑音等の通信障害等が発生するが，人体への危険性は少ない。

解答 (5)

(1) 正しい。電線と通信線間の静電容量と大地間の静電容量に起因する誘導障害を静電誘導障害という。

(2) 正しい。電線の作る磁界により発生する誘導障害を電磁誘導障害という。

(3) 正しい。電線と通信線の離隔距離をできるだけ長くすると誘導障害の影響が小さくなる。

(4) 正しい。通信線に光ファイバーケーブルを採用すると，光ファイバーケーブルは電圧に影響されないため，誘導障害の対策となる。

(5) 誤り。誘導障害は可聴雑音等の通信障害等が発生する。また，通信線の作業者は感電する可能性がある。

POINT 4 静電誘導障害

POINT 5 電磁誘導障害

(3)(4)ともに静電誘導障害及び電磁誘導障害の両方の対策として有効である。

静電誘導障害及び電磁誘導障害どちらの場合も通信線に電圧が発生してしまうので,作業者には感電するおそれがある。

6 フェランチ効果に関する記述として，誤っているものを次の(1)～(5)のうちから一つ選べ。

(1) 受電端電圧が送電端電圧より高くなる現象である。

(2) 線路の電圧が電流より進んでいる場合に発生する。

(3) 電線路にケーブルを使用すると発生確率は高くなる。

(4) 送電線のこう長が長い方が発生しやすくなる。

(5) 重負荷時よりも軽負荷時に発生しやすくなる。

解答 (2)

(1) 正しい。受電端電圧が送電端電圧より高くなる現象をフェランチ効果という。

(2) 誤り。線路の電流が電圧より進んでいる（電圧が電流より遅れている）場合に発生する。

(3) 正しい。ケーブルは一般的な送電線に比べ，静電容量が非常に大きいため，電線路にケーブルを使用すると発生確率は高くなる。

(4) 正しい。送電線のこう長が長い方が静電容量が大きくなるため発生しやすくなる。

(5) 正しい。重負荷時よりも軽負荷時の方が進み力率になりやすいため，フェランチ効果も発生しやすくなる。

POINT 6 フェランチ効果

✎ 電圧を基準として電流が進みなら進み力率，電流が遅れなら遅れ力率である。

7 送電線の過電圧に関する記述として，誤っているものを次の(1)～(5)のうちから一つ選べ。

(1) 外部過電圧は主に雷に起因する過電圧で，直撃雷による過電圧，誘導雷による過電圧，逆フラッシオーバによる過電圧がある。

(2) 外部過電圧の中で最も発生頻度が高いのは誘導雷による過電圧である。

(3) 過電圧のうち，内部過電圧に対しては機器の絶縁が維持されるように絶縁強度を設計する。

(4) 内部過電圧にはフェランチ現象によるものや1線地絡時の健全相に現れる短時間交流過電圧がある。

(5) 内部過電圧には開閉過電圧やコロナ放電によるサージ性過電圧がある。

解答 (5)

(1) 正しい。外部過電圧は主に雷に起因する過電圧で，直撃雷による過電圧，誘導雷による過電圧，逆フラッシオーバによる過電圧がある。

(2) 正しい。外部過電圧の中で最も発生頻度が高いのは誘導雷による過電圧である。

(3) 正しい。過電圧のうち，内部過電圧に対しては

POINT 7 過電圧

機器の絶縁が維持されるように絶縁強度を設計する。また，外部過電圧に対しては，落雷の発生を前提として被害が出ないもしくは最小限に食い止めるような対策をとる。

(4) 正しい。内部過電圧にはフェランチ現象によるものや1線地絡時の健全相に現れる短時間交流過電圧がある。

(5) 誤り。内部過電圧には線路の開閉によるサージ性過電圧がある。コロナ放電によるサージ性過電圧はない。

短時間交流過電圧やサージ性過電圧の名称も覚えておくとよい。

⚙ 応用問題

1 送電線の振動対策に関する記述として，誤っているものを次の(1)～(5)のうちから一つ選べ。

(1) 微風振動の対策としてダンパの取り付けやアーマロッドの取り付け等の方法がある。

(2) スリートジャンプの対策として，電線の垂直間距離を大きくする，径間長を短くする，難着雪リングを取り付ける等の方法がある。

(3) サブスパン振動の対策として，スペーサの配置を適切にする，送電線のねん架を行う等の方法がある。

(4) ギャロッピングの対策として，ダンパの取り付け，難着雪リングの取り付け，ギャロッピングの発生しにくい送電線ルートの選定等の方法がある。

(5) コロナ振動の対策として，電線を太くする，鋼心アルミより線を採用する，多導体方式を採用する等の方法がある。

注目 全般的に基本問題と応用問題との難易度差は少ないと感じるかもしれないが，試験問題も同等の問題が出題されるので，それに合わせている。

解答編

CHAPTER 06

送電 2

解答 (3)

(1) 正しい。微風振動の対策として，振動のエネルギーを吸収し小さくするダンパの取り付けや電線の補強を行うアーマロッドの取り付け等の方法がある。

(2) 正しい。スリートジャンプの対策として，電線の垂直間距離を大きくする，径間長を短くするという振動が発生しても隣の電線まで届かないようにする方法や，難着雪リングを取り付け氷雪自体の着雪を抑える等の方法がある。

(3) 誤り。サブスパン振動の対策として，スペーサの配置を適切にし，共振しにくくする方法はあるが，送電線のねん架を行ってもサブスパン振動には効果はない。

🖍 送電線のねん架≒三相平衡と思っていれば，電気的平衡が機械的な振動に関係ないことは想像がつく。

(4) 正しい。ギャロッピングの対策として，ダンパを取り付け振動を吸収する，難着雪リングを取り付け着雪しにくくする，ギャロッピングの発生し

にくい送電線ルートの選定等の方法がある。

(5) 正しい。コロナ振動の対策として，電線を太くする，硬銅より線より電線が太くなる鋼心アルミより線を採用する，等価断面積の大きい多導体方式を採用する等の方法がある。

2 送電線路の雷害及びその対策に関する記述として，誤っているものを次の(1)〜(5)のうちから一つ選べ。

(1) 逆フラッシオーバは鉄塔や架空地線に落雷したときに発生する現象である。

(2) 送電線の雷害で最も発生確率が高いのは，送電線に電荷が蓄えられ，それが落雷によって一気に開放することで発生する誘導雷による過電圧である。

(3) 鉄塔の塔脚接地抵抗を小さくすることは逆フラッシオーバの発生を抑制する効果がある。

(4) 架空地線で直撃雷を防止する場合，遮へい角を大きくする方が効果的である。

(5) 不平衡絶縁を採用することで，2回線同時事故を防止することが可能となる。

解答 (4)

(1) 正しい。逆フラッシオーバは鉄塔や架空地線に落雷したときに鉄塔から送電線側に電流が流れていく現象である。

(2) 正しい。送電線の雷害で最も発生確率が高いのは，送電線に電荷が蓄えられ，それが落雷によって一気に開放することで発生する誘導雷による過電圧である。

(3) 正しい。鉄塔の塔脚接地抵抗を小さくすることで，鉄塔や架空地線に落雷したときに発生する過電圧による電流が大地に流れやすくなり，逆フラッシオーバの発生を抑制する効果がある。

(4) 誤り。架空地線で直撃雷を防止する場合，遮へい角を小さくする方が効果的である。

◆ 遮へい角の定義をよく覚えておくこと。

(5) 正しい。不平衡絶縁を採用することで，2回線の絶縁強度に差を設け，逆フラッシオーバによる

雷電流を絶縁強度が低い方に流し，2回線同時事故を防止することが可能となる。

3 コロナ放電に関する記述として，誤っているものを次の(1)〜(5)のうちから一つ選べ。

(1) 空気の絶縁が破壊されるコロナ臨界電圧の大きさは，標準状態（20℃，1013 hPa）において約30 kV/cmである。

(2) 送電線の導体付近での電界がコロナ臨界電圧より大きくなるとコロナ放電が発生する。

(3) コロナ臨界電圧は，気圧が低く，湿度が上がる程低下する。

(4) コロナ放電による影響として，送電損失やラジオの電波障害，騒音の発生，電線の腐食等がある。

(5) コロナ放電防止対策として，電線を太くする，単導体方式を採用する，微小な傷や突起物をなくす等の方法がある。

解答 (5)

(1) 正しい。空気の絶縁が破壊されるコロナ臨界電圧の大きさは，標準状態（20℃，1013 hPa）において約30 kV/cmである。

(2) 正しい。送電線の導体付近での電界がコロナ臨界電圧より大きくなるとコロナ放電が発生する。

(3) 正しい。コロナ臨界電圧の大きさは，標準状態（20℃，1013 hPa）において約30 kV/cmであるが，気圧が低く，湿度が上がるとこの数値は低下する。

(4) 正しい。コロナ放電による影響として，送電損失やラジオの電波障害，騒音の発生，電線の腐食等がある。

(5) 誤り。コロナ放電防止対策として，電線を太くする，多導体方式を採用する，微小な傷や突起物をなくす等の方法がある。

✎ 単導体方式が有利なのはサブスパン振動のみであることを覚えておくと迷わない。

❹ 次の文章は送電線に発生する誘導障害に関する記述である。

送電線と通信線が　(ア)　に施設され，かつ，その距離が近いとき，静電誘導や電磁誘導により　(イ)　に電圧が誘導される現象を誘導障害という。静電誘導は静電容量によるもので，電磁誘導は　(ウ)　インダクタンスによるものである。誘導障害の対策のうち，消弧リアクトル接地方式や高抵抗の接地方式を採用することは　(エ)　に対する対策として有効な方法である。

上記の記述中の空白箇所（ア），（イ），（ウ）及び（エ）に当てはまる組合せとして，正しいものを次の(1)～(5)のうちから一つ選べ。

注目 平行か垂直かは理論科目の電磁気における平行電流が作る磁界を復習すると理解できる。

	(ア)	(イ)	(ウ)	(エ)
(1)	平行	通信線	相互	静電誘導障害
(2)	平行	通信線	相互	電磁誘導障害
(3)	垂直	送電線	自己	電磁誘導障害
(4)	平行	送電線	相互	電磁誘導障害
(5)	垂直	送電線	自己	静電誘導障害

解答 (2)

誘導障害が発生するのは送電線と通信線が平行に施設されているときであり，通信線に電圧が誘導されることにより，通信線の受信障害や人体への電撃が発生すること等が問題となる。

電線を流れる電流を $\dot{I}$ [A]，交流の角周波数を ω [rad/s]，電線と通信線間の相互インダクタンスを M [H] とすると，通信線に誘導される電圧 $\dot{V}_0$ [V] が，

$$\dot{V}_0 = \mathrm{j}\omega M \dot{I}$$

となることにより，電圧が誘導されることで電磁誘導は発生する。ただし，三相電流が平衡であれば，それらの合成の電流は零となるため，3本の電線が通信線に与える電磁誘導障害は発生しない。

消弧リアクトル接地方式や高抵抗接地方式の採用は地絡電流を抑えることにより，三相不平衡を抑制する方法であり，電磁誘導障害に有効な対策となる。

5 図のように送電線と通信線があり，各相と通信線との間の静電容量をC_A[F]，C_B[F]，C_C[F]，通信線と大地との間の静電容量をC_0[F]，各相の対地電圧をそれぞれ$\dot{E}_a$[V]，$\dot{E}_b$[V]，$\dot{E}_c$[V]とするとき，次の(a)及び(b)の問に答えよ。ただし，電線に流れる電流の角周波数をω[rad/s]とする。

 注目 本問がそのまま本試験で出題される可能性は低いと考えられるが，静電誘導障害の内容を理解する上では必ず解けるようにしておいた方がよい問題である。

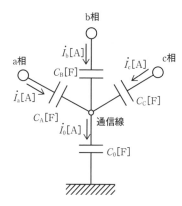

(a) a相の送電線と通信線のみを考えるとき，通信線に誘導される電圧$\dot{E}_0$[V]として，正しいものを次の(1)〜(5)のうちから一つ選べ。

(1) $\dfrac{C_A}{C_A + C_0}\dot{E}_a$　　(2) $\dfrac{C_0}{C_A + C_0}\dot{E}_a$

(3) $\dfrac{C_A + C_0}{C_A}\dot{E}_a$　　(4) $\dfrac{C_A + C_0}{C_0}\dot{E}_a$

(5) $\dfrac{C_A C_0}{C_A + C_0}\dot{E}_a$

(b) すべての送電線を考えたときの通信線に誘導される電圧$\dot{E}_0$[V]として，正しいものを次の(1)〜(5)のうちから一つ選べ。

(1) $\dfrac{C_0(\dot{E}_a + \dot{E}_b + \dot{E}_c)}{C_0 + C_A + C_B + C_C}$　　(2) $\dfrac{C_A\dot{E}_a + C_B\dot{E}_b + C_C\dot{E}_c}{C_0 + C_A + C_B + C_C}$

(3) $\dfrac{C_0(\dot{E}_a + \dot{E}_b + \dot{E}_c)}{3C_0 + C_A + C_B + C_C}$　　(4) $\dfrac{C_A\dot{E}_a + C_B\dot{E}_b + C_C\dot{E}_c}{3C_0 + C_A + C_B + C_C}$

(5) $\dfrac{3C_0(\dot{E}_a + \dot{E}_b + \dot{E}_c)}{3C_0 + C_A + C_B + C_C}$

(a) 通信線の電圧 $\dot{E}_0$[V]は，分圧の法則より，

$$\dot{E}_0 = \frac{\dfrac{1}{\mathrm{j}\omega C_0}}{\dfrac{1}{\mathrm{j}\omega C_\mathrm{A}} + \dfrac{1}{\mathrm{j}\omega C_0}}\dot{E}_\mathrm{a}$$

$$= \frac{\dfrac{1}{C_0}}{\dfrac{1}{C_\mathrm{A}} + \dfrac{1}{C_0}}\dot{E}_\mathrm{a}$$

$$= \frac{\dfrac{1}{C_0}}{\dfrac{C_\mathrm{A} + C_0}{C_\mathrm{A}C_0}}\dot{E}_\mathrm{a}$$

$$= \frac{1}{\dfrac{C_\mathrm{A} + C_0}{C_\mathrm{A}}}\dot{E}_\mathrm{a}$$

$$= \frac{C_\mathrm{A}}{C_\mathrm{A} + C_0}\dot{E}_\mathrm{a}$$

(b) キルヒホッフの法則より，

$$\dot{I}_0 = \dot{I}_\mathrm{a} + \dot{I}_\mathrm{b} + \dot{I}_\mathrm{c}$$

よって，オームの法則を用いて整理すると，

$$\mathrm{j}\omega C_0\dot{E}_0 = \mathrm{j}\omega C_\mathrm{A}(\dot{E}_\mathrm{a} - \dot{E}_0) + \mathrm{j}\omega C_\mathrm{B}(\dot{E}_\mathrm{b} - \dot{E}_0) +$$
$$\mathrm{j}\omega C_\mathrm{C}(\dot{E}_\mathrm{c} - \dot{E}_0)$$

$$C_0\dot{E}_0 = C_\mathrm{A}(\dot{E}_\mathrm{a} - \dot{E}_0) + C_\mathrm{B}(\dot{E}_\mathrm{b} - \dot{E}_0) + C_\mathrm{C}(\dot{E}_\mathrm{c} - \dot{E}_0)$$

$$(C_0 + C_\mathrm{A} + C_\mathrm{B} + C_\mathrm{C})\dot{E}_0 = C_\mathrm{A}\dot{E}_\mathrm{a} + C_\mathrm{B}\dot{E}_\mathrm{b} + C_\mathrm{C}\dot{E}_\mathrm{c}$$

$$\dot{E}_0 = \frac{C_\mathrm{A}\dot{E}_\mathrm{a} + C_\mathrm{B}\dot{E}_\mathrm{b} + C_\mathrm{C}\dot{E}_\mathrm{c}}{C_0 + C_\mathrm{A} + C_\mathrm{B} + C_\mathrm{C}}$$

6 フェランチ効果に対する対策として，誤っているものを次の(1)～(5)のうちから一つ選べ。

(1) 発電機の運転台数を増加させる。

(2) 同期調相機の界磁電流を小さくする。

(3) 無効電力補償装置（SVC）で無効電力を調整する。

(4) 電力用コンデンサを開放する。

(5) 分路リアクトルを投入する。

解答 (1)

(1) 誤り。発電機の運転台数を増加させても，送電端の電圧値は上昇しないので効果はない。

(2) 正しい。同期調相機の界磁電流を小さくすると，V曲線の特性により，力率は遅れとなるため有効である。

(3) 正しい。無効電力補償装置（SVC）は，遅れから進みまで連続的に無効電力を調整することが可能なので有効である。

(4) 正しい。電力用コンデンサを開放すると，力率は遅れる方向に変化するため有効である。

(5) 正しい。分路リアクトルを投入すると，力率は遅れる方向に変化するため有効である。

注目 発電機の運転台数を増加させると電圧が上昇するような気がするかもしれないが，電池の並列つなぎが電圧上昇しないように，発電機の運転台数を増やしても基本的には電圧は変化しない。

7 電力系統で発生する過電圧に関する記述として，誤っているものを次の(1)～(5)のうちから一つ選べ。

(1) 外部過電圧は非常に大きい電圧なので，変電所においては避雷器を設置し，制限電圧を超えた電圧を大地に逃がすことで機器を保護する。

(2) 電気機器の絶縁は内部過電圧に対しては，十分に耐えるように設計される。

(3) 送電線への落雷発生時の電線の溶断防止策として，電線の太線化等の方法が取られる。

(4) 送電線への直撃雷に対して，がいしはフラッシオーバを起こさない様に設計される。

(5) 再閉路方式を採用して，遮断器の開放後に一定時間を経てから遮断器を再投入し，送電の信頼性を高める。

注目 雷害や過電圧の内容は変電所の避雷器の内容と組み合わせて出題されることもよくある。断片的な知識ではなく，幅広い総合的な知識を身につけること。

解答 (4)

(1) 正しい。外部過電圧は非常に大きい電圧なので，各機器の絶縁耐力を外部過電圧に耐えるように設計することは現実的ではなく，変電所においては避雷器を設置し，制限電圧を超えた電圧を大地に逃がすことで機器を保護する。

(2) 正しい。電気機器の絶縁は内部過電圧に対してはある程度値が予想可能なので，十分に耐えるよ

うに設計される。

(3) 正しい。送電線への落雷発生時の電線の溶断防止策として，電線の太線化等の方法が取られる。

(4) 誤り。送電線への直撃雷に対して，がいしでフラッシオーバを発生させ，機器が損傷しない様に設計される。

(5) 正しい。雷過電圧は瞬時的なものなので，遮断器の開放をして，一定時間経過後に遮断器を再投入すると問題なく送電ができるため，再閉路方式を採用して送電の信頼性を高める。

✎ がいしがフラッシオーバしないと，機器が損傷してしまうので，非常に損害が大きくなる。

3 中性点接地と直流送電

☑ 確認問題

① 次の文章は中性点接地方式に関する記述である。（ア）〜（エ）にあてはまる語句を答えよ。

POINT 1 中性点接地

中性点接地方式とは変圧器の ［（ア）］ 結線の接続点（中性点）と大地を接続する方法である。中性点は三相平衡状態で通常運転されているときには電流が流れないが，［（イ）］ 事故発生時には電流が流れる。したがって，中性点接地方式の目的は ［（イ）］ 事故発生時の ［（ウ）］ 相の電圧上昇抑制と ［（エ）］ を確実に動作させ故障区間を切り離すこと等が挙げられる。

解答 （ア）Y （イ）1線地絡

（ウ）健全 （エ）保護継電器

中性点接地方式においては，健全相電位上昇と1線地絡電流の大きさの関係を理解していることが肝となる。

・健全相の電位上昇が大きくなると，機器の絶縁強度を上げなければならなくなる。そうすると機器のコストが上がるので超高圧の電圧階級では重要となる。

・1線地絡電流が大きくなると，電磁誘導障害が問題となる反面，保護継電器の動作が容易となる。配電線の通信線で電磁誘導障害対策を行うと莫大なコストがかかるので，低圧の電圧階級で重要となる。

② 次の文章は中性点接地方式である直接接地方式，抵抗接地方式，非接地方式，消弧リアクトル接地方式の比較に関する記述である。（ア）～（エ）にあてはまる語句を答えよ。ただし，同じ語句を使用してよい。

中性点接地方式のうち，地絡事故時に健全相の対地電圧上昇が最も大きいのは　(ア)　方式と　(イ)　方式，最も小さいのは　(ウ)　方式である。また，地絡電流が最も大きいのは　(エ)　方式，最も小さいのは　(イ)　方式である。

解答 （ア）非接地　（イ）消弧リアクトル接地
（ウ）直接接地　（エ）直接接地

各接地方式の基本的な特徴は下表の通りである。消弧リアクトル接地方式の方がより地絡電流は小さくなるので，（イ）が消弧リアクトル接地方式となる。

	非接地	直接接地	抵抗接地	消弧リアクトル接地
1線地絡電流	小	大	中	微小
電磁誘導障害	小	大	中	微小
継電器の作動	困難	確実	確実	困難
健全相対地電圧上昇	大	小	中	大
適用電圧[kV]	6.6以下	187以上	22～154	66または77

③ 次の中性点接地方式に関する記述として，正しいものには○，誤っているものには×をつけよ。
　(1)　直接接地方式は地絡電流が最も大きいため，電磁誘導障害が問題とならない。
　(2)　非接地方式は，主に配電系統で採用される。
　(3)　抵抗接地方式は，非接地方式と直接接地方式の中間的な性質を持つ。
　(4)　消弧リアクトル接地方式は，配電系統～154 kVまで幅広く使用される。
　(5)　中性点接地方式のうち，継電器の作動が困難となるのは，抵抗接地方式と非接地方式である。
　(6)　非接地方式では，1線地絡事故の際の健全相の電位上昇は$\sqrt{2}$倍となる。
　(7)　直接接地方式は，187 kV以上の系統に使用される。

POINT 1 中性点接地

注目　この問題の文章だけを見ると，消弧リアクトル方式が良いように思えるが，実際には抵抗接地方式よりコストがかかる上，系統の変更があるとリアクトルの取替が必要となる場合がある等デメリットも多い。

POINT 1 中性点接地

解答 (1) × (2) ○ (3) ○ (4) ×

(5) × (6) × (7) ○

(1) ×。直接接地方式は地絡電流が最も大きいため、電磁誘導障害が問題となる。

(2) ○。

(3) ○。

(4) ×。消弧リアクトル接地方式は66，77 kV で採用され，近年採用される例は少ない。

(5) ×。中性点接地方式のうち，継電器の作動が困難となるのは，消弧リアクトル接地方式と非接地方式である。

◆ 1 線地絡電流が小さい＝継電器の作動が困難となる。

◆ 非接地方式では一相が地絡すると，健全相には線間電圧がかかるので$\sqrt{3}$ 倍の対地電圧がかかることになる。

(6) ×。下図の通り，非接地方式では， 1 線地絡事故の際の健全相の電位上昇は$\sqrt{3}$倍となる。

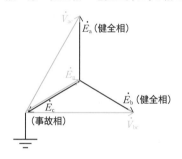

(7) ○。

---

❹ 次の文章は直流送電に関する記述である。（ア）～（エ）にあてはまる語句を答えよ。

　直流送電とは送電側と受電側に　(ア)　を設け，送電側で交流から直流にし，受電側で直流から交流にして送電する方法である。同電圧では直流の最大値は交流の　(イ)　倍になるので，絶縁強度を　(ウ)　くすることができる他，送電線路を　(エ)　条で送電できるので，建設費が安くなるといったメリットがある。

POINT 2 直流送電

解答 （ア）交直変換所（交直変換器）　（イ）$\dfrac{1}{\sqrt{2}}$

　　　（ウ）低　（エ）2

直流送電は送電側と受電側に交直変換所（交直変

換器）を設け送電する方法である。交流の電圧値（実効値）は最大値の$\frac{1}{\sqrt{2}}$倍であるので，同じ電圧である場合，直流の方が絶縁強度を低くすることができる。また，交流は三相回路なので3条必要であるが，直流は＋と－の2条で済むので建設費が安くなるという特徴がある。

⑤ 次の直流送電に関する記述として，正しいものには○，誤っているものには×をつけよ。

POINT 2 直流送電

(1) 電圧降下及び電力損失が少ないので，長距離送電に向いている。
(2) 送電線が2条で済む。
(3) 交流よりも遮断が容易である。
(4) 電圧の最大値が交流の$\frac{1}{\sqrt{3}}$倍である。
(5) 変圧が容易である。
(6) 交直変換装置が高価である。
(7) 同期安定度の問題が発生する。

解答 (1) ○　(2) ○　(3) ×　(4) ×
　　　　 (5) ×　(6) ○　(7) ×

(1) ○。直流送電は，無効電力分の電圧降下及び電力損失が少ないので，長距離送電に向いている。

(2) ○。

(3) ×。直流は電圧電流の零点がないので，交流よりも遮断が困難である。

(4) ×。同電圧の場合，直流電圧の最大値は交流の$\frac{1}{\sqrt{2}}$倍である。

(5) ×。直流は交流のように変圧器で容易に変圧することができない。

(6) ○。交直変換装置はコストがかかるので，短距離の送電には向かない。

(7) ×。交流の場合は安定度の問題が発生するが，直流の場合は同期安定度の問題がなくなる。

基本問題

1 中性点接地方式に関する記述として，誤っているものを次の(1)～(5)のうちから一つ選べ。

(1) 中性点接地は異常電圧の抑制や地絡継電器の動作等の目的で行う。

(2) 非接地方式は，地絡電流が小さく電磁誘導障害が少なくなる。

(3) 直接接地方式は，1線地絡事故時の健全相対地電圧の上昇がほとんどない。

(4) 抵抗接地方式は，抵抗値を調整して，地絡継電器を動作させ電磁誘導障害を生じない程度に地絡電流を調整する。

(5) 消弧リアクトル接地方式は，地絡電流を非常に小さくできるので，現在の送配電線で最も多く採用されている。

解答 (5)

POINT 1 中性点接地

(1) 正しい。中性点接地は1線地絡時の異常電圧の抑制や地絡継電器の確実な動作等の目的で行う。

(2) 正しい。非接地方式は，1線地絡時の対地電圧上昇は大きくなるが，地絡電流が小さく電磁誘導障害が少なくなる。

(3) 正しい。直接接地方式は，1線地絡事故時の健全相対地電圧の上昇がほとんどないので，機器の絶縁を低減できる。

(4) 正しい。抵抗接地方式は，抵抗値を調整して，地絡継電器を動作させ電磁誘導障害を生じない程度に地絡電流を調整する。

(5) 誤り。消弧リアクトル接地方式は，地絡電流を非常に小さくできるが，コストが抵抗接地よりかかる等課題点もあり，現在の送配電線での採用は限定的である。

2 次の文章は中性点接地方式に関する記述である。

　抵抗接地方式は非接地方式と直接接地方式の中間的な性質を持つ接地方式で，非接地方式より　(ア)　が大きく，直接接地方式より　(イ)　が大きいという特性がある。中性点の抵抗を　(ウ)　Ω程度にするため適用可能な電圧も幅広く　(エ)　kV程度の電圧階級で採用される。

　上記の記述中の空白箇所(ア)，(イ)，(ウ)及び(エ)に当てはまる組合せとして，正しいものを次の(1)～(5)のうちから一つ選べ。

	(ア)	(イ)	(ウ)	(エ)
(1)	地絡電流	健全相の対地電圧上昇	100～1000	22～154
(2)	健全相の対地電圧上昇	地絡電流	100～1000	6.6～77
(3)	健全相の対地電圧上昇	地絡電流	10～50	22～154
(4)	地絡電流	健全相の対地電圧上昇	10～50	22～154
(5)	健全相の対地電圧上昇	地絡電流	10～50	6.6～77

解答　(1)

　抵抗接地方式は非接地方式と直接接地方式の中間的な性質を持つ接地方式で，1線地絡電流は非接地方式より大きく直接接地方式より小さい，1線地絡時の対地電圧上昇は直接接地方式より大きく非接地方式より小さい。

　日本で採用されている中性点接地の抵抗値は電磁誘導障害等の観点から100～1000Ω程度である。適用電圧は22～154kVと幅広い電圧で扱われている。

POINT 1 中性点接地

✎ 一般に地絡電流を100A～250Aに設定することが多い。

3 直流送電に関する記述として，誤っているものを次の(1)～(5)のうちから一つ選べ。

(1) 送電線の建設費が安くなる。

(2) 交直変換設備が必要となる。

(3) 同期安定度の問題がない。

(4) 高調波の発生がない。

(5) 機器の絶縁強度を低減することができる。

解 答 (4)

(1) 正しい。送電線が2乗で済むため，送電線の建設費が安くなる。

(2) 正しい。送電側と受電側それぞれに交直変換設備が必要となる。

(3) 正しい。直流は交流のような同期安定度の問題がない。

(4) 誤り。交流から直流及び直流から交流に変換する際に高調波が発生する。交直変換設備に交流フィルタが設置され，直流側にも直流フィルタが設置される。

(5) 正しい。電圧の最大値が交流の$\dfrac{1}{\sqrt{2}}$倍となるため，機器の絶縁強度を低減することができる。

4 直流送電の利用例として，誤っているものを次の(1)~(5)のうちから一つ選べ。

(1) 海底ケーブル

(2) 発電所から変電所への超高圧送電

(3) 長距離大電力送電

(4) 異周波数系統間連系

(5) 非同期連系

解 答 (2)

(1) 正しい。海底ケーブルは長距離かつ静電容量が大きいので，直流送電に適している。

(2) 誤り。発電所から変電所までの送電は一般に交流の架空送電が用いられる。

(3) 正しい。長距離大電力送電は，直流送電の方がコストメリットがある。

(4) 正しい。交直変換設備にて周波数変換が可能なので，直流送電が適している。

(5) 正しい。交流での同期連系は短絡容量が増大するので，直流で非同期連系することは適している。

POINT 2 直流送電

✎ 送電上のメリットとしては表皮効果の影響がないという特徴もある。

POINT 2 直流送電

✎ 基本的には送電線の費用減と交直変換所の費用増の差し引きとなる。

⚙ 応用問題

1 中性点接地方式に関する記述として，誤っているものを次の(1)～(5)のうちから一つ選べ。

(1) 中性点接地方式とは，送電線に接続されたY結線の接続点と大地を接続することをいう。通常時は中性点の接地回路には電流が流れないが，1線地絡事故時には中性点に電流が流れ，健全相の電圧上昇が発生する。したがって，系統の保護方式に合う中性点接地方式を選択しなければならない。

(2) 非接地方式は1線地絡時の故障電流が非常に小さく，電磁誘導障害の影響はほとんどないが，健全相の対地電圧は$\sqrt{3}$倍に上昇する。配電系統は健全相の対地電圧上昇がほとんど問題とならないので，配電用変圧器は主に中性点を持たないΔ－Δ結線で接続され，非接地方式が採用される。

(3) 直接接地方式は1線地絡時の健全相の対地電圧上昇がほとんどないので，機器の絶縁強度を低減でき，送電線のがいしの連結個数も減らすことができる。一方，1線地絡時の故障電流が大きいので，通信線の電磁誘導障害が大きくなる。したがって，光ファイバーケーブルを採用する，遮へい線を設置する等の対策が取られる。

(4) 抵抗接地方式は，非接地方式と直接接地方式の中間的な性質を持つ接地方式である。直接接地方式よりも地絡電流が小さくなるので，感度の高い地絡継電器が求められる。低抵抗接地方式と高抵抗接地方式があり，日本においては電圧階級が上がれば上がるほど低抵抗の接地方式を採用している。

(5) 消弧リアクトル接地方式は，中性点をリアクトルで接地することで，1線地絡事故時に送電線の対地静電容量と並列共振させることで消弧させる方式で理論上地絡電流は零になる。ただし，送電線のねん架が不十分で三相不平衡状態であると，中性点に電圧が発生し，送電線の対地静電容量とリアクトルが直列共振することで，中性点の電位が異常上昇してしまう可能性がある。

注目 本問の難易度が高いのは，まず各文が長いことと，感覚的に電圧が高いほど低抵抗となるのに，抵抗接地方式では逆の考え方，すなわち地絡電流の値を考えているところにある。

174

(1) 正しい。中性点接地方式とは，送電線に接続された Y 結線の接続点と大地を接続することをいう。

　　通常時は三相平衡状態であれば，中性点の接地回路には電流が流れないが，1 線地絡事故時には中性点に電流が流れ，健全相の電圧上昇が発生する。

　　各接地方式により得失があり，電圧階級やその求められる特性に合わせて系統の保護方式に合う中性点接地方式を選択しなければならない。

(2) 正しい。非接地方式は 1 線地絡時の故障電流が非常に小さく，電磁誘導障害の影響はほとんどないが，健全相の対地電圧上昇は最も大きく，通常電圧の $\sqrt{3}$ 倍に上昇する。

　　配電系統は電圧が低く，健全相の対地電圧上昇がほとんど問題とならない。したがって，配電用変圧器は主に中性点を持たない Δ － Δ 結線で接続され，非接地方式が採用されることが多い。

(3) 正しい。直接接地方式は 1 線地絡時の健全相の対地電圧上昇がほとんどないので，機器の絶縁強度を低減でき，送電線のがいしの連結個数も減らすことができる。

　　ただし，1 線地絡時の故障電流が大きいので，通信線の電磁誘導障害が大きくなる。

　　電磁誘導対策のため，光ファイバーケーブルを採用する，遮へい線を設置する他，高速遮断等の対策も取られる。

(4) 誤り。抵抗接地方式は，非接地方式と直接接地方式の中間的な性質を持つ接地方式である。

　　直接接地方式よりも地絡電流が小さくなるので，感度の高い地絡継電器が求められる。

　　低抵抗接地方式と高抵抗接地方式があるが，日本においては電磁誘導障害対策のため電圧階級が上がると高抵抗接地方式を採用する例が多い。

(5) 正しい。消弧リアクトル接地方式は，中性点に
リアクトルを接地することで，1線地絡事故時に
送電線の対地静電容量と並列共振させることで消
弧させる方式で理論上地絡電流は零になる。

ただし，送電線のねん架が不十分で三相不平衡
状態であると，中性点に電圧が発生し，送電線の
対地静電容量とリアクトルが直列共振することで，
中性点の電位が異常上昇してしまう可能性がある。

2 直流送電に関する記述として，誤っているものを次の(1)～
(5)のうちから一つ選べ。

(1) 直流送電は交流のように変圧が容易でないため，送電
線の系統は交流送電が基本として行われている。しかし，
長距離送電線や海底ケーブルにおいては交流送電より有
利な面があるため，日本においても北海道－本州直流連
系や紀伊水道直流連系で利用されている。

(2) 直流送電は送電線が＋と－の2条で構成されるため，
3条を必要とする交流送電に比べ，送電線の建設費が安
価となる。また，大地帰路とすれば送電線は1条にでき
るためさらに経済的となるが，その場合には電食の対策
が必要となる。

(3) 交直変換器は送電側と受電側に配置され，送電側では
交流を直流にするコンバータ，受電側では直流を交流に
するインバータが設置される。また，送電側と受電側そ
れぞれに無効電力を吸収または供給する調相設備，高調
波を吸収するフィルタを設置する。

(4) 直流送電は長距離送電で採用されることが多いが，長
距離送電でなくても周波数の変換が容易であることから
周波数変換所での連系や，短絡容量を増加せずに連系が
可能となることから短絡電流の抑制を目的とした連系所
もある。

(5) 直流送電は同じ公称電圧であれば交流の $\dfrac{1}{\sqrt{2}}$ 倍の電圧
で送電可能となるため，機器の絶縁の面で大幅にコスト
ダウンすることができる。しかし，送電及び受電時の交
直変換器，高調波フィルタ，非常に大きな無効電力を調
整する無効電力調整装置，直流遮断器等のコストが必要
となる。

解 答 (5)

(1) 正しい。直流送電は交流のように変圧が容易でないため，送電線の系統は交流送電が基本として行われている。しかし，長距離送電線や海底ケーブルにおいては直流送電にも交流送電より有利な面があるため，日本においても北海道－本州直流連系や紀伊水道直流連系で利用されている。

(2) 正しい。直流送電は送電線が＋と－の2条で構成されるため，3条を必要とする交流送電に比べ，送電線の建設費が安価となる。また，大地帰路方式とすれば送電線は1条にできるためさらに経済的となるが，その場合には電食の対策が必要となる。

(3) 正しい。交直変換器は送電側と受電側に配置され，送電側では交流を直流にするコンバータ，受電側では直流を交流にするインバータが設置される。また，送電側と受電側それぞれに無効電力を吸収または供給する調相設備，高調波を吸収するフィルタを設置する必要がある。

(4) 正しい。直流送電は長距離送電で採用されることが多いが，長距離送電でなくても周波数の変換が容易であることから周波数変換所での連系があり，短絡容量を増加せずに連系が可能となることから短絡電流の抑制を目的とした連系もある。

(5) 誤り。直流送電は同じ公称電圧であれば交流の $\dfrac{1}{\sqrt{2}}$ 倍の電圧で送電可能となるため，機器の絶縁の面で大幅にコストダウンすることができる。しかし，送電及び受電時の交直変換器，高調波フィルタ，非常に大きな無効電力を調整する無効電力調整装置等のコストが必要となる。直流での遮断は困難であることから，直流送電線に直流遮断器を設けず，交流系統に遮断器を設ける。

配電

1 配電

☑ 確認問題

1 次の架空配電線路に関する記述として，正しいものには○，誤っているものには×をつけよ。

(1) 配電線路とは配電用変電所から需要家までの電線路のことをいう。

(2) 架空配電線路には高圧配電線路と低圧配電線路があるが，特別高圧の配電線路はない。

(3) 配電線には一般に裸電線が用いられる。

(4) 配電線からの引込線には，過電圧保護ケッチヒューズが設けられる。

(5) 架空送電線路の支持物には主に鉄塔が使用されるが，架空配電線路の支持物には主に鉄柱が使用される。

(6) 柱上機器として，柱上変圧器，区分開閉器，避雷器，高圧カットアウト等がある。

(7) 柱上変圧器は高圧の 6.6 kV から低圧の 100 V/200 V に降圧するための変圧器である。

(8) 柱上開閉器として，最も使用されているのは油入開閉器である。

(9) 高圧カットアウトは，ヒューズを内蔵した開閉器である。

POINT 1 架空配電線路

解答 (1) ○ (2) × (3) × (4) × (5) × (6) ○

(7) ○ (8) × (9) ○

(1) ○。

(2) ×。架空配電線路は高圧配電線路と低圧配電線路が多いが，需要の大きい場所では特別高圧 (22 kV) の配電線路もある。

(3) ×。配電線には，危険防止のため一般に絶縁電線が用いられる。

✎ 裸電線は架空送電には使用される。

(4) ×。配電線からの引込線には，過電流保護の
ケッチヒューズが設けられる。

(5) ×。架空送電線路の支持物には主に鉄塔が使用
されるが，架空配電線路の支持物には主に鉄筋コ
ンクリート柱が使用される。

(6) ○。

(7) ○。

(8) ×。柱上開閉器として最も使用されているのは
気中開閉器（PAS）であり，油入開閉器は使用さ
れない。

(9) ○。高圧カットアウトは，ヒューズを内蔵した
開閉器であり，柱上変圧器の一次側に設置する。

✏ 開閉器には事故電流を遮断
する能力はないため,ヒューズ
を溶断することで事故を遮断
する。

2 次の配電線路の電気方式に関する記述として，正しいもの
には○，誤っているものには×をつけよ。

(1) 配電線路の電気方式は単相3線式や三相3線式が使用
されるが，電力需要が大きい都市部等では三相4線式が
使用されることもある。

(2) 低圧配電線路における電気方式は，電灯用には主に単
相が用いられ，動力用には主に三相が用いられる。

(3) 単相2線式は2本の電線で単相交流を送るため，電圧
降下や電力損失は往復分で計算する必要がある。

(4) 単相2線式は戸建住宅から大型ビルまで最も一般的に
用いられる電気方式である。

(5) 単相3線式は変圧器の二次側から100 Vと200 Vを得
ることができる。

(6) 単相3線式の電気方式は一般に中性線を接地する。

(7) 三相3線式の電気方式では6.6 kVで配電するため，低
圧の動力回路には使用されない。

(8) 三相4線式は二次側の線間電圧を415 Vの電灯用と
240 Vの動力用にして使用するものがある。

(9) 同じ送電電力，線間電圧，力率，こう長で送電した場
合，電力損失は単相2線式が最も大きい。

(10) 同じ送電電力，線間電圧，力率，こう長で送電した場
合，電力損失は三相3線式が最も小さい。

POINT 2 電気方式

解答 (1) ◯ (2) ◯ (3) ◯ (4) × (5) ◯ (6) ◯
(7) × (8) × (9) ◯ (10) ×

(1) ◯。配電線路の電気方式は単相3線式や三相
3線式が使用されるが，大型のビルや工場等では
三相4線式が使用されることもある。

(2) ◯。低圧配電線路における電気方式は，電灯用
には主に単相が用いられ，動力用には主に三相が
用いられる。

(3) ◯。単相2線式は2本の電線で単相交流を送る
ため，電圧降下や電力損失は往復分で計算する必
要がある。

(4) ×。単相2線式は小型家電のみを使用するよう
な小規模な住宅で主に用いられ，大型ビルなどで
は一般的に用いられない。

(5) ◯。単相3線式は変圧器の二次側から中性線と
外線で100 V，外線同士で200 Vを得ることがで
きる。

(6) ◯。単相3線式の電気方式は，一般に中性線を
接地する。

(7) ×。三相3線式の高圧配電線から6.6 kVで配電
する他，200 Vの動力回路にも使用されることが
ある。

(8) ×。三相4線式は二次側の線間電圧を415 Vの
動力用と240 Vの電灯用にして使用するものがあ
る。

(9) ◯。同じ送電電力，線間電圧，力率，こう長で
送電した場合，電力損失は単相2線式が最も大き
い。

(10) ×。同じ送電電力，線間電圧，力率，こう長で
送電した場合，電力損失は三相4線式が最も小さ
い。

❸ 次の文章は配電線路の電気方式の比較に関する記述である。**POINT 2** 電気方式
（ア）〜（オ）にあてはまる語句を答えよ。

　　配電線路の電気方式には，単相2線式，単相3線式，三相3線式，三相4線式がある。単相2線式における線間電圧を$V[\text{V}]$，線路電流を$I[\text{A}]$，力率を$\cos\theta$とすると，送電電力$P_1[\text{W}]$は　（ア）　となり，電線1条あたりの抵抗を$R[\Omega]$とすると，電力損失$p_1[\text{W}]$は　（イ）　となる。一方，同線間電圧，線路電流，力率，抵抗における三相3線式の送電電力$P_3[\text{W}]$は　（ウ）　となり，電力損失$p_3[\text{W}]$は　（エ）　となる。したがって，同電力を送電する場合の三相3線式における電力損失は単相2線式の　（オ）　[%]となる。

解答　（ア）$VI\cos\theta$　（イ）$2RI^2$　（ウ）$\sqrt{3}\,VI\cos\theta$
　　　（エ）$3RI^2$　（オ）50

（ア）単相2線式における送電電力$P_1[\text{W}]$は，

$$P_1 = VI\cos\theta$$

（イ）$I[\text{A}]$について整理すると，

$$I = \frac{P_1}{V\cos\theta}$$

　　電力損失$p_1[\text{W}]$は，往復分を考慮すると，

$$p_1 = 2RI^2$$
$$= 2R\cdot\left(\frac{P_1}{V\cos\theta}\right)^2$$
$$= \frac{2RP_1^2}{V^2\cos^2\theta}$$

（ウ）三相3線式における送電電力$P_3[\text{W}]$は，

$$P_3 = \sqrt{3}\,VI\cos\theta$$

（エ）（オ）$I[\text{A}]$について整理すると，

$$I = \frac{P_3}{\sqrt{3}\,V\cos\theta}$$

　　電力損失$p_3[\text{W}]$は，三相分の損失があるので，

$$p_3 = 3RI^2$$
$$= 3R\cdot\left(\frac{P_3}{\sqrt{3}\,V\cos\theta}\right)^2 = \frac{RP_3^2}{V^2\cos^2\theta}$$

したがって，同じ大きさの電力を送電するとき，すなわち$P_1 = P_3$であるとき，$p_3 = \dfrac{1}{2}p_1$，つまり50%となる。

④ 次の文章は各配電方式の説明に関する記述である。それぞれに該当する配電方式の名称を答えよ。

POINT 3 配電方式

(1) 構成が単純であるため，需要増加への対応が容易であるが，事故時の停電範囲が広くなり信頼度が低く，電力損失や電圧変動も大きい。

(2) 複数の幹線のそれぞれに変圧器を接続して，格子状の低圧配線に送電し，そこから需要家へ電力を供給する。格子状にしていることから信頼度が高く，大都市の中心部で用いられる。

(3) 同じ幹線から複数の変圧器を接続して，二次側に受電する方式で，二次側は区分ヒューズを介して負荷を接続する。区分ヒューズがカスケーディングを起こす可能性があるが，信頼度は比較的高い。

(4) 複数の幹線のそれぞれに変圧器を接続して，二次側の母線に受電する。信頼度が高くなるが，保護装置が複雑になるため建設費が高くなる。

(5) 高圧の配電方式の一つで，環状に線路を配置し，結合開閉器を置くことで事故時に結合開閉器を投入して送電を継続することができる。

解答 (1) 樹枝状（放射状）方式

(2) 低圧ネットワーク
　　（レギュラーネットワーク）方式

(3) バンキング方式

(4) スポットネットワーク方式

(5) ループ状（環状）方式

⑤ 次の文章はスポットネットワーク方式に関する記述である。（ア）〜（エ）にあてはまる語句を答えよ。

POINT 3 配電方式

スポットネットワーク方式は高層ビルや大規模な工場等で用いられる方式で複数の幹線から受電するため信頼度が高く，負荷も増設しやすいという長所がある一方，回路が複雑であり保護装置が複雑であるため，建設費が高くなるという短所がある。複雑な保護装置は　（ア）　と呼ばれ，以下のような機能がある。

① 　（イ）　特性
　ネットワークの一次側，二次側に電圧がある状態のとき，一次側の電圧が高い場合に遮断器を投入する。

注目 配電方式の中でも，最も出題率が高いのはスポットネットワーク方式である。重点的に理解しておくこと。

② 　（ウ）　特性
　　ネットワーク母線に電圧がないとき，高圧幹線が充電されると遮断器が投入される。
③ 　（エ）　特性
　　高圧幹線が停電する等で二次側から一次側に電流が流れようとしたときに遮断器を開放する。

解答　（ア）ネットワークプロテクタ
　　　　（イ）差電圧投入　（ウ）無電圧投入
　　　　（エ）逆電力遮断

ネットワークプロテクタはネットワーク変圧器の二次側に設けられ，プロテクタヒューズ，プロテクタ遮断器，電力方向継電器等から構成されており，以下のような機能がある。

① 　差電圧投入特性…ネットワークの一次側，二次側に電圧がある状態のとき，一次側の電圧が高い場合に遮断器を投入する。

② 　無電圧投入特性…二次側のネットワーク母線に電圧がないとき，高圧幹線が充電されると遮断器が投入される。

③ 　逆電力遮断特性…高圧幹線が停電する等で二次側から一次側に電流が流れようとしたときに遮断器を開放する。

1 架空配電線路の構成に関する記述として，誤っているもの
を次の(1)～(5)のうちから一つ選べ。

(1) がいしは電線と支持物を絶縁するために使用する。

(2) 柱上開閉器は負荷電流を遮断するための開閉器で一般
に気中開閉器 (PAS) が用いられる。

(3) 柱上変圧器は配電線の電圧を高圧から低圧にする変圧
器で，二次側に高圧カットアウトを設けている。

(4) 高圧配電線には主に屋外用架橋ポリエチレン絶縁電線
(OC) が使用される。

(5) 低圧配電線には主に屋外用ビニル絶縁電線 (OW) が使
用される。

解答 (3)

POINT 1 架空配電線路

(1) 正しい。がいしは電線と支持物を絶縁するため
に使用するものである。

(2) 正しい。柱上開閉器は負荷電流を遮断するため
の開閉器で一般に気中開閉器 (PAS) が用いられ
る。

(3) 誤り。柱上変圧器は配電線の電圧を高圧から低
圧にする変圧器で，一次側に高圧カットアウトを
設けている。

(4) 正しい。高圧配電線には主に屋外用架橋ポリエ
チレン絶縁電線 (OC) が使用される。

(5) 正しい。低圧配電線には主に屋外用ビニル絶縁
電線 (OW) が使用される。

2 次の文章は架空配電線路に関する記述である。

架空配電線路は配電用変電所から6.6 kVの高圧配電線で電
力を送り，　(ア)　で電圧を100 Vまたは200 Vに降圧した
後低圧　(イ)　線へ送り，低圧　(ウ)　線を通して低圧需要
家へ送ることになる。低圧需要家の電圧が標準電圧である101
± 6 Vもしくは202 ± 20 Vを逸脱しないように高圧配電線の
途中に　(エ)　を設ける。

上記の記述中の空白箇所（ア），（イ），（ウ）及び（エ）に当てはまる組合せとして，正しいものを次の(1)〜(5)のうちから一つ選べ。

	（ア）	（イ）	（ウ）	（エ）
(1)	柱上変圧器	配電	引込	SVR
(2)	タップ切換装置	引込	配電	SVC
(3)	タップ切換装置	引込	配電	SVR
(4)	柱上変圧器	配電	引込	SVC
(5)	柱上変圧器	引込	配電	SVR

解答 (1)

POINT 1 架空配電線路

架空配電線路は配電用変電所から6.6 kVの高圧配電線で電力を送り，柱上変圧器で電圧を降圧した後低圧配電線に送る。低圧需要家へは低圧引込線を通して送電する。

電圧に関しては，電気事業法施行規則第38条に標準電圧100 Vの場合は101 ± 6 V，標準電圧200 Vの場合は202 ± 20 Vと規定されており，その電圧を逸脱しないように高圧配電線の途中に自動電圧調整器（SVR）を設ける。

タップ切換装置は自動電圧調整器を構成する機器の一つであり，静止形無効電力補償装置（SVC）は調相設備の一つである。

3 配電線路の電気方式に関する記述として，誤っているものを次の(1)〜(5)のうちから一つ選べ。

(1) 低圧需要家への配電方式として単相2線式や単相3線式が用いられているが，一般に単相3線式は電力需要の大きい住宅や事務所で扱われることが多い。

(2) 工場等への送電として6.6 kV配電が行われているが，一般に三相3線式が使用される。

(3) 一般に同じ大きさの電力を送電する場合，高圧の方が低圧よりも電力損失は小さい。

(4) 三相4線式における電灯用の電力は線間電圧を使用する。

(5) 単相3線式において，バランサと呼ばれる変圧器を接続すると，電圧を平衡させ中性線に電流が流れなくなる。

解答 (4)

(1) 正しい。低圧需要家への配電方式として単相2線式や単相3線式が用いられているが，単相2線式は100 Vのみの供給なので小型家電を使用するような小規模な住宅等に限られ，一般に単相3線式は電力需要の大きい住宅や事務所で扱われることが多い。

(2) 正しい。工場等への送電として6.6 kVの高圧配電が行われているが，一般に三相3線式が使用される。

(3) 正しい。一般に同じ大きさの電力を送電する場合，高圧の方が低圧よりも電流値が小さくなるので電力損失は小さい。

(4) 誤り。三相4線式における動力用の電力は線間電圧，電灯用の電力は相電圧を使用する。

(5) 正しい。単相3線式において，バランサと呼ばれる変圧器を接続すると，電圧を平衡させ中性線に電流が流れなくなる。

POINT 2 POINT **2**　電気方式

✎ バランサは巻数比1の変圧器であり，詳細はCH11で扱う。

4 次の文章は配電線路の電気方式に関する記述である。

配電線の電気方式は電力需要や用途によって，①単相2線式，②単相3線式，③三相3線式，④三相4線式が使い分けられる。それぞれの線間電圧，線電流，力率を同じとした場合の1条あたりの送電電力を大きい方から順に並べると （ア） となる。また，送電電力，線間電圧，力率，電線のこう長を同じとし，電線の材質と太さを同じにした場合の電力損失を大きい順に並べると （イ） となる。さらに送電電力，線間電圧，力率，電線のこう長，電線の比重，電力損失を同じとし，電線の材質を同じにした場合，電線重量を大きい順に並べると （ウ） となる。

上記の記述中の空白箇所 (ア)，(イ) 及び (ウ) に当てはまる組合せとして，正しいものを次の(1)～(5)のうちから一つ選べ。

	（ア）	（イ）	（ウ）
(1)	④→③→②→①	①→②→③→④	①→③→②→④
(2)	④→②→③→①	①→③→②→④	①→③→②→④
(3)	④→③→②→①	①→③→②→④	①→②→③→④
(4)	④→②→③→①	①→③→②→④	①→③→②→④
(5)	④→③→②→①	①→③→②→④	①→③→②→④

解答 (2)

（ア）送電電力の比較

　線間電圧 V［V］，線電流 I［A］，力率 $\cos\theta$ とし
たときの電線1条あたりの送電電力 P［W］は，

① 　単相2線式：$P_1 = \dfrac{VI\cos\theta}{2} = 0.5\,VI\cos\theta$

② 　単相3線式：$P_2 = \dfrac{2VI\cos\theta}{3} \fallingdotseq 0.667\,VI\cos\theta$

③ 　三相3線式：$P_3 = \dfrac{\sqrt{3}VI\cos\theta}{3} \fallingdotseq 0.577\,VI\cos\theta$

④ 　三相4線式：$P_4 = \dfrac{3VI\cos\theta}{4} = 0.75\,VI\cos\theta$

　よって，大きい順に並べると ④→②→③→① と
なる。

（イ）電力損失の比較

　送電電力 P［W］，線間電圧 V［V］，力率 $\cos\theta$
とし，電線のこう長，電線の材質と太さが同じで
あるので電線1条あたりの抵抗を R［Ω］とする。
それぞれの電気方式における線電流の大きさ
I［A］は，

① 　単相2線式：$I_1 = \dfrac{P}{V\cos\theta}$

② 　単相3線式：$I_2 = \dfrac{P}{2V\cos\theta} = \dfrac{1}{2}I_1$

③ 　三相3線式：$I_3 = \dfrac{P}{\sqrt{3}V\cos\theta} = \dfrac{1}{\sqrt{3}}I_1$

④ 　三相4線式：$I_4 = \dfrac{P}{3V\cos\theta} = \dfrac{1}{3}I_1$

POINT 2 電気方式

注目 ▶ 解答では計算しているが，
実際に問題を解く際には詳細計算
は不要であり，知識として押さえて
おいた方がよい内容である。

解答編

CHAPTER 07

配電

1

したがって，それぞれの電力損失 $p\,[\mathrm{W}]$ は，

① 単相2線式：$p_1 = 2 \times R{I_1}^2 = 2R{I_1}^2$

② 単相3線式：$p_2 = 2 \times R{I_2}^2 = \dfrac{1}{2}R{I_1}^2$

③ 三相3線式：$p_3 = 3 \times R{I_3}^2 = R{I_1}^2$

④ 三相4線式：$p_4 = 3 \times R{I_4}^2 = \dfrac{1}{3}R{I_1}^2$

よって，大きい順に並べると①→③→②→④となる。

（ウ）電線重量の比較

送電電力 $P\,[\mathrm{W}]$，線間電圧 $V\,[\mathrm{V}]$，力率 $\cos\theta$，電力損失 $p\,[\mathrm{W}]$ とする。線電流の大きさの比は（イ）で計算したものと同じになるので，電線1条あたりの抵抗 $[\Omega]$ は，

① 単相2線式：$p = 2R_1{I_1}^2 \Leftrightarrow R_1 = \dfrac{p}{2{I_1}^2}$

② 単相3線式：$p = \dfrac{1}{2}R_2{I_1}^2 \Leftrightarrow R_2 = \dfrac{2p}{{I_1}^2} = 4R_1$

③ 三相3線式：$p = R_3{I_1}^2 \Leftrightarrow R_3 = \dfrac{p}{{I_1}^2} = 2R_1$

④ 三相4線式：$p = \dfrac{1}{3}R_4{I_1}^2 \Leftrightarrow R_4 = \dfrac{3p}{{I_1}^2} = 6R_1$

電線のこう長，電線の比重が一定であるので，電線の断面積は抵抗値に反比例し，質量は電線の断面積に比例する。したがって，電線重量は抵抗値に反比例するので，それぞれの重量は単相2線式1条の質量を $m\,[\mathrm{kg}]$ とすると，

① 単相2線式：$2 \times m = 2m$

② 単相3線式：$3 \times \dfrac{1}{4}m = \dfrac{3}{4}m$

③ 三相3線式：$3 \times \dfrac{1}{2}m = \dfrac{3}{2}m$

④ 三相4線式：$4 \times \dfrac{1}{6}m = \dfrac{2}{3}m$

よって，大きい順に並べると①→③→②→④となる。

5 配電線路に関する記述として，誤っているものを次の(1)～(5)のうちから一つ選べ。

(1) 低圧バンキング方式では変圧器の一次側に設けるヒューズの他，二次側に区分ヒューズを設ける。

(2) 樹枝状方式では，需要増加に対し柔軟に対応することが可能である。

(3) 一次側二次側をV結線として，共用変圧器と動力用変圧器の異容量変圧器を使用し，共用変圧器から100 Vと200 Vを引き出す結線方式もある。

(4) ネットワーク方式には大口需要家に対するスポットネットワーク方式と多数の一般需要家に供給するために二次側を格子状に連系するレギュラーネットワーク方式がある。

(5) スポットネットワーク方式では，ネットワーク母線に事故があった場合も，負荷を停止せずに電力を供給し続けることが可能である。

解答 (5)

POINT 3 配電方式

(1) 正しい。低圧バンキング方式では変圧器の一次側に設けるヒューズの他，二次側に区分ヒューズを設ける。

(2) 正しい。樹枝状方式では，需要増加に対し柔軟に対応することが可能である。

(3) 正しい。一次側二次側をV結線として，共用変圧器と動力用変圧器の異容量変圧器を使用し，共用変圧器から100 Vと200 Vを引き出す結線方式もある。

(4) 正しい。ネットワーク方式には大口需要家に対するスポットネットワーク方式と多数の一般需要家に供給するために二次側を格子状に連系するレギュラーネットワーク方式がある。

(5) 誤り。スポットネットワーク方式では，ネットワーク母線には予備線路がなく事故があった場合には負荷を停止しなければならず，高い信頼性が求められる。

6 スポットネットワーク方式の構成設備に関する用語として，誤っているものを次の(1)～(5)のうちから一つ選べ。

   (1)　プロテクタヒューズ

   (2)　ネットワークプロテクタ

   (3)　ネットワークフィーダー

   (4)　ネットワーク母線

   (5)　ネットワーク変圧器

解答 (3)

(1)　正しい。プロテクタヒューズはネットワークプロテクタを構成するものである。

(2)　正しい。ネットワークプロテクタは，ネットワーク変圧器の二次側にある保護装置である。

(3)　誤り。ネットワークフィーダーという用語はない。

(4)　正しい。ネットワーク母線は二次側で負荷を並列接続するための母線である。

(5)　正しい。ネットワーク変圧器は高圧幹線から受電した電力を低圧に降圧する変圧器である。

POINT 3 配電方式

⚙ 応用問題

1 配電系統に関する記述として，誤っているものを次の(1)〜
(5)のうちから一つ選べ。

 (1) 高圧の配電系統では6.6 kVの三相3線式が用いられて
いるが，電力需要の多い地域では特別高圧の22 kVや
33 kVの三相3線式が用いられることがある。

 (2) 地中配電系統で使用されるケーブルは架空配電系統に
おいては使用されない。

 (3) 原則として，架空送電系統で使用される裸電線は安全
上の観点から架空配電系統では使用されない。

 (4) 同じ送電電力，送電電圧，力率で送電した場合，単相
3線式線路の方が三相3線式線路よりも電力損失は小さ
い。

 (5) 高圧の配電系統では電磁誘導障害への対策から，非接
地方式を採用することが多い。

解答 (2)

(1) 正しい。高圧の配電系統では6.6 kVの三相3線
式が用いられているが，電力需要の多い地域では
特別高圧の22 kVや33 kVの三相3線式が用いら
れることがある。

(2) 誤り。地中配電系統で使用されるケーブルは架
空配電系統において，安全上必要がある場合には
使用されることがある。

(3) 正しい。架空送電系統で使用される裸電線は安
全上の観点から架空配電系統では使用されない。

(4) 正しい。原則として，同じ送電電力で送電した
場合，単相3線式線路の方が三相3線式線路より
も電力損失は小さい。

(5) 正しい。高圧の配電系統では電磁誘導障害への
対策から，1線地絡電流が最も小さい非接地方式
を採用することが多い。

✎ ケーブルは他の電線や建屋と
の離隔距離が絶縁電線よりも
短くできることがあるため，電
気設備技術基準に沿ってケー
ブルを施設することがある。

2 配電系統の構成設備に関する記述として，誤っているもの
を次の(1)～(5)のうちから一つ選べ。

(1) 架空配電線路の支持物としては主に鉄筋コンクリート
柱が使用され，高低圧の架空配電線と通信線を共架する
ことも多い。

(2) 避雷器は雷過電圧発生時に柱上開閉器や柱上変圧器を
保護するために，機器のできるだけ近くに設置されるこ
とが多い。

(3) 高圧カットアウトは変圧器の一次側に設置され，
ヒューズを内蔵しており変圧器の過負荷や短絡時には
ヒューズを溶断し電路を遮断する。

(4) ケッチヒューズは低圧配電線の電柱付近に設置され，
過電流や過負荷が発生したときに保護するヒューズであ
る。

(5) 高圧架空配電線路には屋外用ポリエチレン絶縁電線
(OE線) や屋外用架橋ポリエチレン絶縁電線 (OC線)，
低圧架空配電線路には屋外用ビニル絶縁電線 (OW線)，
低圧引込線には引込用ビニル絶縁電線 (DV線) などが用
いられる。

解答 (4)

(1) 正しい。架空配電線路の支持物としては，主に
鉄筋コンクリート柱が使用され，高低圧の架空配
電線と通信線を共架することも多い。

(2) 正しい。避雷器は雷過電圧発生時に柱上開閉器
や柱上変圧器を保護するために，機器のできるだ
け近くに設置されることが多い。

(3) 正しい。高圧カットアウトは変圧器の一次側に
設置され，ヒューズを内蔵しており変圧器の過負
荷や短絡時にはヒューズを溶断し電路を遮断する。

(4) 誤り。ケッチヒューズは低圧引込線の電柱付近
に設置され，過電流や過負荷が発生したときに保
護するヒューズである。

「低圧を高圧」，「配電線を引
込線」とする誤答等細かな箇
所の間違いを出題することが
多々ある。

(5) 正しい。高圧架空配電線路には屋外用ポリエチ
レン絶縁電線 (OE線) や主に幹線用として屋外
用架橋ポリエチレン絶縁電線 (OC線)，低圧架空
配電線路には屋外用ビニル絶縁電線 (OW線)，

低圧引込線には引込用ビニル絶縁電線（DV線）などが用いられる。

3 低圧用の配電方式に関する記述として，誤っているものを次の(1)〜(5)のうちから一つ選べ。

(1) 三相4線式変圧器にはV結線をして電灯と動力に供給する方式があり，一般に電灯と動力の両方を負担する変圧器の容量を大きくすることが多い。

(2) 柱上変圧器に使用される方式としてV結線が用いられる場合，Δ結線と比較して，設備利用率が約86.6%，出力が約57.7%であるが，変圧器が2台で済むため省スペースとなる。

(3) 単相3線式では100V負荷を外線と中性線間，200V負荷を外線間に接続して使用するが，負荷の不平衡があると異常電圧を生じるため，負荷の末端に巻数比1の単巻変圧器であるバランサを設ける。

(4) 三相3線式では，一般に一次側二次側ともΔ結線もしくはY結線として，三相200Vの動力用として使用される。

(5) 240V/415V三相4線式では二次側をY結線として中性点を直接接地する方法が取られる。主に大工場やビル等で採用され，動力用として415V，電灯用として240V，100V負荷には240Vからさらに降圧して電力を供給する。

解 答 (4)

(1) 正しい。三相4線式変圧器には図のようにV結線をして電灯（単相負荷）と動力（三相負荷）に供給する方式があり，一般に電灯と動力の両方を負担する共用変圧器の容量を大きくすることが多い。

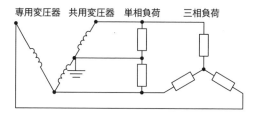

専用変圧器　共用変圧器　単相負荷　三相負荷

(2) 正しい。柱上変圧器に使用される方式としてV結線が用いられ，Δ結線と比較して，設備利用率が約86.6%$\left(\dfrac{\sqrt{3}}{2}\right)$，出力が約57.7%$\left(\dfrac{1}{\sqrt{3}}\right)$であるが，変圧器が2台で済むため省スペースとなる。

(3) 正しい。単相3線式では100 V負荷を外線と中性線間，200 V負荷を外線間に接続して使用するが，負荷の不平衡があると異常電圧を生じるため，負荷の末端に巻数比1の単巻変圧器であるバランサを設ける。

(4) 誤り。三相3線式では，一般に一次側二次側ともΔ結線として，三相200 Vの動力用として使用される。Y－Y結線は一般に使用されない。

(5) 正しい。240 V/415 V三相4線式では二次側をY結線として中性点を直接接地する方法が取られる。主に大工場やビル等で採用され，動力用として415 V，電灯用として240 Vがあり，100 V負荷には240 Vからさらに降圧して電力を供給する。

4 同じ大きさの電力を負荷に供給する際に，単相3線式の電力損失を100%としたときの各方式の組合せとして，正しいものを次の(1)～(5)のうちから一つ選べ。

	単相2線式	三相3線式	三相4線式
(1)	200	67	67
(2)	200	67	33
(3)	200	200	33
(4)	400	200	33
(5)	400	200	67

解答 (5)

送電電力P[W]，線間電圧V[V]，力率$\cos\theta$とし，電線のこう長，材質と太さが一定であるので電線1条あたりの抵抗をR[Ω]とする。それぞれの電気方式における線電流の大きさ[A]は，

注目 過去電力損失に関する類題は出題されているため，違いをよく理解しておくこと。

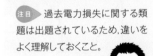

単相2線式：$I_1 = \dfrac{P}{V\cos\theta}$

単相3線式：$I_2 = \dfrac{P}{2V\cos\theta} = \dfrac{1}{2}I_1$

三相3線式：$I_3 = \dfrac{P}{\sqrt{3}V\cos\theta} = \dfrac{1}{\sqrt{3}}I_1$

三相4線式：$I_4 = \dfrac{P}{3V\cos\theta} = \dfrac{1}{3}I_1$

それぞれの電力損失〔W〕は，

単相2線式：$p_1 = 2 \times RI_1^2 = 2RI_1^2$

単相3線式：$p_2 = 2 \times RI_2^2 = \dfrac{1}{2}RI_1^2$

三相3線式：$p_3 = 3 \times RI_3^2 = RI_1^2$

三相4線式：$p_4 = 3 \times RI_4^2 = \dfrac{1}{3}RI_1^2$

単相3線式を基準（100％）にすると，

単相2線式：400％

三相3線式：200％

三相4線式：67％

5 図のような三相4線式の配電線路に関して，次の(a)及び(b)の問に答えよ。

(a) 三相変圧器の一次側電圧（線間電圧）が6.6 kV，二次側電圧（線間電圧）が415 Vであるとき，三相変圧器の巻数比として，最も近いものを次の(1)～(5)のうちから一つ選べ。

(1) 9.2　　(2) 15.9　　(3) 20.8
(4) 27.5　　(5) 31.8

(b) 図の単相変圧器では二次側電圧を100 Vで供給するために一次側電圧を降圧する。単相変圧器の巻数比として，最も近いものを次の(1)～(5)のうちから一つ選べ。

(1) 1.8　　(2) 2.4　　(3) 3.0　　(4) 3.6　　(5) 4.2

注目 基本的に電力科目の配電の分野で出題されにくい問題ではあるが，機械科目の内容が電力科目に出題されることもあるので注意する。

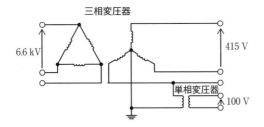

三相変圧器

6.6 kV

415 V

単相変圧器 100 V

解答 (a) (4) (b) (2)

(a) 一次側はΔ結線であるため，各変圧器に加わる
電圧は線間電圧の 6.6 kV である。二次側は Y 結線
であるため，各変圧器に加わる電圧は，

$$\frac{415}{\sqrt{3}} \fallingdotseq 239.60 \text{ V}$$

したがって，三相変圧器の巻数比は，

$$\frac{6.6 \times 10^3}{239.60} \fallingdotseq 27.5$$

(b) 単相変圧器の一次側の電圧は相電圧であるため
(a)より 239.60 V である。よって，単相変圧器の
巻数比は，

$$\frac{239.60}{100} \fallingdotseq 2.40$$

6 次の文章はスポットネットワーク方式に関する記述である。
スポットネットワーク方式は複数の幹線から別々に受電す
るため信頼度が高く，大口需要家において採用される方式で
ある。ネットワーク変圧器の一次側には受電用の　(ア)　が
あり，二次側にはネットワークプロテクタと呼ばれる
(イ)　，プロテクタヒューズ，プロテクタ遮断器等から構
成される保護装置があり，以下のような機能がある。
① 逆電力遮断特性
高圧幹線が停電する等で二次側から一次側に電流が流れ
ようとしたときに遮断器を開放する。
② (ウ)　投入特性
ネットワークの一次側，二次側に電圧がある状態のとき，
一次側の電圧が高い場合に遮断器を投入する。
③ (エ)　投入特性
ネットワーク母線が停止状態にあるとき，高圧幹線が充
電されると遮断器が投入される。

注目 スポットネットワーク方式
の構成図は，自分で描けるぐらい
習熟していると理想である。

上記の記述中の空白箇所（ア），（イ），（ウ）及び（エ）にあてはまる組合せとして，正しいものを次の(1)～(5)のうちから一つ選べ。

	（ア）	（イ）	（ウ）	（エ）
(1)	断路器	ネットワークリレー	差電圧	無電圧
(2)	遮断器	過電流リレー	差電圧	無負荷
(3)	断路器	過電流リレー	順電圧	無負荷
(4)	遮断器	ネットワークリレー	差電圧	無電圧
(5)	断路器	ネットワークリレー	順電圧	無負荷

解答 (1)

スポットネットワーク方式の構成は図の通りである。

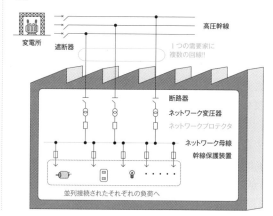

7 次の文章は配電線の保護形式である時限順送方式に関する記述である。

図のような配電線路がある場合，雷等の事故が発生した場合にはまず　(ア)　が開放し，その後　(イ)　も開放する。時限順送方式では復旧時遮断器を投入した後，区分用開閉器を　(ウ)　の順に投入し，送電開始から再度停止までの時間を計測することにより事故を判定する。例えば区分開閉器の動作時間が6秒であるとき，13秒前後で再度送電を停止した場合には，区分開閉器の　(エ)　をロックして再度送電を開始する。したがって，この方式では2回の停電が起こることで，事故区間の特定と停電範囲の極小化を図ることとなる。

注目 再閉路方式の内容は中身を理解してしまうと類題が出題されてもほぼ得点可能となる。
確実に理解して得点源となるようにしておくこと。

変圧器　遮断器　区分用開閉器A　区分用開閉器B　区分用開閉器C

　上記の記述中の空白箇所（ア），（イ），（ウ）及び（エ）にあてはまる組合せとして，正しいものを次の(1)～(5)のうちから一つ選べ。

	（ア）	（イ）	（ウ）	（エ）
(1)	開閉器	遮断器	A→B→C	B
(2)	開閉器	遮断器	C→B→A	B
(3)	遮断器	開閉器	A→B→C	B
(4)	遮断器	開閉器	A→B→C	C
(5)	開閉器	遮断器	C→B→A	C

解答 (3)

　配電線で事故があった場合，事故電流を遮断できるのは遮断器のみなので，まず遮断器が開放し，その後全区分用開閉器を一旦開放する。

　その後，遮断器を閉じ，時限をもってA→B→Cの順に開閉器を投入していく。

　本問の例では6秒後に動作するとなっているので，まず遮断器が投入され，6秒後に区分用開閉器Aが投入される。その後，遮断器が投入されてから12秒後に区分用開閉器Bが投入され，18秒後に区分用開閉器Cが投入される。

　13秒後に再度送電が停止，すなわち遮断器が開放したということは，区分用開閉器Bが投入された後区分用開閉器Cが投入される前に事故が再発生したことになる。

　したがって，事故区間は区分用開閉器Bと区分用開閉器Cの間で起こっているので，区分用開閉器Bをロックして，区分用開閉器Aまで再度投入することになる。

CHAPTER

08 地中電線路

1 地中電線路

☑ 確認問題

1 次の地中電線路に関する記述として，正しいものには○，誤っているものには×をつけよ。

POINT 1 地中電線路

(1) 主にケーブルが使用される。
(2) 構造上密閉されているため，裸電線も使用される。
(3) 天候や落雷等の影響を受けにくい。
(4) 景観が保たれるが，誘導障害の影響が大きくなる。
(5) 架空電線路に比べ建設費が安い。
(6) 架空電線路に比べ送電容量を大きくしやすい。
(7) 夜間軽負荷時は送電端電圧上昇の懸念がある。
(8) 架空電線路に比べ静電容量が大きい。

解答 (1) ○ (2) × (3) ○ (4) × (5) ×
(6) × (7) × (8) ○

(1) ○。地中電線路に使用するのは，導体に絶縁被覆を施し，さらにその外側に保護被覆をして強化したケーブルである。

(2) ×。地中電線路で使用することが可能なのはケーブルのみであり，裸電線は使用されない。

✎ 裸電線は架空送電に使用される。

(3) ○。

(4) ×。地中電線路は景観が保たれ，ケーブル同士を隣接して施設できるので，誘導障害の影響がほとんどない。

(5) ×。地中電線路は掘削工事等も伴い，工期が長くなり，建設費が高くなる。

(6) ×。地中電線路は架空電線路に比べ放熱性が悪いので，架空電線路より送電容量を大きくするこ

とができない。

(7) ×。ケーブルは静電容量が大きいので，夜間軽負荷時には進み位相となり，受電端電圧が上昇するフェランチ効果が発生する懸念がある。

(8) ○。

受電端電圧が上昇すると，機器の絶縁が脅かされる可能性がある。

② 次の文章は電線路に使用されるケーブルに関する記述である。（ア）〜（オ）にあてはまる語句を答えよ。

ケーブルには紙と油を絶縁体に使用する　（ア）　ケーブルと架橋ポリエチレンを絶縁体に使用する　（イ）　ケーブルがある。　（ア）　ケーブルに使用する絶縁油は粘度の　（ウ）　ものが使用される。最高許容温度は　（イ）　ケーブルの方が　（エ）　，送電容量は　（イ）　ケーブルの方が　（オ）　。

POINT 2 地中ケーブルの種類

解答　（ア）OF　（イ）CV　（ウ）低い
（エ）高く　（オ）大きい

OFケーブルとCVケーブルを比較すると下表の通りとなる。OFケーブルの絶縁油は一般に粘度の低い絶縁油が使用される。

	OFケーブル	CVケーブル
給油設備	必要	不要
高低差の大きい場所	使用不可能	使用可能
最高許容温度	80℃	90℃
誘電正接・比誘電率	OF ＞ CV	
許容電流・送電容量	OF ＜ CV	

OF:Oil-Filled
CV:Cross-linked
polyethylene insulated
Vinyl sheath
の略である。OFケーブルの略語Oilを含むことを覚えておけば混同することはない。

③ 次の表は地中ケーブルの布設方式に関するものである。表中の（ア）〜（ク）にあてはまる語句を答えよ。

POINT 3 地中ケーブルの布設方式

	管路式	直接埋設式	暗きょ式
工事費	普通	（ア）	（イ）
外傷	普通	受け（ウ）	受け（エ）
保守点検	普通	（オ）	（カ）
許容電流	（キ）	（ク）	大きい

解 答

	管路式	直接埋設式	暗きょ式
工事費	普通	(ア) 安い	(イ) 高い
外傷	普通	受け (ウ) やすい	受け (エ) にくい
保守点検	普通	(オ) 難しい	(カ) 簡単
許容電流	(キ) 小さい	(ク) 大きい	大きい

❹ 次のケーブルの損失に関する記述として，正しいものには ○，誤っているものには×をつけよ。

(1) ケーブルの抵抗損はケーブルを流れる電流に比例する。

(2) ケーブルの抵抗は送電線の長さが長く，断面積が大きいほど大きくなる。

(3) ケーブルの誘電損はケーブルに使用する絶縁体により発生する損失であり，CVケーブルでは架橋ポリエチレンにより発生する損失である。

(4) ケーブルの誘電損は静電容量が大きいほど損失が大きくなる。

(5) ケーブルの誘電損は周波数，電圧，誘電正接のそれぞれに比例する。

(6) ケーブルのシース損には円周方向に流れる電流によるシース回路損と長手方向に流れる電流による渦電流損がある。

POINT 4 ケーブルの損失

解 答　(1) ×　(2) ×　(3) ○　(4) ○　(5) ×　(6) ×

(1) ×。ケーブルの抵抗損はケーブルを流れる電流の2乗に比例する。

(2) ×。ケーブルの抵抗は送電線の長さが長く，断面積が小さいほど大きくなる。

(3) ○。

(4) ○。ケーブルの誘電損は $P = \omega C V^2 \tan\delta$ で求められ，静電容量が大きいほど損失が大きくなる。

(5) ×。誘電損 P [W] は，周波数 f [Hz]，ケーブルの静電容量 C [F]，電圧 V [V]，誘電正接 $\tan\delta$ とすると $P = 2\pi f C V^2 \tan\delta$ で求められ，周波数 f と誘電正接 $\tan\delta$ には比例するが，電圧 V にはその

誘電損の公式は3相分であることを理解しておく。

２乗に比例する。

(6) ×。ケーブルのシース損には円周方向に流れる
電流による渦電流損と長手方向に流れる電流によ
るシース回路損がある。

❺ ケーブルの送電容量を増加させる方法として，正しいもの
には○，誤っているものには×をつけよ。

(1) ケーブルの導体を太いものに変更する。
(2) 導電率の小さい導体を使用する。
(3) 比誘電率が大きい絶縁体を採用する。
(4) OFケーブルの内部に冷却媒体を循環させる。
(5) 管路式布設方式の管路の中に冷却水を循環させる。
(6) CVケーブルをOFケーブルに変更する。

POINT 6 ケーブルの許容電流・
送電容量

解答 (1) ○ (2) × (3) × (4) ○ (5) ○ (6) ×

(1) ○。ケーブルの抵抗R〔Ω〕は，抵抗率ρ〔Ω・m〕，
断面積A〔m²〕，長さl〔m〕とすると，$R = \rho \dfrac{l}{A}$と
なるので，送電線を太くする（断面積Aを大きく
する）と抵抗値が小さくなり，抵抗損が減少する
ため送電容量が増加する。

(2) ×。導電率σ〔S/m〕の小さいすなわち抵抗率
ρ〔Ω・m〕の大きい導体を使用するとケーブルの
抵抗値が大きくなるので，抵抗損が増加し送電容
量が低下する。

(3) ×。角周波数ω〔rad/s〕，ケーブルの静電容量C
〔F〕，電圧V〔V〕，誘電正接$\tan\delta$とすると誘電損P
〔W〕は，$P = \omega C V^2 \tan\delta$で表される。静電容量は誘
電率ε〔F/m〕，面積A〔m²〕，極板間距離l〔m〕
とすると，$C = \varepsilon \dfrac{A}{l}$となる。したがって，比誘電率
が大きい絶縁体を採用すると静電容量が大きくな
り誘電損が増加するため，送電容量は小さくなる。

(4) ○。OFケーブルの内部に冷却媒体を循環させ
ることで，ケーブルの温度上昇を抑制できるので，
送電容量が増加する。

(5) ○。管路式の管路に冷却水を循環させるとケーブルの温度上昇を抑制できるので，送電容量が増加する。

(6) ×。CVケーブルの方が最高許容温度が高いので，送電容量が大きくなる。

⑥ 次の文章はケーブルと裸電線の比較に関する記述である。（ア）〜（オ）にあてはまる語句を答えよ。

POINT 7 ケーブルの静電容量とインダクタンス

ケーブルは絶縁被覆と保護被覆で覆われているため，静電容量が裸電線より　(ア)　くなり，夜間・休祭日等の軽負荷時には位相が　(イ)　位相になりやすい。したがって，受電端電圧が送電端電圧より　(ウ)　くなる　(エ)　効果が発生する可能性が高くなる。また，インダクタンスは架空送電線より　(オ)　なる。これは架空送電線が隣接する送電線と接触しないようにある程度の離隔距離を確保しなければならないためである。

解答（ア）大き　（イ）進み　（ウ）高
（エ）フェランチ　（オ）小さく

ケーブルは導体の周りを絶縁体で覆い，さらにその周りを金属で覆うため，コンデンサのような性質を持つようになる。したがって，静電容量は裸電線の数十倍にも大きくなり，軽負荷時には電流が電圧よりも進み，進み位相となりやすい。

進相電流が流れると，受電端電圧が送電端電圧より高くなるフェランチ効果が発生する可能性がある。フェランチ効果が発生すると受電端電圧が異常に高くなり，機器の絶縁を脅かす等の影響が発生する。

一方，地中送電線のインダクタンスは架空送電線より小さくなる。これは，地中ケーブルでは3線を密着させるため，それぞれの電流が作る磁束を打ち消し合うためである。架空送電線においては密着させると相間短絡が発生する危険性が高くなるため，ある程度の離隔距離を確保する。

❼ 地中電線路の故障点の標定方法に関する記述として，正しいものには○，誤っているものには×をつけよ。

(1) 架空送電線路と比較して，地中送電線路は故障点を標定する技術が確立しており，標定が容易である。

(2) マーレーループ法は故障相のみで地絡点を標定することができない。

(3) パルスレーダ法はケーブルの端からパルスを送り，パルスが反射して返ってくるまでの時間から故障点を標定する方法である。

(4) パルスレーダ法において，ケーブルの端から故障点までの距離が2倍になるとパルスが反射して返ってくるまでの時間は4倍となる。

(5) 静電容量測定法はケーブルの静電容量がケーブルの長さに比例することを利用した測定法である。

(6) 静電容量測定法において，故障点までの距離$x\,[\mathrm{m}]$は，ケーブルの長さ$L\,[\mathrm{m}]$，故障ケーブルの静電容量を$C_\mathrm{x}\,[\mu\mathrm{F}]$，健全なケーブルの静電容量を$C\,[\mu\mathrm{F}]$とすると，$x=\dfrac{C}{C_\mathrm{x}}L$となる。

POINT 8 地中電線路の故障点の標定方法

解答 (1) × (2) ○ (3) ○ (4) ×
(5) ○ (6) ×

(1) ×。架空送電線路と比較して，地中送電線路は故障点を標定する技術が確立しているが，架空送電線のように目視で確認することができないため，標定は架空送電線より難しくなる。

(2) ○。マーレーループ法は，故障相と健全相を必要とし，故障相のみで地絡点を標定することはできない。

(3) ○。

(4) ×。パルスレーダ法において，故障点までの距離$x\,[\mathrm{m}]$は，パルスの伝わる速度を$v\,[\mathrm{m}/\mu\mathrm{s}]$，パルスが返ってくるまでの時間を$t\,[\mu\mathrm{s}]$とすると，$x=\dfrac{vt}{2}$となり，時間$t$に比例することとなる。したがって，ケーブルの端から故障点までの距離が2倍になるとパルスが反射して返ってくるまで

の時間は2倍となる。

(5)　○。

(6)　×。静電容量測定法において，故障点までの距離 $x[\mathrm{m}]$ は，ケーブルの長さ $L[\mathrm{m}]$，故障ケーブルの静電容量を $C_{\mathrm{x}}[\mathrm{\mu F}]$，健全なケーブルの静電容量を $C[\mathrm{\mu F}]$ とすると，$x=\dfrac{C_{\mathrm{x}}}{C}L$ となる。

✎ 静電容量測定法は静電容量が長さに比例することを利用した標定方法である。

❽ 次の(a)～(d)はケーブルの絶縁劣化診断法に関する記述である。それぞれ適当なものを(1)～(8)のうちから一つ選べ。

(a) ケーブルに高電圧を加えたときに生じる放電の有無から，絶縁劣化を診断する。

(b) ケーブルに直流高電圧を加えたときの漏れ電流の大きさから，絶縁劣化を診断する。

(c) OFケーブルに使われている絶縁媒体の成分を分析し，絶縁劣化を診断する。

(d) 絶縁体に交流電圧を加えたときの容量分の電流および抵抗分の電流の関係から，絶縁劣化を診断する。

(1) 油中ガス分析法　(2) 部分放電法

(3) 交流漏れ電流測定　(4) 誘電体損失法

(5) 連続放電法　(6) 直流漏れ電流測定

(7) 誘電正接法　(8) 無負荷電圧法

POINT 9 ケーブルの絶縁劣化診断法

解答 (a)(2)　(b)(6)　(c)(1)　(d)(7)

(a) 部分放電法は，ケーブルに高電圧を加えたときの部分放電の有無から，絶縁劣化を診断する。

(b) 直流漏れ電流測定は，ケーブルに直流高電圧を加えたときの漏れ電流の大きさや，その特性の時間変化から，ケーブルの絶縁劣化を診断する。

(c) 油中ガス分析法は，OFケーブルに使用されている絶縁油の成分を分析することで，絶縁劣化を診断する。

(d) 誘電正接法は，絶縁体に交流電圧を加えたときの容量分の電流および抵抗分の電流の関係，つまり誘電正接 $\tan\delta$ の値から，絶縁劣化を診断する。

📖 基本問題

1 地中電線路の架空送電線路と比較した特徴に関する記述として，誤っているものを次の(1)〜(5)のうちから一つ選べ。

(1) 天候や鳥獣接触による影響を受けにくい。
(2) 露出部が少ないため，感電の危険が少ない。
(3) 建設費が高くなる。
(4) 誘電損が大きく，通信線に対する誘導障害が大きい。
(5) 放熱性が悪く，送電容量が小さくなる。

解答 (4)

(1) 正しい。地中電線路は屋外にはないため，天候や鳥獣接触による影響を受けにくい。
(2) 正しい。地中電線路は露出部が少ないため，感電の危険が少ない。
(3) 正しい。地中電線路は掘削工事等を伴い，工期が長く，建設費が高くなる。
(4) 誤り。地中電線路は静電容量が大きいので誘電損は大きいが，3線を密着して布設するため，それぞれの電流が作る磁束は打ち消し合い，通信線に対する誘導障害はほとんど起こらない。
(5) 正しい。地中電線路は架空電線路と比較して放熱性が悪いので，一般に送電容量は小さくなる。

2 次の文章はCVケーブルに関する記述である。

CVケーブルの絶縁体に使用する ___(ア)___ は最高許容温度が高く，___(イ)___ が小さいので，許容電流が大きくなり，結果的に送電容量が大きくなる。また，OFケーブルのような給油設備も不要なので，___(ウ)___ 場所での使用も可能となる。CVケーブルを3本より合わせた ___(エ)___ 形CVケーブルは放熱性が良いため，許容電流を大きくすることができる。

上記の記述中の空白箇所（ア），（イ），（ウ）及び（エ）に当てはまる組合せとして，正しいものを次の(1)〜(5)のうちから一つ選べ。

POINT 1 地中電線路

✎ 架空電線路との比較は工事等の状況を想像すれば比較的理解しやすい内容である。確実に得点源にすること。

	（ア）	（イ）	（ウ）	（エ）
(1)	架橋ポリエチレン	インダクタンス	水平距離が長い	3心共通シース
(2)	架橋ポリエチレン	比誘電率	高低差の大きい	トリプレックス
(3)	絶縁紙	インダクタンス	高低差の大きい	3心共通シース
(4)	絶縁紙	比誘電率	水平距離が長い	トリプレックス
(5)	架橋ポリエチレン	比誘電率	高低差の大きい	3心共通シース

解 答 (2)

CVケーブルは絶縁体に架橋ポリエチレンを使用するケーブルであり，最高許容温度は約90℃とOFケーブルよりも高く，比誘電率も小さいので，許容電流が大きくなり，送電容量も大きくなる。

OFケーブルでは給油装置を必要とし，絶縁油を加圧して使用するので，一般に高低差の大きい場所では使用することができないが，CVケーブルでは問題がない。

CVケーブルを3本より合わせたケーブルをトリプレックス形CV（CVT）ケーブルといい，3心共通シース形CVケーブルより放熱性がよく，ケーブル自体の曲げやすさも優れている。

POINT 2 地中ケーブルの種類

CVTケーブルはトリプレックス形CVケーブルという。略語のみでなく名称を覚えておくこと。

3 地中ケーブルの布設方式である直接埋設式，管路式，暗きょ式に関する記述として，正しいものを次の(1)～(5)のうちから一つ選べ。

(1) 事故発生時の復旧に最も時間がかかるのは管路式であり，次いで暗きょ式，直接埋設式の順となる。

(2) 管路式では，管路に冷却水を循環させることで冷却効果が上がるため，他の方式より許容電流が大きくなる。

(3) ケーブル布設にかかる工期が最も長いのは管路式である。

(4) 暗きょ式では，ケーブル以外の絶縁電線も使用可能である。

(5) ケーブルの引替えが必要になった際，最も容易に作業が可能なのは暗きょ式である。

解答 (5)

(1) 誤り。事故発生時の復旧に最も時間がかかるのは直接埋設式であり，次いで管路式，暗きょ式の順となる。

(2) 誤り。管路式では，管路に冷却水を循環させることで冷却効果は上がるが，一般に許容電流は放熱性が良い他の方式の方が大きい。

(3) 誤り。ケーブル布設にかかる工期が最も長いのは暗きょ式である。

(4) 誤り。暗きょ式であっても使用可能なのはケーブルのみである。

(5) 正しい。ケーブルの引替えが必要になった際，最も容易に作業が可能なのは暗きょ式である。

POINT 3 地中ケーブルの布設方式

🖎 暗きょ式はコストや工期を除けば全ての要素で良い方式となる。無限にコストをかけることができればすべて暗きょ式にするのが良いが現実的ではない。

---

4 地中電線路における損失に関する記述として，誤っているものを次の(1)～(5)のうちから一つ選べ。

(1) ケーブルの絶縁体が経年劣化すると，主にシース損が大きくなる。

(2) 抵抗損は，導体を流れる電流の2乗に比例する。

(3) 誘電損はケーブルの絶縁体に流れる電流のうち，電圧と同相成分の電流により発生する損失である。

(4) シース損は，ケーブル内にある保護被覆である金属シースに流れる電流による損失である。

(5) ケーブル内で部分放電が発生すると損失が増加する。

解答 (1)

(1) 誤り。ケーブルの絶縁体による損失を誘電損といい，ケーブルの絶縁体が経年劣化すると，主に誘電損が大きくなる。

(2) 正しい。抵抗損は，導体の抵抗に比例し，導体を流れる電流の2乗に比例する。

(3) 正しい。誘電体損はケーブルの絶縁体に流れる電流のうち，電圧と同相成分の電流により発生する損失である。

(4) 正しい。シース損は，ケーブル内にある保護被覆である金属シースに流れる電流による損失であ

POINT 4 ケーブルの損失

🖎 絶縁体と誘電体はほぼ同じ意味である。コンデンサのときは誘電体という用語を使用する。

り，渦電流損とシース回路損がある。

(5) 正しい。ケーブル内で部分放電が発生すると損失が増加する。

---

5 電圧が 33 kV，周波数 60 Hz，こう長 2 km の三相 3 線式地中電線路において，ケーブルの静電容量が 0.33 μF/km，誘電正接が 0.04 % であるとき，このケーブルの 3 線合計の誘電体損 [W] として最も近いものを次の(1)～(5)のうちから一つ選べ。

(1) 108　　(2) 325　　(3) 3280

(4) 10800　　(5) 32500

解答 (1)

ケーブルの誘電損 P[W]は，周波数を f[Hz]，ケーブルの静電容量を C[F]，電圧を V[V]，誘電正接を $\tan\delta$ とすると，

$$P = 2\pi f C V^2 \tan\delta$$

ケーブルの 1 線あたりの静電容量 C[μF]は，

$$C = 0.33 \times 2 = 0.66 \ \mu\text{F}$$

よって，ケーブルの誘電損 P[W]は，

$$P = 2\pi f C V^2 \tan\delta$$
$$= 2\pi \times 60 \times 0.66 \times 10^{-6} \times (33 \times 10^3)^2 \times 0.04 \times 10^{-2}$$
$$\fallingdotseq 108 \ \text{W}$$

---

6 ケーブルの送電容量に関する記述として，誤っているものを次の(1)～(5)のうちから一つ選べ。

(1) ケーブルの送電容量は主にケーブルの温度により決まる。したがって，ケーブルの温度上昇を抑制すれば，送電容量は大きくなる。

(2) ケーブルの誘電損を小さくする方法として，導体の断面積を大きくする，比誘電率の小さい絶縁体を使用する等の方法がある。

(3) シース損を低減させる方法としてクロスボンド接地方式を採用することが有効である。

(4) OF ケーブルにおいて，絶縁油を循環させることでケーブルの内部を冷却することは有効である。

1 線分の誘電損が P_1[W]が，

$$P_1 = 2\pi f C \left(\frac{V}{\sqrt{3}}\right)^2 \tan\delta \ \text{である}$$

ので，3 線分で 3 倍することになり，

$$P = 2\pi f C V^2 \tan\delta$$

となる。

(5) 管路式における外部水冷方式には，ケーブル管路を利用して冷却水を通水する直接水冷方式と，ケーブル管路とは別に冷却水用の管路を設け冷却水を通水する間接水冷方式がある。

解答 (2)

(1) 正しい。送電時の温度はケーブル絶縁体の許容温度により低く保たなければならない。したがって，ケーブルの送電容量は主にケーブルの温度により決まるため，ケーブルの温度上昇を抑制すれば，送電容量は大きくなる。

(2) 誤り。誘電損は比誘電率の小さい絶縁体を使用することにより小さくなるが，導体の断面積を大きくすることにより小さくなるのは抵抗損である。

(3) 正しい。

(4) 正しい。

(5) 正しい。

POINT 6 ケーブルの許容電流・送電容量

このように損失自体は低減させられるが，損失の種類が違うという問題も出題される可能性がある。誤答選択問題はどこに間違いがあるかわからないので，演習を繰り返してマスターすること。

---

7 地中電線路の故障点標定方法の名称として誤っているものを次の(1)〜(5)のうちから一つ選べ。

(1) パルスレーダ法　　(2) インダクタンス法
(3) 静電容量法　　　　(4) マーレーループ法
(5) 放電音響法

解答 (2)

地中電線路の故障点測定には，導体の抵抗が電線の長さに比例することを利用したマーレーループ法，静電容量が電線の長さに比例することを利用した静電容量法，パルスの伝搬の時間を測定するパルスレーダ法の他，地絡点で電流を流したときの放電音を利用した放電音響法等もある。インダクタンス法という故障点標定法はない。

POINT 8 地中電線路の故障点の標定方法

地中電線路は覚える用語は多いが，理解してしまえば本問のように瞬時に解ける問題も出題される。

8 CVケーブルの絶縁劣化現象に関する記述として，誤って
いるものを次の(1)～(5)のうちから一つ選べ。

(1) CVケーブル特有の絶縁劣化現象として，絶縁体中に
水が存在した場合に樹枝状に絶縁破壊する水トリー劣化
がある。

(2) CVケーブルの経年劣化により絶縁が劣化すると，絶
縁抵抗値が小さくなる。

(3) CVケーブルの絶縁劣化によりケーブル内のボイドが
あると，高電圧を印加する際に部分放電が発生する。

(4) ケーブルの絶縁体に直流の高電圧を印加し，漏れ電流
を測定することで絶縁を診断することができる。

(5) 誘電正接法では直流の電圧を加えることで，誘電正接
の値から絶縁を診断することができる。

解答 (5)

(1) 正しい。CVケーブル特有の絶縁劣化現象とし
て，絶縁体中に水が存在した場合に樹枝状に絶縁
破壊する水トリー劣化がある。

(2) 正しい。CVケーブルの経年劣化により絶縁が
劣化すると，絶縁抵抗測定時の絶縁抵抗値が小さ
くなる。

(3) 正しい。CVケーブルの絶縁劣化によりケーブ
ル内のボイド（空洞）があると，高電圧を印加す
る際に部分放電が発生する。このときに生じるわ
ずかな電圧変動から絶縁を診断する方法を部分放
電法という。

(4) 正しい。ケーブルの絶縁体に直流の高電圧を印
加し，漏れ電流を測定することで絶縁を診断する
ことができる。この方法を直流漏れ電流測定とい
う。

(5) 誤り。誘電正接法では交流の電圧を加えること
で，ケーブルの抵抗成分を流れる電流I_Rと静電
容量成分を流れる電流I_Cの比である誘電正接の
値から絶縁を診断することができる。

POINT 9 ケーブルの絶縁劣化
診断法

212

⚙ 応用問題

1 CVケーブルに関する記述として、誤っているものを次の(1)〜(5)のうちから一つ選べ。

　(1) 導体の周りに架橋ポリエチレンの絶縁体、さらにその周りに金属シース、ビニルシース等を巻いた構造のケーブルである。

　(2) 架橋ポリエチレンはポリエチレンを網目状の構造にしたものであり、ポリエチレンの温度耐性を高めたものである。

　(3) 許容温度が約90℃でありOFケーブルよりも高いため、送電容量がOFケーブルよりも大きくなる。

　(4) CVTケーブルは3心共通シース形ケーブルより放熱性が良く、許容電流を大きくできる能力を持つ。

　(5) CVTケーブルはそれぞれ独立したシースを持ち、3条をより合わせているため3心共通シース形ケーブルより総重量が重くなるが、端末処理が容易になる。

解答 (5)

　(1) 正しい。CVケーブルは、下図の通り、導体の周りに架橋ポリエチレンの絶縁体、さらにその周りに金属シース、ビニルシース等を巻いた構造のケーブルである。

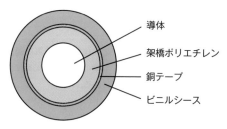

導体
架橋ポリエチレン
銅テープ
ビニルシース

　(2) 正しい。架橋ポリエチレンはポリエチレンを網目状の構造にしたものであり、ポリエチレンの温度耐性を高めたものである。

　(3) 正しい。CVケーブルは許容温度が約90℃でありOFケーブルの約80℃よりも高いため、送電容

✎ 架橋形とは立体の網目状の構造をした形のことをいう。製作法は電験では出題されない。

量がOFケーブルよりも大きくなる。

(4) 正しい。CVTケーブルは3心共通シース形ケーブルより放熱性が良く,許容電流を大きくできる能力を持つ。

(5) 誤り。CVTケーブルはそれぞれ独立したシースを持ち,3条をより合わせているため介在物が不要であることから3心共通シース形ケーブルより総重量が軽く,端末処理が容易になる。

◆CVTケーブルには他にも曲げやすい等の特長がある。

② 地中ケーブルの布設方式である直接埋設式,管路式,暗きょ式に関する記述として,誤っているものを次の(1)～(5)のうちから一つ選べ。

(1) 直接埋設式の布設方式は外部事故発生防止のため,車両その他重量物の圧力を受けるおそれのある場所は,埋設深さを1.2 m以上としている。

(2) 管路式は増設すると増設したケーブルにより,他のケーブルの放熱性の影響を受けるので,増設の際には温度上昇に問題がないか検討する必要がある。

(3) 直接埋設式や暗きょ式では電食による影響が金属管による管路式より大きいため,注意する必要がある。

(4) 暗きょ式は,他の方式よりも工事期間が長く,工事費も大きくなるが,施工後の増設や引替えは容易となる。

(5) 暗きょ式では電話線やガス管,上下水道等と共同に施設する共同溝というものがある。

解答 (3)

(1) 正しい。直接埋設式の布設方式は外部事故発生防止のため,電気設備技術基準においては,車両その他重量物の圧力を受けるおそれのある場所は,埋設深さを1.2 m以上としている。

(2) 正しい。管路式は増設すると増設したケーブルにより,隣接する他のケーブルの放熱性の影響を受けるので,増設の際には温度上昇に問題がないか検討する必要がある。

(3) 誤り。金属管による管路式では電食による影響が直接埋設式や暗きょ式より大きいため,注意す

◆具体的には電気設備技術基準の解釈第120条に記載がある。

る必要がある。

(4) 正しい。暗きょ式は，他の方式よりも工事期間
が長く，工事費も大きくなるが，施工後の増設や
引替えは容易となる。

(5) 正しい。暗きょ式では電話線やガス管，上下水
道等と共同に施設する共同溝というものがある。

🖎 コストや工期以外で暗きょ式
が悪いという選択肢があれば
ほぼ誤答であると考えてよい。

3 電圧が66 kV，周波数50Hz，こう長2.5 kmの三相3線式地
中電線路において，ケーブルの静電容量が0.42 μF/km，誘電
正接が0.03%であるとき，次の(a)及び(b)の問に答えよ。

(a) このケーブルの3線合計の誘電体損[W]として最も近
いものを次の(1)～(5)のうちから一つ選べ。

(1) 144　　(2) 431　　(3) 517

(4) 653　　(5) 784

(b) このケーブルにおける抵抗成分に流れる1線あたりの
電流の大きさ[mA]として最も近いものを次の(1)～(5)の
うちから一つ選べ。

(1) 4　　(2) 7　　(3) 25　　(4) 98　　(5) 380

解答 (a)(2) (b)(1)

(a) ケーブルの誘電損P[W]は，周波数をf[Hz]，
ケーブルの静電容量C[F]，電圧V[V]，誘電正
接$\tan\delta$とすると，
$$P = 2\pi f C V^2 \tan\delta$$
ケーブルの1線あたりの静電容量C[μF]は，
$$C = 0.42 \times 2.5$$
$$= 1.05 \ \mu\text{F}$$
よって，ケーブルの誘電損P[W]は，
$$P = 2\pi f C V^2 \tan\delta$$
$$= 2\pi \times 50 \times 1.05 \times 10^{-6} \times (66 \times 10^3)^2 \times 0.03 \times 10^{-2}$$
$$\fallingdotseq 431 \ \text{W}$$

(b) ケーブルの1相分等価回路は下図のように描く
ことができる。等価回路よりコンデンサを流れる

🖎 1相分のときは相電圧で考
えることに注意すること。

215

電流 I_C [A] は,

$$I_C = 2\pi f C \cdot \frac{V}{\sqrt{3}}$$

$$= 2\pi \times 50 \times 1.05 \times 10^{-6} \times \frac{66 \times 10^3}{\sqrt{3}}$$

$$\fallingdotseq 12.570 \text{ A}$$

誘電正接 $\tan\delta$ が0.03%であるから，抵抗成分に流れる1線あたりの電流 I_R [mA] は,

$$\tan\delta = \frac{I_R}{I_C}$$

$$I_R = I_C \tan\delta = 12.570 \times 0.03 \times 10^{-2}$$

$$\fallingdotseq 0.00377 \text{ A} \rightarrow 4 \text{ mA}$$

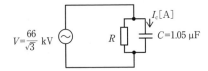

4 ケーブルの送電容量増大方法に関する記述として，誤っているものを次の(1)～(5)のうちから一つ選べ。

(1) 導体を太くすれば送電容量が増大するが，電線を太くすると表皮効果などの影響を受けてしまうため，分割導体を採用することで容量を増大させる。

(2) OFケーブルにおいて絶縁油を合成油から鉱油に変更することで，最高許容温度を上昇させ，送電容量を増大する。

(3) シース損失を低減させるために，クロスボンド接地方式を採用し，金属シースを接地する。

(4) ケーブルの内部に冷却媒体を循環させ，導体の温度上昇を抑制させる。水冷却の場合には，水質の管理が重要となる。

(5) 誘電損は静電容量に比例することから，比誘電率の小さい絶縁体を採用し，静電容量を小さくする。

解答 (2)

(1) 正しい。導体の太さを太くすれば送電容量が増大するが，一方で表皮効果などの影響を受けてしまうため，下図のような分割導体を採用すること

分割導体を使用すれば，分割部分での表皮効果が小さくなるため，抵抗損が抑制できる。

で容量を増大させる。

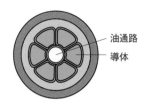

油通路
導体

(2) 誤り。OFケーブルにおいて絶縁油を鉱油から合成油に変更することで，最高許容温度を上昇させ，送電容量を増大することができる。

許容温度は鉱油が約80℃,合成油が約85℃である。

(3) 正しい。シース損失を低減させるために，クロスボンド接地方式を採用し，金属シースを接地することは効果的である。

(4) 正しい。ケーブルの内部に冷却媒体を循環させ，導体の温度上昇を抑制させる。水冷却を採用する場合には，水質の管理が重要となる。

(5) 正しい。誘電損は静電容量に比例し，静電容量は比誘電率に比例するので，比誘電率の小さい絶縁体を採用し，静電容量を小さくすれば，誘電損が減少し，送電容量が増大する。

静電容量Cが誘電率εに比例するのは，理論科目電磁気の

$$C = \frac{\varepsilon A}{l}$$

の公式からである。わからない場合は理論科目を復習すること。

5 次の文章は事故点の標定方法に関する記述である。

地中送電線は架空送電線と異なり，目視での事故確認が困難であることから，事故点の特定のために電気的な方法により標定する。

マーレーループ法は □(ア)□ の原理を利用した測定方法で，測定精度が高いという特徴がある一方，並行に健全相がない場合や □(イ)□ 事故の場合には適用できない。ケーブルの全長をl[m]，ブリッジが平衡したときの目盛がa，ブリッジの全目盛が1000であるとすると，測定点から事故点までの距離x[m]は □(ウ)□ となる。

パルスレーダ法はパルス電圧を出し，事故点で反射したパルスが返ってくるまでの時間を測定するものであり，マーレーループ法では測定困難な □(イ)□ 事故の特定も可能である。故障点までの距離x[m]は，パルスの伝わる速度をv[m/μs]，パルスが返ってくるまでの時間をt[μs]とすると， □(エ)□

217

となる。

　上記の記述中の空白箇所（ア），（イ），（ウ）及び（エ）に当てはまる組合せとして，正しいものを次の(1)～(5)のうちから一つ選べ。

	（ア）	（イ）	（ウ）	（エ）
(1)	ホイートストンブリッジ	断線	$\dfrac{al}{500}$	$\dfrac{vt}{2}$
(2)	ホイートストンブリッジ	断線	$2l-\dfrac{al}{500}$	$\dfrac{vt}{2}$
(3)	シェーリングブリッジ	2線地絡	$2l-\dfrac{al}{500}$	$\dfrac{vt}{2}$
(4)	シェーリングブリッジ	断線	$2l-\dfrac{al}{500}$	$2vt$
(5)	ホイートストンブリッジ	2線地絡	$\dfrac{al}{500}$	$2vt$

解答 (1)

　マーレーループ法は次図のようなホイートストンブリッジの原理を利用した測定方法である。測定精度が高いという利点があるが，並行に健全相がない場合や断線事故の場合には適用できないという欠点もある。

　ケーブルの全長をl〔m〕，測定点から事故点までの距離x〔m〕，ブリッジが平衡したときの目盛がa，ブリッジの全目盛が1000であるとすると，$x=\dfrac{al}{500}$ となる。

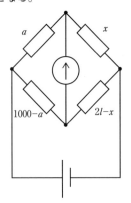

断線事故であると，ホイートストンブリッジの回路が繋がっていない状態となってしまうため，マーレーループ法は採用できない。

ブリッジ回路の平衡条件は理論科目の内容なので，忘れてしまった場合は復習しておくこと。

パルスレーダ法はパルス電圧を出し，事故点で反射したパルスが返ってくるまでの時間を測定するものであり，マーレーループ法では測定困難な断線事故の故障点の特定も可能である。測定時間は測定点から故障点までの往復の距離を伝搬するのにかかる時間であるため，故障点までの距離 x [m] は，パルスの伝わる速度を v [m/μs]，パルスが返ってくるまでの時間を t [μs] とすると，

$$t = \frac{2x}{v}$$

$$x = \frac{vt}{2}$$

と求められる。

CHAPTER

09 電気材料

1 電気材料

☑ 確認問題

1 次の導電材料に関する記述として，正しいものには○，誤っているものには×をつけよ。

POINT 1 導電材料

(1) 抵抗値が小さく，加工が容易で，資源が豊富で安価なものが求められる。

(2) 引張強さがあり，可とう性がないものが求められる。

(3) 導電性が良くて電力損失が小さくても，材料のコストが高い場合は採用されない。

(4) 電線の抵抗は導体の体積に比例する。

(5) 導電率は抵抗率の逆数である。

(6) 一般に金属は温度が高くなるほど抵抗が小さくなる性質を持つ。

(7) 導電率の低い導体を使用する場合は電線の抵抗を小さくするために，電線の径を太くするので，重量は重くなる。

(8) 一般的に送電線で使用される硬銅線は導電率が標準軟銅より高い。

(9) 金属のうち，最も導電率が高いのは銅である。

(10) 鋼心アルミより線は導体に軟アルミニウムを使用している。

(11) 地中ケーブルの導体には軟銅が使用される。

解答 (1) ○ (2) × (3) ○ (4) × (5) ○ (6) ×
(7) × (8) × (9) × (10) × (11) ○

(1) ○。抵抗値が小さく，加工が容易で，資源が豊富で安価なものが求められる。

(2) ×。引張強さがあり，可とう性があるものが求められる。

(3) ○。導電性が良くて電力損失が小さくても，材料のコストが高い銀などは採用されない。

🔨 可とう性とは曲げやたわみに対する強さのことであり，材料に関して使用される用語である。

(4) ×。電線の抵抗は長さに比例し，断面積に反比例する。したがって，導体の体積には比例しない。

(5) ○。導電率 σ は抵抗率 ρ の逆数である。

(6) ×。一般に金属は温度が高くなるほど抵抗が大きくなる性質を持つ。

(7) ×。導電率の低い導体を使用する場合は電線の径を太くする必要があるが，比重が小さいと重量は軽くなる場合もある。

(8) ×。一般的に送電線で使用される硬銅線は導電率が標準軟銅の97%とわずかに低い。

(9) ×。金属のうち，最も導電率が高いのは銀である。

(10) ×。鋼心アルミより線は導体に硬アルミニウムを使用している。

(11) ○。地中ケーブルの導体には軟銅が使用される。

太くて短い線路も細くて長い線路も体積は等しいが抵抗は全く違う。

地中ケーブルは軟銅，架空送電線は硬銅である。

2 次の絶縁材料に関する記述として，正しいものには○，誤っているものには×をつけよ。

(1) 絶縁材料は，遮断器，開閉器，変圧器，ケーブル等の絶縁媒体に使用される。

(2) 絶縁材料の耐熱クラスBの許容最高温度は120℃である。

(3) 気体材料は，空気，窒素，酸素，水素，SF_6 ガス等がある。

(4) 気体材料は，遮断器開閉時のアーク消弧として使用されるものがある。

(5) 液体材料には絶縁油があり，一般に鉱油が使用されるが，高い圧力をかけると絶縁耐力が低減してしまうので，近年合成油等も使用されるようになった。

(6) 液体材料は，通常使用において劣化することがないので，長期的な使用に向いている。

(7) 固体材料には，がいしに使用される磁器，油入変圧器の絶縁紙，ケーブルに使用されるポリエチレン等がある。

(8) 固体材料は，衝撃や摩擦等の機械的なものに影響を受けやすいが，直射日光や空気，水等の外部要因には影響を受けにくい。

POINT 2 絶縁材料

解答 (1) ○ (2) × (3) × (4) ○ (5) × (6) ×
(7) ○ (8) ×

(1) ○。絶縁材料は，遮断器・開閉器，変圧器，ケーブル等の絶縁媒体に使用され，その用途により使用する媒体が異なる。

(2) ×。絶縁材料の耐熱クラスBの許容最高温度は130℃である。

(3) ×。気体材料は，空気，窒素，水素，SF_6 ガス等があるが，酸素は絶縁材料としては使用されない。

(4) ○。遮断器開閉時のアーク消弧として使用されるものには空気やSF_6 ガスがある。

(5) ×。液体材料には絶縁油があり，一般に原油から精製された鉱油が使用される。高い圧力をかけると絶縁耐力は向上する。鉱油よりも高い信頼性が求められるときには合成油等も使用される。

(6) ×。絶縁油は空気と触れる，熱が加わる等で経年劣化する。

(7) ○。固体材料には，がいしに使用される磁器，油入変圧器の絶縁紙，ケーブルに使用されるポリエチレン等がある。

(8) ×。固体材料は，衝撃や摩擦等の機械的なものに影響を受けやすく，直射日光や空気，水等の外部要因にも影響を受けやすいものがある。

▶ 酸素は空気に含まれる物質であるため，絶縁性能はある程度高いが，窒素の方が絶縁破壊電圧も高く不燃性であるため採用されない。

▶ 絶縁油は空気より絶縁性能が高いので変圧器で採用されている。

▶ CVケーブルに使用される架橋ポリエチレンは直射日光の紫外線による劣化や水トリー等の劣化がある。

③ 次の文章は気体の絶縁材料として使用されるSF_6 ガスに関する記述である。（ア）～（エ）にあてはまる語句を答えよ。

SF_6 ガスは無色，無臭，無毒，　（ア）　燃性の気体であり，高い絶縁耐力とアーク消弧能力を持つことからガス遮断器の絶縁媒体として広く利用されている。比重は空気に比べて　（イ）　，絶縁耐力は空気に比べて　（ウ）　。地球温暖化物質に指定されているため，機器から漏れがないように密閉構造とする必要がある。地球温暖化に及ぼす影響は同量の二酸化炭素と比較して　（エ）　。

POINT 2 絶縁材料

解答 （ア）不　（イ）大きく
（ウ）高い　（エ）大きい

六ふっ化硫黄（SF_6）ガスには以下の特徴がある。

・無色・無臭・無毒・不燃性

・比重が大きい

・絶縁耐力が高く，アークの消弧能力も優れる

・化学的に安定

・温室効果ガスの一種で地球温暖化に及ぼす影響が大きい

❹　次の磁性材料に関する記述として，正しいものには○，誤っているものには×をつけよ。

POINT 3 磁性材料

⑴　磁石材料とは容易に磁化されない材料のことをいい，発電機や電動機，変圧器等に主に使用される。

⑵　磁心材料の残留磁気及び保磁力は磁石材料より小さい。

⑶　ヒステリシス曲線で囲まれた面積とヒステリシス損の値は比例する。

⑷　交番磁界が強磁性体中を通過すると，ヒステリシス損が発生する。

⑸　変圧器の鉄心には主にケイ素鋼とニッケル・コバルト合金が使用される。

⑹　ケイ素鋼は重量が軽く加工性に優れるが，ケイ素含有量を増加させるともろくなる。

解答　⑴ ×　⑵ ○　⑶ ○　⑷ ○　⑸ ×　⑹ ○

⑴　×。磁石材料とは容易に磁化されない材料のことをいい，計器類に使用されることが多い。発電機や電動機，変圧器等には主に磁心材料が使用される。

⑵　○。磁心材料の残留磁気および保磁力は磁石材料より小さい。そのため，ヒステリシス損が小さくなる。

⑶　○。ヒステリシス曲線で囲まれた面積とヒステリシス損の値は比例する。

⑷　○。交番磁界が強磁性体中を通過すると，ヒステリシス損が発生する。

(5) ×。変圧器の鉄心には主にケイ素鋼とアモルファス合金が使用される。

(6) 〇。ケイ素鋼は重量が軽く加工性に優れるが，ケイ素含有量を増加させるともろくなる。一般に使用されるケイ素鋼板のケイ素の含有量は4～5％程度である。

📖 基本問題

1 電線の導電材料に関する記述として，誤っているものを次の(1)～(5)のうちから一つ選べ。

(1) 架空電線路の電線には引張強さのある軟銅線や鋼心アルミより線が使用される。

(2) アルミは導電率が銅の約3分の2であるが，比重が銅の約3分の1となるため，同容量で同じ長さの電線である場合，重量は軽くなる。

(3) ケーブルの導体には可とう性に優れる軟銅が使用される。

(4) 銀は20℃における導電率が銅よりも高いが，高価であるため送電線では採用されない。

(5) 導体は温度により長さや抵抗が変化するが，電線の導電材料としては温度の変化により大きく，長さや抵抗が変化するものは採用されない。

注目 一文字違いの微妙な問題であるが，このような問題があることを知っておくと試験時に冷静に対処することが可能となる。

✎ 過去に硬アルミ線を軟アルミ線に書き換えた問題が出題されたことがある。

解答 (1)

(1) 誤り。架空電線路の電線には引張強さのある硬銅線や鋼心アルミより線が使用される。

(2) 正しい。アルミは導電率が銅の約3分の2（約61％）であるが，比重が銅の約3分の1（約30％）となるため，同容量で同じ長さの電線である場合，重量は軽くなる。

(3) 正しい。ケーブルの導体には可とう性に優れる軟銅が使用される。

(4) 正しい。銀は20℃における導電率が銅よりも高いが，高価であるため送電線では採用されない。

(5) 正しい。導体は温度により長さや抵抗が変化するが，電線の導電材料としては温度の変化により大きく長さや抵抗が変化するものは採用されない。長さが大きく変わるとたるみが変わり，抵抗が変化すると損失が変わってしまう。

POINT 1 導電材料

✎ 比重は銅が約8.9，アルミが約2.7である。

2 電気絶縁材料に関する記述として，誤っているものを次の
(1)〜(5)のうちから一つ選べ。

(1) ケーブルに使用される絶縁材料は，絶縁耐力が大きく，
耐熱性に優れ，放熱性が良いものが求められる。

(2) 油入変圧器に使用される絶縁油には，絶縁抵抗が大き
いこと，粘度が低いこと，比熱が大きいことが求められ
る。

(3) 遮断器に使用される気体の絶縁材料には，空気やSF$_6$
ガスが使用される。

(4) CVケーブルの絶縁体に水分が含まれていると，絶縁
体中に部分放電が生じ，水トリーと呼ばれる劣化現象が
起こる。

(5) 気体の絶縁材料は，一般に圧力が高くなると絶縁耐力
が低減するので，圧力の上昇に注意する。

解答 (5)

(1) 正しい。ケーブルに使用される絶縁材料は，絶
縁耐力が大きく，耐熱性に優れ，放熱性が良いも
のが求められる。

(2) 正しい。油入変圧器に使用される絶縁油には，
絶縁抵抗が大きいこと，粘度が低いこと，比熱が
大きいことが求められる。

(3) 正しい。遮断器に使用される気体の絶縁材料に
は，空気やSF$_6$ガスが使用される。近年は空気遮
断器の採用は少なく，真空遮断器かガス遮断器の
採用が基本である。

(4) 正しい。CVケーブルの絶縁体に水分が含まれ
ていると，絶縁体中に部分放電が生じ，水トリー
と呼ばれる劣化現象が起こる。CVケーブル特有
の劣化現象である。

(5) 誤り。気体の絶縁材料は，一般に圧力が低くな
ると絶縁耐力が低減するので，圧力の低下に注意
する。また，圧力監視はSF$_6$ガスの漏れ監視にも
なる。

POINT 2 絶縁材料

注目 いずれの選択肢も誤答に
しやすい内容となっている。
内容をよく理解し，どこが誤答に
なっても解答できるようにしておく
こと。

226

3 六ふっ化硫黄ガス（SF_6ガス）に関する記述として，誤っているものを次の(1)～(5)のうちから一つ選べ。

(1) 空気よりも比重が大きい。

(2) 温室効果ガスの一種である。

(3) 化学的に安定である。

(4) 無色・無臭・無毒である。

(5) アークの消弧能力が優れ，187 kV 未満の電圧階級であれば使用可能である。

解答 (5)

(1) 正しい。SF_6ガスの比重は空気よりも大きく，20℃において空気の約 5 倍である。

(2) 正しい。温室効果ガスの一種であり，地球温暖化係数は二酸化炭素の20000 倍以上である。

(3) 正しい。SF_6ガスは化学的に安定な物質である。

(4) 正しい。SF_6ガスは無色・無臭・無毒の気体である。

(5) 誤り。アークの消弧能力が優れ，187 kV 以上の電圧階級でも使用可能である。

POINT 2 絶縁材料

注目 絶縁材料の中でもSF_6ガスに関する問題は出題されやすい。比較的パターン化されているので，よく理解しておくこと。

4 変圧器の鉄心に使用される磁性材料に関する記述として，誤っているものを次の(1)～(5)のうちから一つ選べ。

(1) 強磁性体に交番磁界を加えるとヒステリシス損が生じる。

(2) ヒステリシスループにおいて残留磁気や保磁力が小さいと損失が大きくなる。

(3) 変圧器の鉄心は渦電流損低減のため，積層鉄心を使用することも多い。

(4) 磁心材料には透磁率が大きく，損失が小さい材料が利用される。

(5) アモルファス合金はケイ素鋼に比べ，強度に優れるが，価格が高い。

解答 (2)

(1) 正しい。強磁性体に交番磁界を加えるとヒステリシス損が生じる。

(2) 誤り。ヒステリシスループにおいて残留磁気や保磁力が大きいと損失が大きくなる。

(3) 正しい。変圧器の鉄心は渦電流損低減のため，積層鉄心を使用することも多い。

(4) 正しい。磁心材料には透磁率が大きく，損失が小さい材料が利用される。

(5) アモルファス合金はケイ素鋼に比べ，強度に優れるが，価格が高い。

POINT 3 磁性材料

交番磁界の1周期がヒステリシスループの1周となる。したがって,周波数が高くなると損失が増加する。

応用問題

1 長さ225 m の架空送電線に関して，次の(a)及び(b)の問に答えよ。ただし，送電線は硬銅線であるとし，20℃のときの標準軟銅の抵抗率を $\dfrac{1}{58}$ Ω・mm²/m，硬銅線のパーセント導電率を97%，電線の断面積は200 mm²であるとする。

(a) 送電線の温度が20℃のときの抵抗値 [Ω] として最も近いものを次の(1)～(5)のうちから一つ選べ。

(1) 0.015　　(2) 0.016　　(3) 0.018
(4) 0.019　　(5) 0.020

(b) 送電線の温度が20℃から80℃に変化したときの抵抗値 [Ω] として最も近いものを次の(1)～(5)のうちから一つ選べ。ただし，送電線の長さの変化は十分に小さいとし，抵抗温度係数は温度によらず0.004℃⁻¹とする。

(1) 0.019　　(2) 0.020　　(3) 0.022
(4) 0.024　　(5) 0.025

解答 (a) (5)　　(b) (5)

(a) 電線の抵抗 R [Ω] は，抵抗率 ρ [Ω・mm²/m]，長さ l [m]，断面積 A [mm²] とすると，

$$R = \frac{\rho l}{A} [\Omega]$$

硬銅線のパーセント導電率は97%なので，その抵抗率 ρ [Ω・mm²/m] は，

$$\rho = \frac{1}{58} \times \frac{100}{97}$$

$$\fallingdotseq 0.017775 \ \Omega \cdot mm^2/m$$

よって，各値を代入すると，

$$R = \frac{0.017775 \times 225}{200}$$

$$\fallingdotseq 0.019996 \rightarrow 0.020 \ \Omega$$

(b)　導体の抵抗値の変化は，導体の抵抗温度係数を $a_R[℃^{-1}]$，温度が $t_1[℃]$ のときの抵抗値を $R_1[\Omega]$，$t_2[℃]$ に変化したときの抵抗値を $R_2[\Omega]$ とすると，

$$R_2 = R_1\{1 + a_R(t_2 - t_1)\}[\Omega]$$

　　よって，各値を代入すると，

$$R_2 = 0.019996 \times \{1 + 0.004 \times (80 - 20)\}$$
$$\fallingdotseq 0.0248 \rightarrow 0.025\,\Omega$$

🖈 $R_2 = R_1\{1 + a_R(t_2 - t_1)\}$ は基本的に与えられることが多い式であるが，与えられなかった例もあるので念のため覚えておくこと。

② 絶縁材料に関する記述として，誤っているものを次の(1)〜(5)のうちから一つ選べ。

(1)　固体絶縁材料で，温度上昇により長時間熱が加わると，絶縁物内で化学反応を起こし劣化することがある。

(2)　送電線のがいしにはけい石，長石，粘土を原料とした磁器がいしが使用されている。

(3)　CVケーブルを塩化水素等を含んだ場所に施設した際，銅が反応して絶縁物中を樹枝状に成長することを化学トリー劣化という。

(4)　絶縁油が空気と触れ酸化し部分放電する等して劣化すると，淡黄色から茶褐色に変色する。

(5)　CVケーブルの水トリー劣化は目視で確認することが困難なので，直流漏れ電流や誘電正接を測定し，劣化状況を推定する。

解答 (3)

(1)　正しい。固体絶縁材料で，温度上昇により長時間熱が加わると，絶縁物内で化学反応を起こし劣化することがある。

(2)　正しい。送電線のがいしにはけい石，長石，粘土を原料とした磁器がいしが使用されている。

(3)　誤り。CVケーブルを硫化水素等を含んだ場所に施設した際，銅が反応して絶縁物中を樹枝状に成長することを化学トリー劣化という。

(4)　正しい。絶縁油が空気と触れ酸化し部分放電する等して劣化すると，淡黄色から茶褐色に変色する。

(5)　正しい。CVケーブルの水トリー劣化は目視で

🖈 例えばCVケーブルの絶縁物である架橋ポリエチレンでは温度が上がると引張強さや伸びが低下する。

🖈 化学トリー劣化も参考書によっては掲載されていないが覚えておくとよい。

🖈 絶縁油の劣化は色を見ると良くわかる。

確認することが困難なので，直流漏れ電流や誘電正接を測定し，劣化状況を推定する。

③ 次の文章は，変圧器の鉄心材料に関する記述である。

ケイ素鋼板は鉄にケイ素を約 (ア) ％程度加えた合金であり，価格が安いがそのまま変圧器の鉄心等に使用すると渦電流損が大きくなるため板厚を (イ) mm程度にした積層鉄心が用いられる。アモルファス合金は鉄，コバルト，ケイ素等を原料にして作る非結晶質であり，ケイ素鋼より鉄損が小さく，強度があり，加工性が (ウ) ，重量が (エ) という特徴を持つ。

上記の記述中の空白箇所（ア），（イ），（ウ）及び（エ）に当てはまる組合せとして，正しいものを次の(1)～(5)のうちから一つ選べ。

	（ア）	（イ）	（ウ）	（エ）
(1)	4 ～ 5	0.3	劣り	重い
(2)	10～15	5	優れ	重い
(3)	4 ～ 5	5	劣り	軽い
(4)	10～15	0.3	劣り	重い
(5)	10～15	5	優れ	軽い

解 答 (1)

鉄にケイ素を加えると，鉄心材料として非常に特性が良くなるが，ケイ素を添加するともろくなり機械的強度が下がる。したがって，変圧器鉄心に添加するケイ素は 4 ～ 5 ％程度までとなっている。

このまま使用すると渦電流損が大きくなってしまうので，板厚を0.3 mm程度に薄くして積層鉄心として使用する。

アモルファス合金は，鉄にホウ素等を加え溶融した金属を急冷することにより得られる合金で，結晶構造が規則的でない合金である。ケイ素鋼より鉄損が小さく，強度も高いという特長があるが，加工性が劣り，重量が重く，また価格も高いという面もある。

🔧 変圧器の鉄心は 4 ～ 5 ％程度であるが，回転機の鉄心は機械的強度を上げるため，1 ～ 3 ％とする。

🔧 積層鉄心の内容は機械科目「CH02変圧器」を参照。

CHAPTER

10 電力計算

1 パーセントインピーダンス，変圧器の負荷分担，三相短絡電流

☑ 確認問題

① 定格一次電圧が200 V，定格二次電圧が100 Vの単相変圧器について，定格一次電流が50 Aであるとき，定格二次電流[A]，定格容量[kV・A]の大きさを求めよ。

POINT 1 定格容量

解答 定格二次電流：100 A，定格容量：10 kV・A

単相変圧器の定格容量P_n[V・A]は，定格一次電圧をV_{1n}[V]，定格一次電流をI_{1n}[A]，定格二次電圧をV_{2n}[V]，定格二次電流をI_{2n}[A]とすると，

$$P_n = V_{1n}I_{1n} = V_{2n}I_{2n}$$

したがって，定格容量P_n[kV・A]は，

$$P_n = 200 \times 50$$
$$= 10000 \text{ V・A}$$
$$= 10 \text{ kV・A}$$

定格二次電流I_{2n}[A]は，

$$I_{2n} = \frac{P_n}{V_{2n}}$$
$$= \frac{10000}{100}$$
$$= 100 \text{ A}$$

② 定格一次電圧が66 kV，定格二次電圧が6.6 kVで定格容量が300 kV・Aの三相変圧器がある。このとき，定格一次電流[A]，定格二次電流[A]の大きさを求めよ。

POINT 1 定格容量

解 答 定格一次電流：$2.62\,\mathrm{A}$，定格二次電流：$26.2\,\mathrm{A}$

　　三相変圧器の定格容量 $P_\mathrm{n}[\mathrm{V\cdot A}]$ は，定格一次電圧を $V_\mathrm{1nl}[\mathrm{V}]$，定格一次電流を $I_\mathrm{1nl}[\mathrm{A}]$，定格二次電圧を $V_\mathrm{2nl}[\mathrm{V}]$，定格二次電流を $I_\mathrm{2nl}[\mathrm{A}]$ とすると，

$$P_\mathrm{n} = \sqrt{3}\,V_\mathrm{1nl}I_\mathrm{1nl} = \sqrt{3}\,V_\mathrm{2nl}I_\mathrm{2nl}$$

　　よって，定格一次電流 $I_\mathrm{1nl}[\mathrm{A}]$ 及び定格二次電流 $I_\mathrm{2nl}[\mathrm{A}]$ は，

$$
\begin{aligned}
I_\mathrm{1nl} &= \frac{P_\mathrm{n}}{\sqrt{3}\,V_\mathrm{1nl}} \\
&= \frac{300\times10^3}{\sqrt{3}\times66\times10^3} \\
&\fallingdotseq 2.62\,\mathrm{A}
\end{aligned}
$$

$$
\begin{aligned}
I_\mathrm{2nl} &= \frac{P_\mathrm{n}}{\sqrt{3}\,V_\mathrm{2nl}} \\
&= \frac{300\times10^3}{\sqrt{3}\times6.6\times10^3} \\
&\fallingdotseq 26.2\,\mathrm{A}
\end{aligned}
$$

✎ 単相と三相の違いをよく理解しておくこと。

❸ 図のような回路において，定格電圧 E_n が $100\,\mathrm{V}$，定格電流 I_n が $20\,\mathrm{A}$ であるとき，図のインピーダンス $Z = 0.5\,\Omega$ のパーセントインピーダンス $[\%]$ を求めよ。

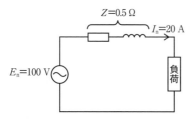

POINT 2 パーセントインピーダンス

解 答 10%

　　パーセントインピーダンスの定義より，単相交流回路のパーセントインピーダンス $\%Z[\%]$ は，定格電圧を $E_\mathrm{n}[\mathrm{V}]$，定格電流を $I_\mathrm{n}[\mathrm{A}]$，インピーダンスを $Z[\Omega]$ とすると，

✎ パーセントインピーダンスの定義式は覚えておく。基準となるインピーダンス Z_n が，

$$Z_\mathrm{n} = \frac{E_\mathrm{n}}{I_\mathrm{n}}$$

よって，

$$
\begin{aligned}
\%Z &= \frac{Z}{Z_\mathrm{n}}\times100 \\
&= \frac{ZI_\mathrm{n}}{E_\mathrm{n}}\times100
\end{aligned}
$$

$$\%Z = \frac{ZI_{\mathrm{n}}}{E_{\mathrm{n}}} \times 100$$

よって，各値を代入すると，

$$\%Z = \frac{0.5 \times 20}{100} \times 100$$

$$= 10\%$$

4 定格一次電圧が400 V，定格二次電圧が100 Vで定格容量が20 kV・Aの単相変圧器があり，この単相変圧器のパーセントリアクタンスが4％であるとき，一次側換算の誘導性リアクタンス$X_1[\Omega]$および二次側換算の誘導性リアクタンス$X_2[\Omega]$を求めよ。

POINT 2 パーセントインピーダンス

解答　$X_1 = 0.32 \ \Omega$，$X_2 = 0.02 \ \Omega$

パーセントインピーダンスの定義より，パーセントリアクタンス$\%X[\%]$は，定格電圧を$E_{\mathrm{n}}[\mathrm{V}]$，定格容量を$P_{\mathrm{n}}[\mathrm{V \cdot A}]$，リアクタンスを$X[\Omega]$とすると，

$$\%X = \frac{XP_{\mathrm{n}}}{E_{\mathrm{n}}^2} \times 100$$

上式をXについて整理すると，

$$X = \frac{\%X E_{\mathrm{n}}^2}{100 P_{\mathrm{n}}}$$

よって，各値を代入して一次側換算の誘導性リアクタンス$X_1[\Omega]$および二次側換算の誘導性リアクタンス$X_2[\Omega]$を求めると，

$$X_1 = \frac{\%X E_{1\mathrm{n}}^2}{100 P_{\mathrm{n}}}$$

$$= \frac{4 \times 400^2}{100 \times 20 \times 10^3}$$

$$= 0.32 \ \Omega$$

$$X_2 = \frac{\%X E_{2\mathrm{n}}^2}{100 P_{\mathrm{n}}}$$

$$= \frac{4 \times 100^2}{100 \times 20 \times 10^3}$$

$$= 0.02 \ \Omega$$

5 定格一次電圧が33 kV，定格二次電圧が6.6 kVで定格容量が15 MV・Aの三相変圧器がある。この変圧器の二次側換算の誘導性リアクタンスが0.2 Ωであるとき，一次側換算の誘導性リアクタンスの値 X_1 [Ω] 及びパーセントリアクタンスの値 %X [%] を求めよ。

POINT 2 パーセントインピーダンス

解答 $X_1 = 5.0$ Ω，%$X = 6.89\%$

パーセントインピーダンスの定義より，パーセントリアクタンス%X [%] は，定格電圧を V_n [V]，定格容量を P_n [V・A]，リアクタンスを X [Ω] とすると，

$$\%X = \frac{X P_n}{V_n^{\,2}} \times 100 \quad \cdots ①$$

二次側換算の誘導性リアクタンス $X_2 = 0.2$ Ω，定格二次電圧 $V_{2n} = 6.6$ kVであるから，パーセントリアクタンスを求めると，

$$\%X = \frac{X_2 P_n}{V_{2n}^{\,2}} \times 100$$

$$= \frac{0.2 \times 15 \times 10^6}{(6.6 \times 10^3)^2} \times 100$$

$$\fallingdotseq 6.887 \rightarrow 6.89\%$$

一次側換算の誘導性リアクタンス X_1 [Ω] は①式を整理して各値を代入すると，

$$X_1 = \frac{\%X V_{1n}^{\,2}}{100 P_n}$$

$$= \frac{6.887 \times (33 \times 10^3)^2}{100 \times 15 \times 10^6}$$

$$\fallingdotseq 5.00 \text{ Ω}$$

✎ 一次と二次のインピーダンスが巻数比（電圧比）の2乗に比例することを用いて導出してもよい。

6 定格容量10 MV・Aの変圧器があり，自己容量基準でパーセントインピーダンスが7 %であるとき，この変圧器を50 MV・A換算したときのパーセントインピーダンスの値を求めよ。

POINT 3 パーセントインピーダンスの基準容量換算

解答 35%

定格容量 P_n [V・A] のときのパーセントインピーダンス%Z [%] を基準容量 P_B [V・A] に換算したと

✎ 計算に慣れてきたら10⁶の項を外して計算してもよい。

きのパーセントインピーダンス$\%Z'[\%]$は,

$$\%Z' = \frac{P_{\mathrm{B}}}{P_{\mathrm{n}}} \times \%Z$$

各値を代入すると,

$$\%Z' = \frac{50 \times 10^6}{10 \times 10^6} \times 7$$

$$= 35\ \%$$

7 図のような電源から三相変圧器を介して二次側の点Pに接続された系統があり,変圧器の定格容量は20 MV・Aであり,変圧器のパーセントインピーダンスは自己容量基準で7.5%である。また,変圧器一次側から電源側をみたパーセントインピーダンスは80 MV・A基準で4%である。このとき変圧器の二次側の点Pから電源側をみたパーセントインピーダンスの値を求めよ。ただし,基準容量は10 MV・Aとする。

POINT 4 パーセントインピーダンスの合成

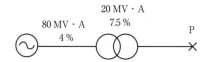

解答 4.25%

定格容量$P_{\mathrm{n}}[\mathrm{V \cdot A}]$のときのパーセントインピーダンス$\%Z[\%]$を基準容量$P_{\mathrm{B}}[\mathrm{V \cdot A}]$に換算したときのパーセントインピーダンス$\%Z'[\%]$は,

$$\%Z' = \frac{P_{\mathrm{B}}}{P_{\mathrm{n}}} \times \%Z$$

変圧器一次側から電源までのパーセントインピーダンス$\%Z_1$($P_{1\mathrm{n}} = 80$ MV・A基準)を10 MV・A基準にすると,

$$\%Z_1' = \frac{P_{\mathrm{B}}}{P_{1\mathrm{n}}} \times \%Z_1$$

$$= \frac{10 \times 10^6}{80 \times 10^6} \times 4$$

$$= 0.5\%$$

また,変圧器のインピーダンス$\%Z_2$($P_{2\mathrm{n}} = 20$ MV・A基準)を10 MV・A基準にすると,

$$\%Z_2' = \frac{P_B}{P_{2n}} \times \%Z_2$$

$$= \frac{10 \times 10^6}{20 \times 10^6} \times 7.5$$

$$= 3.75\%$$

よって，点Pから電源側をみたパーセントイン

ピーダンス%Zは，

$$\%Z = \%Z_1' + \%Z_2'$$

$$= 0.5 + 3.75$$

$$= 4.25\ \%$$

8 図のように電源から負荷に2系統で送電されており，各系統のパーセントインピーダンスは図の通りとする。このとき負荷側から電源側をみた合成パーセントインピーダンスを求めよ。ただし，基準容量は $10\,\mathrm{MV \cdot A}$ とする。

POINT 4 パーセントインピーダンスの合成

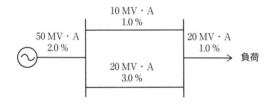

解答 1.5%

図に示される各線路のパーセントインピーダンスを電源側から順に $\%Z_1 \sim \%Z_4$ $(P_{1n} \sim P_{4n}$ 基準$)$ とおき，それぞれ基準容量 $P_B = 10\,\mathrm{MV \cdot A}$ に換算すると，換算後のパーセントインピーダンス $(\%Z_1' \sim \%Z_4')$ は，

$$\%Z_1' = \frac{P_B}{P_{1n}} \times \%Z_1$$

$$= \frac{10 \times 10^6}{50 \times 10^6} \times 2.0$$

$$= 0.4\ \%$$

$$\%Z_2' = \frac{P_B}{P_{2n}} \times \%Z_2$$

$$= \frac{10 \times 10^6}{10 \times 10^6} \times 1.0$$

$$= 1.0\ \%$$

%Z′₂は実際には変換しなくてよい。

237

$$\%Z'_3 = \frac{P_B}{P_{3n}} \times \%Z_3$$

$$= \frac{10 \times 10^6}{20 \times 10^6} \times 3.0$$

$$= 1.5\,\%$$

$$\%Z'_4 = \frac{P_B}{P_{4n}} \times \%Z_4$$

$$= \frac{10 \times 10^6}{20 \times 10^6} \times 1.0$$

$$= 0.5\,\%$$

$\%Z'_2$ と $\%Z'_3$ の合成パーセントインピーダンス $\%Z'_{23}$ は,

$$\%Z'_{23} = \frac{\%Z'_2\,\%Z'_3}{\%Z'_2 + \%Z'_3}$$

$$= \frac{1.0 \times 1.5}{1.0 + 1.5}$$

$$= 0.6\,\%$$

負荷から電源側をみた合成パーセントインピーダンス $\%Z$ は,

$$\%Z = \%Z'_1 + \%Z'_{23} + \%Z'_4$$

$$= 0.4 + 0.6 + 0.5$$

$$= 1.5\,\%$$

✎ 並列の合成パーセントインピーダンスは,インピーダンスが２つの場合は

$$\%Z = \cfrac{1}{\cfrac{1}{\%Z_1} + \cfrac{1}{\%Z_2}}$$

$$= \cfrac{1}{\cfrac{\%Z_1 + \%Z_2}{\%Z_1 \cdot \%Z_2}}$$

$$= \frac{\%Z_1 \cdot \%Z_2}{\%Z_1 + \%Z_2}$$

と変換されるので,公式として覚えておくと便利である。

❾ 表のように自己容量の異なる二つの変圧器A及びBを80 kV・Aの負荷に接続したとき,それぞれの分担負荷 P_A [V・A] 及び P_B [V・A] の値を求めよ。ただし,各変圧器の抵抗とリアクタンスの比は等しいとする。

POINT 5 変圧器の負荷分担

	変圧器A	変圧器B
自己容量	100 kV・A	50 kV・A
パーセントインピーダンス（自己容量基準）	10 %	7.5 %

解答 $P_A = 48\,\text{kV}\cdot\text{A}$, $P_B = 32\,\text{kV}\cdot\text{A}$

変圧器Bのパーセントインピーダンス$\%Z_B$（自己容量$S_B = 50\,\text{kV}\cdot\text{A}$基準）を$S_A = 100\,\text{kV}\cdot\text{A}$基準に換算したときの$\%Z'_B\,[\%]$は,

$$\%Z'_B = \frac{S_A}{S_B} \times \%Z_B$$

$$= \frac{100 \times 10^3}{50 \times 10^3} \times 7.5$$

$$= 15\,\%$$

全体負荷$P = 80\,\text{kV}\cdot\text{A}$に対するそれぞれの分担負荷$P_A\,[\text{kV}\cdot\text{A}]$, $P_B\,[\text{kV}\cdot\text{A}]$は, 変圧器Aのパーセントインピーダンス（自己容量$S_A = 100\,\text{kV}\cdot\text{A}$基準）を$\%Z_A$とすると,

$$P_A = \frac{\%Z'_B}{\%Z_A + \%Z_B{}'} \times P$$

$$= \frac{15}{10 + 15} \times 80$$

$$= 48\,\text{kV}\cdot\text{A}$$

$$P_B = \frac{\%Z_A}{\%Z_A + \%Z_B{}'} \times P$$

$$= \frac{10}{10 + 15} \times 80$$

$$= 32\,\text{kV}\cdot\text{A}$$

◆ 計算後,P_AとP_Bの合計が80kV·Aになることを確認すると,計算ミス防止となる。

⑩ 図のような発電機,変圧器,負荷を接続した三相3線式1回線送電線路がある。このとき,次の(a)及び(b)の問に答えよ。ただし,図に記載のないインピーダンスは無視できるものとする。

(a) 図のF点から電源側をみたパーセントインピーダンス［％］（20 MV·A基準）を求めよ。

(b) 図のF点における三相短絡電流［kA］を求めよ。

POINT 5 変圧器の負荷分担

POINT 6 三相短絡電流

注目 この問題のパターンがこの分野では最も出題されやすいパターンとなる。

理屈を理解することも重要だが,最終的には公式を確実に暗記しておくこと。

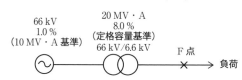

解答 (a) 10 %　(b) 17.5 kA

(a)　電源のパーセントインピーダンス $\%Z_1 = 1.0\%$

　　$(P_\mathrm{n} = 10\ \mathrm{MV \cdot A}$基準$)$ を $P_\mathrm{B} = 20\ \mathrm{MV \cdot A}$換算すると，

$$\%Z_1' = \frac{P_\mathrm{B}}{P_\mathrm{n}} \times \%Z_1$$

$$= \frac{20 \times 10^6}{10 \times 10^6} \times 1.0$$

$$= 2.0\ \%$$

　　変圧器のパーセントインピーダンス $\%Z_2 = 8.0\%$
は $20\ \mathrm{MV \cdot A}$基準なので，F点から電源側をみた
パーセントインピーダンス $\%Z[\%]$ は，

$$\%Z = \%Z_1' + \%Z_2$$

$$= 2.0 + 8.0$$

$$= 10.0\ \%$$

(b)　定格電流 $I_\mathrm{n}[\mathrm{A}]$ は，定格容量を $P_\mathrm{n}[\mathrm{V \cdot A}]$，定格
電圧を $V_\mathrm{n}[\mathrm{V}]$ とすると，$P_\mathrm{n} = \sqrt{3}\,V_\mathrm{n}I_\mathrm{n}$ の関係より，

$$I_\mathrm{n} = \frac{P_\mathrm{n}}{\sqrt{3}\,V_\mathrm{n}}$$

$$= \frac{20 \times 10^6}{\sqrt{3} \times 6.6 \times 10^3}$$

$$\fallingdotseq 1749.5\ \mathrm{A}$$

　　三相短絡電流 $I_\mathrm{s}[\mathrm{A}]$ は，パーセントインピーダ
ンス $\%Z[\%]$ を用いて，

$$I_\mathrm{s} = \frac{100 I_\mathrm{n}}{\%Z}$$

　　よって，各値を代入すると，

$$I_\mathrm{s} = \frac{100 \times 1749.5}{10}$$

$$= 17495\ \mathrm{A} \rightarrow 17.5\ \mathrm{kA}$$

📖 基本問題

1 変圧器の百分率リアクタンスに関して，次の(a)及び(b)の問に答えよ。ただし，抵抗分は無視できるものとする。

注目▶ 試験本番では出題されにくい問題パターンではあるが，パーセントインピーダンスの単相と三相の共通点及び違いを理解するのには非常に良い問題である。

(a) 定格一次電圧が200 V，定格二次電圧が100 Vで定格容量が5 kV・Aの単相変圧器があり，二次側に換算したリアクタンスの値が0.03 Ωであるとき，この変圧器の百分率リアクタンスの値[%]として，最も近いものを次の(1)～(5)のうちから一つ選べ。

   (1) 1.5   (2) 3.0   (3) 6.0   (4) 12   (5) 24

(b) 定格一次電圧が33 kV，定格二次電圧が6.6 kVで定格容量が60 MV・Aの三相変圧器があり，二次側に換算したリアクタンスの値が0.03 Ωであるとき，この変圧器の百分率リアクタンスの値[%]として，最も近いものを次の(1)～(5)のうちから一つ選べ。

   (1) 1.4   (2) 2.4   (3) 4.1   (4) 7.2   (5) 12.4

解答 (a) (1) (b) (3)

(a) パーセントインピーダンスの定義より，パーセントリアクタンス$\%X$[%]は，定格電圧をE_n[V]，定格容量をP_n[V・A]，リアクタンスをX[Ω]とすると，

$$\%X = \frac{XP_n}{E_n^2} \times 100$$

よって，各値を代入すると，

$$\%X = \frac{0.03 \times 5 \times 10^3}{100^2} \times 100$$

$$= 1.5\%$$

(b) パーセントインピーダンスの定義より，パーセントリアクタンス$\%X$[%]は，定格電圧をV_n[V]，定格容量をP_n[V・A]，リアクタンスをX[Ω]とすると，

POINT 2 パーセントインピーダンス

$$\%X = \frac{XP_{\mathrm{n}}}{V_{\mathrm{n}}^2} \times 100$$

よって，各値を代入すると，

$$\%X = \frac{0.03 \times 60 \times 10^6}{(6.6 \times 10^3)^2} \times 100$$

$$\fallingdotseq 4.13\%$$

2 図に示すように，発電機Aから負荷に供給されている系統に分散型電源Bを連系することを考える。次の(a)及び(b)の問に答えよ。ただし，図に記載のないインピーダンスは無視できるものとする。

(a) 分散型電源Bを連系する前の負荷から見た系統の百分率インピーダンス (20 MV・A基準) として，最も近いものを次の(1)〜(5)のうちから一つ選べ。

(1) 4.0　　(2) 4.9　　(3) 6.5
(4) 11.1　　(5) 16.5

(b) 分散型電源Bを連系した後の負荷から見た系統の百分率インピーダンス (20 MV・A基準) として，最も近いものを次の(1)〜(5)のうちから一つ選べ。

(1) 0.7　　(2) 1.7　　(3) 3.2　　(4) 5.7　　(5) 8.5

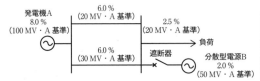

解答 (a)(3)　(b)(3)

(a) 下図のように，各インピーダンスを$\%Z_1$〜$\%Z_5$，それぞれの基準容量をP_1〜P_5とする。

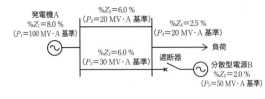

POINT 3 パーセントインピーダンスの基準容量換算

POINT 4 パーセントインピーダンスの合成

$\%Z_1$, $\%Z_3$, $\%Z_5$について，それぞれ$20\,\text{MV}\cdot\text{A}$基準に変換すると，

$$\%Z_1' = \frac{P_\text{B}}{P_1} \times \%Z_1$$

$$= \frac{20 \times 10^6}{100 \times 10^6} \times 8.0$$

$$= 1.6\,\%$$

$$\%Z_3' = \frac{P_\text{B}}{P_3} \times \%Z_3$$

$$= \frac{20 \times 10^6}{30 \times 10^6} \times 6.0$$

$$= 4.0\,\%$$

$$\%Z_5' = \frac{P_\text{B}}{P_5} \times \%Z_5$$

$$= \frac{20 \times 10^6}{50 \times 10^6} \times 2.0$$

$$= 0.8\,\%$$

したがって，下図のように整理できる。

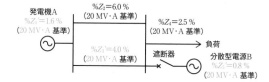

分散型電源Bを連系する前について，$\%Z_2$と$\%Z_3'$の合成パーセントインピーダンス$\%Z_{23}[\%]$は，

$$\%Z_{23} = \frac{\%Z_2 \%Z_3'}{\%Z_2 + \%Z_3'}$$

$$= \frac{6.0 \times 4.0}{6.0 + 4.0}$$

$$= 2.4\,\%$$

よって，負荷からみた系統の百分率インピーダンス$\%Z[\%]$は，

$$\%Z = \%Z_1' + \%Z_{23} + \%Z_4$$

$$= 1.6 + 2.4 + 2.5$$

$$= 6.5\,\%$$

(b)　分散型電源は負荷側と並列に接続されているので，$\%Z_1 \sim \%Z_3$ と並列になる。

　　(a)と同様に，$\%Z_{23} = 2.4\%$ であるから，$\%Z_1'$ と $\%Z_{23}$ の合成パーセントインピーダンス $\%Z_{123}$ は，

$$\%Z_{123} = \%Z_1' + \%Z_{23}$$
$$= 1.6 + 2.4$$
$$= 4.0\%$$

　　$\%Z_{123}$ と $\%Z_5'$ の合成パーセントインピーダンス $\%Z_{1235}$ は，

$$\%Z_{1235} = \frac{\%Z_{123}\%Z_5'}{\%Z_{123} + \%Z_5'}$$
$$= \frac{4.0 \times 0.8}{4.0 + 0.8}$$
$$\fallingdotseq 0.667\%$$

　　よって，負荷からみた系統の百分率インピーダンス $\%Z$ は，

$$\%Z = \%Z_{1235} + \%Z_4$$
$$= 0.667 + 2.5$$
$$= 3.167 \rightarrow 3.2\%$$

注目　百分率インピーダンスもパーセントインピーダンスも意味は同じである。電験の問題では百分率インピーダンスと出題されることも多い。

分散型電源を接続することで，百分率インピーダンスが小さくなることを知っておくとよい。例えば，本問においては(5)の選択肢が除外できる。

3　2台の単相変圧器A，Bがある。変圧器Aの二次側換算の百分率リアクタンスが4％（10 MV・A基準），変圧器Bの二次側換算の百分率リアクタンスが12％（20 MV・A基準）である。二次側に200 kWで遅れ力率0.8の負荷を接続したときの変圧器Aが分担する負荷の大きさ[kV・A]として最も近いものを次の(1)〜(5)のうちから一つ選べ。

(1)　63　　(2)　100　　(3)　120　　(4)　150　　(5)　187

解答　(4)

　　皮相電力 S[kV・A]と有効電力 P[kW]の関係は，力率を $\cos\theta$ とすると，

$$P = S\cos\theta$$

二次側に200 kWで遅れ力率0.8の負荷を接続したときの，二次側に供給する皮相電力 S[kV・A]は，

POINT 3　パーセントインピーダンスの基準容量換算

POINT 5　変圧器の負荷分担

注目　皮相電力と有効電力の関係の説明は次章にあり。

$$S = \frac{P}{\cos\theta}$$

$$= \frac{200}{0.8}$$

$$= 250 \text{ kV·A}$$

変圧器Bのパーセントインピーダンス$\%Z_\text{B}$ ($P_\text{B} =$ 20 MV・A基準) を$P_\text{A} = 10$ MV・A換算すると,

$$\%Z'_\text{B} = \frac{P_\text{A}}{P_\text{B}} \times \%Z_\text{B}$$

$$= \frac{10 \times 10^6}{20 \times 10^6} \times 12$$

$$= 6\%$$

全体負荷$S = 250$ kV・Aに対するそれぞれの分担負荷S_A [kV・A], S_B [kV・A]は,

$$S_\text{A} = \frac{\%Z'_\text{B}}{\%Z_\text{A} + \%Z_\text{B}'} \times S$$

$$= \frac{6}{4 + 6} \times 250$$

$$= 150 \text{ kV·A}$$

$$S_\text{B} = \frac{\%Z_\text{A}}{\%Z_\text{A} + \%Z_\text{B}'} \times S$$

$$= \frac{4}{4 + 6} \times 250$$

$$= 100 \text{ kV·A}$$

分担負荷S_Aを,
$$\frac{\%Z_\text{A}}{\%Z_\text{A} + \%Z_\text{B}'} \times S$$
としてしまうミスが非常に多い。インピーダンスが大きいほど電流が流れにくく負担が少ないという概念を理解すると間違えにくい。

4　2台の三相変圧器A, Bを並行運転している。変圧器Aの定格容量が600 kV・A, 百分率インピーダンスが定格容量基準で4 %, 変圧器Bの定格容量が400 kV・A, 百分率インピーダンスが定格容量基準で5 %であるとき, 950 kWで力率1の負荷を接続した。このとき, 容量を超過する変圧器と超過する容量 [kV・A]の組合せとして, 最も近いものを次の(1)～(5)のうちから一つ選べ。

	容量超過する変圧器	超過する容量
(1)	A	20
(2)	B	20
(3)	B	130
(4)	A	220
(5)	B	220

解 答 (1)

変圧器Bのパーセントインピーダンス$\%Z_B$($S_B = 400\,\text{kV}\cdot\text{A}$基準)を$S_A = 600\,\text{kV}\cdot\text{A}$換算すると,

$$\%Z'_B = \frac{S_A}{S_B} \times \%Z_B$$

$$= \frac{600 \times 10^3}{400 \times 10^3} \times 5$$

$$= 7.5\%$$

全体負荷$P = 950\,\text{kW}$に対するそれぞれの分担負荷$P_A\,[\text{kW}]$,$P_B\,[\text{kW}]$は,

$$P_A = \frac{\%Z'_B}{\%Z_A + \%Z_B{}'} \times P$$

$$= \frac{7.5}{4 + 7.5} \times 950$$

$$\fallingdotseq 620\,\text{kW}$$

$$P_B = \frac{\%Z_A}{\%Z_A + \%Z_B{}'} \times P$$

$$= \frac{4}{4 + 7.5} \times 950$$

$$\fallingdotseq 330\,\text{kW}$$

よって,超過するのは変圧器Aで超過する容量は$20\,\text{kV}\cdot\text{A}$となる。

POINT 3 パーセントインピーダンスの基準容量換算

POINT 5 変圧器の負荷分担

✎ 試験本番ではP_Aを計算した時点で超過が確定するので,P_Bは計算する必要はない。P_Bは見直しの際に確認する。

5 図に示すような66 kV母線から負荷に供給されるF点にて事故が発生したときについて，次の(a)及び(b)の問に答えよ。ただし，母線及び母線から負荷までのインピーダンスは無視できるものとする。

POINT 3 パーセントインピーダンスの基準容量換算

POINT 4 パーセントインピーダンスの合成

POINT 6 三相短絡電流

(a) F点から電源側をみた百分率インピーダンス [%]（120 MV・A基準）として，最も近いものを次の(1)〜(5)のうちから一つ選べ。

(1) 6　(2) 12　(3) 24　(4) 38　(5) 50

(b) F点での短絡電流の大きさ [kA] として，最も近いものを次の(1)〜(5)のうちから一つ選べ。

(1) 2.9　(2) 5.1　(3) 8.7
(4) 15.2　(5) 26.2

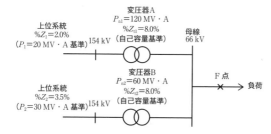

解答　(a) (2)　(b) (3)

(a) $\%Z_1$, $\%Z_2$, $\%Z_{t2}$ をそれぞれ $P = 120$ MV・A 換算すると，

$$\%Z_1' = \frac{P}{P_1} \times \%Z_1$$

$$= \frac{120 \times 10^6}{20 \times 10^6} \times 2.0$$

$$= 12.0\%$$

$$\%Z_2' = \frac{P}{P_2} \times \%Z_2$$

$$= \frac{120 \times 10^6}{30 \times 10^6} \times 3.5$$

$$= 14.0\%$$

$$\%Z'_{t2} = \frac{P}{P_{n2}} \times \%Z_{t2}$$

$$= \frac{120 \times 10^6}{60 \times 10^6} \times 8.0$$

$$= 16.0\%$$

となるので，下図のように書き換えられる。

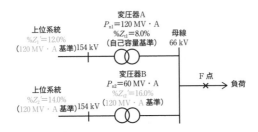

$\%Z'_1$ と $\%Z_{t1}$ の合成パーセントインピーダンス $\%Z_1''[\%]$ は，

$$\%Z''_1 = \%Z'_1 + \%Z_{t1}$$

$$= 12.0 + 8.0$$

$$= 20.0\%$$

$\%Z'_2$ と $\%Z_{t2}'$ の合成パーセントインピーダンス $\%Z''_2[\%]$ は，

$$\%Z''_2 = \%Z'_2 + \%Z_{t2}'$$

$$= 14.0 + 16.0$$

$$= 30.0\%$$

よって，F点から電源側をみた百分率インピーダンス $\%Z[\%]$ は，

$$\%Z = \frac{\%Z''_1 \cdot \%Z''_2}{\%Z''_1 + \%Z''_2}$$

$$= \frac{20.0 \times 30.0}{20.0 + 30.0}$$

$$= 12.0\%$$

(b) 定格電流 $I_n[A]$ は $P_n = \sqrt{3}\,V_n I_n$ の関係より，

$$I_n = \frac{P_n}{\sqrt{3}\,V_n}$$

$$= \frac{120 \times 10^6}{\sqrt{3} \times 66 \times 10^3}$$

$$\fallingdotseq 1049.7\ \text{A}$$

注目 このような問題はかなりパターン化されているので，公式を確実に覚えておくこと。

248

となり，三相短絡電流I_s[A]は，パーセントイン
ピーダンス%Z[%]を用いて，

$$I_s = \frac{100 I_n}{\% Z}$$

よって，各値を代入すると，

$$I_s = \frac{100 \times 1049.7}{12.0}$$

$$\fallingdotseq 8747.5 \text{ A} \rightarrow 8.7 \text{ kA}$$

1 定格容量20 MV・Aの三相変圧器3台を使用し，40 MWで力率0.9（遅れ）の負荷に電力を供給している。20 MWで力率0.6（遅れ）の負荷が増加するため，変圧器を増設することにした。このとき，増設する変圧器の必要最低容量［MV・A］として最も近いものを次の(1)～(5)のうちから一つ選べ。

(1) 14　　(2) 16　　(3) 18　　(4) 20　　(5) 22

解答　(2)

それぞれの負荷の有効電力を$P_1 = 40$ MW（力率$\cos\theta_1 = 0.9$），$P_2 = 20$ MW（力率$\cos\theta_2 = 0.6$）とおくと，それぞれの負荷の無効電力Q_1［Mvar］，Q_2［Mvar］は，

$$Q_1 = P_1 \tan\theta_1$$

$$= P_1 \frac{\sin\theta_1}{\cos\theta_1}$$

$$= P_1 \frac{\sqrt{1-\cos^2\theta_1}}{\cos\theta_1}$$

$$= 40 \times \frac{\sqrt{1-0.9^2}}{0.9}$$

$$\fallingdotseq 40 \times \frac{0.43589}{0.9}$$

$$\fallingdotseq 19.373 \text{ Mvar}$$

$$Q_2 = P_2 \tan\theta_2$$

$$= P_2 \frac{\sin\theta_2}{\cos\theta_2}$$

$$= P_2 \frac{\sqrt{1-\cos^2\theta_2}}{\cos\theta_2}$$

$$= 20 \times \frac{\sqrt{1-0.6^2}}{0.6}$$

$$= 20 \times \frac{0.8}{0.6}$$

$$\fallingdotseq 26.667 \text{ Mvar}$$

✎ 皮相電力同士の足し算は力率が異なるのでできない。したがって，有効電力と無効電力をそれぞれ導出する必要がある。

したがって，変圧器に必要な合計容量 $S[\mathrm{MV \cdot A}]$ は，

$$
\begin{aligned}
S &= \sqrt{(P_1 + P_2)^2 + (Q_1 + Q_2)^2} \\
&= \sqrt{(40 + 20)^2 + (19.373 + 26.667)^2} \\
&\fallingdotseq \sqrt{3600 + 2119.7} \\
&\fallingdotseq 75.629\ \mathrm{MV \cdot A}
\end{aligned}
$$

よって，増設する変圧器の必要最低容量 $S'[\mathrm{MV \cdot A}]$ は，

$$
\begin{aligned}
S' &= S - (20\ \mathrm{MV \cdot A} \times 3台) \\
&= 75.629 - 60 \\
&= 15.629\ \mathrm{MV \cdot A}
\end{aligned}
$$

となり，最も近いのは 16 MV・A となる．

仮に15 MV・Aの選択肢が与えられていても，超過してはいけないので16 MV・Aを選択する．

② 図のように定格電圧 66 kV の電源から三相変圧器を介して二次側に電力を送電している系統がある．三相変圧器は定格容量が 50 MV・A，変圧比が 66 kV/6.6 kV，リアクタンスが一次側換算で j2.7 Ω である．また，変圧器一次側から電源をみた百分率リアクタンスは 100 MV・A 基準で 15.0% である．このとき，次の(a)及び(b)の問に答えよ．ただし，各機器の抵抗分及び図に記載のないインピーダンスは無視できるものとする．

注目 難易度の高い問題ではないが，容量変換やオームからパーセントインピーダンスへの変換，地絡電流の導出等総合的な能力を求められる問題である．

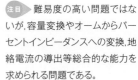

(a) 50 MV・A 基準として，変圧器の二次側から電源側を見たパーセントリアクタンス[%]の値として，最も近いものを次の(1)～(5)のうちから一つ選べ．

(1) 8.5　　(2) 10.6　　(3) 18.1
(4) 23.4　　(5) 38.5

(b) 図の F 点において三相短絡事故が発生した際，事故電流を遮断できる遮断器の定格遮断電流の最小値[kA]として，最も近いものを次の(1)～(5)のうちから一つ選べ．

(1) 23.8　　(2) 41.3　　(3) 51.4
(4) 71.5　　(5) 89.1

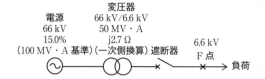

電源
66 kV
15.0%
(100 MV・A 基準)

変圧器
66 kV/6.6 kV
50 MV・A
j2.7 Ω
(一次側換算) 遮断器

6.6 kV
F 点

負荷

解 答 (a)(2) (b)(2)

(a) 変圧器一次側から電源をみた百分率リアクタンス $\%X_1 = 15.0\%$（100 MV・A 基準）を 50 MV・A 基準に変換すると，$\%X' = \dfrac{P_B}{P_n} \times \%X$ の関係より，

$$\%X'_1 = \frac{P_B}{P_n} \times \%X_1$$

$$= \frac{50 \times 10^6}{100 \times 10^6} \times 15.0$$

$$= 7.5\%$$

変圧器のリアクタンス X_2 が一次側換算で j2.7 Ω であるため，50 MV・A 基準の変圧器の百分率リアクタンス $\%X_2$ [%] は，$\%X = \dfrac{XP_n}{V_n^2} \times 100$ の関係より，

$$\%X_2 = \frac{X_2 P_n}{V_n^2} \times 100$$

$$= \frac{2.7 \times 50 \times 10^6}{(66 \times 10^3)^2} \times 100$$

$$\fallingdotseq 3.0992\%$$

よって，変圧器の二次側から電源側を見たパーセントリアクタンス $\%X$ [%] は，

$$\%X = \%X'_1 + \%X_2$$

$$= 7.5 + 3.0992$$

$$\fallingdotseq 10.599 \rightarrow 10.6\%$$

(b) 定格電流 I_n [A] は $P_n = \sqrt{3}\, V_n I_n$ の関係より，

$$I_n = \frac{P_n}{\sqrt{3}\, V_n}$$

$$= \frac{50 \times 10^6}{\sqrt{3} \times 6.6 \times 10^3}$$

$$\fallingdotseq 4373.9 \text{ A}$$

三相短絡電流 I_s [A] は，パーセントリアクタンス $\%X$ [%] を用いて，

$$I_s = \frac{100 I_n}{\%X}$$

よって，各値を代入すると，

$$I_s = \frac{100 \times 4373.9}{10.599}$$

$$\fallingdotseq 41267 \text{ A} \rightarrow 41.3 \text{ kA}$$

❸ 図に示すように，上位系統から負荷に電力供給されている系統に分散型電源を連系することを考える。次の(a)及び(b)の問に答えよ。ただし，図に記載のないインピーダンスは無視できるものとする。

(a) 分散型電源を連系した後のF点から電源側をみた百分率インピーダンスの大きさ $\%Z'$ と連系する前のF点から電源側をみた百分率インピーダンスの大きさ $\%Z$ の比 $\dfrac{\%Z'}{\%Z}$ として，最も近いものを次の(1)～(5)のうちから一つ選べ。

(1) 0.3　(2) 0.7　(3) 1.6　(4) 2.0　(5) 3.2

(b) 図のF点で三相短絡事故が発生したとする。分散型電源を連系する前の三相短絡電流の大きさ I_s と分散型電源Bを連系した後の三相短絡電流の大きさ I_s' の比 $\dfrac{I_s'}{I_s}$ として，最も近いものを次の(1)～(5)のうちから一つ選べ。

(1) 0.6　(2) 1.1　(3) 1.4　(4) 2.2　(5) 3.2

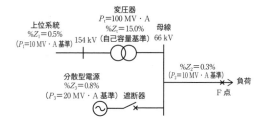

注目 基準容量の指定がないので，どの基準容量を選択してもよいが，基準容量が大きいものに合わせると計算がしやすくなることが多い。

(a) $\%Z_1$, $\%Z_2$, $\%Z_3$ について，それぞれ $P_t = 100$ MV・A 基準に変換すると，

$$\%Z'_1 = \frac{P_t}{P_1} \times \%Z_1$$

$$= \frac{100 \times 10^6}{10 \times 10^6} \times 0.5$$

$$= 5.0\%$$

$$\%Z'_2 = \frac{P_t}{P_2} \times \%Z_2$$

$$= \frac{100 \times 10^6}{10 \times 10^6} \times 0.3$$

$$= 3.0\%$$

$$\%Z'_3 = \frac{P_t}{P_3} \times \%Z_3$$

$$= \frac{100 \times 10^6}{20 \times 10^6} \times 0.8$$

$$= 4.0\%$$

となるので，下図のように整理できる。

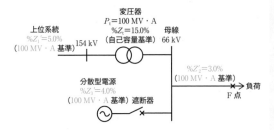

分散型電源Bを連系する前について，F点から電源側をみた百分率インピーダンスの大きさ $\%Z$ は，

$$\%Z = \%Z'_1 + \%Z_t + \%Z'_2$$

$$= 5.0 + 15.0 + 3.0$$

$$= 23.0\%$$

分散型電源Bを連系した後について，上位系統と変圧器の合成パーセントインピーダンス $\%Z_{1t}$ は，

$$\%Z_{1\mathrm{t}} = \%Z_1' + \%Z_\mathrm{t}$$
$$= 5.0 + 15.0$$
$$= 20.0\%$$

F点から電源側をみた百分率インピーダンスの大きさ$\%Z'$は,

$$\%Z' = \frac{\%Z_{1\mathrm{t}}\%Z_3'}{\%Z_{1\mathrm{t}} + \%Z_3'} + \%Z_2'$$
$$= \frac{20.0 \times 4.0}{20.0 + 4.0} + 3.0$$
$$\fallingdotseq 6.3333\%$$

よって,百分率インピーダンスの大きさ比$\dfrac{\%Z'}{\%Z}$は,

$$\frac{\%Z'}{\%Z} = \frac{6.3333}{20.0}$$
$$\fallingdotseq 0.3167 \rightarrow 0.3$$

(b) 三相短絡電流$I_\mathrm{s}[\mathrm{A}]$は,定格電流$I_\mathrm{n}[\mathrm{A}]$,百分率インピーダンス$\%Z[\%]$を用いて,

$$I_\mathrm{s} = \frac{100 I_\mathrm{n}}{\%Z}$$

よって,分散型電源を連系する前の三相短絡電流の大きさI_sと分散型電源Bを連系した後の三相短絡電流の大きさI_s'の比$\dfrac{I_\mathrm{s}'}{I_\mathrm{s}}$は,

$$\frac{I_\mathrm{s}'}{I_\mathrm{s}} = \frac{\dfrac{100 I_\mathrm{n}}{\%Z'}}{\dfrac{100 I_\mathrm{n}}{\%Z}}$$
$$= \frac{\%Z}{\%Z'}$$
$$= \frac{1}{0.3167}$$
$$\fallingdotseq 3.16 \rightarrow 3.2$$

分散型電源を連系することで短絡電流が一気に増加するので,系統連系は事前に十分に検討することが必要となることが分かる。

4 図のようなこう長10 kmの並行2回線の送電線があり，送電線の電圧は66 kV，送電線のインピーダンスは2.0%/ km（30 MV・A基準）である。このとき，次の(a)及び(b)の間に答えよ。ただし，図に記載のないインピーダンスは無視できるものとする。

(a) 図のF_1点で事故が発生したときの三相短絡電流の大きさ[kA]として，最も近いものを次の(1)〜(5)のうちから一つ選べ。

(1) 0.9　(2) 1.2　(3) 1.5　(4) 2.0　(5) 2.6

(b) 図のF_2点で事故が発生したときの三相短絡電流の大きさ[kA]として，最も近いものを次の(1)〜(5)のうちから一つ選べ。

(1) 0.9　(2) 1.2　(3) 1.5　(4) 2.0　(5) 2.6

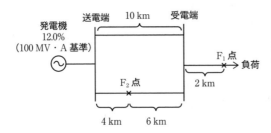

解答 (a)(3)　(b)(5)

(a) 発電機の百分率インピーダンスは$\%Z_1 = 12.0\%$（100 MV・A基準）であるから，30 MV・A基準に変換すると，$\%Z' = \dfrac{P_B}{P_n} \times \%Z$の関係より，

$$\%Z_1' = \frac{P_B}{P_n} \times \%Z_1$$

$$= \frac{30 \times 10^6}{100 \times 10^6} \times 12.0$$

$$= 3.6\%$$

送電端から受電端までの10 kmの送電線の百分率インピーダンス$\%Z_2$は，

$$\%Z_2 = 2.0 \times 10 = 20.0\%$$

送電端からF_2までの4 kmの送電線の百分率インピーダンス$\%Z_3$は,

$$\%Z_3 = 2.0 \times 4 = 8.0\%$$

F_2から受電端までの6 kmの送電線の百分率インピーダンス$\%Z_4$は,

$$\%Z_4 = 2.0 \times 6 = 12.0\%$$

受電端からF_1までの2 kmの送電線の百分率インピーダンス$\%Z_5$は,

$$\%Z_5 = 2.0 \times 2 = 4.0\%$$

したがって,地点間のこう長の違いを考慮すると,問題図は次の図のように書き換えることができる。

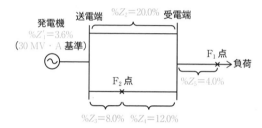

F_1点から電源側をみた合成パーセントインピーダンス$\%Z$[%]は,

$$\%Z = \%Z_1' + \frac{\%Z_2 \cdot (\%Z_3 + \%Z_4)}{\%Z_2 + (\%Z_3 + \%Z_4)} + \%Z_5$$

$$= 3.6 + \frac{20 \times (8.0 + 12.0)}{20 + (8.0 + 12.0)} + 4.0$$

$$= 3.6 + 10 + 4.0$$

$$= 17.6\%$$

また,定格電流I_n[A]は,$P_n = \sqrt{3}\,V_n I_n$の関係より,

$$I_n = \frac{P_n}{\sqrt{3}\,V_n}$$

$$= \frac{30 \times 10^6}{\sqrt{3} \times 66 \times 10^3}$$

$$\fallingdotseq 262.43 \text{ A}$$

三相短絡電流I_s[A]は,パーセントインピーダ

ンス%Z[%]を用いて,

$$I_\mathrm{s} = \frac{100 I_\mathrm{n}}{\%Z}$$

よって,各値を代入すると,

$$I_\mathrm{s} = \frac{100 \times 262.43}{17.6}$$

$$\fallingdotseq 1491.1 \text{ A} \rightarrow 1.5 \text{ kA}$$

(b) 図のようにF_2点で事故が発生すると負荷側に
は電流が流れず,発電機からの電流はF_2点に向
かって流れる。

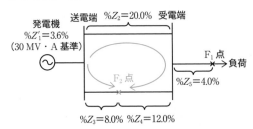

よって,F_2点から電源側をみた合成パーセン
トインピーダンス%Z[%]は,

$$\%Z = \%Z_1' + \frac{\%Z_3 \cdot (\%Z_2 + \%Z_4)}{\%Z_3 + (\%Z_2 + \%Z_4)}$$

$$= 3.6 + \frac{8.0 \times (20.0 + 12.0)}{8.0 + (20.0 + 12.0)}$$

$$= 3.6 + 6.4$$

$$= 10.0\%$$

三相短絡電流I_s[A]は,パーセントインピーダ
ンス%Z[%]を用いて,

$$I_\mathrm{s} = \frac{100 I_\mathrm{n}}{\%Z}$$

よって,各値を代入すると,

$$I_\mathrm{s} = \frac{100 \times 262.43}{10.0}$$

$$\fallingdotseq 2624.3 \text{ A} \rightarrow 2.6 \text{ kA}$$

同じ系統でも事故発生場所に
よって,短絡電流の大きさが全
く異なることを理解しておくと
よい。

② 電力と電力損失，線路の電圧降下，充電電流・充電容量・誘電損

✓ 確認問題

① 単相負荷に電圧100 Vで電流5 A，力率0.8で電力を供給しているとき，皮相電力[V・A]，有効電力[W]，無効電力[var]の大きさを求めよ。

POINT 1 電力

解答 皮相電力：500 V・A，有効電力：400 W，
無効電力：300 var

単相回路での皮相電力S[V・A]，有効電力P[W]，無効電力Q[var]は，電圧V[V]，電流I[A]，力率角θを用いて，

$$S = VI$$
$$P = VI\cos\theta$$
$$Q = VI\sin\theta$$

よって，$\sin\theta = \sqrt{1-\cos^2\theta}$であるから，

$$S = VI$$
$$= 100 \times 5$$
$$= 500 \text{ V}\cdot\text{A}$$

$$P = VI\cos\theta$$
$$= 100 \times 5 \times 0.8$$
$$= 400 \text{ W}$$

$$Q = VI\sin\theta$$
$$= VI\sqrt{1-\cos^2\theta}$$
$$= 100 \times 5 \times \sqrt{1-0.8^2}$$
$$= 100 \times 5 \times 0.6$$
$$= 300 \text{ var}$$

✎ 力率0.8のとき，
$Q:P:S=0.6:0.8:1.0$
$=3:4:5$
の関係は覚えておいた方がよい。

② 三相負荷に電圧400 Vで電流10 A，力率0.9で電力を供給しているとき，皮相電力[kV・A]，有効電力[kW]，無効電力[kvar]の大きさを求めよ。

POINT 1 電力

皮相電力：$6.93\,\mathrm{kV \cdot A}$，有効電力：$6.24\,\mathrm{kW}$

無効電力：$3.02\,\mathrm{kvar}$

三相回路での皮相電力 $S\,[\mathrm{V \cdot A}]$，有効電力 $P\,[\mathrm{W}]$，無効電力 $Q\,[\mathrm{var}]$ は，電圧 $V\,[\mathrm{V}]$，電流 $I\,[\mathrm{A}]$，力率角 θ を用いて，

$$S = \sqrt{3}\,VI$$
$$P = \sqrt{3}\,VI\cos\theta$$
$$Q = \sqrt{3}\,VI\sin\theta$$

よって，$\sin\theta = \sqrt{1 - \cos^2\theta}$ であるから，

$$
\begin{aligned}
S &= \sqrt{3}\,VI \\
&= \sqrt{3} \times 400 \times 10 \\
&\fallingdotseq 6928\,\mathrm{V \cdot A} \rightarrow 6.93\,\mathrm{kV \cdot A} \\
P &= \sqrt{3}\,VI\cos\theta \\
&= \sqrt{3} \times 400 \times 10 \times 0.9 \\
&\fallingdotseq 6235\,\mathrm{W} \rightarrow 6.24\,\mathrm{kW} \\
Q &= \sqrt{3}\,VI\sin\theta \\
&= \sqrt{3}\,VI\sqrt{1 - \cos^2\theta} \\
&= \sqrt{3} \times 400 \times 10 \times \sqrt{1 - 0.9^2} \\
&\fallingdotseq 3020\,\mathrm{var} \rightarrow 3.02\,\mathrm{kvar}
\end{aligned}
$$

3 三相負荷に供給した有効電力が $200\,\mathrm{kW}$，無効電力が $150\,\mathrm{kvar}$ であるとき，この負荷の力率を求めよ。

POINT 1 電力

0.8

三相回路での皮相電力 $S\,[\mathrm{kV \cdot A}]$，有効電力 $P\,[\mathrm{kW}]$，無効電力 $Q\,[\mathrm{kvar}]$ には，

$$S^2 = P^2 + Q^2$$

の関係があるので，

$$
\begin{aligned}
S &= \sqrt{P^2 + Q^2} \\
&= \sqrt{200^2 + 150^2} \\
&= \sqrt{62500} \\
&= 250\,\mathrm{kV \cdot A}
\end{aligned}
$$

よって，力率 $\cos\theta$ は，

単相と三相の違いをよく理解しておくこと。

$$\cos\theta = \frac{P}{S}$$
$$= \frac{200}{250}$$
$$= 0.8$$

❹ 消費電力 $300\,\text{kW}$ で遅れ力率 0.8 の負荷 A と消費電力 $180\,\text{kW}$ で遅れ力率 0.6 の負荷 B に同時に電力を供給するとき，電源が供給する皮相電力 $[\text{kV} \cdot \text{A}]$ の大きさを求めよ。

POINT 1 電力

解答 $668\,\text{kV} \cdot \text{A}$

負荷 A は消費電力 $P_A = 300\,\text{kW}$ で力率 $\cos\theta_A = 0.8$ であるから，その無効電力 $Q_A\,[\text{kvar}]$ の大きさは，

$$Q_A = P_A \tan\theta_A$$
$$= P_A \frac{\sin\theta_A}{\cos\theta_A}$$
$$= P_A \frac{\sqrt{1-\cos^2\theta_A}}{\cos\theta_A}$$
$$= 300 \times \frac{\sqrt{1-0.8^2}}{0.8}$$
$$= 300 \times \frac{0.6}{0.8}$$
$$= 225\,\text{kvar}$$

同様に，負荷 B は消費電力 $P_B = 180\,\text{kW}$ で力率 $\cos\theta_B = 0.6$ であるから，その無効電力 $Q_B\,[\text{kvar}]$ の大きさは，

$$Q_B = P_B \tan\theta_B$$
$$= P_B \frac{\sin\theta_B}{\cos\theta_B}$$
$$= P_B \frac{\sqrt{1-\cos^2\theta_B}}{\cos\theta_B}$$
$$= 180 \times \frac{\sqrt{1-0.6^2}}{0.6}$$
$$= 180 \times \frac{0.8}{0.6}$$
$$= 240\,\text{kvar}$$

$Q=P\tan\theta$ は電力の基本公式，$\tan\theta = \dfrac{\sin\theta}{\cos\theta}$ は三角関数の基本公式なので覚えておく。

よって，電源が供給する皮相電力 $S[\mathrm{kV}\cdot\mathrm{A}]$ の大きさは，

$$\begin{aligned}
S &= \sqrt{(P_\mathrm{A}+P_\mathrm{B})^2+(Q_\mathrm{A}+Q_\mathrm{B})^2}\\
&= \sqrt{(300+180)^2+(225+240)^2}\\
&= \sqrt{480^2+465^2}\\
&= \sqrt{446625}\\
&\fallingdotseq 668\ \mathrm{kV}\cdot\mathrm{A}
\end{aligned}$$

⑤ 送電端電圧が203 V，受電端電圧が198 V，線路の電流が20 A，力率が0.7（遅れ）のとき，単相負荷に供給される有効電力[kW]及び無効電力[kvar]の大きさを求めよ。

POINT 1 電力

解答 有効電力：2.77 kW，無効電力：2.83 kvar

受電端電圧を $V_\mathrm{r}[\mathrm{V}]$，線路の電流を $I[\mathrm{A}]$，力率角を θ とすると，単相負荷に供給される有効電力 $P[\mathrm{W}]$，無効電力 $Q[\mathrm{var}]$ の大きさは，

$$P=V_\mathrm{r}I\cos\theta$$
$$\begin{aligned}Q&=V_\mathrm{r}I\sin\theta\\&=V_\mathrm{r}I\sqrt{1-\cos^2\theta}\end{aligned}$$

よって，各値を代入すると，

$$\begin{aligned}
P&=V_\mathrm{r}I\cos\theta\\
&=198\times20\times0.7\\
&=2772\ \mathrm{W}\rightarrow 2.77\ \mathrm{kW}
\end{aligned}$$

$$\begin{aligned}
Q&=V_\mathrm{r}I\sin\theta\\
&=V_\mathrm{r}I\sqrt{1-\cos^2\theta}\\
&=198\times20\times\sqrt{1-0.7^2}\\
&\fallingdotseq 2828\ \mathrm{var}\rightarrow 2.83\ \mathrm{kvar}
\end{aligned}$$

✎ 送電端電圧等不要な数値に惑わされないように注意する。

⑥ 三相3線式の送電線路において，送電端電圧が215 V，受電端電圧が204 V，送電端電圧と受電端電圧の位相差が $\frac{\pi}{6}$ rad，送電線のリアクタンスが0.5 Ωであるとき，送電電力[kW]の大きさを求めよ。また，力率が0.9（遅れ）のとき，線路に流れる電流[A]の大きさを求めよ。ただし，送電線の抵抗は無視できるものとする。

POINT 1 電力

解 答　送電電力：43.9 kW，

　　　　　線路に流れる電流：138 A

　受電端の三相電力 P [W] は，送電端電圧を V_s [V]，受電端電圧を V_r [V]，送電線のリアクタンスを X [Ω]，送電端電圧と受電端電圧の位相差を δ としたとき，

$$P = \frac{V_s V_r}{X} \sin \delta$$

よって，各値を代入すると，

$$P = \frac{215 \times 204}{0.5} \times \sin \frac{\pi}{6}$$

$$= \frac{215 \times 204}{0.5} \times \frac{1}{2}$$

$$= 43860 \ \text{W} \rightarrow 43.9 \ \text{kW}$$

　また，受電端電圧を V_r [V]，線路の電流を I [A]，力率角を θ とすると P [W] は，

$$P = \sqrt{3} \, V_r I \cos \theta$$

よって，線路に流れる電流 I [A] は，

$$I = \frac{P}{\sqrt{3} \, V_r \cos \theta}$$

$$= \frac{43860}{\sqrt{3} \times 204 \times 0.9}$$

$$\fallingdotseq 138 \ \text{A}$$

✎ 一般に電圧といったら線間電圧を表す。送電端電圧も受電端電圧も相電圧の $\sqrt{3}$ 倍なので，

$$P = \frac{V_s V_r}{X} \sin \delta$$

の 3 倍が不要となる。

❼ 単相 2 線式の配電線路において，消費電力が 500 W で力率が 0.6（遅れ）の負荷に 100 V で電力を供給した。配電線の抵抗が 0.2 Ω，リアクタンスが 0.3 Ω であるとき，この線路における電力損失 [W] 及び電圧降下 [V] の大きさを求めよ。ただし，送電端電圧と受電端電圧の位相差は十分に小さいものとする。

POINT 2　電力損失

POINT 3　線路の電圧降下

解 答　電力損失：27.8 W，電圧降下：6.00 V

　単相負荷が消費する有効電力 P [W] は，電圧を V [V]，線路の電流を I [A]，力率を $\cos \theta$ とすると，

$$P = VI \cos \theta$$

　線路を流れる電流 I [A] は，

$$I = \frac{P}{V \cos\theta}$$

$$= \frac{500}{100 \times 0.6}$$

$$\fallingdotseq 8.3333 \text{ A}$$

よって，単相2線式の電力損失 $P_L[\text{W}]$ は電線の抵抗を $R[\Omega]$ とすると，

$$P_L = 2RI^2$$

$$= 2 \times 0.2 \times 8.3333^2$$

$$\fallingdotseq 27.8 \text{ W}$$

また，単相2線式電線路の電圧降下 $v[\text{V}]$ は，電線の抵抗を $R[\Omega]$，リアクタンスを $X[\Omega]$，力率角を θ とすると，

$$v = 2I(R \cos\theta + X \sin\theta)$$

よって，

$$\sin\theta = \sqrt{1 - \cos^2\theta}$$

$$= \sqrt{1 - 0.6^2}$$

$$= 0.8$$

以上より，

$$v = 2I(R \cos\theta + X \sin\theta)$$

$$= 2 \times 8.3333 \times (0.2 \times 0.6 + 0.3 \times 0.8)$$

$$\fallingdotseq 6.00 \text{ V}$$

✎ 単相2線式の往復分は忘れやすいので注意。

8 三相3線式の配電線路において，消費電力が $50\,\text{kW}$ で力率が 0.6（遅れ）の負荷に $6.6\,\text{kV}$ で電力を供給した。配電線の抵抗が $0.5\,\Omega$，リアクタンスが $0.4\,\Omega$ であるとき，この線路における電力損失 $[\text{W}]$ 及び電圧降下 $[\text{V}]$ の大きさを求めよ。ただし，送電端電圧と受電端電圧の位相差は十分に小さいものとする。

POINT 2 電力損失

POINT 3 線路の電圧降下

解答 電力損失：79.7 W，電圧降下：7.83 V

三相負荷が消費する有効電力 $P[\text{W}]$ は，電圧を $V[\text{V}]$，線路の電流を $I[\text{A}]$，力率を $\cos\theta$ とすると，

$$P = \sqrt{3}\,VI\cos\theta$$

線路を流れる電流 $I[\text{A}]$ は，

$$I = \frac{P}{\sqrt{3}\,V\cos\theta}$$

$$= \frac{50\times10^3}{\sqrt{3}\times6.6\times10^3\times0.6}$$

$$\fallingdotseq 7.2898 \text{ A}$$

よって，三相3線式の電力損失 P_L [W] は電線の抵抗を R [Ω] とすると，

$$P_L = 3RI^2$$

$$= 3\times0.5\times7.2898^2$$

$$\fallingdotseq 79.7 \text{ W}$$

また，三相3線式電線路の電圧降下 v [V] は，電線の抵抗を R [Ω]，リアクタンスを X [Ω]，力率角を θ とすると，

$$v = \sqrt{3}\,I(R\cos\theta + X\sin\theta)$$

よって，

$$\sin\theta = \sqrt{1-\cos^2\theta}$$

$$= \sqrt{1-0.6^2}$$

$$= 0.8$$

以上より，

$$v = \sqrt{3}\,I(R\cos\theta + X\sin\theta)$$

$$= \sqrt{3}\times7.2898\times(0.5\times0.6 + 0.4\times0.8)$$

$$\fallingdotseq 7.83 \text{ V}$$

⑨ 同じ電圧 V [V]，電力 P [W]，力率 $\cos\theta$，抵抗 R [Ω] 及びリアクタンス X [Ω] の送電線で負荷に電力を供給したとき，単相2線式の線路電流，電圧降下，電力損失は三相3線式のそれぞれ何倍となるか求めよ。

POINT 2 電力損失

POINT 3 線路の電圧降下

解答 線路電流：$\sqrt{3}$ 倍，電圧降下：2 倍，
電力損失：2 倍

① 単相2線式の場合
線路の電流を I_1 [A] とすると，

$$P = VI_1\cos\theta$$

であるから，

$$I_1 = \frac{P}{V\cos\theta}$$

✎ $\sin\theta$ は与えられていないが
$$\sin\theta = \sqrt{1-\cos^2\theta}$$
が自明で，定数であるので，そのままとしている。

電圧降下 v_1 [V] は,

$$v_1 = 2I_1(R\cos\theta + X\sin\theta)$$

$$= \frac{2P(R\cos\theta + X\sin\theta)}{V\cos\theta}$$

また,電力損失 P_{L1} [W] は,

$$P_{L1} = 2RI_1^2$$

$$= 2R\left(\frac{P}{V\cos\theta}\right)^2$$

$$= \frac{2RP^2}{V^2\cos^2\theta}$$

② 三相3線式の場合

線路の電流を I_2 [A] とすると,

$$P = \sqrt{3}\,VI_2\cos\theta$$

であるから,

$$I_2 = \frac{P}{\sqrt{3}\,V\cos\theta}$$

$$= \frac{1}{\sqrt{3}}I_1$$

よって,電圧降下 v_2 [V] は,

$$v_2 = \sqrt{3}\,I_2\,(R\cos\theta + X\sin\theta)$$

$$= \sqrt{3}\,\cdot\,\frac{P}{\sqrt{3}\,V\cos\theta}\,\cdot\,(R\cos\theta + X\sin\theta)$$

$$= \frac{P(R\cos\theta + X\sin\theta)}{V\cos\theta}$$

$$= \frac{v_1}{2}$$

また,電力損失 P_{L2} [W] は,

$$P_{L2} = 3RI_2^2$$

$$= 3R\left(\frac{P}{\sqrt{3}\,V\cos\theta}\right)^2$$

$$= \frac{RP^2}{V^2\cos^2\theta}$$

$$= \frac{P_{L1}}{2}$$

以上より,単相2線式の線路電流,電圧降下,電力損失は三相3線式のそれぞれ $\sqrt{3}$ 倍,2倍,2倍であることがわかる。

⑩ 三相3線式の配電線路において，受電端電圧が6500 Vであるとき，次の間に答えよ。ただし，線路の抵抗は0.7 Ω，リアクタンスは0.9 Ωとする。

(1) 消費電力が300 kWで力率が0.8（遅れ）の負荷を接続したときの電圧降下[V]の大きさを求めよ。

(2) (1)と同じ負荷を接続し，力率改善により受電端の力率が0.95（遅れ）に改善されたときの電圧降下[V]の大きさを求めよ。

(POINT 3) 線路の電圧降下

解 答 (1) 63.5 V (2) 46.0 V

(1) 三相負荷が消費する有効電力P[W]は，電圧をV[V]，線路の電流をI[A]，力率を$\cos\theta$とすると，

$$P = \sqrt{3}\,VI\cos\theta$$

で求められるので，線路を流れる電流I[A]は，

$$I = \frac{P}{\sqrt{3}\,V\cos\theta}$$

$$= \frac{300\times10^3}{\sqrt{3}\times6500\times0.8}$$

$$\fallingdotseq 33.309 \text{ A}$$

三相3線式電線路の電圧降下v[V]は，電線の抵抗をR[Ω]，リアクタンスをX[Ω]，力率角をθとすると，

$$v = \sqrt{3}\,I(R\cos\theta + X\sin\theta)$$

よって，

$$\sin\theta = \sqrt{1-\cos^2\theta}$$

$$= \sqrt{1-0.8^2}$$

$$= 0.6$$

であるから，

$$v = \sqrt{3}\,I(R\cos\theta + X\sin\theta)$$

$$= \sqrt{3}\times33.309\times(0.7\times0.8 + 0.9\times0.6)$$

$$\fallingdotseq 63.5 \text{ V}$$

(2) (1)と同様に，線路を流れる電流I'[A]は，力率改善後の力率角をθ'とすると，

解答編 CHAPTER 10 電力計算 2

$$I' = \frac{P}{\sqrt{3}\, V \cos\theta\,'}$$

$$= \frac{300 \times 10^3}{\sqrt{3} \times 6500 \times 0.95}$$

$$\fallingdotseq 28.049 \text{ A}$$

電圧降下 $v'[\text{V}]$ は,

$$v' = \sqrt{3}\, I'(R \cos\theta\,' + X \sin\theta\,')$$

よって,

$$\sin\theta\,' = \sqrt{1 - \cos^2\theta\,'}$$

$$= \sqrt{1 - 0.95^2}$$

$$\fallingdotseq 0.312$$

であるから,

$$v' = \sqrt{3}\, I'(R \cos\theta\,' + X \sin\theta\,')$$

$$= \sqrt{3} \times 28.049 \times (0.7 \times 0.95 + 0.9 \times 0.312)$$

$$\fallingdotseq 46.0 \text{ V}$$

🖋 正確には送電線の電圧は変わらないため, 受電端電圧は 6500 Vより高くなるが, 電流値にはそれほど大きな影響はないとして6500 Vのまま計算している。

🖋 力率改善により, 線路電流が小さくなり, 電圧降下も小さくなっていることがわかる。また, 電力損失も電流の2乗に比例するので, 7割程度まで低下している。

⑪ 図は三相3線式配電線路におけるベクトル図であり, $V_\text{s}[\text{V}]$ は送電端電圧, $V_\text{r}[\text{V}]$ は受電端電圧, $I[\text{A}]$ は線電流, $X[\Omega]$ は線路のリアクタンス, δ は相差角 (V_s と V_r の位相差), θ は力率角である。このとき, 次の問に答えよ。ただし, 線路抵抗は無視するものとする。

POINT 1 電力

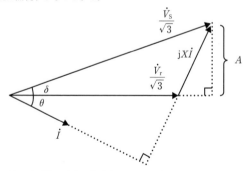

(1) 受電端の電力 $P[\text{W}]$ を V_r, I, θ を用いて示せ。

(2) 図の A の長さを V_s, δ を用いて示せ。

(3) 図の A の長さを X, I, θ を用いて示せ。

(4) (1)〜(3)の結果を用いて, 受電端の電力 $P[\text{W}]$ を V_s, V_r, X, δ を用いて示せ。

解 答 (1) $P = \sqrt{3} \, V_r I \cos\theta$　(2) $A = \dfrac{V_s}{\sqrt{3}} \sin\delta$

(3) $A = XI \cos\theta$　(4) $P = \dfrac{V_s V_r}{X} \sin\delta$

(1) 受電端の電力は三相負荷の電力なので,

$$P = \sqrt{3} \, V_r I \cos\theta \quad \cdots ①$$

(2) 図の三角形に着目すると,

$$A = \frac{V_s}{\sqrt{3}} \sin\delta \quad \cdots ②$$

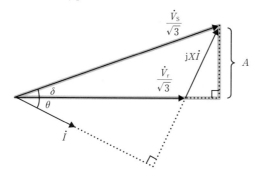

(3) 図の三角形に着目すると,

$$A = XI \cos\theta \quad \cdots ③$$

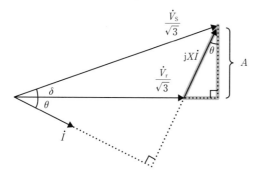

(4) ②及び③より,

$$XI \cos\theta = \frac{V_s}{\sqrt{3}} \sin\delta \quad \cdots ④$$

また,①より,

$$P = \sqrt{3} \, V_r I \cos\theta$$

$$I = \frac{P}{\sqrt{3}\, V_\mathrm{r} \cos\theta}$$

よって，これを④に代入すると，

$$X \cdot \frac{P}{\sqrt{3}\, V_\mathrm{r} \cos\theta} \cdot \cos\theta = \frac{V_\mathrm{s}}{\sqrt{3}} \sin\delta$$

$$X \cdot \frac{P}{V_\mathrm{r}} = V_\mathrm{s} \sin\delta$$

$$P = \frac{V_\mathrm{s} V_\mathrm{r}}{X} \sin\delta$$

最終的な式を覚えておく公式
ではあるが,忘れても導き出
せるようにしておくとよい。

⑫ 図は三相3線式送電線路のベクトル図であり，V_s[V]は送電端電圧，V_r[V]は受電端電圧，I[A]は線電流，R[Ω]は線路の抵抗，X[Ω]は線路のリアクタンス，δは相差角（V_sとV_rの位相差），θは力率角である。ただし，δは十分に小さいものとする。このとき次の問に答えよ。

POINT 3 線路の電圧降下

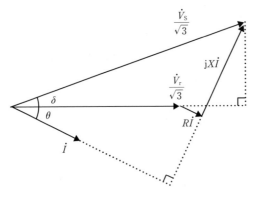

(1) 電圧降下（$v = V_\mathrm{s} - V_\mathrm{r}$[V]）の大きさを求めよ。
(2) 有効電力P[W]をV_r, I, θを用いて示せ。
(3) 無効電力Q[var]をV_r, I, θを用いて示せ。
(4) 電圧降下vをP, Q, V_r, R, Xを用いて示せ。

解答 (1) $v = \sqrt{3}\, I\,(R\cos\theta + X\sin\theta)$

(2) $P = \sqrt{3}\, V_\mathrm{r} I \cos\theta$　(3) $Q = \sqrt{3}\, V_\mathrm{r} I \sin\theta$

(4) $v = \dfrac{RP + XQ}{V_\mathrm{r}}$

(1) 図のように$RI\cos\theta$と$XI\sin\theta$が求められ，δは十分に小さいので，

$$\frac{V_\text{s}}{\sqrt{3}} - \frac{V_\text{r}}{\sqrt{3}} \simeq RI\cos\theta + XI\sin\theta$$

$$\frac{1}{\sqrt{3}}(V_\text{s} - V_\text{r}) = I(R\cos\theta + X\sin\theta)$$

$$V_\text{s} - V_\text{r} = \sqrt{3}\,I(R\cos\theta + X\sin\theta)$$

$$v = \sqrt{3}\,I(R\cos\theta + X\sin\theta) \quad \cdots①$$

≃は近似しているという演算記号であり,試験問題を解く上では=と同じと考えてよい。

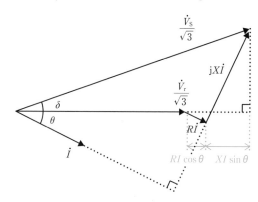

(2) 三相負荷の有効電力なので,

$$P = \sqrt{3}\,V_\text{r}I\cos\theta \quad \cdots②$$

(3) 三相負荷の無効電力なので,

$$Q = \sqrt{3}\,V_\text{r}I\sin\theta \quad \cdots③$$

(4) ②及び③より,

$$\cos\theta = \frac{P}{\sqrt{3}\,V_\text{r}I} \quad \cdots②'$$

$$\sin\theta = \frac{Q}{\sqrt{3}\,V_\text{r}I} \quad \cdots③'$$

となるので,これを①に代入すると,

$$v = \sqrt{3}\,I(R\cos\theta + X\sin\theta)$$

$$= \sqrt{3}\,I\left(R\cdot\frac{P}{\sqrt{3}\,V_\text{r}I} + X\cdot\frac{Q}{\sqrt{3}\,V_\text{r}I}\right)$$

$$= R\cdot\frac{P}{V_\text{r}} + X\cdot\frac{Q}{V_\text{r}}$$

$$= \frac{RP + XQ}{V_\text{r}}$$

この最終式を公式として覚えておいてもよい。

⑬ 電圧66 kV，周波数50 Hz，ケーブル1線あたりの静電容量が3.3 µFの三相3線式の地中送電線路について，次の問に答えよ。

POINT 4 無負荷充電電流，無負荷充電容量
POINT 5 誘電損

 (1) 無負荷充電電流[A]の大きさを求めよ。

 (2) 無負荷充電容量[kvar]の大きさを求めよ。

 (3) 誘電正接が0.05%であるとき，ケーブル3線分の誘電損[W]の大きさを求めよ。

解答 (1) 39.5 A (2) 4520 kvar (3) 2260 W

(1) ケーブルの1線あたりの等価回路は図のようになるので，無負荷充電電流I_C[A]の大きさは，角周波数をω[rad/s]，線間電圧をV[V]，周波数をf[Hz]，ケーブル1線あたりの静電容量をC[F]とすると，

$$I_C = \omega C \cdot \frac{V}{\sqrt{3}}$$

$$= \frac{2\pi f C V}{\sqrt{3}}$$

$$= \frac{2\pi \times 50 \times 3.3 \times 10^{-6} \times 66 \times 10^3}{\sqrt{3}}$$

$$\fallingdotseq 39.5 \text{ A}$$

ケーブルの等価回路は描けるように。

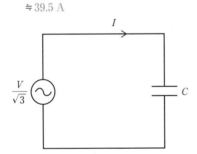

(2) 三相分の無負荷充電容量Q_3[kvar]の大きさは，

$$Q_3 = 3 \cdot \frac{V}{\sqrt{3}} \cdot I_C$$

$$= 3 \times \frac{66 \times 10^3}{\sqrt{3}} \times 39.505$$

$$\fallingdotseq 4516000 \text{ var} \rightarrow 4520 \text{ kvar}$$

(3) ケーブルの誘電損P_{d}[W]の大きさは,
$$P_{\mathrm{d}} = 2\pi fCV^2 \tan\delta$$
$$= Q_3 \tan\delta$$
であるから,
$$P_{\mathrm{d}} = 4516000 \times 0.05 \times 10^{-2}$$
$$\fallingdotseq 2260\ \mathrm{W}$$

🔖 無負荷充電容量Q_3[kvar]が
$$Q_3 = 2\pi fCV^2$$
なので
$$P_{\mathrm{d}} = Q_3 \tan\delta$$
となる。

⑭ 電圧 22 kV, 周波数 50 Hz, こう長 4 km, 静電容量が 0.42 μF/km の三相 3 線式の地中送電ケーブルについて,誘電正接が 0.05% であるとき,無負荷充電容量[kvar]及び誘電損[W]の大きさを求めよ。

POINT 4 無負荷充電電流,無負荷充電容量

POINT 5 誘電損

解答 無負荷充電容量:255 kvar, 誘電損 128 W

　無負荷充電容量Q_3[var]は,線間電圧をV[V],周波数をf[Hz],ケーブル 1 線あたりの静電容量をC[F]とすると,
$$Q_3 = 2\pi fCV^2$$
　1 線あたりの静電容量C[μF]は,
$$C = 0.42 \times 4 = 1.68\ \mu\mathrm{F}$$
　よって,各値を代入すると,
$$Q_3 = 2\pi \times 50 \times 1.68 \times 10^{-6} \times (22 \times 10^3)^2$$
$$\fallingdotseq 255450\ \mathrm{var} \rightarrow 255\ \mathrm{kvar}$$
　また,ケーブルの誘電損P_{d}[W]の大きさは,
$$P_{\mathrm{d}} = 2\pi fCV^2 \tan\delta$$
$$= 2\pi \times 50 \times 1.68 \times 10^{-6} \times (22 \times 10^3)^2 \times 0.05 \times 10^{-2}$$
$$\fallingdotseq 128\ \mathrm{W}$$

🔖 $Q_3 = 2\pi fCV^2$はケーブルの等価回路からの導出過程も大事であるが,公式としても覚えておくこと。

1 同容量の単相変圧器3台を消費電力600 kW，遅れ力率0.8の単相負荷に接続することを考える。変圧器1台が故障し停止した際，残りの2台の変圧器を125％まで過負荷運転できるとしたとき，各変圧器に必要な容量[kV・A]として，最も近いものを次の(1)〜(5)のうちから一つ選べ。

(1) 160　(2) 190　(3) 200
(4) 250　(5) 300

解答 (5)

POINT 1 電力

負荷に供給する皮相電力$S[V \cdot A]$と有効電力$P[W]$の関係は，力率$\cos\theta$を用いて，

$$P = S\cos\theta$$

$$S = \frac{P}{\cos\theta}$$

変圧器が供給すべき皮相電力$S[kV \cdot A]$は，

$$S = \frac{P}{\cos\theta}$$

$$= \frac{600}{0.8} = 750 \text{ kV} \cdot \text{A}$$

過負荷運転する2台でこの皮相電力を供給する必要があるので，求める一台あたりの変圧器の容量$P_n[kV \cdot A]$は，

$$1.25 P_n \times 2 = 750$$

$$P_n = 300 \text{ kV} \cdot \text{A}$$

✎ 通常運転では
750÷3=250 kV・A
でよい。

2 送電線の送電端電圧と受電端電圧の関係及び送電電力に関して，次の(a)及び(b)の問に答えよ。

POINT 1 電力

(a) 送電端電圧（相電圧）を$\dot{E}_s = \dot{E}_s \, e^{j\delta}\,[V]$，受電端電圧（相電圧）を$\dot{E}_r = E_r\,[V]$，送電線を流れる電流を$\dot{I}\,[A]$，送電線の抵抗を$R\,[\Omega]$，送電線のリアクタンスを$X\,[\Omega]$としたとき，送電端電圧と受電端電圧の関係を表す式として，正しいものを次の(1)〜(5)のうちから一つ選べ。

(1) $\dot{E}_{\mathrm{s}} = \dot{E}_{\mathrm{r}} + (R + \mathrm{j}X)\dot{I}$ (2) $\dot{E}_{\mathrm{s}} = \dot{E}_{\mathrm{r}} - (R + \mathrm{j}X)\dot{I}$

(3) $\dot{E}_{\mathrm{s}} + \dot{E}_{\mathrm{r}} = (R + \mathrm{j}X)\dot{I}$ (4) $\sqrt{3}\dot{E}_{\mathrm{s}} = \sqrt{3}\dot{E}_{\mathrm{r}} + (R + \mathrm{j}X)\dot{I}$

(5) $\sqrt{3}\dot{E}_{\mathrm{s}} = \sqrt{3}\dot{E}_{\mathrm{r}} - (R + \mathrm{j}X)\dot{I}$

(b) Rが十分に小さいとき，送電電力$P\,[\mathrm{W}]$を示す式として，正しいものを次の(1)〜(5)のうちから一つ選べ。

(1) $\dfrac{E_{\mathrm{s}}E_{\mathrm{r}}}{X}\sin\delta$ (2) $\dfrac{\sqrt{3}\,E_{\mathrm{s}}E_{\mathrm{r}}}{X}\sin\delta$

(3) $\dfrac{3E_{\mathrm{s}}E_{\mathrm{r}}}{X}\sin\delta$ (4) $E_{\mathrm{r}}I\cos\delta$ (5) $3E_{\mathrm{r}}I\cos\delta$

解答 (a) (1) (b) (3)

(a) 与えられた条件に沿ってベクトル図を描くと図の通りとなるので，

$$\dot{E}_{\mathrm{s}} = \dot{E}_{\mathrm{r}} + R\dot{I} + \mathrm{j}X\dot{I}$$
$$= \dot{E}_{\mathrm{r}} + (R + \mathrm{j}X)\dot{I}$$

✎ $\dot{E}_{\mathrm{s}} = E_{\mathrm{s}}\,\mathrm{e}^{\mathrm{j}\delta}$はオイラーの公式で，
$\dot{E}_{\mathrm{s}} = E_{\mathrm{s}}\,(\cos\delta + \mathrm{j}\,\sin\delta)$
と変形でき，$\dot{E}_{\mathrm{r}}$よりも位相がδだけ進みとなる。

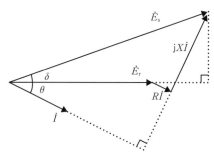

(b) 送電端電圧，受電端電圧とも与えられた量は相電圧なので，送電電力$P\,[\mathrm{W}]$の大きさは，

$$P = \frac{3E_{\mathrm{s}}E_{\mathrm{r}}}{X}\sin\delta$$

✎ 公式として暗記しておいて良い式ではあるが，確認問題⓫と同様に導き出すことができる。

3 三相3線式配電線路から遅れ力率0.8の負荷に電力を供給したところ，電圧降下が8Vであった。この負荷と有効電力が等しい遅れ力率0.6の負荷を接続し，同じ受電端電圧で電力を供給したときの電圧降下の大きさ[V]として，最も近いものを次の(1)〜(5)のうちから一つ選べ。ただし，線路の抵抗は0.2Ω，線路のリアクタンスは0.3Ωとし，送電端電圧と受電端電圧の相差角は十分に小さいものとする。

(1) 5　　(2) 7　　(3) 9　　(4) 11　　(5) 13

解答 (4)

三相 3 線式電線路の負荷の有効電力 P [W] は，電圧を V [V]，線路の電流を I [A]，力率を $\cos\theta$ とすると，

$$P = \sqrt{3}\, VI \cos\theta$$

よって，線路を流れる電流 I [A] は，

$$I = \frac{P}{\sqrt{3}\, V \cos\theta}$$

電圧降下 v [V] は，電線の抵抗を R [Ω]，リアクタンスを X [Ω]，力率角を θ とすると，

$$v = \sqrt{3}\, I(R \cos\theta + X \sin\theta)$$

$$= \sqrt{3} \cdot \frac{P}{\sqrt{3}\, V \cos\theta}(R \cos\theta + X \sin\theta)$$

$$= \frac{P}{V \cos\theta}(R \cos\theta + X \sin\theta)$$

$$= \frac{P}{V}\left(R + X\frac{\sin\theta}{\cos\theta}\right)$$

力率 $\cos\theta = 0.8$ のときの電圧降下 v [V] は，$\sin\theta = 0.6$ であるから，

$$v = \frac{P}{V}\left(R + X\frac{\sin\theta}{\cos\theta}\right)$$

$$8 = \frac{P}{V}\left(0.2 + 0.3 \times \frac{0.6}{0.8}\right)$$

$$= \frac{P}{V} \times 0.425$$

$$\frac{P}{V} \fallingdotseq 18.824$$

次に，力率 $\cos\theta' = 0.6$ のときの電圧降下 v' [V] は，$\sin\theta' = 0.8$ であるから，

$$v' = \frac{P}{V}\left(R + X\frac{\sin\theta'}{\cos\theta'}\right)$$

$$= 18.824 \times \left(0.2 + 0.3 \times \frac{0.8}{0.6}\right) \fallingdotseq 11 \text{ V}$$

POINT 3 線路の電圧降下

注目 ▶ 基本問題としてはやや難易度高めの問題であるため，最初は飛ばして公式をきちんと理解してから取り組んでもよい。

$$\sin\theta = \sqrt{1 - \cos\theta^2}$$
$$= \sqrt{1 - 0.8^2}$$
$$= 0.6$$

4 図のような三相3線式配電線路があり，共に力率が0.8の負荷に電力を供給している。送電線の抵抗が0.33 Ω /km，リアクタンスが0.38 Ω /kmであるとき，線路の末端での電圧降下の大きさ[V]として，最も近いものを次の(1)～(5)のうちから一つ選べ。ただし，送電端電圧と受電端電圧の位相差は十分に小さいものとする。

(1) 53　　(2) 61　　(3) 73　　(4) 82　　(5) 98

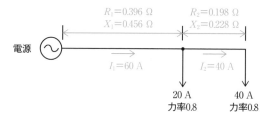

解答 (4)

電源から20 A負荷までの線路の抵抗R_1[Ω]及びリアクタンスX_1[Ω]は，

$$R_1 = 0.33 \times 1.2 = 0.396 \ \Omega$$

$$X_1 = 0.38 \times 1.2 = 0.456 \ \Omega$$

20 A負荷から40 A負荷までの線路の抵抗R_2[Ω]及びリアクタンスX_2[Ω]は，

$$R_2 = 0.33 \times 0.6$$
$$= 0.198 \ \Omega$$
$$X_2 = 0.38 \times 0.6$$
$$= 0.228 \ \Omega$$

POINT 3 線路の電圧降下

また，どちらの負荷も力率が等しいので，電源から流れ出る電流は負荷に流れ込む電流の和20＋40＝60 Aとなる。まとめると図のようになる。

電流はベクトル和であるため，同相でない場合にはベクトル計算する必要あり。（応用問題❸）

電源　～

$R_1 = 0.396 \ \Omega$　$R_2 = 0.198 \ \Omega$
$X_1 = 0.456 \ \Omega$　$X_2 = 0.228 \ \Omega$

$I_1 = 60 \ A$　　$I_2 = 40 \ A$

20 A　　40 A
力率0.8　力率0.8

また，力率$\cos\theta = 0.8$なので，$\sin\theta = \sqrt{1 - \cos^2\theta}$ ＝ 0.6となる。

よって，線路末端での電圧降下 v [V] の大きさは，

$$v = \sqrt{3}\, I_1 (R_1 \cos\theta + X_1 \sin\theta)$$
$$\qquad + \sqrt{3}\, I_2 (R_2 \cos\theta + X_2 \sin\theta)$$
$$= \sqrt{3} \times 60 \times (0.396 \times 0.8 + 0.456 \times 0.6)$$
$$\qquad + \sqrt{3} \times 40 \times (0.198 \times 0.8 + 0.228 \times 0.6)$$
$$\fallingdotseq 61.356 + 20.452$$
$$= 81.808 \rightarrow 82\ \text{V}$$

5 図のような三相3線式配電線路において，二次電圧が200 V の変圧器から共に遅れ力率0.9で $P_A = 5$ kW の負荷A及び $P_B = 9$ kW の負荷Bに電力を供給しているとき，この配電線路での電力損失 [W] の大きさとして，最も近いものを次の(1)〜(5)のうちから一つ選べ。ただし，1線あたりの線路の抵抗は0.41 Ω /km，線路のリアクタンスは無視できるものとし，電圧降下は十分に小さいものとする。

注目 ▶ 本問のような問題はかなりパターン化されているので,各公式を確実に使いこなせるようにしておくこと。

(1) 950　　(2) 1300　　(3) 1650
(4) 2300　　(5) 2900

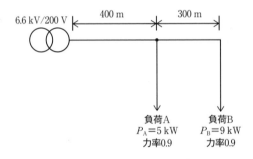

解答 (2)

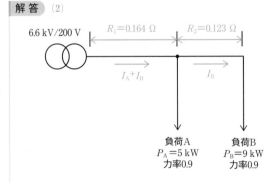

POINT 2 電力損失 P_L

278

変圧器から負荷Aまでの区間の線路の抵抗$R_1[\Omega]$は，

$$R_1 = 0.41 \times 0.4$$
$$= 0.164\ \Omega$$

負荷Aから負荷Bまでの区間の線路の抵抗$R_2[\Omega]$は，

$$R_2 = 0.41 \times 0.3$$
$$= 0.123\ \Omega$$

電圧降下は十分に小さいので，負荷A及び負荷Bに加わる電圧$V[\mathrm{V}]$はともに200 Vである。

三相3線式電線路の負荷の有効電力$P[\mathrm{W}]$は，電圧を$V[\mathrm{V}]$，線路の電流を$I[\mathrm{A}]$，力率を$\cos\theta$とすると，

$$P = \sqrt{3}\,VI\cos\theta$$

線路を流れる電流$I[\mathrm{A}]$は，

$$I = \frac{P}{\sqrt{3}\,V\cos\theta}$$

よって，負荷Aに流れる電流$I_A[\mathrm{A}]$及び負荷Bに流れる電流$I_B[\mathrm{A}]$は，

$$I_A = \frac{P_A}{\sqrt{3}\,V\cos\theta}$$
$$= \frac{5 \times 10^3}{\sqrt{3} \times 200 \times 0.9}$$
$$\fallingdotseq 16.038\ \mathrm{A}$$

$$I_B = \frac{P_B}{\sqrt{3}\,V\cos\theta}$$
$$= \frac{9 \times 10^3}{\sqrt{3} \times 200 \times 0.9}$$
$$\fallingdotseq 28.868\ \mathrm{A}$$

したがって，この配電線路での電力損失$P_L[\mathrm{W}]$は，

$$P_L = 3R_1(I_A + I_B)^2 + 3R_2 I_B{}^2$$
$$= 3 \times 0.164 \times (16.038 + 28.868)^2 + 3 \times 0.123 \times 28.868^2$$
$$\fallingdotseq 992.14 + 307.51$$
$$\fallingdotseq 1299.7 \rightarrow 1300\ \mathrm{W}$$

6 こう長 2 km の三相 3 線式配電線の受電端に力率 1 で消費電力が 600 kW の負荷を接続するとき，配電線での電圧降下の大きさ [V] として，最も近いものを次の(1)～(5)のうちから一つ選べ。ただし，受電端の電圧は 6.6 kV，電線の抵抗率は $\frac{1}{35}$ Ω・mm^2/m で断面積が 80 mm^2 とする。

   (1) 37   (2) 49   (3) 65   (4) 85   (5) 112

解答 (3)

POINT **3** 線路の電圧降下

配電線のこう長 $l = 2$ km，断面積 $S = 80$ mm^2，電線の抵抗率 $\rho = \frac{1}{35}$ Ω・mm^2/m であるから，配電線の抵抗 R [Ω] は，

$$R = \frac{\rho l}{S}$$

$$= \frac{\dfrac{1}{35} \times 2 \times 10^3}{80}$$

$$\fallingdotseq 0.71429 \ \Omega$$

三相 3 線式電線路の負荷の有効電力 P [W] は，電圧を V [V]，線路の電流を I [A]，力率を $\cos\theta$ とすると，

$$P = \sqrt{3} VI \cos\theta$$

よって，線路を流れる電流 I [A] は，

$$I = \frac{P}{\sqrt{3} V \cos\theta}$$

$$= \frac{600 \times 10^3}{\sqrt{3} \times 6.6 \times 10^3 \times 1}$$

$$\fallingdotseq 52.486 \ \text{A}$$

三相 3 線式電線路の電圧降下 v [V] は，電線の抵抗を R [Ω]，リアクタンスを X [Ω]，力率角を θ とすると，

$$v = \sqrt{3} I(R \cos\theta + X \sin\theta)$$

よって，$\cos\theta = 1$，$\sin\theta = 0$ であるから，

$$v = \sqrt{3} RI$$

$$= \sqrt{3} \times 0.71429 \times 52.486$$

$$\fallingdotseq 64.9 \rightarrow 65 \ \text{V}$$

7 こう長が3kmの三相3線式地中送電線路がある。ケーブル1線の1kmあたりの静電容量を0.32 μF/kmとするとき，次の(a)及び(b)の問に答えよ。ただし，電源の電圧は66kV，周波数は60Hzとする。

(a) ケーブルの静電容量による充電電流[A]の大きさとして，最も近いものを次の(1)～(5)のうちから一つ選べ。

(1) 14　　(2) 24　　(3) 55　　(4) 95　　(5) 140

(b) ケーブル3線を充電するのに必要な充電容量[kV・A]として，最も近いものを次の(1)～(5)のうちから一つ選べ。

(1) 16　　(2) 55　　(3) 160　　(4) 450　　(5) 1600

解答 (a)(1)　(b)(5)

POINT 4 無負荷充電電流，無負荷充電容量

(a) 1kmあたりの静電容量が0.32 μF/km，こう長が3kmであるから，ケーブル1線あたりの静電容量は，$C = 0.96$ μF となる。

ケーブルの充電電流I_C[A]は，線間電圧V[V]，周波数f[Hz]とすると，

$$I_C = \frac{2\pi f C V}{\sqrt{3}}$$

$$= \frac{2\pi \times 60 \times 0.96 \times 10^{-6} \times 66 \times 10^3}{\sqrt{3}}$$

$$\fallingdotseq 13.8 \to 14\ \text{A}$$

(b) ケーブル3線を充電するのに必要な充電容量Q_3[kV・A]は，

$$Q_3 = 2\pi f C V^2$$

$$= 2\pi \times 60 \times 0.96 \times 10^{-6} \times (66 \times 10^3)^2$$

$$\fallingdotseq 1576486\ \text{V・A} \to 1580\ \text{kV・A}$$

よって，最も近い選択肢は(5)となる。

⚙ 応用問題

1 定格容量が $600\,\mathrm{kV \cdot A}$ の変圧器の二次側に消費電力 $400\,\mathrm{kW}$ で遅れ力率 0.9 の負荷が接続されている。ここに，消費電力 $150\,\mathrm{kW}$ で遅れ力率 0.85 の負荷を接続したい。変圧器が $5\,\%$ 以上の余裕を持つようにするために必要な電力用コンデンサの容量 $[\mathrm{kvar}]$ として，最も近いものを次の(1)〜(5)のうちから一つ選べ。

(1) 20　　(2) 50　　(3) 80　　(4) 110　　(5) 140

注目 皮相電力同士の足し算は力率が異なるのでできない。したがって，有効電力と無効電力をそれぞれ導出する必要がある。

解答 (5)

　消費電力 $400\,\mathrm{kW}$ で遅れ力率 0.9 の負荷を負荷 A，消費電力 $150\,\mathrm{kW}$ で遅れ力率 0.85 の負荷を負荷 B とし，それぞれの皮相電力を $S_\mathrm{A}\,[\mathrm{kV \cdot A}]$ 及び $S_\mathrm{B}\,[\mathrm{kV \cdot A}]$，有効電力を $P_\mathrm{A} = 400\,\mathrm{kW}$ 及び $P_\mathrm{B} = 150\,\mathrm{kW}$，無効電力を $Q_\mathrm{A}\,[\mathrm{kvar}]$ 及び $Q_\mathrm{B}\,[\mathrm{kvar}]$ とすると，ベクトル図は次の図のようになる。

注目 計算がやや複雑になるが，法規の電気施設管理でも出題される頻出問題の一つなので，きちんとベクトル計算ができるようにしておくこと。

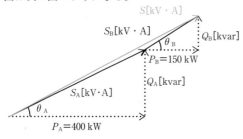

$Q_\mathrm{A}\,[\mathrm{kvar}]$ 及び $Q_\mathrm{B}\,[\mathrm{kvar}]$ を求めると，

$$Q_\mathrm{A} = P_\mathrm{A} \tan\theta_\mathrm{A}$$

$$= P_\mathrm{A} \frac{\sin\theta_\mathrm{A}}{\cos\theta_\mathrm{A}}$$

$$= P_\mathrm{A} \frac{\sqrt{1 - \cos^2\theta_\mathrm{A}}}{\cos\theta_\mathrm{A}}$$

$$= 400 \times \frac{\sqrt{1 - 0.9^2}}{0.9}$$

$$\fallingdotseq 400 \times \frac{0.43589}{0.9}$$

$$\fallingdotseq 193.73\,\mathrm{kvar}$$

$$Q_B = P_B \tan\theta_B$$

$$= P_B \frac{\sin\theta_B}{\cos\theta_B}$$

$$= P_B \frac{\sqrt{1 - \cos^2\theta_B}}{\cos\theta_B}$$

$$= 150 \times \frac{\sqrt{1 - 0.85^2}}{0.85}$$

$$\fallingdotseq 150 \times \frac{0.52678}{0.85}$$

$$\fallingdotseq 92.961 \text{ kvar}$$

したがって，負荷に供給する皮相電力 $S[\mathrm{kV \cdot A}]$ の大きさは，

$$S = \sqrt{(P_A + P_B)^2 + (Q_A + Q_B)^2}$$

$$= \sqrt{(400 + 150)^2 + (193.73 + 92.96)^2}$$

$$\fallingdotseq \sqrt{302500 + 82191}$$

$$\fallingdotseq 620.23 \text{ kV} \cdot \text{A}$$

したがって，このままでは変圧器の定格容量600 kV・Aを超過してしまうことがわかる。

問題文より，変圧器は5％以上の余裕を持たなければならないため，変圧器の使用容量 $S_T[\mathrm{kV \cdot A}]$ は，

$$S_T = 600 \times 0.95$$

$$= 570 \text{ kV} \cdot \text{A}$$

したがって，電力用コンデンサの容量を $Q_C[\mathrm{kvar}]$ とすると，S，S_T，Q_C のベクトル図は次のようになる。

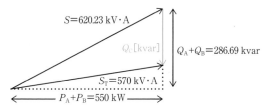

図より，

$$Q_A + Q_B - Q_C = \sqrt{S_T^2 - (P_A + P_B)^2}$$

の関係があるから，各値を代入して $Q_C[\mathrm{kvar}]$ を求

めると，

$$193.73 + 92.96 - Q_\mathrm{C} = \sqrt{570^2 - (400 + 150)^2}$$
$$286.69 - Q_\mathrm{C} = \sqrt{324900 - 302500}$$
$$\fallingdotseq 149.67$$
$$Q_\mathrm{C} = 137.02\ \mathrm{kV \cdot A}$$

となり，最も近い選択肢は(5)となる。

2 図のように，P点からA点まで一様の電流密度 i [A/m] で分布している長さ l [m] の三相3線式配電線路がある。配電線路の単位長さあたりの抵抗が ρ [Ω /m] であるとき，P点に対するA点の電圧降下の大きさ [V] として，正しいものを次の(1)〜(5)のうちから一つ選べ。ただし，力率は1とする。

注目 線路に流れる電流が一定ではなく徐々に減少していく問題。積分演算でも求められるが，平均値で求めればよい。

(1) $\dfrac{\rho i l^2}{2}$　　(2) $\dfrac{\sqrt{3}\,\rho i l^2}{2}$　　(3) $\dfrac{\rho i l^2}{\sqrt{3}}$

(4) $\dfrac{\rho i l}{2}$　　(5) $\dfrac{\sqrt{3}\,\rho i l}{2}$

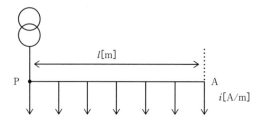

解答 (2)

問題文より変圧器の二次側からP点に供給される電流の大きさは il [A] であり，P点からA点まで流れる電流の大きさの分布は下図のようになる。

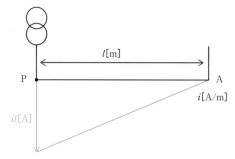

284

よって，配電線路を流れる電流の平均値は，

$$\frac{il \times l \times \dfrac{1}{2}}{l} = \frac{il}{2}\,[\mathrm{A}]$$

となり，P点に対するA点の電圧降下の大きさはこの電流が流れた場合と等しい。また，点Pから点Aまでの抵抗値は$\rho l\,[\Omega]$であるため，P点に対するA点の電圧降下$v\,[\mathrm{V}]$の大きさは，

$$v = \sqrt{3} \cdot \frac{il}{2} \cdot \rho l$$

$$= \frac{\sqrt{3}\ \rho\, il^2}{2}$$

✎ $v = \sqrt{3}I(R\cos\theta + X\sin\theta)$ の公式に$I=\dfrac{il}{2}$, $R=\rho l$, $\cos\theta=1$, $\sin\theta=0$を代入したものである。

3 図のように，単相2線式電線路において，200 Vの電源から遅れ力率0.8で消費電力$P_\mathrm{A} = 8\,\mathrm{kW}$の負荷A及び遅れ力率0.6で消費電力$P_\mathrm{B} = 6\,\mathrm{kW}$の負荷Bに電力を供給しているとき，この配電線路での電力損失[W]の大きさとして，最も近いものを次の(1)～(5)のうちから一つ選べ。ただし，線路の抵抗は0.35 Ω/kmとし，電圧降下は十分に小さいものとする。

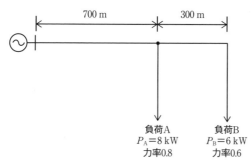

負荷A	負荷B	
$P_\mathrm{A}=8\,\mathrm{kW}$	$P_\mathrm{B}=6\,\mathrm{kW}$	
力率0.8	力率0.6	

(1) 1000　　(2) 1750　　(3) 2700

(4) 3500　　(5) 5300

解答 (5)

単相2線式電線路の負荷の有効電力$P\,[\mathrm{W}]$は，電圧を$V\,[\mathrm{V}]$，線路の電流を$I\,[\mathrm{A}]$，力率を$\cos\theta$とすると，

$$P = VI\cos\theta$$

線路を流れる電流$I\,[\mathrm{A}]$は，

$$I = \frac{P}{V \cos \theta}$$

負荷Aに流れる電流I_A[A]及び負荷Bに流れる電流I_B[A]は,

$$I_\mathrm{A} = \frac{P_\mathrm{A}}{V \cos \theta_\mathrm{A}}$$

$$= \frac{8 \times 10^3}{200 \times 0.8}$$

$$= 50 \ \mathrm{A}$$

$$I_\mathrm{B} = \frac{P_\mathrm{B}}{V \cos \theta_\mathrm{B}}$$

$$= \frac{6 \times 10^3}{200 \times 0.6}$$

$$= 50 \ \mathrm{A}$$

したがって,電源電圧$\dot{V}$を基準としたベクトル図を描くと下図のようになる。

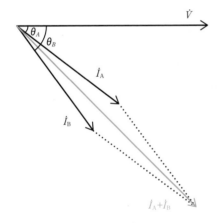

ベクトル図より電源から負荷Aの間を流れる電流の大きさI_OA[A]は,

$$I_\mathrm{OA} = \sqrt{(I_\mathrm{A} \cos \theta_\mathrm{A} + I_\mathrm{B} \cos \theta_\mathrm{B})^2 + (I_\mathrm{A} \sin \theta_\mathrm{A} + I_\mathrm{B} \sin \theta_\mathrm{B})^2}$$

$$= \sqrt{(50 \times 0.8 + 50 \times 0.6)^2 + (50 \times 0.6 + 50 \times 0.8)^2}$$

$$= \sqrt{9800}$$

$$= 70\sqrt{2} \ \mathrm{A}$$

また,線路の抵抗は電源から負荷Aまでの抵抗をR_1[Ω],負荷Aから負荷Bまでの抵抗をR_2[Ω]

✎ 電力損失で後から2乗をかけるので√のまま計算している。

とすると，

$$R_1 = 0.35 \times 0.7$$
$$= 0.245 \ \Omega$$
$$R_2 = 0.35 \times 0.3$$
$$= 0.105 \ \Omega$$

配電線路における電力損失 $P_L [\mathrm{W}]$ の大きさは，

$$P_L = 2R_1 I_{OA}^2 + 2R_2 I_B^2$$
$$= 2 \times 0.245 \times (70\sqrt{2})^2 + 2 \times 0.105 \times 50^2$$
$$= 5327 \ \mathrm{W}$$

よって，最も近い選択肢は(5)となる。

単相２線式の電力損失は往復分で２倍となるので，忘れないように注意する。

4 三相3線式送電線路において，力率0.8の負荷に $P[\mathrm{W}]$ の電力を供給している。送電端電圧を $V_s [\mathrm{V}]$，受電端電圧を $V_r [\mathrm{V}]$，送電線の抵抗を $R[\Omega]$，送電線のリアクタンスを $X[\Omega]$ としたとき，この送電線路での電圧降下及び電力損失の組合せとして，最も近いものを次の(1)～(5)のうちから一つ選べ。

	電圧降下	電力損失
(1)	$\dfrac{(R+0.75X)\,P}{V_r}$	$1.25\dfrac{RP^2}{V_r^2}$
(2)	$\dfrac{(R+0.75X)\,P}{V_r}$	$1.56\dfrac{RP^2}{V_r^2}$
(3)	$1.25\dfrac{(R+0.75X)\,P}{V_r}$	$\dfrac{RP^2}{V_r^2}$
(4)	$1.25\dfrac{(R+0.75X)\,P}{V_r}$	$1.25\dfrac{RP^2}{V_r^2}$
(5)	$1.25\dfrac{(R+0.75X)\,P}{V_r}$	$1.56\dfrac{RP^2}{V_r^2}$

解答 (2)

三相3線式電線路の負荷の有効電力 $P[\mathrm{W}]$ は，受電端電圧を $V_r [\mathrm{V}]$，線路の電流を $I[\mathrm{A}]$，力率を $\cos\theta$ とすると，

$$P = \sqrt{3}\, V_r I \cos\theta$$

線路を流れる電流 $I[\mathrm{A}]$ は，

$$I = \frac{P}{\sqrt{3}\, V_r \cos\theta}$$

電圧降下 $v[\mathrm{V}]$ は，電線の抵抗を $R[\Omega]$，リアク

タンスを $X[\Omega]$，力率角を θ とすると，

$$v = \sqrt{3}\,I(R\cos\theta + X\sin\theta)$$

$\sin\theta = 0.6$ であることに注意して電流 I を消去して整理すると，

$$v = \sqrt{3}\cdot\frac{P}{\sqrt{3}\,V_r\cos\theta}\cdot(R\cos\theta + X\sin\theta)$$

$$= \frac{P}{V_r\cos\theta}(R\cos\theta + X\sin\theta)$$

$$= \frac{P}{V_r}\left(R + X\frac{\sin\theta}{\cos\theta}\right)$$

$$= \frac{P}{V_r}\left(R + X\times\frac{0.6}{0.8}\right)$$

$$= \frac{P}{V_r}(R + 0.75X)$$

$$= \frac{(R + 0.75X)\,P}{V_r}$$

また，電力損失 $P_L[\mathrm{W}]$ は，

$$P_L = 3RI^2$$

$$= 3R\left(\frac{P}{\sqrt{3}\,V_r\cos\theta}\right)^2$$

$$= 3R\frac{P^2}{3V_r^2\cos^2\theta}$$

$$= \frac{RP^2}{V_r^2\cos^2\theta}$$

$$= \frac{RP^2}{V_r^2\times 0.8^2}$$

$$\fallingdotseq 1.56\frac{RP^2}{V_r^2}$$

$\blacktriangleleft\ \sin\theta = \sqrt{1-\cos^2\theta}$
$\qquad = \sqrt{1-0.8^2}$
$\qquad = 0.6$
となる。

⑤ こう長 4 km の三相 3 線式配電線の受電端に力率 1 で消費電力が 400 kW の負荷を接続するとき，配電線での電圧降下率が 5.0% を超えないような電線の太さとしたい。このときの電線の断面積 $[\mathrm{mm}^2]$ として，最も近いものを次の(1)～(5)のうちから一つ選べ。ただし，受電端の電圧は 6.6 kV，電線の抵抗率は $\frac{1}{56}\,\Omega\cdot\mathrm{mm}^2/\mathrm{m}$ とする。

(1) 10 (2) 12 (3) 14 (4) 16 (5) 18

三相3線式電線路の負荷の有効電力$P[\text{W}]$は，受電端電圧を$V_r[\text{V}]$，線路の電流を$I[\text{A}]$，力率を$\cos\theta$とすると，

$$P = \sqrt{3}\,V_r I \cos\theta$$

線路を流れる電流$I[\text{A}]$は，

$$I = \frac{P}{\sqrt{3}\,V_r \cos\theta}$$

各値を代入すると，

$$I = \frac{400 \times 10^3}{\sqrt{3} \times 6.6 \times 10^3 \times 1}$$

$$\fallingdotseq 34.991\ \text{A}$$

電圧降下$v[\text{V}]$は，電線の抵抗を$R[\Omega]$，リアクタンスを$X[\Omega]$，力率角をθとすると，

$$v = \sqrt{3}\,I(R\cos\theta + X\sin\theta)$$

$\sin\theta = 0$であることに注意して，各値を代入すると，

$$v = \sqrt{3} \times 34.991 \times (R \times 1 + X \times 0)$$

$$\fallingdotseq 60.606R$$

ここで，電圧降下率が5.0%を超えないようにするためには，

$$v \leqq 0.05 \times 6.6 \times 10^3$$

$$= 330\ \text{V}$$

とする必要があり，電線の抵抗$R[\Omega]$は抵抗率$\rho = \dfrac{1}{56}\ \Omega \cdot \text{mm}^2/\text{m}$，断面積$S[\text{mm}^2]$およびこう長$l = 4000\ \text{m}$を用いて，

$$R = \frac{\rho l}{S}$$

$$= \frac{1}{56} \times \frac{4000}{S}$$

$$\fallingdotseq \frac{71.429}{S}$$

よって，

$$v = 60.606R$$

$$330 = 60.606 \times \frac{71.429}{S}$$

解答は13.1 mm²以上としたいので，より適切なのは14 mm²となる。

解答編

CHAPTER 10

電力計算 ②

$$S \fallingdotseq 13.1 \text{ mm}^2$$

以上より，最も近い選択肢は(3)となる。

6 こう長が3kmで三相3線式送電線の受電端にある遅れ力率0.7の負荷に電力800kWを供給している。負荷の端子電圧を6.6kVとして，電圧降下率が3.0%を超えないように受電側に電力用コンデンサを設置したい。電力用コンデンサの最小容量[kvar]の条件として，最も近いものを次の(1)～(5)のうちから一つ選べ。ただし，送電線1線あたりの抵抗は0.40 Ω/km，リアクタンスは0.30 Ω/kmとして，送電端電圧と受電端電圧の相差角は十分に小さいとする。

(1) 100　　(2) 250　　(3) 350

(4) 450　　(5) 600

注目▶ 着眼点が掴みにくい問題である。電圧降下の式を電力の形に変形し，導出することがポイントとなる。

解答 (4)

電圧降下v[V]は，電線の抵抗をR[Ω]，リアクタンスをX[Ω]，力率角をθとすると，

$$v = \sqrt{3}\, I(R\cos\theta + X\sin\theta)$$

電圧降下率は

$$\frac{v}{V_r} = \frac{\sqrt{3}I(R\cos\theta + X\sin\theta)}{V_r}$$

$$= \frac{\sqrt{3}\,V_r I(R\cos\theta + X\sin\theta)}{V_r^2}$$

$$= \frac{\sqrt{3}\,V_r I\cos\theta \cdot R + \sqrt{3}\,V_r I\sin\theta \cdot X}{V_r^2}$$

$$= \frac{PR + QX}{V_r^2}$$

ここで，線路の抵抗R[Ω]及びリアクタンスX[Ω]は，

$$R = 0.40 \times 3$$

$$= 1.2 \ \Omega$$

$$X = 0.30 \times 3$$

$$= 0.9 \ \Omega$$

よって，電圧降下率が3.0%を超えない無効電力Q[kvar]の条件は，

$$0.03 \geqq \frac{PR + QX}{V_r^2}$$

$$0.03V_r^2 \geq PR + QX$$

$$Q \leq \frac{0.03V_r^2 - PR}{X}$$

$$= \frac{0.03 \times (6.6 \times 10^3)^2 - 800 \times 10^3 \times 1.2}{0.9}$$

$$\fallingdotseq 385330 \ \text{var} \rightarrow 385.33 \ \text{kvar}$$

ここで，負荷の無効電力 Q_L [kvar] は，

$$Q_L = P\tan\theta$$

$$= P\frac{\sin\theta}{\cos\theta}$$

$$= P\frac{\sqrt{1-\cos^2\theta}}{\cos\theta}$$

$$= 800 \times \frac{\sqrt{1-0.7^2}}{0.7}$$

$$\fallingdotseq 800 \times \frac{0.71414}{0.7}$$

$$= 816.16 \ \text{kvar}$$

よって，必要な電力用コンデンサの最小容量 Q_C [kvar] は，

$$Q_C \geq Q_L - Q$$

$$= 816.16 - 385.33$$

$$\fallingdotseq 431 \ \text{kvar}$$

以上より，上式を満たす最も小さな値の選択肢は (4)となる。

---

7 公称電圧6.6 kVで長さが350 mのケーブルの絶縁耐力試験を3線一括にて行う。1線の1 kmあたりの静電容量を0.29 μF/kmとするとき，次の(a)及び(b)の問に答えよ。ただし，試験の電圧は電気設備技術基準に基づき対地電圧は10350 V，周波数は60 Hzとする。

注目 本問では与えられているが，法規の問題では試験電圧は電気設備技術基準に基づき，自分で求める必要がある。

(a) 3線一括での絶縁耐力試験のケーブルに流れる充電電流 [A] の大きさとして，最も近いものを次の(1)~(5)のうちから一つ選べ。

(1) 0.4　(2) 1.2　(3) 3.0　(4) 6.5　(5) 12

(b) 実際に試験を行ったところ，電流計の数値は想定した充電電流より0.1%大きい結果となった。ケーブルの誘電損以外の損失は無視するものとして，公称電圧をかけたときのケーブルの誘電損[W]の大きさとして，最も近いものを次の(1)～(5)のうちから一つ選べ。

(1) 75　　(2) 200　　(3) 500
(4) 800　　(5) 1250

解答　(a)(2)　(b)(1)

(a) 3線一括での絶縁耐力試験なので，等価回路は下図のようになる。

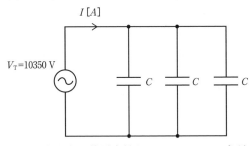

1 km あたりの静電容量が0.29 μF/km，こう長が0.35 km（350 m）であるから，ケーブル1線あたりの静電容量 C[μF]は，

$$C = 0.29 \times 0.35$$
$$= 0.1015 \text{ μF}$$

よって，ケーブルの充電電流 I_C[A]は試験電圧 V_T[V]，周波数 f[Hz]，電線1線あたりの静電容量 C[F]とすると，

$$I_C = 3 \times 2\pi f C V_T$$
$$= 3 \times 2\pi \times 60 \times 0.1015 \times 10^{-6} \times 10350$$
$$≒ 1.2 \text{ A}$$

(b) 電流計の数値は想定した充電電流より0.1%大きい結果であったので，電流計の測定値 I_T[A]は，

$$I_T = (1 + 0.001) \times I_C$$
$$= 1.001 \times 1.1881$$
$$≒ 1.1893 \text{ A}$$

本問は非常に小さい値を計算しているので，厳密な計算では有効数字をもっと取る必要があるが，選択肢で求められているのは概算なので，有効数字5桁で十分である。

292

充電電流 $I_C[\mathrm{A}]$ と $I_T[\mathrm{A}]$，抵抗分の電流 $I_R[\mathrm{A}]$ の関係はベクトル図の通りとなるから，ケーブルの抵抗分の電流 $I_R[\mathrm{A}]$ は，

$$I_R = \sqrt{{I_T}^2 - {I_C}^2}$$
$$= \sqrt{1.1893^2 - 1.1881^2}$$
$$\fallingdotseq 0.053412\ \mathrm{A}$$

よって，誘電正接 $\tan\delta$ は，

$$\tan\delta = \frac{I_R}{I_C}$$
$$= \frac{0.053412}{1.1881}$$
$$\fallingdotseq 0.044956$$

公称電圧を加えたときのケーブルの誘電損 $P_d[\mathrm{W}]$ の大きさは，

$$P_d = 2\pi f C V^2 \tan\delta$$
$$= 2\pi \times 60 \times 0.1015 \times 10^{-6} \times (6.6 \times 10^3)^2 \times 0.044956$$
$$\fallingdotseq 75\ \mathrm{W}$$

🖍 $\tan\delta > 0.04$ は非常に大きい値で，実際のケーブルの絶縁耐力試験で測定された場合には不良ケーブルとなる。

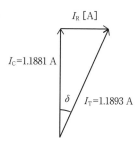

$I_R[\mathrm{A}]$

$I_C = 1.1881\ \mathrm{A}$

δ　$I_T = 1.1893\ \mathrm{A}$

CHAPTER

11 線路計算

1 配電線路の計算

✓ 確認問題

1 図のような単相3線式回路について，（ア）〜（オ）にあてはまる数値または式を答えよ。

図のような単相3線式回路について，抵抗R_1および抵抗R_2に加わる電圧は $\boxed{\text{（ア）}}$ [V]，抵抗R_3に加わる電圧は $\boxed{\text{（イ）}}$ [V]であり，抵抗R_1に流れる電流I_1は $\boxed{\text{（ウ）}}$ [A]，抵抗R_2に流れる電流I_2は $\boxed{\text{（エ）}}$ [A]である。したがって，$R_1 = R_2$のとき，中性線を流れる電流I_nは $\boxed{\text{（オ）}}$ [A]である。ただし，図に記載のない抵抗やリアクタンスは無視するものとする。

POINT 1 単相3線式回路の計算

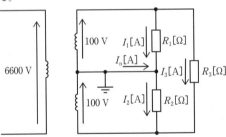

解答 （ア）100 （イ）200 （ウ）$\dfrac{100}{R_1}$

（エ）$\dfrac{100}{R_2}$ （オ）0

回路図において，閉回路1の抵抗R_1，閉回路2の抵抗R_2に加わる電圧はともに100 Vであることがわかる。

また，閉回路3において，抵抗R_3に加わる電圧は200 Vであることがわかる。

🔨 （オ）は平衡負荷であれば中性線に電流が流れないことのメカニズムであるが，この特徴は覚えておくこと。

閉回路1により，抵抗R_1に流れる電流I_1は$\dfrac{100}{R_1}$[A]であり，閉回路2により，抵抗R_2に流れる電流I_2は$\dfrac{100}{R_2}$[A]である。

したがって，$R_1 = R_2$のとき，$I_1 = I_2$となるので，キルヒホッフの法則（電流則）より，中性線を流れる電流I_nは0 Aとなる。

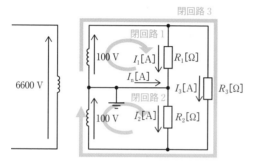

❷ 図は100/200 V単相3線式配電線路にR_1およびR_2の抵抗負荷を接続し，スイッチSを投入することで，バランサを接続可能としたものである。このとき次の(a)及び(b)の問に答えよ。ただし，配電線路の抵抗およびリアクタンスは無視できるものとする。

POINT 1 単相3線式回路の計算

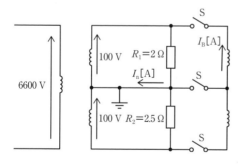

(a) スイッチS投入前の中性線を流れる電流の大きさI_n[A]を求めよ。

(b) スイッチSを投入すると中性線を流れる電流I_nが0 Aとなった。このとき，バランサを流れる電流の大きさI_B[A]を求めよ。

解 答 (a) 10 A (b) 5.0 A

(a) 抵抗 R_1 に流れる電流 $I_1[\mathrm{A}]$ は,

$$I_1 = \frac{100}{R_1}$$

$$= \frac{100}{2}$$

$$= 50\ \mathrm{A}$$

抵抗 R_2 に流れる電流 $I_2[\mathrm{A}]$ は,

$$I_2 = \frac{100}{R_2}$$

$$= \frac{100}{2.5}$$

$$= 40\ \mathrm{A}$$

よって, 中性線を流れる電流の大きさ $I_n[\mathrm{A}]$ は,

$$I_n = I_1 - I_2$$

$$= 50 - 40$$

$$= 10\ \mathrm{A}$$

(b) スイッチSを投入すると, 図のようにバランサ側に電流が流れ, その大きさは,

$$I_1 - I_2 = 50 - 40$$

$$= 10\ \mathrm{A}$$

したがって, バランサを流れる電流の大きさ $I_B[\mathrm{A}]$ は, バランサ側に流れ込む電流 $I_1 - I_2$ が各コイルに $\dfrac{1}{2}$ ずつ分流するため,

$$I_B = \frac{I_1 - I_2}{2}$$

$$= \frac{10}{2}$$

$$= 5.0\ \mathrm{A}$$

✎ バランサを接続すると,中性線電流が 0 A となることを覚えておく。

296

③ 図のような単相2線式1回線のループ配電線路について，供給点aでの電位が $V_a = 100$ V であるとき，次の(a)～(c)の問に答えよ。ただし，各線路の1線あたりの抵抗は図の通りとし，リアクタンスは無視するものとする。

POINT 2 ループ回路

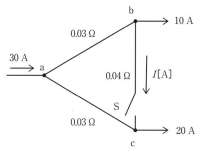

(a) Sを投入しないときの負荷点bでの電位 V_b[V]を求めよ。

(b) Sを投入したときの負荷点bと負荷点cの間に流れる電流の大きさ I[A]を求めよ。

(c) Sを投入しないときおよび投入したときの配電線の損失の差 ΔP[W]を求めよ。

解答 (a) 99.4 V　(b) 3 A　(c) 1.8 W

(a) 端子a-b間を流れる電流は10 Aであるから，電圧降下 v[V]の大きさは，

$$v = 2 \times 0.03 \times 10$$
$$= 0.6 \text{ V}$$

よって，負荷点bでの電位 V_b[V]の大きさは，

$$V_b = V_a - v$$
$$= 100 - 0.6$$
$$= 99.4 \text{ V}$$

(b) 端子a-b間を流れる電流の大きさ I_{ab}[A]は，

$$I_{ab} = 10 + I$$

端子a-c間を流れる電流の大きさ I_{ac}[A]は，

$$I_{ac} = 20 - I$$

よって，閉回路a-b-cでキルヒホッフの法則（電圧則）を適用すると，

$$0.03 I_{ab} + 0.04 I - 0.03 I_{ac} = 0$$
$$0.03(10 + I) + 0.04 I - 0.03(20 - I) = 0$$

単相2線式であるため，電圧降下を2倍することを忘れないように。

解答編

CHAPTER 11

線路計算

①

$$3(10 + I) + 4I - 3(20 - I) = 0$$

$$30 + 3I + 4I - 60 + 3I = 0$$

$$10I - 30 = 0$$

$$I = 3 \text{ A}$$

（注記）整数にした方が計算しやすいので，両辺を100倍している。

(c) Sを投入しないときの電力損失 P_1 [W]は，

$$P_1 = 2 \times 0.03 \times 10^2 + 2 \times 0.03 \times 20^2$$

$$= 30 \text{ W}$$

Sを投入したときの電力損失 P_2 [W]は，

$$P_2 = 2 \times 0.03 \times I_{ab}^2 + 2 \times 0.03 \times I_{ac}^2 + 2 \times 0.04 \times I^2$$

$$= 2 \times 0.03 \times 13^2 + 2 \times 0.03 \times 17^2 + 2 \times 0.04 \times 3^2$$

$$= 10.14 + 17.34 + 0.72$$

$$= 28.2 \text{ W}$$

よって，Sを投入しないときとしたときの配電線の損失の差 ΔP [W]は，

$$\Delta P = P_1 - P_2$$

$$= 30 - 28.2$$

$$= 1.8 \text{ W}$$

本問により，ループ系統になると，損失が減少することが理解できる。

📖 基本問題

POINT 1 単相3線式回路の計算

1 図のようなバランサを接続可能な単相3線式配電線路について，各負荷を流れる電流が20 Aおよび10 Aであり，変圧器から負荷までの抵抗は1線あたり0.1 Ωである。このとき，次の(a)および(b)の問に答えよ。

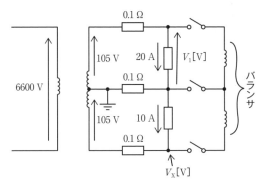

(a) バランサを接続していないとき，20 Aの負荷に加わる電圧の大きさ V_1 [V] として，最も近いものを次の(1)～(5)のうちから一つ選べ。

(1) 101 (2) 102 (3) 103
(4) 104 (5) 105

(b) バランサを接続したとき，10 A負荷の電圧線側の電位 V_X [V] として，最も近いものを次の(1)～(5)のうちから一つ選べ。

(1) −103.5 (2) −102.0 (3) 100.5
(4) 102.0 (5) 103.5

解答 (a) (2) (b) (1)

(a) 図の通り，バランサを接続していないとき，中性線に流れる電流 I_n [A] は，

$$I_n = 20 - 10$$
$$= 10 \text{ A}$$

よって，図の閉回路にキルヒホッフの法則（電圧則）を適用すると，

$$105 = 0.1 \times 20 + V_1 + 0.1 \times 10$$

$$105 = 2 + V_1 + 1$$

$$V_1 = 102 \text{ V}$$

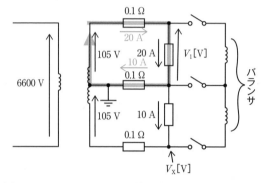

(b) 図の通り，バランサを接続すると，中性線側に電流は流れず，バランサ側に電流が流れる。バランサでは5Aずつに分岐して，負荷電流と合流する。

このとき，変圧器の中性線の電位が0Vなので，10A負荷の電圧線側の電位 V_X[V] の大きさは，

$$V_X = -105 + 0.1 \times 15$$

$$= -103.5 \text{ V}$$

バランサを接続することで，V_1 =103.5 Vに変化することも理解しておくこと。

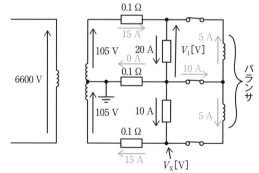

2 図の単線結線図に示すような単相2線式の電線路がある。母線の電圧が107Vで，各負荷に供給される電流は図の通りである。回路1線あたりの抵抗が0.3Ω/kmであり，線路のリアクタンスが無視できるとき，次の(a)及び(b)の問に答えよ。

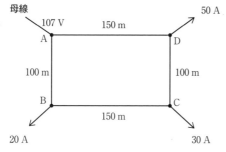

(a) A-D間を流れる電流の大きさ[A]として，最も近いものを次の(1)~(5)のうちから一つ選べ。

(1) 27 (2) 41 (3) 54 (4) 81 (5) 108

(b) C点の電位[V]として，最も近いものを次の(1)~(5)のうちから一つ選べ。

(1) 101 (2) 102 (3) 103
(4) 104 (5) 105

解答 (a)(3) (b)(2)

(a) A-D間を流れる電流をI[A]とすると，D-C間を流れる電流は$I-50$[A]，C-B間を流れる電流は$I-80$[A]，B-A間を流れる電流は$I-100$[A]となる。また，回路1線あたりの抵抗が0.3Ω/kmであるので，

　B-A間，D-C間の電路の抵抗：

　　$R_1 = 0.3 \times 0.1 = 0.03$ Ω

　A-D間，C-B間の電路の抵抗：

　　$R_2 = 0.3 \times 0.15 = 0.045$ Ω

　よって，閉回路ABCDにキルヒホッフの法則を適用すると，

POINT 2 ループ回路

$$2R_2 I + 2R_1(I-50) + 2R_2(I-80) + 2R_1(I-100) = 0$$
$$2 \times 0.045I + 2 \times 0.03(I-50) + 2 \times 0.045(I-80) + 2 \times 0.03(I-100) = 0$$
$$0.09I + 0.06I - 3 + 0.09I - 7.2 + 0.06I - 6 = 0$$
$$0.3I = 16.2$$
$$I = 54 \text{ A}$$

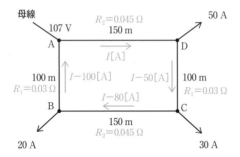

$I = 54$ A なので,$I-80 = -26$A,
$I-100 = -46$A となり,図と向き
が逆になる。

電流の場合は符号が違っても
向きが逆になるだけなので,本
問のように計算することがで
きる。

(b) (a)の結果をまとめると図のようになる。

したがって,C点の電位 V_c[V]は,

$$V_c = 107 - 2 \times 0.03 \times 46 - 2 \times 0.045 \times 26$$
$$\fallingdotseq 102 \text{ V}$$

単相2線式では電圧降下を
2倍することは非常に忘れや
すいので注意すること。

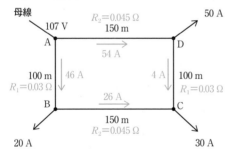

① 図のように一次電圧が6600 V，二次電圧が204/102 Vの変圧器から供給される単相3線式配電線路がある。二次側の負荷側線路には力率1で抵抗値の異なる負荷1及び負荷2が接続されており，電圧線L₁と電圧線L₂の間に太陽光発電設備が接続され，太陽光発電設備は電流I[A]，力率1の定電流特性で一定運転するものとする。また，線路のインピーダンスは図に示された抵抗分のみであり，負荷側線路のインピーダンスは無視するものとする。このとき，次の(a)及び(b)の問に答えよ。

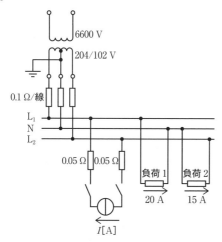

(a) 太陽光発電設備を接続していないとき，二次側中性線Nの電位V_N[V]として，最も近いものを次の(1)〜(5)のうちから一つ選べ。

(1) −5 (2) −0.5 (3) 0 (4) 0.5 (5) 5

(b) 太陽光発電設備を接続すると，負荷1に加わる電圧が101 Vとなった。このとき，太陽光発電設備から供給される電流の大きさI[A]として，最も近いものを次の(1)〜(5)のうちから一つ選べ。

(1) 5 (2) 15 (3) 30 (4) 45 (5) 65

(a) 問題図を描き換えると図のようになり，中性線を流れる電流は 5 A となるから，二次側中性線 N の電位 V_N [V] は，

$$V_N = 0 + 0.1 \times 5$$
$$= 0.5 \text{ V}$$

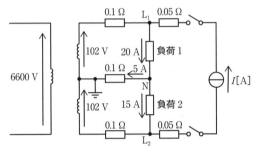

(b) 太陽光発電設備が接続されると，各部に流れる電流は図の通りとなる。

図の閉回路について，キルヒホッフの法則（電圧則）を適用すると，

$$102 - 0.1 \times (20 - I) - 101 - 0.1 \times 5 = 0$$
$$102 - 2 + 0.1I - 101 - 0.5 = 0$$
$$I = 15 \text{ A}$$

現実的には日照の関係もありもう少し複雑であるが，計算上太陽光発電設備は電流源として計算する。

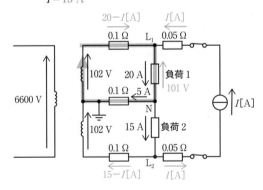

2 図のような単相2線式配電線路があり，母線P点での電圧が107 Vのとき，C点の電圧が95 Vとなった。電線1線あたりの抵抗が0.2 Ω/kmであるとき，C点の負荷の電流の大きさ I [A] として，最も近いものを次の(1)～(5)のうちから一つ選べ。ただし，線路のリアクタンスは無視できるものとし，負荷はすべて力率1であるとする。

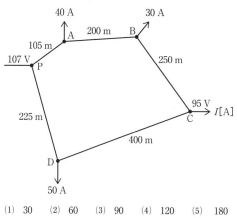

(1) 30 (2) 60 (3) 90 (4) 120 (5) 180

注目 ループ回路の問題が電験で出題された場合，比較的計算が易しい部類の問題となるので，確実に得点できるようにしたい問題となる。

解答 (2)

電線1線あたりの抵抗が0.2 Ω/kmであるので，各区間の抵抗の大きさ [Ω] は，

P-A間：$R_{\mathrm{PA}} = 0.2 \times 0.105 = 0.021$ Ω

A-B間：$R_{\mathrm{AB}} = 0.2 \times 0.2 = 0.04$ Ω

B-C間：$R_{\mathrm{BC}} = 0.2 \times 0.25 = 0.05$ Ω

P-D間：$R_{\mathrm{PD}} = 0.2 \times 0.225 = 0.045$ Ω

D-C間：$R_{\mathrm{DC}} = 0.2 \times 0.4 = 0.08$ Ω

となり，P-A間に流れる電流を I_1 [A]，P-D間に流れる電流を I_2 [A] として，各部の抵抗と流れる電流をまとめると図のようになる。

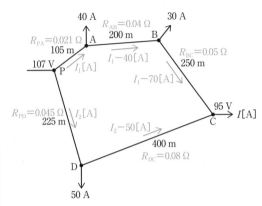

P→A→BおよびP→D→Cの電圧降下はともに107−95＝12 Vであるので，

$$2R_{PA}I_1 + 2R_{AB}(I_1 - 40) + 2R_{BC}(I_1 - 70) = 12$$

$$2 \times 0.021I_1 + 2 \times 0.04(I_1 - 40)$$
$$+ 2 \times 0.05(I_1 - 70) = 12$$

$$0.042I_1 + 0.08I_1 - 3.2 + 0.1I_1 - 7 = 12$$

$$0.222I_1 = 22.2$$

$$I_1 = 100 \text{ A}$$

$$2R_{PD}I_2 + 2R_{DC}(I_2 - 50) = 12$$

$$2 \times 0.045I_2 + 2 \times 0.08(I_2 - 50) = 12$$

$$0.09I_2 + 0.16I_2 - 8 = 12$$

$$0.25I_2 = 20$$

$$I_2 = 80 \text{ A}$$

したがって，C点の負荷の電流の大きさI[A]は，

$$I = (I_1 - 70) + (I_2 - 50)$$

$$= (100 - 70) + (80 - 50)$$

$$= 60 \text{ A}$$

電線のたるみと支線

1 電線のたるみと支線

✓ 確認問題

1 同じ高さで径間が100 mの電柱間に電線を布設する。電線の自重が16 N/m,風圧荷重が12 N/mであるとき,次の問に答えよ。

POINT 1 電線のたるみと実長

(1) 電線の合成荷重[N/m]の大きさを求めよ。

(2) 電線の水平張力が10 kNであるとき,電線のたるみ[m]の大きさを求めよ。

(3) (2)の条件において,電線の実長[m]を求めよ。

(4) (3)の条件において,導体の温度が30℃であった。電線の線熱膨張係数が1.5×10^{-5}℃$^{-1}$であるとき,導体の温度が60℃になったときの,電線の実長[m]を求めよ。

解答 (1) 20 N/m (2) 2.5 m (3) 100.167 m
(4) 100.212 m

(1) 電線の自重$W_o = 16$ N/m,風圧荷重$W_w = 12$ N/mであるから,電線の合成荷重W[N/m]は,

$$W = \sqrt{W_o^2 + W_w^2}$$
$$= \sqrt{16^2 + 12^2}$$
$$= 20 \text{ N/m}$$

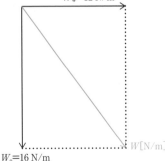

$W_w = 12$ N/m

$W_o = 16$ N/m

W[N/m]

(2) 電線の張力 $T = 10\,\text{kN}$ で径間 $S = 100\,\text{m}$ であるから，電線のたるみ $D\,[\text{m}]$ は，

$$D = \frac{WS^2}{8T}$$

$$= \frac{20 \times 100^2}{8 \times 10 \times 10^3}$$

$$= 2.5\,\text{m}$$

✎ たるみの式の導出は微積分の計算を伴うので，公式として暗記する。

(3) 電線の実長 $L\,[\text{m}]$ は，(2)より電線のたるみ $D = 2.5\,\text{m}$，径間 $S = 100\,\text{m}$ であるから，

$$L = S + \frac{8D^2}{3S}$$

$$= 100 + \frac{8 \times 2.5^2}{3 \times 100}$$

$$= 100.1667 \rightarrow 100.167\,\text{m}$$

✎ 実長の式も基本的に暗記することになる。

(4) 温度 $t_2 = 60℃$ のときの実長 $L_{60}\,[\text{m}]$ は，温度 $t_1 = 30℃$ のときの実長が(3)より $L = 100.1667\,\text{m}$，電線の線熱膨張係数が $a = 1.5 \times 10^{-5}℃^{-1}$ であるから，

$$L_{60} = L\{1 + a\,(t_2 - t_1)\}$$

$$= 100.1667 \times \{1 + 1.5 \times 10^{-5} \times (60 - 30)\}$$

$$= 100.212\,\text{m}$$

✎ 温度による変化の式は法規科目でも出題されるので，覚えておくこと。

❷ 径間が $200\,\text{m}$ で，電線の合成荷重が $18\,\text{N/m}$ である電線について，導体の温度が $30℃$ のときのたるみが $4.0\,\text{m}$ であるとき，次の問に答えよ。

(1) 電線の張力 $[\text{kN}]$ の大きさを求めよ。

(2) 導体の温度が $60℃$ になったときの電線の実長 $[\text{m}]$ を求めよ。ただし，電線の線熱膨張係数は $1.5 \times 10^{-5}℃^{-1}$ とする。

POINT 1 電線のたるみと実長

解答 (1) $22.5\,\text{kN}$ (2) $200.30\,\text{m}$

(1) 径間 $S = 200\,\text{m}$，電線のたるみ $D = 4.0\,\text{m}$，合成荷重 $W = 18\,\text{N/m}$ であるから，電線の張力 $T\,[\text{kN}]$ は，

$$D = \frac{WS^2}{8T}$$

$$T = \frac{WS^2}{8D}$$

$$= \frac{18 \times 200^2}{8 \times 4.0}$$

$$= 22500 \text{ N} \rightarrow 22.5 \text{ kN}$$

(2) 電線の導体温度が30℃のときの実長L_{30}[m]は,
電線のたるみ$D = 4.0$ m,径間$S = 200$ mであるから,

$$L_{30} = S + \frac{8D^2}{3S}$$

$$= 200 + \frac{8 \times 4.0^2}{3 \times 200}$$

$$\fallingdotseq 200.2133 \text{ m}$$

温度$t_2 = 60$℃のときの実長L_{60}[m]は,温度$t_1 = 30$℃,
電線の線熱膨張係数が$a = 1.5 \times 10^{-5}$℃$^{-1}$であるから,

$$L_{60} = L_{30}\{1 + a\,(t_2 - t_1)\}$$

$$= 200.2133 \times \{1 + 1.5 \times 10^{-5} \times (60 - 30)\}$$

$$\fallingdotseq 200.30 \text{ m}$$

電験の本番においても,導体の伸びはそれほど大きい値とならないので,できるだけ多くの有効数字を取ること。

❸ 図のように電柱に電線2本と支線を取り付けるとき,次の間に答えよ。

(1) 電線1のみを取り付けるとき,支線の張力F[kN]の大きさを求めよ。

(2) 電線1と電線2の両方を取り付けるとき,支線の張力F[kN]の大きさを求めよ。

POINT 2 電線の水平張力と支線の張力の関係

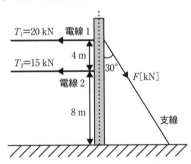

解答 (1) 40 kN (2) 60 kN

(1) 図の通り,地面と平行な力の成分について,力のつり合いの関係より,

$$T_1 = F \sin 30°$$

$$20 = F \times \frac{1}{2}$$

$P = T\sin\theta$を丸暗記するのではなく,地面と平行な成分がつり合うことから,$\sin\theta$の大きさを特定すること。

$F = 40$ kN

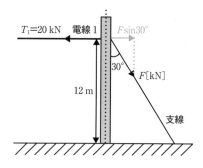

(2) 図の通り，地面と平行な成分のモーメントのつり合いの関係より，

$$T_1 \times 12 + T_2 \times 8 = F\sin30° \times 12$$

$$20 \times 12 + 15 \times 8 = F \times \frac{1}{2} \times 12$$

$$F = 60 \text{ kN}$$

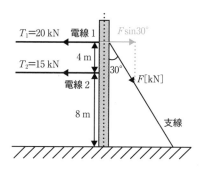

1 図のように，水平面上に1mあたりの合成荷重がW[N/m]の電線と支持物を建設し，電線と建造物の離隔距離を確保するようにしたい。このとき，次の(a)及び(b)の問に答えよ。

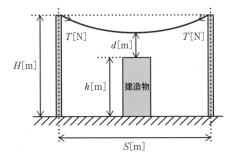

(a) 電線と建造物の離隔距離d[m]の大きさを表す式として，正しいものを次の(1)～(5)のうちから一つ選べ。

(1) $\dfrac{WS}{4T}$　　(2) $\dfrac{WS^2}{8T^2}$　　(3) $H - \dfrac{WS^2}{8T}$

(4) $H - h - \dfrac{WS}{4T}$　　(5) $H - h - \dfrac{WS^2}{8T}$

(b) 離隔距離を確保するため，電線のたるみを図の0.8倍にするためには電線の引張強度は何倍とすればよいか。正しいものを次の(1)～(5)のうちから一つ選べ。

(1) 0.80　　(2) 1.05　　(3) 1.12
(4) 1.25　　(5) 1.55

解答 (a) (5)　(b) (4)

(a) 図の条件において，電線のたるみD[m]は，

$$D = \frac{WS^2}{8T}$$

であるから，電線と建造物の離隔距離d[m]の大きさは，

$$d = H - h - D$$

$$= H - h - \frac{WS^2}{8T}$$

POINT 1 電線のたるみと実長

(b) 電線のたるみを $D' = 0.8D$ に変更したときの電線の引張強度を T' [N] とすると，

$$D' = \frac{WS^2}{8T'}$$

の関係があり，$D = \frac{WS^2}{8T}$ より，

$$WS^2 = 8TD$$

よって，$D' = 0.8D$ であるから，

$$0.8D = \frac{8TD}{8T'}$$

$$0.8 = \frac{T}{T'}$$

$$T' = \frac{T}{0.8}$$

$$= 1.25\,T$$

たるみを小さくするということは，強く引張ることなので，(1)はその時点で除外することができる感覚を持てるとよい。

2 径間が200 m で，電線の合成荷重が20 N/m である電線について，導体の温度が30℃のときのたるみが2.5 m であるとき，次の問に答えよ。

(a) 電線の張力 [kN] の大きさとして，最も近いものを次の(1)～(5)のうちから一つ選べ。

(1) 10　(2) 20　(3) 30　(4) 40　(5) 50

(b) 導体の温度が60℃になったときのたるみ [m] の大きさとして，最も近いものを次の(1)～(5)のうちから一つ選べ。ただし，電線の線熱膨張係数は 1.5×10^{-5}℃$^{-1}$ とする。

(1) 2.8　(2) 3.2　(3) 3.6　(4) 4.0　(5) 4.8

解 答 (a) (4)　(b) (3)

(a) 径間 $S = 200$ m，電線の合成荷重 $W = 20$ N/m，電線のたるみ $D = 2.5$ m であるから，電線の張力の大きさ T [kN] は，

$$D = \frac{WS^2}{8T}$$

POINT 1 電線のたるみと実長参照。

以下の3つの公式は基本公式なので，必ず覚えておくこと。

$$D = \frac{WS^2}{8T}$$

$$L = S + \frac{8D^2}{3S}$$

$$L_2 = L_1\{1 + a\,(t_2 - t_1)\}$$

$$T = \frac{WS^2}{8D}$$

$$= \frac{20 \times 200^2}{8 \times 2.5}$$

$$= 40000 \text{ N} \rightarrow 40 \text{ kN}$$

(b) 温度 t_2[℃] のときの実長 L_2[m] は，温度 t_1[℃] のときの実長を L_1[m]，電線の線熱膨張係数を a[℃$^{-1}$] とすると，

$$L_2 = L_1\{1 + a(t_2 - t_1)\}$$

$t_1 = 30$℃ のときの電線の実長 L[m] は，電線の たるみ D[m]，径間 S[m] とすると，

$$L = S + \frac{8D^2}{3S}$$

よって，$t_2 = 60$℃ のときの電線のたるみを D' [m] とすると，

$$S + \frac{8D'^2}{3S} = \left(S + \frac{8D^2}{3S}\right)\{1 + a(t_2 - t_1)\}$$

$$\frac{8D'^2}{3S} = \left(S + \frac{8D^2}{3S}\right)\{1 + a(t_2 - t_1)\} - S$$

$$D'^2 = \frac{3S}{8}\left[\left(S + \frac{8D^2}{3S}\right)\{1 + a(t_2 - t_1)\} - S\right]$$

$$D' = \sqrt{\frac{3S}{8}\left[\left(S + \frac{8D^2}{3S}\right)\{1 + a(t_2 - t_1)\} - S\right]}$$

$$= \sqrt{\frac{3 \times 200}{8}\left[\left(200 + \frac{8 \times 2.5^2}{3 \times 200}\right)\{1 + 1.5 \times 10^{-5} \times (60-30)\} - 200\right]}$$

$$= \sqrt{75 \times 0.17337}$$

$$\fallingdotseq 3.61 \text{ m}$$

3 図のように，地上から 10 m において，水平張力 $T = 10$ kN で力を受ける電柱を，地上高 8 m の点にて支線で支持している。支線の張力 $F = 28$ kN で平衡しているとき，支線の根開き l[m] として，最も近いものを次の(1)〜(5)のうちから一つ選べ。

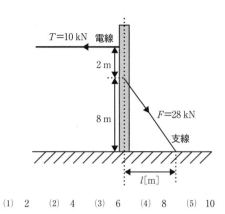

(1) 2　　(2) 4　　(3) 6　　(4) 8　　(5) 10

解答 (2)

支線の張力 $F = 28$ kN の水平成分は，

$$F\sin\theta = F\frac{l}{\sqrt{l^2+8^2}} = \frac{28l}{\sqrt{l^2+64}}$$

電柱の下端（地上高 0 m）を基準としたときの電線の張力 $T = 10$ kN とのモーメントのつり合いより，

$$F\sin\theta \times 8 = T \times 10$$

$$\frac{28l}{\sqrt{l^2+64}} \times 8 = 10 \times 10$$

$$\frac{224l}{\sqrt{l^2+64}} = 100$$

$$224l = 100\sqrt{l^2+64}$$

$$50176l^2 = 10000\,(l^2+64)$$

$$40176l^2 = 640000$$

$$l \fallingdotseq 3.99 \text{ m}$$

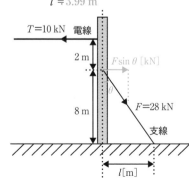

1 図のように径間の長さ S[m]，同じ高さ H[m] の電柱から張力 T[N] で 1 m あたりの荷重が W[N/m] の電線が接続されており，このときのたるみを D_0[m] とする。一方の電柱を h[m] だけかさ上げしたとき，H[m] の電柱からみたたるみ D[m] の大きさを表す式として，正しいものを次の(1)～(5)のうちから一つ選べ。

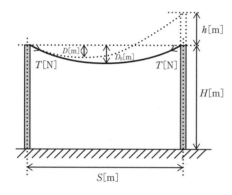

(1) $D_0\left(1 - \dfrac{h}{4D_0}\right)^2$　　(2) $D_0\left(1 - \dfrac{h}{2D_0}\right)^2$

(3) $D_0\left(1 - \dfrac{h}{D_0}\right)^2$　　(4) $D_0\left(1 + \dfrac{h}{4D_0}\right)^2$

(5) $D_0\left(1 + \dfrac{h}{2D_0}\right)^2$

解答 (1)

　図のようにかさ上げしたときの最下点から左右の電柱までの距離をそれぞれ S_1[m]，S_2[m] とする。

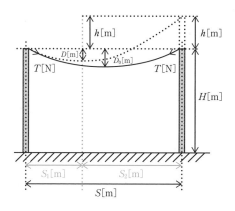

かさ上げする前の電線のたるみ$D_0\,[\mathrm{m}]$は，
$$D_0 = \frac{WS^2}{8T} \quad \cdots ①$$

であり，かさ上げ後の電線のたるみ$D\,[\mathrm{m}]$は，左側の電柱からの距離$S_1\,[\mathrm{m}]$の2倍の径間のときのたるみであるから，
$$D = \frac{W(2S_1)^2}{8T}$$
$$= \frac{WS_1^2}{2T} \quad \cdots ②$$

同様に，右側の電柱からみた電線のたるみ$D+h\,[\mathrm{m}]$は，右側の電柱からの距離$S_2\,[\mathrm{m}]$の2倍の径間のときのたるみであるから，
$$D+h = \frac{W(2S_2)^2}{8T}$$
$$= \frac{WS_2^2}{2T} \quad \cdots ③$$

③−②より，$S = S_1 + S_2$であることも利用して，
$$h = \frac{WS_2^2}{2T} - \frac{WS_1^2}{2T}$$
$$= \frac{W}{2T}(S_2^2 - S_1^2)$$
$$= \frac{W}{2T}(S_2 + S_1)(S_2 - S_1)$$
$$= \frac{W}{2T}S(S_2 - S_1)$$

たるみの大きさは最下点から電柱までの距離の2倍の径間で計算した値となる。

解答編

CHAPTER 12

電線のたるみと支線

1

$$= \frac{WS}{2T}(S - S_1 - S_1)$$

$$= \frac{WS}{2T}(S - 2S_1)$$

$$S - 2S_1 = \frac{2Th}{WS}$$

$$S_1 = \frac{1}{2}\left(S - \frac{2Th}{WS}\right)$$

これを②に代入すると,

$$D = \frac{WS_1^2}{2T}$$

$$= \frac{W}{2T}\left\{\frac{1}{2}\left(S - \frac{2Th}{WS}\right)\right\}^2$$

$$= \frac{W}{8T}\left(S - \frac{2Th}{WS}\right)^2$$

$$= \frac{WS^2}{8T}\left(1 - \frac{2Th}{WS^2}\right)^2$$

$$= \frac{WS^2}{8T}\left(1 - \frac{h}{4} \times \frac{8T}{WS^2}\right)^2$$

よって, ①を代入すると,

$$= D_0\left(1 - \frac{h}{4} \times \frac{1}{D_0}\right)^2$$

$$= D_0\left(1 - \frac{h}{4D_0}\right)^2$$

ここの式変形はテクニックを要するが, ①より,

$$\frac{W}{T} = \frac{8D_0}{S^2}$$

とし, これを代入すれば, 最終的に同じ式が導き出せる。

2 図のように, 地上から60°に傾斜した電柱が水平張力 $T = 8\,\mathrm{kN}$ で電線から力を受けている。地上から6mの箇所に支線で支持するとき, 支線の張力 $F[\mathrm{kN}]$ として, 最も近いものを次の(1)～(5)のうちから一つ選べ。ただし, 支線は地上から45°に傾斜しているものとし, 電柱の重量は考慮しないものとする。

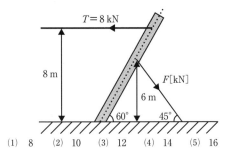

(1) 8　(2) 10　(3) 12　(4) 14　(5) 16

解答 (2)

電柱の重量は考慮しないので，電柱に対し垂直な成分のモーメントが等しければ平衡していることになる。

電柱と電線のなす角が60°なので，Tの電柱と垂直な成分の張力の大きさは，$T\sin60°$である。一方，電柱と支線のなす角が75°なので，Fの電柱と垂直な成分の張力の大きさは，$F\sin75°$である。

ここで，加法定理より，

$$\sin75° = \sin(30° + 45°)$$
$$= \sin30°\cos45° + \cos30°\sin45°$$
$$= \frac{1}{2}\cdot\frac{\sqrt{2}}{2} + \frac{\sqrt{3}}{2}\cdot\frac{\sqrt{2}}{2}$$
$$= \frac{\sqrt{2}+\sqrt{6}}{4}$$

よって，電柱の下端（地上高0 m）を基準としたときのモーメントのつり合いより，

$$F\sin75° \times \frac{6}{\sin60°} = T\sin60° \times \frac{8}{\sin60°}$$
$$F\sin75° \times 6 = T\sin60° \times 8$$
$$F\times\frac{\sqrt{2}+\sqrt{6}}{4}\times6 = 8\times\frac{\sqrt{3}}{2}\times8$$
$$F = 8\times\frac{\sqrt{3}}{2}\times8\times\frac{4}{\sqrt{2}+\sqrt{6}}\times\frac{1}{6}$$
$$= 9.56 \rightarrow 10\ \text{kN}$$

> ✎ 加法定理
> $$\sin(a\pm\beta) = \sin a\,\cos\beta$$
> $$\pm\cos a\,\sin\beta$$
> $$\cos(a\pm\beta) = \cos a\,\cos\beta$$
> $$\mp\sin a\,\sin\beta$$

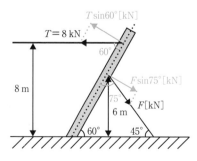